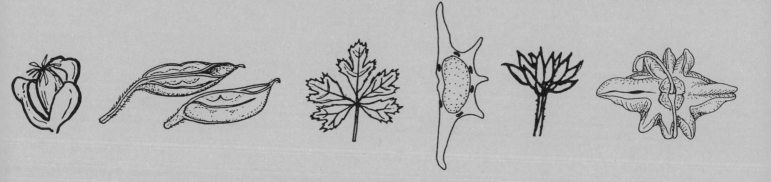

宮崎の植物方言と民俗
草木にまつわる昔からの言い伝え

日本植物分類学会会員 南谷忠志 著

鉱脈社

巻　頭　言

東京大学名誉教授　小石川植物園前園長　邑田　仁

　南谷さんから「宮崎の植物方言と民俗」を出版するので巻頭言を書いてほしいという連絡を受けた。たいへん光栄なことではあるが、浅学の私につとまるかどうかはなはだ不安である。

　南谷さんは倉田悟先生の指導を受け、先生から植物方言を調べることを勧められたということであるが、私は大学の学部生の時、農学部の倉田先生の講義の受講申請をしたものの、結局出席できず、お話を聞く機会がないままに先生がお亡くなりになってしまったのは残念であった。

　その後テンナンショウ属の分類学的研究を始め、現地調査のために多数のテンナンショウ属植物が見られる宮崎県を何度も訪れることになった。どっしりとした南国らしい緑に覆われる宮崎は東京から入りやすい所で、宮崎空港か鹿児島空港でレンタカーを借りて、標本室にある押し葉標本のラベルからおおよその見当をつけた産地をめぐり歩いた。そのうち、宮崎の植物のことは南谷さんに聞いてみるとよいと紹介してもらった。まさしくそのとおりで、その後は何度も穴場を案内していただいた。ツチトリモチの調査でも引き続きお世話になった。

　倉田先生は南谷さんを指導したということであるが、私は駆け出しの学生のまま現在まで、ずっと教わる立場で南谷さんにお世話になってきた気がする。植物はどこにでもあるかもしれないが、その植物をよく理解している人にだけ真の姿を見せてくれる。南谷さんと一緒に歩いているとこのことを実感する。植物学的に興味深いことばかりでなく、その植物が人々とどのようにかかわっているのか、南谷さんの好奇心がこちらにも乗り移ってくるような気がする。植物方言もそのような好奇心をもって収集されたもののひとつであろう。南谷さんに植物方言の収集を依頼した倉田先生には先見の明があったということである。

　皮肉なことに、植物分類学は植物と名前を厳密に1対1に対応させることを目指しており、たったひとつの学名だけが「正名」として認められる。それでも、学名を構成する単語の意味を知ったうえでその植物を見れば、名前の妙ということを感じることがある。ましてや、植物方言はその名前を使っている人々の生活と物の見方を色濃く反映するものである。私は植物方言との付き合いは少ないが、琉球におけるデイゴ（マメ科）の名前には中国名（中国語）の影響が強く現れており、小笠原の植物名にはハワイの現地名に由来するものが少なくなかった。

　宮崎の植物名にはどのような特徴があるのだろうか。本書にまとめられた方言はそれらを使っていた人々の文化の結晶であり、すでに失われようとしていることも含めて、標本室の植物標本と同じようなものであると感じる。興味の異なるさまざまな読者がこれを眺め、読み、調べることで、結晶の価値が次第に高まっていくことを期待するとともに、長年にわたる南谷さんの地道な活動に敬意を表したい。

あなたの古里では、スミレや

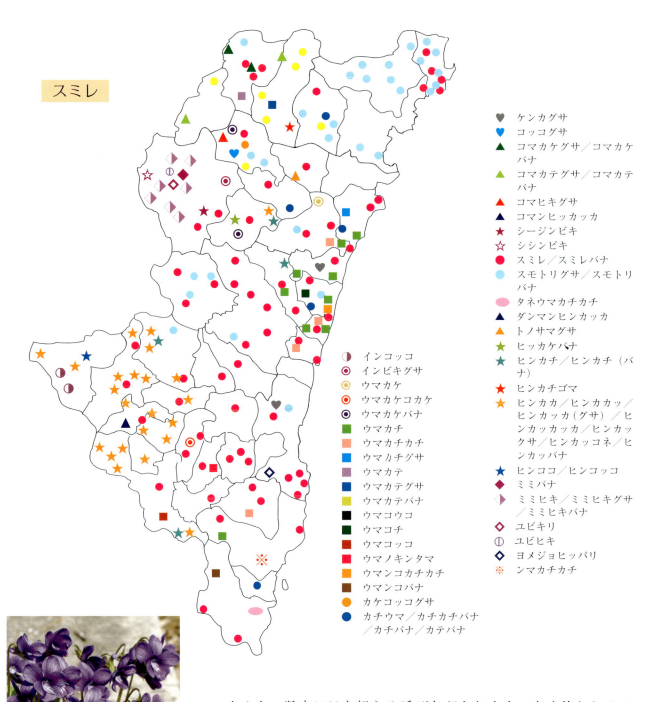

　なんと、県内に60を超える呼び名があります。広く使われるのは、やはり、スミレ。花を絡ませ引き合う遊びから付いたスモトリバナ（クサ）も広く言われています。椎葉村のミミヒキやユビキリも同じ発想でしょう。

　他の地方の名前は何故か、「ウマ（馬）」・「コマ（駒）」が付いています。「ヒン」も馬の鳴き声でしょう。何故、小さな可愛らしい花に、「馬」という大きな動物にかかわる名前がつけられたのでしょうか。

アケビを何と呼んでいましたか？

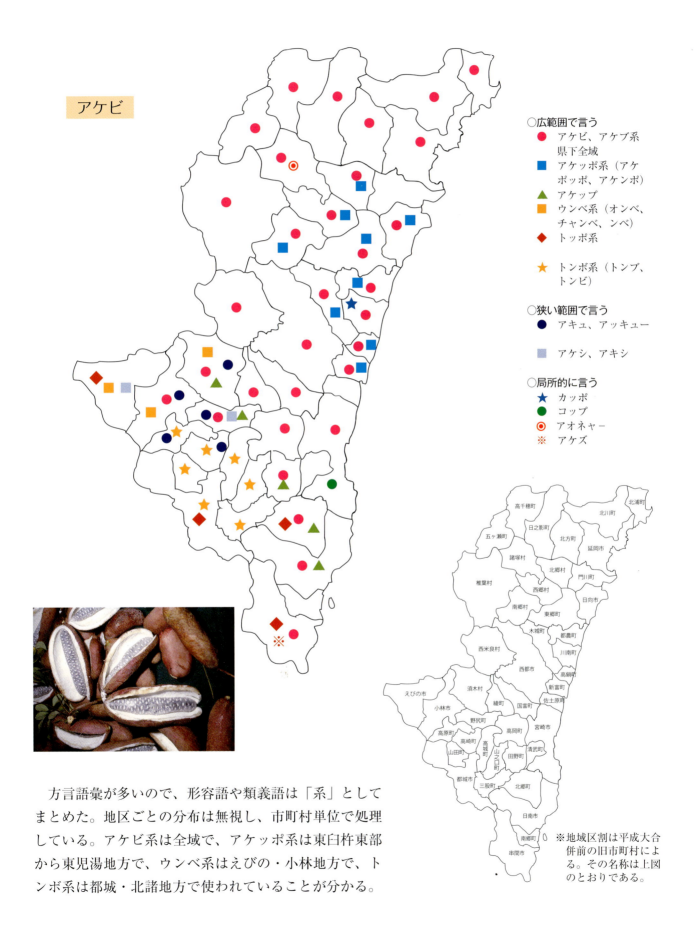

方言語彙が多いので、形容語や類義語は「系」としてまとめた。地区ごとの分布は無視し、市町村単位で処理している。アケビ系は全域で、アケッポ系は東臼杵東部から東児湯地方で、ウンベ系はえびの・小林地方で、トンボ系は都城・北諸地方で使われていることが分かる。

同じ植物で地方によってさまざまの名前が —— 身近な植物の方言

ジャケツイバラ

コッテゴロシ、タカトリイゲ、サルモドシ、ネコノツメ、ムシャケージ、ヨバイギ、ヨネマクリ等　42語彙

オキナグサ

インノコピッピ、ウネコ、オネコヤンボシ、ネコグサ、ユウレイグサ等　25語彙

ネムノキ

アサネゴロ、コウカノキ、コウカンボウ、ネムイギ、ネムリギ、ネムンノキ等　33語彙

エノコログサ

インノコサイサイ、ウネコ、オネコヤンボシ、ネコグサ、ユウレイグサ等　54語彙

スイカズラ

アマチャカズラ、キンギンカズラ、スイスイカズラ、チチカズラ、バンチカズラ等　37語彙

ドクダミ

ガーロンヘ、ガラッパグサ、ジュウヤク、トベラ、ドクダンソウ、ババンシンノグイ等　25語彙

スイバ

ウマサトガラ、ギシギシ、サトガラ、シュイシュイガラ、スイキキ、スイスイ、シコク等　80語彙

クズ

カズネカズラ、カンネカズラ、クズマキカズラ、ゴブリョウ、ジジカズラ等　35語彙

ノブドウ

インガラメ、インガラン、ウシガネブ、オンノメカズラ、ヘビガラシ等　39語彙

この方言の植物は？

　宮崎県の植物方言語彙は多様で、ユニークなものがあります。次の方言は、宮崎県内で呼ばれているものです。どの植物（画像）を指すのでしょう。（答えは本文の植物名参照）

1　①～③は虫の名前のようですが、これらも草木を指しています。

　　①トンボ：都城市・北諸県地方で言います。
　　②ジュクリッショバナ：小林市ではツクツクボウシ（蝉）のことを鳴き声から「ジュクリッショ蝉」と言います。
　　③チンチロチリン：県下で広く言います。チンチロリンとはスズムシのことです。

アケビ

ツユクサ

ヒガンバナ

2　④～⑥はいずれも日本には近年になって入ってきた外来種です。

　　④サイゴウグサ：県内各地で言います。アレチノギクやヒメムカシヨモギも同名です。
　　⑤イワエバアサングサ：イワエさんの名が付いていますが、地区により人名が変わります。
　　⑥ナンポウシュンギク：食べている所があるのでね。

オオアレチノギク

ベニバナボロギク

ムラサキカタバミ

3　⑦～⑨は天候や気象の名が付いています。花の咲く季節が関係しているようです。

　　⑦アメフラシ：待望の雨。農作業の始まりだ。
　　⑧タイフウグサ：葉のシワで襲来する台風の数と時期を占う。
　　⑨ナガシ（ツユ）バナ：梅雨を知らせる花。

チカラシバ

キブシ

アジサイ

4　⑩〜⑫は目が絡んだ名が付いた植物です。

⑩**メヒカリグサ**：東児湯地区で言う薬草の名。
⑪**ネズミノメツクジリ**：鋭い針がある。
⑫**オトメノメンタマ**：雨だれがしても泥はねしない。

アリドウシ

キランソウ

ジャノヒゲ（リュウノヒゲ）

5　⑬〜⑮はちょっと控えたい名ですが、昔の人はおおらかだったのですね。

⑬**ウシノキン**：牛の金そのもの。
⑭**ブタマン**：花の唇弁から付いた名。
⑮**アカチンポ**：ハイノキ科の根に寄生する。

ツチトリモチ

ムベ

クマガイソウ

6　⑯〜⑱は昔の人は観察力が鋭く、発想も豊かだったのですね。いずれも花や実の形から付けられた名前です。

⑯**ジンタンノキ**：実が仁丹そっくり。
⑰**ミコシグサ**：実がはじけると神輿の飾りにそっくり。
⑱**ユビズキン**：花に指を差し込むと指頭巾に。

ゲンノショウコ

ツリフネソウ

コミカンソウ

はじめに

　私が植物民俗に関心を持つように、いや持たねばならなくなったのは、故人の東京大学倉田悟先生との出会いである。農学部林学科の教授であった倉田先生は、専門の林木学の他、森の下草となるシダ植物の分類もされ、多くの新種を発表された。私が発見したヒュウガカナワラビやエビノオオクジャクも倉田先生に発表していただいたものである。先生はかたわらで民俗学者柳田國男の研究もされ、植物民俗学を起こされた方でもある。

　倉田先生に初めてお会いしたのは昭和45年7月26日、薩摩布計（鹿児島県大口市）で行われた日本シダの会九州支部採集会であった。ずぶの素人の私にも懇切丁寧にご指導いただき感激した。

　その後先生とは8回、延べ25日の野外調査に同行した。ある日、先生に「南谷君、日向の植物方言を調べてもらえんかな」と民俗調査の依頼があった。植物分布調査と分類に没頭していた私には、民俗は理科系の者がやるものではないとの自分なりの言い訳をし、本格的には取り組もうとしなかった。それでも、少々の方言採集はそれまでにしていた。

　初めて方言を聞いたのは、昭和44年6月14日の椎葉村小崎。馬口岳を案内していただいた地元の右田秀男氏から聞き込んだ25語だ。倉田先生に便りでお知らせすると、先生には椎葉の方言にことのほか喜ばれたようで、ご執筆の「樹木民俗誌」(昭和50年)にその思いを綴られておられる。「九州へは何回となく足を踏み入れている私であるが、かの椎葉へは日豊線の車窓から、尾鈴山の遙かな山波の彼方に、耳川の水上へと思いを馳せるのみだった。ところが、南谷君の便りが久恋の椎葉の里から、思いがけず、ほのかな植物民俗の香りをもたらしてくれた……」と書き出され、25の方言の解説がなされていた。その後、先生に送った方言は僅か2度であった。

　なんということだろう。昭和53年9月10日、突然の訃報が入った。56歳の若さで、先生は忽然と他界されてしまったのである。胸中には、聞き込みたかった椎葉の植物方言採集行が夢となって去来したのではと、感涙し、悔いた。

　それからは、先生への申し訳なさもあって、精力的に方言採集を始めた。昭和53年9月からの3年間は、発売されたばかりの当時4万円もしたソニー製のミニカセットレコーダーを買い込み、古老たちの生の声を必死に記録した。その後も機会があれば方言収集を続け、40年が経過した。

　最近、つくづく感じるのは、以前なら50代の方でも方言が飛び出したのに、最近では80代の古老でさえも方言が出てこず、もはや、方言収集は不可能となっていることだ。まもなく方言は永久に忘れ去られ、過去の遺産となってしまうであろう。

　本書には、語り部の生の声をそのまま記録している。それは、営営と築かれた生活の知恵であり、地方の文化でもある。自然を敬い、自然と共存し、地球に優しい生き方を目指すのに、これらの記録は多くの示唆を与えてくれるのではと思っている。

　倉田先生との出会いがなければ方言や民俗調査をすることはなかったであろうし、この書も出てはいない。改めて倉田先生に感謝したい。

　本稿をまとめるに当たり、これまでに方言を教えていただいた300名にも及ぶ多くの方々にお礼申し上げたい。また、聞き込んだ方言のデータベース化にご尽力いただいた宮崎植物研究会の赤木康さんに深甚の謝意を表します。

　　　　　　　　　　　　　　　　　　　　　　　　　　　　　　　　　　　　南谷　忠志

目　　次

巻頭言 ………………………………………………東京大学名誉教授　小石川植物園前園長　邑田　仁

〔グラビア〕
　　あなたの古里では、スミレやアケビを何と呼んでいましたか？ ……………………………………… 2
　　同じ植物で地方によってさまざまの名前が —— 身近な植物の方言 …………………………… 4
　　この方言の植物は？ ……………………………………………………………………………………… 5

　　　　はじめに ………………………………………………………………………………………… 7

I　植物方言収集の方法について ─────────────────────────── 13
　　1．方言収集の方法 …………………………………………………………………………………… 13
　　2．方言収集の場所と語り部たち …………………………………………………………………… 13

II　宮崎の植物方言の分布について ────────────────────────── 17
　　1．宮崎の植物方言語彙の分布の特徴はどうなっているか。 …………………………………… 17
　　2．植物種ごとの方言語彙数が極めて多い（豊かなバリエーション） ………………………… 18
　　3．宮崎県だけの固有な方言が多い（豊かな発想） ……………………………………………… 19
　　4．里人は植物方言名を何に目を向けて付けたのか …………………………………………… 19
　　5．参考文献 …………………………………………………………………………………………… 21

宮崎の植物方言語彙

1. 一般植物（野生植物と園芸種） ……… 25

ア行 …… 25		カ行 …… 68	
サ行 …… 112		タ行 …… 142	
ナ行 …… 161		ハ行 …… 175	
マ行 …… 198		ヤ行 …… 215	
ラ行 …… 228		ワ行 …… 230	

2. 農作物の方言 ……… 232

索　引 ……… 237

あとがき ……… 270

[カバー写真について]

　椎葉村不土野神興に在住の椎葉クニ子さん（撮影：平成27年8月：92歳）

　夫の秀行さん（故人）と伝統的焼畑農法を伝承。2005年、国土緑化機構により「森の名手・名人」に選ばれる。

　大正13年に生まれ、10歳の頃から親とともに焼畑をし、その中で豊富な野草の知恵を学ばれたと聞いています。記憶している草木の名は膨大で、96歳の今も名前が飛び出します。筆者は宮崎県内300名の語り部から方言を聞き出しましたが、最も詳しかったのがクニ子さんで、3回も訪ねて聞き込みました。

　ペン画はヒュウガセンキュウの花の拡大。

宮崎の植物方言と民俗
草木にまつわる昔からの言い伝え

Ⅰ 植物方言収集の方法について

1．方言収集の方法

　本書に収録した方言の収集は、東京大学農学部林学科教授の倉田悟先生が亡くなられた1978年からの3年間に土曜日の午後から日曜日に精力的に収集したものが、ベースとなっている。収集した方言語彙は基本的に現地に赴き、野外で出現した植物の方言を聞き込み、マイクロカセットに収録した。しかし、時間不足で効率を上げたい時や天候が良くない際は、室内で図鑑を開き見ていただき、その植物の特徴を説明しながら聞き込むこともあった。

　収録した植物種は792種、方言語彙数は6,077になった。ここにまとめたもののうち、筆者自身が足で稼いで収集したものが9割以上となっている。ほぼ1割は後述の信頼できる文献から引用した。県内の市町村史にも地元の方言として僅かながらページを割いてはいるものの、残念ながら執筆担当者が聞き込んだものではなく、文献からの引用がほとんどである。中には、文献の同一郡内の他町村のものを自分の町村の方言として掲載したものもあり、引用できないものが目立つ。したがって、多くの市町村史を調べたが引用に至っていないものがほとんどである。

2．方言収集の場所と語り部たち

　聞き込んで方言を教えてくださった方には基本的に日付と名前・年齢を控えていたので記録した。うっかりメモを忘れたものは一部の情報が欠けたり、地区名だけの記載もあるが、聞き込んだ市町村名と地区名、聞き込んだ方の氏名・当時の年齢と年月を以下にまとめた。ある方言名が「いつ」「どこで」「だれが」回答されたかを読み取れると思っている。

　これらの語り部の多くは既に亡くなられていると思われる。早くまとめねばと気になってはいたものの、公表が遅れに失したことをお詫びしたい。ご冥福をお祈りいたします。

　以下は【市町村名】ごとに地区名（収録の年月：語り部・年齢）の順となっている。なお、市町村名は平成の合併以前の、当時のままである。

[高千穂町] 岩戸（1978.10：甲斐シズエ・70、佐藤湛吾・69）、上野（1978.10：坂本ミワ・50）、押方（1978：佐藤貞美・80、押方妙子44、興梠隆・53、佐藤明）、鬼切畑（後藤一枝・46）、河内田原（1978.10：内倉富夫・59）、下野（1978.10：佐藤ミツエ・58）、三田井（1978.10：堂園秋蔵・43、福嶋辰夫、花田マス）、向山（1978.10：飯干賀一・63、甲斐妙子・40）

[五ヶ瀬町] 赤谷（1978.10：佐藤満男）、東光寺（1979.10：藤川周子・42、興梠信義・42）、波帰（1979.10：造隼・68、秋本リツ子、1992.10：秋本繁勝・75、岡田正広・39、秋本治）、鞍岡広瀬（1992.10：通りかかりのお婆ちゃん）、桑野内（1978.10：綾オトヨ・75）

[日之影町] 八戸星山（1978.10：新名タミノ・67）、舟の尾（1993.6：津隈金松・80）、新畑（1993.3：甲斐ケサト・72、甲斐勝芳・75、甲斐由紀夫・77、佐藤キノエ・65）、一の水（1993.3：田崎一郎・78、田崎ハルノ・70、一水丸男他）、後梅（1978.10・1993.3：河野緑・56、河野繁栄・56）、中間畑（1993.3：甲斐久雄・88、甲斐哲雄・74）、見立（1972.5：矢通輝男、1978.10：藤川トヨカ・84、川上高喜・50）、見立水無（1977.7：甲斐肇、戸高武重・72）、戸川（1998.11：戸高ケサフミ）、鹿川（1993.3・1997.6：平川又一・72、脇坂忠・75）、見立煤市（1993.3：吉田憲一・65、川上高喜・54、長岡正頼・81）、岩井川（2017.1.30：甲斐義孝）

[北方町] 上鹿川（1979.3：立山ツマ・80、岡田浦太郎・80）、二股（1993.3：松田進・69、甲斐好美・87）川水流（1979.3：男性・50代）、久保山（1979.3：柳田ひとし・70）、下鹿川（1979.3：小長賢二・63、上田敏・37）、槇峰（1979.3：女性・50代）

[北川町] 八戸（1979.3：女性・50代、1993.2：山名美千代・65、小野占男・78）、上祝子（1977.4：小野如月、小

野宇吉)、葛葉(1979.9：片岡右男・72、1981.8：男性、1993.2：児玉大三郎・78)、熊田(1979.1：佐藤銀夫・71、1979.3：男性・50代)、俵野(1993.2：矢野)、上赤(1993.2：矢野武士・72、矢野千代・65)、瀬口多良田(1993.2：治久丸春光・79、治久丸ヨシノ・72)、陸地(1993.2：小野忠幸・62、小野ミサコ・62)、松瀬(1978.11：森順子・42)

[北浦町] 阿蘇(1993.2：澤部歳一・69、日高清明・74)、市振(1979.1：塩月万五郎・83、1993.2：松比良善吉・71、森治平・81、河野喜太朗・72、)、直海(1979.2：岩崎清吉・84、岩崎喜一・65)、古江(1979.2：河野栄、1978.10：工藤ソヨ・73)、三川内歌糸(1981.8：小田なみよ・43、鶴永郁子・43)、三川内大井(1993.2：白瀬満・73)

[延岡市] 土々呂赤水(1979.4：日高勝義・52)、浦城(1979.1：女性・45、1979.1：女性・70、1979.1：佐藤奈良夫・71、松川政之・75、山部強・73)、宇和田(1993.2：男性)、小野(1979.4：尾崎シゲ・61、山名まさえ・60、山田幸子・43)、熊之江(1993.2：中川一重・68、坪田金重・72、水脇喜代茂・72)、黒岩(1979.3：女性・50、1993.2：男性)、島野浦(1979.1：山本恵才・45、1979.2：山本忠夫・45、1993.2：塩谷寅吉・66、河野重彦・71、淡野寿克・62、井戸口スミ子・80、岩佐徳蔵・74)、須美江(1993.2：牧野元重・58)、恒富、初田、松山(1978.10：甲斐ユナミ・63)、南方、安井(1993.2：田中清盛・62)

[椎葉村] 十根川仲塔(1979.10：黒木アサエ・67)、胡摩山(1979.10：黒木磯治・57)、大河内(1977.7：中武政蔵、1979.10：旅館の主)、尾崎(1979.10：黒木平作・80)、尾手納(1970.8：甲斐義継の父、1979.10：甲斐忠作・89、椎葉寿円・66)、尾前(1978.5：椎葉酒店の奥さん、1979.10：一政、甲斐、一枝)、尾向日添(1991.9、1997.1、2003.：椎葉クニ子・秀幸)、小林(1972.7.28：椎葉善市・38)、戸屋の尾(1997.1：那須芳蔵)、倉の迫、小崎(1969.6：石田秀男・40代)、不土野(1978.5：50歳代女性、1979.10：森山マサエ・64)、松尾(1997.1：那須重喜・43、松岡忠)、栂尾(1997.2：黒木貞男・84、黒木喜代子・61)

[諸塚村] 七つ山奥村、荒谷黒原(早瀬正雄57)、黒葛原(奈須宏)、七つ山飯干(1978..：山崎タキノ・62)、七つ山小原井(2009.6：岡田続)、七つ山立岩(甲斐芳雄・67)、七つ山矢村(60代男性)、古園(40：女性)

[北郷村] 入下(1979：岡田進・76、藤下良市、藤本進、甲斐六)、坂元(1979.10：石田沢衛門)、宇納間(40代女性二人)

[西郷村] 小川(吉田直(77)、山須原(森崎佐市76才)、和田(1979.10：60才代男性)

[南郷村] 上渡川門田(1979.10：西村弥三郎・61、立山ツマ・83、岡田浦太郎・80)、榎の越、鬼神野(1979.10：久保繁幸・45、1997.2：高見旦次・70)、神門名木(甲斐仁・50)、中山(炭材切り中の夫婦・40代)、水清谷(1979.10：上田フサ・66、末永許斐)

[東郷町] 追野内(1979.10：黒木武平・75)、坪谷(1970.11：富山貞夫・44、三浦正一・44、1979.3：矢野均・80)、西林山(1971.2：酒井今朝吉・73)、寺迫(黒木弥一・70、海野寿美子・41)、福瀬、坪谷久居原、羽坂(1979.3：女性)

[門川町] 庭谷(1969：山仕事中の男性、1971.1：松本米吉・54)

[日向市] 幸脇(1970.3：島田君枝・45)、高松(黒木寿・67、橋口・80)、田の原(1983.11：黒木義男・68、黒木巌・49)、長谷(1997.10：黒木正一)、富高、畑浦(柏田茂三郎)、飯谷

[西米良村] 板谷(1977.4：奈須エン・83、余瀬エン・78)、小川(1992.8：浜砂定廣夫婦、1979.11：浜砂徳次・62、1979.11：浜砂幸栄、1979.11：土持みとし・74、金丸文明)、尾股、田無瀬(1979.1：中嶽藤太・78)、村所、八重、横谷、横野(1979.11：小河猪元・79)

[西都市] 三財水喰(1980.11：鈴木勝久・70)、尾八重(1981.8：黒木政秀・55)、大椎葉(1997.2：男性・70)、銀鏡上揚(1980.11：河野開・52)、都於郡、東米良中尾(1980.11：浜砂正人・43)、瓢丹淵、穂北下津々志(1979.3：黒木松造・78)、三納長谷(斉藤重信・70)

[都農町] 今別府、川北(長友緑・41、河野有義・66)、川北、今別府、木和田(1989.3：河野朝則)、心見(堀内富・69)、東都農、細(1979.4：黒木杢蔵・67)、牧平

[川南町] 内野田、下原土、白髭(1980：酒井暁・78)、木和田(平田(西))、多賀(長友千鶴子・66)、唐瀬原(安藤マス・70)、通山(三浦)、名貫(広田秀雄夫婦)、野田原(岩切貞夫)、比田(1977.8：甲斐隆夫・60、長友千鶴子・66)、細(1979.4.29：黒木杢義・67、黒木アサエ・74、本部オトメ・63、河野みつる・65、1979.3：矢野

均・80)、牧平(1979.3：牧平ケサエ・74)、込ノ口(1979.3：河野トメ)

［木城町］石河内(1980.11：十住常一・90、江藤睦美)、岩渕(1979.10：杉田弘・73、1980.7：荒川さん・65)、川原、高城、中之又(塊所：中嶽忠男・45、中野：1997.2：都甲英吉・82、黒木卯吉夫婦・74、阿倍岩雄夫婦・78)

［高鍋町］上江(坂本寿・55、森懇)、持田鬼ケ久保(1980.8：岩切政夫・70)

［新富町］上富田(宇都宮恵・45)、鬼付女(1979.3：倉永竹則・55)、新田(関浩志・43)、上新田(巽)、日置(1979.3：永友チトセ・78)、湯ノ宮(1979.3：白河)、富田(1980.：永友女性)

［綾町］上畑(1979.7：有村国男・69)、竹野(1979.7：外山俊夫・62)、北俣(1993：北岡隆)、入野(2000.11：木下勝實・73)

［国富町］八代北俣中別府、八代南俣川中(1979.7：上井畩義・47、上井ひとし・76)、籾木(70代女性)

［高岡町］法ケ代(1979.6：女性2人)、柞木橋(1979.6：50位男性)、和石(前田律雄、千鳥)

［佐土原町］上田島(荒川)

［宮崎市］青島白浜(.1979.12：黒木右平・75)、曽山寺(19779.10：松田次男・46)、生目柏原(藤中宗国・42)、内海野島(1979.1：島野清一・63、島野サツエ・56、上川安夫・53)、瓜生野、折生迫、木花(佐藤栄吾)、山崎町江田(1979.12：川越かずえ・69、川越夏子・64、1979.5：川越勇、金丸昇・50代男性、関谷義雄・65、厚地源太・83)、塩鶴(1980.8：蛯原清・74)、城ケ崎(1978.8：吉尾八千代)

［田野町］内八重(1979.1：内八重義盛・65)、片井野(1979.1：谷口政市・75)、堀口(1979.1：河野昇・62)、柞木橋(1979.6.10・50代男性)

［えびの市］上江(蕨南)、加久藤榎田(赤川ユカ、山口長徳)、加久藤尾八重野(1979.11：男性・50代)、加久藤白鳥(竹之内)、加久藤長江(永田)、霧島開拓地(1979.10：作業中の男性)、真幸(1977：田方・女性、平田美津子、新屋辰夫・50)、真幸内堅(田代初、田代チカ)、京町(児玉アサエ・65、有原広夫・42、田中義継)、真幸島之内(中津ひで・65)、飯野(1975.7：柚木秋光)、飯野大河平(斉藤)、末永、飯野鍋倉

［小林市］永久津、大出水(1977.6：押領司・56、1979.11：男性・60代)、木浦木(八泥正男)、北西方忠臣田(1979.3：藤崎・女性・50代)、東方池ノ上(1978.4：女性・70代)、西小林(永野、藤崎・50：女性)、東方山代(1979.2、1979.3、1979.5：大口義則・78)、細野(志戸本次助、田代美成、吉元キヨ)、南西方窪谷(1979.11：男・60)

［須木村］九々瀬(小藤田)、夏木、内山(1979.2：針山兼義・55、白尾治利)、田代ケ八重(1979.2：黒木袈徳・80)、堂屋敷(1979.3：楢木初次・60、楢木ふみ・56)、奈佐木(1979.12：斉藤ただし・59)

［野尻町］角内(1978.4：林春美・63)石瀬戸、今別府(川上：男性)、紙屋、栗須、麓(横山宏、永迫敏、永峯数夫)

［高原町］湯之元、後川内(1979.6：大浜・64、久徳：女性、奥かずお・69、中別府・67、温水・68)、狭野(1979.3.：松坂督亮：狭野神社宮司、1979.3：富田光三・73、1979.6：山崎しげゆき・72、日高久雄・62)、蒲牟田(1977：福元孝一の両親)、並木(前原テル)、広原(原田ユキノ・86)、高原(久保田、田上政勇喜、上野さみ)

［高崎町］蔵元(1979.7)、田中、笛水(1979.3：竹元芳雄夫婦・67)、日向前田(1979.3：山川求・49)、日向前田旭台(1979.12：本一夫・62)

［高城町］四家(1979.11：井上清盛・67、秋嶺・68)、有水田辺(1979.7：渡辺スサノ・83)、有水七瀬谷(1979.7：高山敬三・70)、有水岩屋野(1979.9：50代夫婦)、有水八久保(1979.7：年配の女性達)

［都城市］荒襲(1979.5：今里善次・82、黒木いさお・68)、石原、五十市、安久(1981.2：温水政則・76)、上安久(1981.2：花房靖徳・65)、牛の腔(1979.5：村田キヨ・88、1979.12：66歳の女性)、志比田(益丸ヨシエ・58)、中郷、夏尾高野町(1979.11：60代の男性)、夏尾(1979.11：50代の女性、福栄郁男・42、有馬岩夫・42)、平塚(1981.2：益留益夫・80)、御池町(1979.5：吉川九州男・44)

［山田町］石風呂(1979.12：50歳代の男性)

［山之口町］上富吉(1980.2：西久保かおる・81)、五反田(1979.3：中嶋・66)、麓古大内(1980.2：大迫才蔵・80)

［三股町］長田(1980.2、1981.3：渡辺国市・72)

［北郷町］大戸野、宿野（1981.2：岩切栄・68、田代千秋、壱岐カズオ）、河原谷、黒山、広河原（河野寿平・76）、板谷（女性・60代）

［日南市］吾田（谷口正行）、上白木俣（1980.8：斉藤初雄・68）、鵜戸（1970.3：平下与平・61、1979.1：後藤ひでお、1979.2：松浦新作・87）、大浦（1979.1：50歳代男性）、大堂津（河野幸平・80）、飫肥（1979.3：松阪智亮）、小吹毛井（1970.3：永友寅畩・69、1979.2：長友作郎・72）、細田（金丸文吾）、松永、南平、宮浦（1979.1：和田正四郎・64）、日南市（湯浅）

［南郷町］谷之口（78：女性）、榎原、大島（1997.10：）

［串間市］市木（2008.3：井上一博、南井正利・54、1979.2：時任勤・49、舟井正利・54、1997.6：三戸サツエ）、今町（1979.2：岩下・70）、大平（1979.2：津曲たねあき・60）、大矢取（1981.2：岩切栄・68）、北方羽ケ瀬（1979.2：岩下）、金谷（1979.2：50代女性）、高松（1979.2：40代女性5名、1981.2：税田勇・72、加藤花代・72）、都井黒井（1979.2：門川和之助・73）、大納（1979.2：60歳代女性、都井岬、本城（1979.2：熊田原盛明）、真萱（1981.2：田中潮・76）、笠祇（1997.3：鈴木もりみつ）

Ⅱ 宮崎の植物方言の分布について

1．宮崎の植物方言語彙の分布の特徴はどうなっているか。

　一般の事象の方言分布については次のようになっているようである。
　宮崎弁は大別して２種あり、広く宮崎県で使われている「豊日方言」に分類されている**日向弁**と、県南西部の都城・北諸地方、えびの市、小林・西諸地方一帯で使われている「薩隅方言」に分類される**諸県弁**がある。都城市周辺はかつて薩摩藩島津氏の統治下にあったことに起因する。豊日方言に分類される日向弁の中でも、北部の五ケ瀬町には熊本東部の方言が入り、椎葉村や西米良村には熊本県南部方言が入っている。延岡市北浦町には、豊前・豊後の方言の影響がみられる。

　諸県地方の北諸・西諸・東諸では薩隅系の方言である。小林市須木村は日向方言に近い。東諸は、諸県方言と日向方言の中間地帯となっている（岩本実　1983）。とあるが、植物方言分布からも同じことがいえる。
　たとえば、アセビの方言では［図１］大分や熊本で使われるヨナバは西臼杵で、エナバは東臼杵や西米良村で、また、鹿児島で使われるヒガンギ系は西・北諸地方の全域で使われている。他の植物でみても**表１**のとおりである。
　それでは、宮崎の方言語彙の特徴と語彙数はどうなっているのだろうか。「日本植物方言集成」（2001　八坂書房）を参考に分析してみたところ以下のようなことが分かる。

［図１］アセビの方言分布図（南谷）　　アセビ

［表１］独特な方言を使用する宮崎県での地域と他県での地域

宮崎の方言名（和名）	宮崎県の使用地域	大分県の使用地域
アメフラシ（キブシ）	西臼杵地方	宇目・緒方町、大野市
アワセ・アオシ（ヒガンバナ）	日之影町・北方町	日田方面
チョウメイ（エゴノキ）	北川・北浦町	大分南部
	宮崎県	熊本県
ヨネマクリ（ジャケツイバラ）	西諸地方	球磨郡：ヨネムクイ
オオシ（ヒガンバナ）	椎葉村	球磨郡：オシノハナ
スズメカズラ（スイカズラ）	椎葉・西米良村	球磨郡
スイクキ（スイバ）	東・西臼杵地方	球磨地方
	宮崎県	鹿児島県
コッテゴロシ（ジャケツイバラ）	西諸・都城地方	薩摩地方
アキュ（アケビ）	西・北諸地方	薩摩地方
ヒンカッカ等「ヒン系」の名	西・北諸地方	薩摩地方
ガラッパグサ（ドクダミソウ）	西・北諸地方	薩摩地方
アサネゴロ（ネムノキ）	西・北諸地方	薩摩地方
ヨダレクイ（ナンバンギセル）	西・北諸地方	薩摩地方

２．植物種ごとの方言語彙数が極めて多い（豊かなバリエーション）

　一般事象での方言語彙数について、松永修一（2009）は以下のように述べている。

　明治になるまで宮崎県は薩摩藩の領域とその他の小藩に分かれていた経緯があること、および山間部が多いといった地理的状況によって、宮崎県における在来方言は豊かなバリエーションを有していた。他府県と違い、県庁所在地の宮崎市は明治になってから何もないところに新たな街をつくり、そこから少しずつ出来上がった。宮崎県としてのまとまりの弱さは宮崎市にプレステージがなかったことによるのではないだろうか。薩摩藩域には都城、県北には延岡といった、伝統もあり文化の発信も行っていた都市があったがために容易に宮崎市中心にシフトすることは困難だったろう。

　宮崎の植物方言でも、全く同様のことが言えそうである。

　植物の種別の方言語彙数が各県でどのように違いがあるのかを手持ちの文献で拾ったのが、［表２］である。熊本（乙益正隆：1998）、大分（小野孝：1989）、鹿児島（内藤喬：1964）、および山口県（見明長門：1999）との比較である。対象種は、方言語彙が多いと予想される身近な植物で、何らかの形で人々の生活に関わりをもつものを取り上げた。その関わりは子供の遊び・おやつ、救荒時の食料、薬用、民間行事や用具・建築用に使われるものなどである。

［表２］植物種ごとの各県の方言語彙数

種　名	関連事項	宮崎県	熊本県	大分県	鹿児島県	山口県
アケビ	おやつ・子供	68	46	9	25	16
スイバ	おやつ・子供	80	36	13	7	31
スミレ	遊び・子供	66	49	2	14	12
ジャノヒゲ	遊び・子供	72	63	16	6	63
エノコログサ	遊び・子供	55	40	10	5	18
クズ	食用（救荒食）	35	31	5	15	17
ウラジロ	年中行事	28	16	4	15	9
ユズリハ	年中行事	36	16	10	10	9
ドクダミソウ	薬用	25	19	15	18	40
アセビ	農薬・鑑賞	36	26	10	3	39
ヒガンバナ	いろいろ	37	18	13	3	72
ネムノキ	用具	34	35	8	10	16
アラカシ	用具・建築	16	16	8	6	15
イスノキ	用具・建築	26	38	7	4	11

　この数値から分かることは、宮崎県がほとんどの種で圧倒的に方言語彙数が多いことである。

　この理由として考えられることは、一つには方言提供者が大分県は74名、熊本県は104名に対し、宮崎県は約300名で、当然ながら語彙数が多くなると考えられる。また、前記したように、宮崎県は深い山間部が多く、広域的な交流が弱く、集落ごとに異なった方言が生まれたという地理的な要因も見逃せない。

　子供の遊びやおやつに使われるものは、子供たちの豊かな発想から方言が生まれると思われ、各県とも語彙数が多い。それに対し、年中行事や民間薬等は大人しか使う機会がないので語彙も乏しくなると考えられる。特に用具や建築材料に使う樹木はもっぱら男たちの世界で生まれるので発想も乏しくなるし、交流も広域的になって、他集落と共通の呼び名となるので、方言語彙数が少なくなると思われる。

　宮崎の方言語彙数がいかに多いのか、全国（日本植物方言集成：2001）と比較しても次のようになっている。

　ノイバラ（バラ科）では、全国に56語彙が記録されているが、宮崎県では46ある。タデ科のママコノシリヌグイでは全国に24、宮崎に26。アケビ科のアケビは全国に67、宮崎に68。ムベは全国で22なのに宮崎には73もある。おや！ちょっとおかしいのではと首をかしげる方もおられよう。全国区のこのような書には宮崎県の情報が文字となって発信されることが少ないので、搭載されていないからである。

狭い西都市だけをみても、ヒガンバナのことを、銀鏡や大椎葉では「トウズミラ」、三財や都於郡では「ジゴクバナ」、中尾では「ヒガンバナ」といい、地区ごとに異なっている。

　参考までに、植物以外の方言について、隣県との語彙数を「日本言語地図」(1983)で調べてみると以下のように、やはり宮崎県の方言語彙数は多いようである。

　「肩車」は、宮崎県ではテングルマやビビンシャンコ等28、鹿児島県ではビビコやビンズイ等12、熊本県ではカチャ等32、大分県ではビビクンやベベコ等13がある。

　「カマキリ（昆虫）」は、宮崎県ではショロウマやカンチョウライ等26、鹿児島県ではオンガメやオンガマッシュ等9、熊本県ではオガメやオガンタロー等19、大分県ではチョーレンやオガモ等16がある。

　「お手玉」は、宮崎県ではオジャミやチュンガンコ等19、鹿児島県ではテダマやチョロジュ等25、熊本県ではオジャメやシャコ等16、大分県ではオシトやオサシ等18がある。

3．宮崎県だけの固有な方言が多い（豊かな発想）

　宮崎県は小藩乱立と地理的要素が原因で語彙数が多いことは先に述べたが、もう一つ特徴がありそうである。豊かな発想でつけられた名が多く、宮崎県だけでしか使われない固有な方言が極めて多いようである。例を挙げると、花の蜜を吸うスイカズラの方言は宮崎に63あるが、そのうちの23は宮崎だけの固有な方言である。スイバでは80のうち43、スミレでは66のうち45、ヒガンバナは37のうち25、ミゾソバは40のうち26、ユズリハは36のうち25、ムベは72のうち62が、またアケビでは68のうち63が宮崎県固有の方言となっている。

　なんと、宮崎県で使われる方言は多くの植物で半分以上が固有のようで、9割以上が宮崎県固有という植物もある。

　最後に、おもしろい固有な方言を紹介すると次のようなものがある。

・ジュクリッショ（ヒガンバナ）
・ヨメジョヒッパリ・タネウマカチカチ（スミレ）
・ビキノノドコサギ（ミゾソバ）
・タイフウグサ・シケグサ・ツナグサ（チカラシバ：台風占いから付けられた名。宮崎では各地で台風占いに使うが、他の県ではやらないようである）
・ヨダキノキ（ミミズバイ）
・ウシノキン（ムベ）
・ヨバイギ・ヨメノスソマクリ（ジャケツイバラ）
・バンチカズラ（スイカズラ）
・メヒカリグサ（キランソウ）
・シラミノキ（アセビ）
・インノコピッピ（オキナグサ）
・イッショウビン・トックリグサ（ギンリョウソウ）
・アブリダシ・エカキシバ（タラヨウ）

等、きりがない。これらの語源由来は本文をご覧いただきたい。

アブリダシ・エカキシベ（タラヨウ）　　ビキノノドコサギ（ミゾソバ）

4．里人は植物方言名を何に目を向けて付けたのか

　目の前にある名のない植物を呼ぶために、何らかの名（方言）を付けることになる。その名前（方言）は、その植物の目立った形態的特徴や草花遊び・生活への利用などを背景に、里人らしい視点で付けているようである。

以下にその視点をまとめたが、標準和名はカタカナで、方言名は平仮名で表記している。

① 植物の外見から

・花の形状や色が何かに似ている

「らっぱばな」（ツクシヤブウツギ）・「ちくおんきばな」（アマリリス）・「ちょうちんばな」（アセビ・エゴノキ）：花がラッパや蓄音機・提灯に似る、「にぎりめしばな」（アジサイ：花の集合が握り飯に似る）、「こめばな」（オトコエシ）・「あわばな」（オミナエシ：集合花は目立つが一個一個の花は粟粒や米粒のように小さい）、「いぬのしっぽ」（エノコログサ・オカトラノオ：花穂が尾に見える）、「きんぎょばな」（ヒメヒオウギズイセン）、「きんぎんか」（スイカズラ：花の色が黄と白）等がある。

・葉の形状が気になって

「のこぎり」（タラヨウ：鋸歯が鋸）、「ちからしば」（ナギ：葉が丈夫でちぎれない）、「あさねごろ」（ネムノキ・クサネム・カワラケツメイ：睡眠運動で早朝も葉をたたんだまま）等がある。

・葉や茎に出るトゲや針は、触れたとたんに激痛が走るのでインパクトが強い

「いらくさ」（イラクサ・アカネ・ママコノシリヌグイ）、「いげ」（ノイバラ）、「よめのしりぬぐい」（アキノウナギツカミ・ママコノシリヌグイ）等がある。

人でなく動物にも痛そうなので、「びきのつらかき」（アキノウナギツカミ、「いぬのしりさし」（アザミ・アリドウシ）、「ねずみのめつくじり」（アリドウシ）等がある。

もっと厄介なものには獣もいやがりそうなので、「さるもどし」・「ししもどし」（ジャケツイバラ）となる。

・材の性質にはかなり眼をむけている：

材が硬いものには、「かなもどり」（アデク）、「なたはじき」（ウバメガシ・バイカアマチャ）といい、材が軟らかいものには「いもくそ」（オガタマノキ・クロガネモチ・コシアブラ）にいう。ナタで割るときに真っ直ぐ割れずにどうしても斜めに割れるものには「ななめのき」（クロガネモチ・ナナメノキ・アオハダ等）に付ける。

② 生活への利用から

・草花遊び：

もっぱら子供たちが名を付けているのだろうが、ユニークで愛らしい名が多い。

「さるのふえ」（イスノキ）・「ぴーぴーまめ」（カラスノエンドウ）・「しびびー」（マサキ）等は笛遊びから。「ぱっちんばな」（アセビ）・ぺんぺんぐさ（ナズナ）・「ぱんぱんぐさ」・「たんたんば」（カラムシ）・「しゃみせんいと」（カニクサ）等は音だし遊び。「めつっぱり」（セキショウ・アカメガシワ・ユズリハ）・「すもとりばな」（スミレ・ムラサキカタバミ）・「べろはすんのき」（イヌガヤ：種をベロに吸い付ける）・「ゆびずきん」（ツリフネソウ）・「かざぐるま」（クチナシ）・「すいしゃばな」（オドリコソウ）・「ねこじゃらし」（エノコログサ）・「あぶりだし」・「えかきしば」（タラヨウ）・「ゆびわぐさ」（ノシラン：指輪）・「ぜにぐさ」・「ぜにごけ」（マメヅタ：ままごと遊びのお金）・「てっぽんたまのき」（マンリョウ・ヤツデ）等々ときりがない。

・薬効：

人の病を治すので、「いしゃいらず」（キランソウ・ゲンノショウコ）や「めひかりぐさ」（キランソウ：病が治って眼が輝く）等の名を付けているが、薬用でなくとも「しらみのき」（アセビ）・「はえごろし」・「へごろし」（ハエドクソウ）・「おはぐろのき」（ヌルデ）・「ふのりかずら」（ビナンカズラ）等の名もある。

③ 季節にむすびつけて

歳時・農事暦等の季節変化や気象現象と開花時期を重ねて名前を付けている。

「ふっだしばな」（ニワトコ・コブシ：花が咲くと春が吹き出す＝ふっだす）・「てんきんつつじ」（ヒュウガミツバツツジ：異動による転勤期に咲く）・「あめふらし」（キブシ・アサガラ・ツクシヤブウツギ：花が咲く頃に春の長雨）・「ながしばな」（アジサイ：ながし＝梅雨入り）・「しけぐさ」（チカラシ

バ：時化＝台風を占う草）等がある。

④作物の植え時期にちょうど花が咲くので

「いもつつじ」（ツクシアケボノツツジ・オンツツジ）・「いもうえつつじ」（ツクシコバノミツバツツジ・フジツツジ）・「おまきつつじ」（ヤマツツジ：お＝麻の種まき）・「むぎつつじ」（ヤマツツジ）等がある。

⑤臭いが気になって名前になる

- くさい臭いがする

「とべら」（ドクダミ・ハマクサギ）・「がらっぱぐさ」（ドクダミ）・「がおろんへ」（ハンゲショウ）・「へのき」（ハマクサギ）・「しょうべんのき」（フウロケマン）等がある。

- 何かの臭いがする

「しょうがのき」・「じんたんのき」（タムシバ）・「しょうがふじ」（マツブサ）・「きゅうりば」（ヤハズアジサイ）・「すいかぐさ」（ワレモコウ）等がある。

⑥帰化植物にも名前を付ける

- 「さいごうぐさ」・「ちんだいぐさ」（アレチノギク）・「しゅうせんぐさ」（ベニバナボロギク）のように繁殖力が強く、いかにも雑草的なものには、入ってきた時代背景を名前に付けている。
- 「いわえばさんぐさ」（ムラサキカタバミ）のように、広がりすぎて迷惑な雑草となるのだが、花が綺麗なので、村に初めて持ち込んだ人の名前を付けている。

ツリフネソウの「ゆびずきん」

タラヨウの「あぶりだし」

5．参考文献

平部嶠南	1929	日向地誌	青潮社
鷹野周道	1939	霧島の研究	
倉田　悟	1962	樹木と方言	地球出版
倉田　悟	1963	日本主要樹木方言集	地球出版
内藤　喬	1964	鹿児島民俗植物記	鹿児島民俗植物記刊行会
倉田　悟	1967	続樹木と方言	地球出版
南谷忠志	1969	奥日向の植物方言メモ　ふかのき4号	日南植物友の会
南谷忠志	1971	坪谷地区樹木方言　しだのこ6号	富島高校生物部機関誌
南谷忠志	1972	奥椎葉御池調査　ふかのき11号	南植物友の会
倉田　悟	1975	樹木民俗誌	地球出版
倉田　悟	1976	原色日本林業樹木図鑑（全5巻）	林野庁
南谷忠志	1979	やまね10号－西諸・小林地方の動植物方言調査報告－	小林高校生物部機関誌
日本大辞典刊行会	1979	日本国語大辞典	小学館　東京
国立国語研究所	1983	日本言語地図	大蔵省印刷局　東京
平田正一	1983	宮崎県植物誌	宮崎日々新聞社　宮崎
岩本　実	1983	宮崎の方言　講座方言学9－九州地方の方言－	図書刊行会　東京
南谷忠志	1987	権現崎の植物	日向市教育委員会
小野　孝	1989	大分県の植物名方言　新版大分県植物誌	大分県植物誌刊行会
南谷忠志	1991	えびの市の植物～えびの市史資料編	えびの市
徳川宗賢他	1994	椎葉のことばと文化	宮崎日日新聞社

都城盆地植物愛好会　1995　都城盆地及び周辺の植物　共栄出版
乙益正隆　1998　熊本県植物方言と民俗　人吉市
見明長門　1999　山口県の植物方言集覧　見明好子　里山自然誌の会
日之影町　1999　日之影町史資料編1：自然　日之影町
八坂書房編　2001　日本植物方言集成　八坂書房　東京
金古弘之　2002　岐阜県の植物方言
米倉浩司・梶田忠（2003－）　BG Plants 和名－学名インデックス（YList）．
日向市史編さん委員会　2007　日向市史－自然編　日向市
松永修一　2009　言語地図から見る宮崎方言のいま、アクセント史資料研究会［編］（通号 5）　p.111～131

宮崎の植物方言語彙

凡　例

1. 掲載順は種の和名と種内の方言名は五十音順となっている。しかし、近似種については五十音順でなく、まとめている。
2. 農作物の方言は最後尾にまとめている。
3. 方言が使われている地域名は平成大合併前の旧市町村名を当て、県北から県南の順になっている。また、（　）内には、各市町村の中での地区名をアイウエオ順に記している。

4. 【コメント】には地区名の後にある①②……は語り部が言われたことを書いている。
5. 【ノート】には、筆者が方言語彙の由来、気付いたこと、考えついたことをメモした。特に、方言語彙の語源由来については古語辞典まで開き、できるだけ自分なりの考察を試みた。
6. 学名は「米倉浩司・梶田忠(2003-)「BG Plants 和名－学名インデックス」(YList)．から引用した。科名は新分類法のAPG式を採用している。
7. 引用した参考文献の前には※印を付している。文献の略号は以下のとおりである。

　　　　都盆：『都城盆地及び周辺の植物』(1995)
　　　　倉田樹方：『樹木と方言』(倉田悟　1962,1967)
　　　　倉田：『樹木民俗誌』(倉田悟　1975)
　　　　平田：『宮崎県植物誌』(平田正一　1983)
　　　　内藤：『鹿児島民俗植物記』(内藤喬　1964)
　　　　日向市史：『日向市史－自然編』(日向市史編さん委員会　2007)
　　　　鷹野：『霧島の研究.鷹野周道』(1939)
　　　　町史：『日之影町史資料編1-自然』(日之影町史　1999)
　　　　樹方：『日本主要樹木方言集』(倉田悟　1963)
　　　　日植：『日本植物方言集成』(八坂書房編　2001)
　　　　椎葉のことば：『椎葉のことばと文化』(徳川宗賢他　1994)

1．一般植物（野生植物と園芸種）

ア

アオキ　　　　　Aucuba japonica Thunb. var. ovoidea Koidz.　　　　　【アオキ科】

アオキバ	日之影町（中間畑①）、北川町（上祝子②）、北浦町（阿蘇、市振、古江）、北方町（二股②③）、延岡市（浦城、須美江②）、東郷町（坪谷）
アオダケ	都城地方（※都盆）、日南市（吾田）
アオバ	都城市（安久）
アオベラ	延岡市（熊之江）
イイボシ	高千穂町（鬼切畑、押方、三田井）、五ヶ瀬町（赤谷④、桑野内）、西郷村（山須原）
イブシ	日之影町（一ノ水、煤市、舟の尾⑤、見立、八戸星山）
イボシ	高千穂町（岩戸、上野⑥、河内、神殿、向山）、五ヶ瀬町、日之影町（後梅⑦、新畑、中間畑、見立）、北方町（上鹿川）、北川町（陸地、上赤、上祝子、葛葉⑧、瀬口多良田、俵野、八戸⑧）、北浦町（三川内歌糸）、諸塚村
イボシダマ	高千穂町（下野、田原⑨）
オキバ	北郷村（入下）
ツキデ	高千穂町（下野）
ヤマタケ	諸塚村（飯干）、日向市（幸脇）
ヤマダケ	五ヶ瀬町（波帰）、椎葉村（尾手納）、延岡市（須美江⑥）、西郷村（山須原）、南郷村（鬼神野）、東郷町（坪谷）、日向市（田の原、畑浦⑩）、西米良村（田無瀬）、西都市（穂北）、木城町（石河内、川原、中之又）、高鍋町（鬼ケ久保）、綾町（入野⑫）、えびの市（飯野、加久藤、京町）、小林市（木浦木、西小林）、野尻町、高原町（狭野）⑪、国富町（八代南俣）、宮崎市（塩鶴）、都城市（全域）、高城町（四家）、山之口町（富吉、五反田、麓）、三股町（長田）、北郷町（宿野）、日南市（鵜戸、宮浦）、串間市（大矢取⑬、高松）
ヤマダケシバ	椎葉村（松尾⑤、尾前）

アオキ（赤く大きな実）

【コメント】①下部は堅い。太鼓のバチやカネタタキに使う。②冬の牛のエサ。③遊び：竹でっぽうの弾。④炭俵の底当てに使う。⑤冬の牛のエサ。ここは日当てじゃかり（だから）少ないが、岩井川は日添えじゃかり多いわ。岩井川に取りに行きよった。⑥実が上につくと風が吹く。⑦杉林に良いか悪いかの指標にする。カモシカが好む。⑧野兎除け。兎が出る所に枝を挿す。若木の葉が大きいのでしなーと（萎れて）なって、夜の風でふらふらするので音がし、兎が怖がる。⑨実は鳥ワナに使う。⑩この葉をつめて箱に入れるとミカンは長くもつ。⑪ヤマダケが生えとれば、杉を植えてよいという。⑫氏神さんの日にだけ、供え物を葉に盛る。葉の上に赤飯と米の粉を水に溶いたものを載せ、樹の下の祠に供える。⑬箸にする。
【ノート】宮崎県のアオキは分類上ではナンゴクアオキとなる。山里で大いに利用されているが呼び名はアオキ・イボシとヤマダケの3系統しかない。イボシの呼び名の由来は分からない。

アオギリ　　　　　Firmiana simplex W.F.Wight　　　　　【アオイ科】

アオベラ	宮崎市（※倉田樹方）
イサキ	北川町（瀬口多良田、八戸）、北浦町（三川内歌糸①・大井③）、延岡市（熊之江①、安井）
イッサキ	延岡市（熊之江（※平田））
イッサクノキ	高原町（後川内⑤）
イッサツ	えびの市（京町②④）、都城市（安久①）、高崎町（笛水）、串間市（大矢取）

【コメント】①樹皮から繊維・縄を作る。②若枝は皮を剥ぎ、泥につけて繊維をとり、縄にした。雨に強い縄となる。③団子の葉を包む。④遊び：実は竹鉄砲の弾。⑤枝を煮て、皮をはいで田んぼののろ（泥）の中につけておくと2週間もすると腐って臭くなり、それから糸を取り、縄を作る。
【ノート】樹皮から繊維を採る木。宮崎にはいつ入ったか分からないが、各地で野生化しており、利用されていたと思われる。

アオダモ（コバノトネリコ）　　　　　Fraxinus lanuginosa Koidz. f. serrata Murata　　　　　【モクセイ科】

アオドネリ	椎葉村（日添）

アオノクマタケラン　*Alpinia intermedia* Gagnep.　　【ショウガ科】

ヤマショウガ	宮崎市（青島（※平田））、日南市（鵜戸）
ウマショウガ	串間市（黒井①）

【コメント】①馬が葉を食う。

アオハダ　*Ilex macropoda* Miq.　　【モチノキ科】

ナツナナミ	高千穂町（向山）
ナッナナメ	五ヶ瀬町（鞍岡波帰）、北川町（上祝子）、椎葉村（尾前）
ナツナナメ	日之影町（中間畑）
ナッナラメ	北川町（上祝子（※倉田樹方））、西都市（銀鏡）
ナナメノキ	椎葉村（小崎）
ヒメチョ	西米良村（小川）
ヒメチョー	北川町（上祝子）

アオミズ　*Pilea pumila* A.Gray　　【イラクサ科】

ミズクサ	高千穂町（岩戸）、椎葉村（日添）

アカウキクサ　*Azolla imbricata* Nakai　　【サンショウモ科】

ウキクサ	えびの市（加久藤）

アカザ　*Chenopodium album* L. var. *centrorubrum* Makino　　【ヒユ科】

アカザ	木城町（川原①）、宮崎市（※内藤②）

【コメント】①茎を杖とする。不老長寿とのこと。②若芽を食用にする。

アカシデと同じシデ類の仲間

アカシデ　*Carpinus laxiflora* Blume　　【カバノキ科】

アオゾヤ	北川町（上祝子①）、小林市（木浦木）
アカゾヤ	北方町（上鹿川、北川町（瀬口多良田、八戸）、西都市（穂北）、川南町（細）、須木村（堂屋敷）、野尻町（今別府①）、三股町（長田②）、北郷町（広河原）
アカメゾヤ	宮崎市（曽山寺）
アミゾヤ	日之影町（見立）
オンナゾヤ	山之口町（五反田）
クロゾヤ	須木村（九々瀬）、高城町（有水⑦）
コメゾヤ	五ヶ瀬町（鞍岡波帰）
シマゾヤ	北川町（上祝子④）
シロゾヤ	高千穂町（押方、向山秋元）、日之影町（飯干、新畑、煤市③、中間畑、見立）、北川町（陸地⑤）、東臼杵郡、木城町（石河内②、中之又）、川南町（細）、高崎町（笛水）
ソヤ	高千穂町（岩戸、下野、三田井）、五ヶ瀬町（桑野内）、椎葉村（栂尾）、日之影町（後梅、見立煤市⑥、八戸星山）、北川町（葛葉）、北浦町（三川内大井）、諸塚村、北郷村、東郷町（坪谷）、日向市、綾町（竹野）、えびの市（白鳥）、小林市（西小林）、宮崎市（塩鶴）都城市（荒襲⑧、夏尾）、高城町（四家）、串間市（大矢取）
タケゾヤ	椎葉村（日添①）
ベニゾヤ	日向市（田の原）、西都市（尾八重）
ホンゾヤ	高千穂町（岩戸、下野、田原）、北方町（二股②）、日之影町（一ノ水、後梅、新畑）、椎葉村（大河内、尾手納）
マゾヤ	南郷村（鬼神野）、西米良村（小川、尾股）、西都市
モチヅヤ	椎葉村（尾手納、日添、松尾）、諸塚村（飯干）

【コメント】①シイタケがよくつく。ホダギとしても使う。②シイタケがシロゾヤ（イヌシデ）よりよくつく。③ナバ（シイタケ）、がよくつく。ナバがよく出る順は、アカ・アミ・オニの順じゃ。④高いところのものはしまがある。⑤樹肌に凹凸、肌に白斑あり。シイタケによい。⑥伐採は、三葉（みは）落ちるころに伐る。⑦種駒を打つとイヌシデよりシイタケが出る。自然放棄のものではイヌシデの方が出る。⑧ソヤが芽を吹くときは野イネの撒き時。

【ノート】ソヤ（シデ類）、の仲間にアカシデ・イヌシデ・クマシデがあるが、その呼び名は混同しているように思われる。そのうち、アカシデが最もシイタケがつき、利用されるので単にソヤというか、ホンゾヤやマゾヤとなる。

イヌシデ	*Carpinus tschonoskii* Maxim.	【カバノキ科】
アオゾヤ	高千穂町(岩戸、押方、下野、向山)、日之影町(中間畑①、見立飯干・煤市)、北方町(二股)、北川町(陸地)、椎葉村(栂尾)、南郷村(鬼神野)、西米良村(小川)、日向市(田の原)、西都市(尾八重、穂北)、木城町(石河内①、中之又)、川南町(細)、須木村(堂屋敷)	
アミゾヤ	日之影町(見立煤市、一ノ水、新畑)、諸塚村(飯干)	
イヌゾヤ	高千穂町(田原)、椎葉村(尾手納、日添)、北郷村(入下)、小林市(西小林)、都城市(夏尾)、北郷町(大戸野)	
オトコゾヤ	山之口町(五反田)	
オニゾヤ	五ヶ瀬町(鞍岡波帰)、日之影町(見立)	
クロゾヤ	高崎町(笛水)	
シマゾヤ	北川町(上祝子②)	
シロゾヤ	北方町(上鹿川)、北川町(上祝子、瀬口多良田、八戸)、小林市(木浦木)、須木村(九々瀬)、野尻町(今別府)、高城町(有水)、三股町(長田)、北郷町(広河原)	
シロメゾヤ	宮崎市(曽山寺)	
ソヤ	北川町(葛葉)、北郷村(入下)、小林市(西小林)、綾町(竹野)、宮崎市(塩鶴)、都城市(安久)、高城町(四家)、北郷町(大戸野)、串間市(大矢取)	
ナロウゾヤ	日之影町(後梅)、椎葉村(松尾)	
ホンゾヤ	日之影町(見立)、椎葉村(日添③)	

【コメント】①ナバ(シイタケ)は、出れば大きい。②樹肌にシマあり、シイタケ原木。③これが一番ナバがでる。ソヤ類は4つあるがどれもナバが出る。

クマシデ	*Carpinus japonica* Blume	【カバノキ科】

シデ類(クマシデ)

アカゾヤ	北川町(上祝子①)
アミゾヤ	高千穂町(向山秋元)
イヌゾヤ	椎葉村(日添)
オニゾヤ	高千穂町(向山秋元)、日之影町(見立煤市②)、川南町(細)
タケゾヤ	五ヶ瀬町(鞍岡波帰)、北方町(上鹿川)、椎葉村(大河内、尾手納、日添、松尾)、諸塚村(飯干)、西米良村(小川)
ニタリ	南郷村(鬼神野)、西米良村(小川)
ニタリゾヤ	木城町(中之又)

【コメント】①シイタケ付かぬ。②材が堅く炭に良い

アカネ	*Rubia argyi* H.Hara ex Lauener et D.K.Ferguson	【アカネ科】
イラクサ	都城市(御池町)	
コガネグサ	須木村(堂屋敷)	
ベニカズラ	えびの市(加久藤①)	
モグラ	小林市(木浦木②)	
ヨツバカズラ	椎葉村(日添③)	

【コメント】①血の薬として、根を煎じる。②黄色い根は解熱剤。③葉と

アカマツ	*Pinus densiflora* Siebold et Zucc.	【マツ科】
マツ	北浦町(三川内大井①)	
メマツ	川南町(※平田)、宮崎市(※平田)	

【コメント】①炭ダツを編む針にする。

アカメガシワ	*Mallotus japonicus* Mull.Arg.	【トウダイグサ科】
アカガシワ	北川町(八戸①)	
アカメガシワ	高千穂町(下野)、小林市(西小林)	
イッサゲ	川南町(細)	
インカジ	木城町(川原)、高鍋町(鬼ケ久保)	
カシワ	日之影町(見立飯干、奥村)、北方町(上鹿川)、北川町(陸地、上赤、上祝子、葛葉⑨、瀬口多良田)、北浦町(三川内大井・歌糸②)、椎葉村(大河内、尾前③、栂尾⑭、日添①-2)、南郷村(鬼神野)、	

	西米良村（小川、尾股）、西都市（三財）、綾町（入野④）、えびの市（白鳥④、真幸）、小林市（木浦木、西小林⑤）、須木村（堂屋敷）、野尻町、都城市（上安久）、高城町（有水）、山之口町（五反田）、三股町（長田）、北郷町（広河原）、日南市（上白木俣）、串間市（大矢取③、笠祇⑫、黒井、高松）
カシワギ	綾町、串間市（市木）
カシワノキ	日向市（幸脇）、木城町（中之又）、日南市（宮浦）
タニガシワ	宮崎市（※倉田樹方）
テラカシ	木城町（中之又）
テラガシ	延岡市（熊之江、須美江）
トシギ	北方町（上鹿川⑥）
ニワトリ	えびの市（白鳥⑦）
ヒキサゲ	宮崎市（青島（※倉田樹方））
ヒサゲ	日向市（田の原、権現崎①）、都農町（木和田）、西都市（三財（※倉田樹方）、⑪）、宮崎市（白浜）
ヒサゲノキ	都農町（東都農）、宮崎市（塩鶴①）
ヒッサゲ	北郷町（大戸野）、木城町（石河内）
ヒッサゲノキ	宮崎市（※倉田樹方）
ホバ	北方町（二股）
メツッパリ	延岡市（※平田）
メハジキ	延岡市（島浦⑧）
メンパノキ	延岡市（土々呂赤水⑬）
ヤマイッサキ	日向市（※市史）
ヤマカジ	宮崎市（瓜生野、木花）、清武町⑩
ヤマガシワ	延岡市（浦城）
ユククミ	北方町（二股①）
ユックミ	高千穂町（向山秋元）、北方町（二股）、日之影町（後梅①、新畑、中間畑）、椎葉村（松尾⑥）、諸塚村（飯干⑥）

アカメガシワ（新芽の葉は赤い）

【コメント】①イヌビワの汁を手につけ、アカメガシワの赤い若葉を貼ると赤い若葉が写る。①-2ここにはイヌビワがないのでチゴナ（ヤクシソウ）・トリゲサ（アキノノゲシ）を代わりに使う。②新芽をつまむと手に跡がつく。③餅をつつむ。④葉はタバコの代用。⑤材は軽いので牛馬の鞍にする。⑥正月の年木に使う。⑦本当はカシワというが、洒落て「ニワトリ」ともいう。材が軟いので薪にならん。持ち歩いても軽い。⑧眠い時は葉柄でメツッパリにする。⑨肝臓病には、葉を煎服。赤芽より白芽がいい。⑩紙材料のカジノキの葉に似ているのでいう。⑪葉の汁を腫物につけると効く。⑫葉を煎じて胃の薬にする。⑬真っ直ぐな枝の皮に切れ込みを入れ、別の木を当ててこすると皮がスポッと取れる。取れた部分を鞘にして刀にする。⑭盆の7月14日朝に、ハチク4本を立て、それに、「スズミダイ」を作り、2〜6枚のカシワの葉を皿にして、それに「ミズハカ」という料理（チガヤの輪の中に生米とキュウリを載せたもの）を盛ったものを供える。

【ノート】若い葉は紅色の色素をもった毛が密生しているので赤芽となるが、葉の展葉とともにこの毛が落ちて赤みを失う。この毛をイヌビワの乳汁を糊にして手に写し取る遊びは各地で行われていたようである。イヌビワの乳汁には、光毒性接触皮膚炎を起こすソラレン（フロクマリンの一種）が含まれ、塗りつけた部位が紫外線を吸収し日焼けを起こし、かぶれたようになる。昔の子と違い現代っ子は皮膚が敏感なので、遊ぶ際には注意が必要である。ヒサゲやユックミの意味は分からない。

アキグミ　　　*Elaeagnus umbellata* Thunb　　　【グミ科】
グミの項へ

アキノウナギツカミ・ウナギツカミ　　　*Persicaria sagittata* H.Gross　　　【タデ科】

イガリバナ	高鍋町（上江）
イゲクサ	えびの市（京町）
イラグサ	高原町
インノマラカキ	五ヶ瀬町（鞍岡波帰）
ガネクサ	小林市（西小林）
キンコメクサ	えびの市（加久藤①）
コンペイトウグサ	高千穂町（鬼切畑、下野、田原）、五ヶ瀬町（鞍岡）、日之影町（後梅、八戸）、えびの市（加久藤、京町）、小林市、都城市（全域）、北郷町（大戸野）
コンベイトバナ	えびの市（各地）、小林市、須木村、野尻町
タデ	高千穂町（岩戸）
トゲクサ	小林市（細野）
ネコヅメ	椎葉村（日添）

ビキノツラカキ	木城町（石河内）
ママコイジメ	野尻町（石瀬戸）
ママコグサ	小林市（北西方、西小林）
ママコノシリヌグイ	日南市（宮浦）
ムクラ	椎葉村（尾手納、松尾）
ヨメノシリヌグイ	北郷町（宿野）

【コメント】①キンコメ菓子に似る。
【ノート】ウナギツカミは少なく、ほとんどはアキノウナギウカミをさしている。ここではウナギツカミにまとめている。

アキノタムラソウ　*Salvia japonica* Thunb　【シソ科】

エコグサ	高原町（後川内）

アキノノゲシ　*Lactuca indica* L.　【キク科】

カキバ	延岡市（※平田）
チチグサ	宮崎市（木花）、小林市（木浦木①）
トリゲサ	椎葉村（日添）
ニワトリグサ	日向市（※史市）
メアザミ	高千穂町（田原（※内藤②）

【コメント】①山師は新芽をゆがいて食う。②兎が好む。

アキメヒシバ　*Digitaria violascens* Link　【イネ科】

アカボトクリ	椎葉村（日添）
アキボトクリ	日之影町（中間畑）
イトボトクリ	日之影町（後梅）
ホッコリ	宮崎市（※平田）

アケビの仲間

アケビ　*Akebia quinata* Decne.　【アケビ科】

アオアケビ	五ヶ瀬町（波帰）、北方町（上鹿川）、椎葉村（尾前、小崎、栂尾、日添、不土野、松尾）、諸塚村（飯干、古園、矢村）、南郷村（渡川）
アオアケブ	高千穂町（後梅）、日之影町（見立）、北川町（陸地）、椎葉村（尾手納）、諸塚村（飯干、黒葛原）
アオウンベ	須木村（九々瀬、奈佐木）
アオダマアケッポ	都農町（川北、明田）
アオネャー	諸塚村（小原井、黒葛原①）
アオンベ	小林市（山代）
アキアケビ	小林市（南西方窪田）
アキウンベ	小林市（新地）
アキシ	野尻町
アキュ	小林市（西小林）、須木村（内山）
アキュー	須木村（内山）、野尻町（紙屋）、高原町（後川内）、高崎町（笛水）
アキンベ	小林市（大出水、新地、西小林、真方）
アクンベ	小林市（大出水、木浦木、西小林、真方）
アケシ	えびの市（加久藤、白鳥）
アケズ	串間市（大平）
アケッ	高原町
アケップ	田野町（出口、堀口）、須木村（奈佐木）、野尻町（紙屋）、北郷町（広河原、宿野）、日南市（吾田、白木俣、南平）
アケッポ	北郷村（入下）、南郷村（神門〜鬼神野の各地、渡川、水清谷）、東郷町（迫野内、坪谷、寺迫、福瀬②）、日向市（権現崎、畑浦）、木城町（岩淵、中之又）、都農町（全域）、川南町（新茶屋、通山、平田、細）、高鍋町（上江、持田他全域）、新富町（上新田、湯ノ宮）、南郷町（榎原）
アケビ	高千穂町（押方、下顔、向山秋元）、五ヶ瀬町（桑野内、東光寺）、北方町、北川町（上赤、葛葉、熊田、俵野、八戸③）、北浦町（市振、三川内大井）、延岡市（赤水、浦城、宇和田町、小野、熊之江、島野浦）、北郷村（宇納間、坂元）、西郷村（和田）、南郷村（鬼神野、神門）、東郷町（迫の内、坪谷、福

	瀬)、日向市(飯谷)、西都市(津々志、穂北)、木城町(石河内、岩渕)、都農町(東都農)、川南町(比田)、高鍋町(上江、鬼ケ久保)、新富町(鬼付女、湯ノ宮他)、綾町、国富町(八代)、宮崎市(江田、折生迫、塩鶴、白浜、曽山寺)、田野町(内八重)、えびの市(尾八重野)、小林市(木浦木、西小林、細野)、野尻町(石瀬戸)、北郷町(黒山)、日南市(鵜戸)、串間市(市木、今町、黒井)
アケビトッポ	串間市(本城)
アケブ	高千穂町(岩戸、田原、三田井)、日之影町(中間畑)、北方町(久保山)、椎葉村(尾前、戸屋の尾、松尾)、西郷村(山須原)、南郷村(鬼神野)、西米良村(小川、横野)、西都市(上三財、中尾、三納長谷)、木城町(石河内、中之又)、川南町(白髭、名貫)、国富町(八代)、高岡町(法ケ代、柞木橋)、宮崎市(木花、野島)、田野町(片井野)、須木村(田代ケ八重、堂屋敷)、日南市(大浦)
アケブカズラ	日南市(鵜戸)
アケポッポ	南郷村(鬼神野)、都農町(心見)
アケンポ	西郷村(山須原)、南郷村(鬼神野④)、都農町(川北、心見)
アッキュー	小林市(西小林)
アワアケボ	高千穂町(※平田)
アワカケボ	西臼杵(※日植方)
ウシアケビ	北浦町
ウンベ	えびの市(各地)、須木村(九々瀬)
オンベ	小林市(東方山代)
カッポ	川南町(平田)
ガネブアケブ	西都市(銀鏡)
カワアケビ	南郷村(水清谷(※平田))
コップ	宮崎市(檍)
コメトンボ	三股町(長田⑤)
サラアケビ	日之影町(七折一ノ水)
サルアケブ	北方町(下鹿川)
シロアケップ	北郷町(大戸野)
シロアケッポ	東郷町(寺迫)、高鍋町(上江)
シロアケビ	高千穂町(岩戸)、北川町(松瀬)、延岡市(須美江⑥)、諸塚村(荒谷、立岩)、木城町、川南町(細)、須木村(堂屋敷)
シロアケブ	木城町(石河内⑦)、田野町(片井野)
シロドッポ	北郷町(宿野)、串間市(大矢取)
シロトンブ	高原町(狭野)
シロトンボ	都城市(安久)
シロンベ	小林市(東方山代)
ズナカッポ	川南町(比田)
チャンベ	えびの市(飯野)、小林市(真方、新地)
トッポ	えびの市(京町、真幸)、都城市(夏尾)、串間市(市木)
トンビ	高原町
トンブ	高原町(狭野)
トンボ	高岡町(和石)、高原町(後川内、狭野)、高崎町(前田)、高城町(岩屋野、四家、田辺、七瀬谷、八久保)、都城市(荒襲牛の脛、庄内、夏尾、平塚、安久)、山田町(石風呂)、山之口町(五反田、富吉、籠)
ナガアケビ	北浦町(阿蘇、市振、直海、古江)
ナツアケビ	日之影町(八戸星山)
ネコアケブ	日南市(宮浦)
ネコウンベ	えびの市(尾八重野、加久藤、京町、真幸⑧)、小林市(西小林)
ネコノクソアケビ	北川町(上祝子⑬)、諸塚村(小原井)
ネコンクソアケビ	延岡市(浦城)
ヒガンアケビ	高千穂町(神殿)、五ヶ瀬町(広瀬⑨)
ヒガントンボ	都城市(御池町⑨)
ヒラキドッポ	串間市(高松)
ホントッポ	串間市(本城)
ムギジアケブ	西米良村(板谷、小川、田無瀬⑩)
ヤマアケビ	高千穂町(河内)
ユウダチアケビ	木城町(石河内)
ワサアケビ	北川町(瀬口多良田)、椎葉村(胡摩山、尾手納⑪)
ンベ	小林市(山代⑫)

【コメント】①アオアケブともいう。アケビ類には他にスボアケブ、アカアケブなどがある。②実の皮を煎服、腎によい。③実の口が開いたらマツタケが生える。④熟れて口が開くのを「アケンポが笑う」という。⑤アケビをコメトンボ、ミツバアケビを

アケビ(実は開き、長い)

カライモトンボという。ミツバアケビの方が赤くカライモ（サツマイモ）、に似ている。コメが早く熟れるが、カライモの方が美味い。⑥ミツバアケビの方が甘味は強いが、肉が少ない。⑦つるは神経痛に効く。⑧ウンベがいっぱいなると稲が豊作じゃ。⑨9月の彼岸頃に熟れるからヒガントンボ。イタチアケビ（ミツバアケビ）、は10月に熟れる。⑩焼き畑の跡の肥えた所に生える。⑪ワサは早生のことでミツバアケビより早く熟れるのでいうのであろう（南谷）。⑫ミツバアケビ→アカンベ、アケビ→アオンベ、ムベ→シワスンベといい、アカンベが一番うまい。ムベは皮が苦いし、種が多い。⑬実の中身が猫の糞のように見えるのでいうのであろう（南谷）。

【ノート】アケビ類にはアケビとミツバアケビが普通にあり、果実が美味いこともあって極めてなじみ深い植物である。したがって、宮崎県内には60語彙ほどの方言名がある。里の人にもアケビが基本種のようでアケビ・アケブ・アケッポが広範名になっている。ミツバアケビは果実が赤みがつよく丸いがアケビは赤みが弱く、長めなのでアオやシロアケビとなりナガアケビとなる。また、熟れる（里では「笑う」と表現）のが早いのでナツ、ワサ、ヒガンを冠することになる。トンボの意味はわからない。昔は昆虫のトンボを「アキツ」と呼んでいたらしいが、アケビのことを実が開くので「アキ」を付けた名があり、「アキ」を介してトンボと呼ぶようになったのかもしれない。

ミツバアケビ　*Akebia trifoliata* Koidz.　　【アケビ科】

アカアカブ	日之影町（見立）、諸塚村（黒葛原）、木城町（石河内）
アカアケッポ	東郷町（寺迫）、高鍋町（上江）
アカアケビ	五ヶ瀬町（鞍岡波帰①）、北方町（上鹿川）、延岡市（須美江②）、椎葉村（尾崎、栂尾）、諸塚村（荒谷、矢村）、南郷村（上渡川）、川南町（細）
アカアケブ	日之影町（見立）、諸塚村（葛の原）、木城町（石河内）
アカウンベ	須木村（九々瀬）
アカダマ	日向市（高松）
アカダマアケッポ	都農町（川北、明田）
アカドッポ	串間市（大矢取）
アカトンブ	高原町（狭野）
アカトンボ	都城市（石原、御池、安久）
アカンベ	小林市（山代②）
アキウンベ	小林市（新地）
アキシ	野尻町
アキュ	須木村（内山）、小林市（西小林）
アキュー	須木村（内山）、野尻町（紙屋）、高原町（後川内）、高崎町（笛水）
アキンベ	小林市（大出水、新地、西小林、真方）
アクンベ	小林市（大出水、木浦木、西小林、真方）
アケシ	えびの市（加久藤）
アケッ	高原町
アケップ	北郷町（大戸野）、田野町（出口）、須木村（奈佐木）、野尻町（紙屋）、北郷町（広河原、宿野）、日南市（吾田、白木俣、南平）
アケッポ	北郷村（入下）、南郷村（神門〜鬼神野の各地、渡川、水清谷）、東郷町（迫野内、坪谷、寺迫、福瀬②）、日向市（畑浦）、木城町（石河内、中之又）、都農町（全域）、川南町（新茶屋、通山、平田、細）、高鍋町（上江、持田他全域）、新富町（上新田、湯ノ宮）、南郷町（榎原）
アケビ	高千穂町（押方、下顔、向山秋元）、五ヶ瀬町（桑野内、東光寺）、北方町、北川町（上赤、葛葉、熊田、俵野、八戸③）、北浦町（市振、古江、三川内大井）、延岡市（赤水、浦城、宇和田町、小野、熊之江、島野浦）、北郷村（宇納間、坂元）、西郷村（和田）、南郷村（鬼神野、神門）、東郷町（迫の内、坪谷、福瀬）、日向市（飯谷）、西都市（銀鏡、津々志、中尾、穂北）、木城町（石河内、岩渕）、都農町（東都農）、川南町（比田）、高鍋町、新富町（鬼付女、湯ノ宮他）、綾町国富町（八代）、宮崎市（江田、折生迫、塩鶴、白浜、曽山寺）、田野町（内八重）、小林市（木浦木、西小林、細野）、野尻町（石瀬戸、高原町（狭野③）、北郷町（黒山）、日南市（鵜戸）、串間市（市木、今町、黒井）
アケブ	日之影町（※町史）、西米良村（田無瀬）、西都市（三納）、川南町（白髭）
イシアケビ	延岡市（浦城）
イシトンボ	都城市（御池町）
イタチアケビ	高千穂町（下野、向山⑯）、五ヶ瀬町（赤谷、鞍岡波帰、東光寺、広瀬）、椎葉村（不土野、松尾）、諸塚村（小原井、飯干、立岩、古園）
イタチアケブ	高千穂町（田原、三田井）、日之影町（後梅）、椎葉村（尾手納）、諸塚村（飯干、黒葛原）
イモアケビ	北方町、北浦町（三川内歌糸）
ウシアケブ	宮崎市（野島④）、日南市（宮浦⑭）
カライモアケップ	北郷町（広河原⑦）、日南市（上白木俣⑦）
カライモアケビ	南郷村（榎の越、水清谷）
カライモアケブ	田野町（片井野）
カライモトンボ	三股町（長田⑧）

クマアケビ	椎葉村（大河内）
サルアケビ	北川町（上祝子⑩）、日之影町（※町史）
セアケブ	西米良村（横野⑮）
チャンベ	えびの市（飯野）
トイモアケビ	北川町（葛葉、松瀬⑪、瀬口多良田）
トイモアケブ	北川町（陸地、葛葉、瀬口多良田、松瀬⑪）
トッポ	串間市（大矢取）
トンボ	高原町（後川内、狭野）、高崎町（前田）、高城町（岩屋野、四家、田辺、七瀬谷、八久保）、都城市（荒襲牛の脛、夏尾、平塚、安久）、山田町（石風呂）、山之口町（五反田、富吉、麓）
ネコウンベ	えびの市（尾八重野）
ムラサキトンブ	高原町（狭野）
ユタチアケビ	椎葉村（尾手納⑨、尾前、胡麻山、十根川、日添⑬⑰、松尾）

【コメント】①実の肌がアケビより赤いから。②シロアケビ（アケビ）より美味い。②薬：実の皮を煎服、腎によい。③実の口が開いたらマツタケが生える。④実は丸く赤い。アケブより割れにくい。⑤アケビはガネブアケブという。⑥アケビはヒガントンボという。⑦アケビはアケップという。⑧アケビはコメトンボという。⑨アケビはワサアケビという。⑩アケビはネコノクソアケビという。⑪トイモはカライモのこと。⑫アケビにはアケシという。⑬アケビは笑う（実がパクッと割れる）がユタチアケビは笑わん。⑭丸く大きうして、赤うなり、なかなか割れん。⑮皮にでこぼこ（せ）があるからおいしくない。⑯アケビより美味で赤くなる。⑰ゆでたように赤くなるので言うのだろう。

【ノート】アケビ・アケップ・アケッポ・トンボ等という地方ではアケビと区別せずに同名で呼ぶ。ミツバアケビに比べアケビは実に赤みが少ないので名前に「シロ」を冠し、ミツバアケビには「アカ」「カライモ」を付けている。

ムベ	*Stauntonia hexaphylla* Decne.	【アケビ科】

アカダマ	日向市（飯谷、幸脇）
アカナシ	延岡市（島浦①）、椎葉村（尾前）
アキュー	高原町（狭野）
アケズ	椎葉村（戸屋の尾）、諸塚村（飯干、小原井、古園）、南郷村（上渡川門田）、東郷町（坪谷）
アケビ	高原町（狭野）
アベ	椎葉村（尾崎、栂尾）、西米良村（小川）、西都市（大椎葉、尾八重、銀鏡、下津々志、中尾、穂北）
イシアケビ	椎葉村（松尾）、北郷村（宇納間、坂元、入下）
イモアケビ	北浦町（三川内大井）
ウシノキン	高岡町（柞の木橋）
ウシノキンゴロ	綾町（上畑）
ウシノキンタマ	国富町（八代南俣）、田野町（内八重）
ウシノキンタメ	綾町（南俣川中）、国富町（北俣中別府）
ウベ	西米良村（板谷、小川、田無瀬、横野）、木城町（中之又）、綾町（竹野）、田野町（内八重）、小林市（西小林）、南郷町（榎原）
ウンベ	高岡町（和石）、えびの市（全域）、小林市（全域）、野尻町（全域）、高原町（全域）、高崎町（笛水、前田）、都城市（庄内、御池、安久）、高城町（有水）、山之口町（五反田、麓）、三股町（長田）
ウンベトンボ	都城市（牛の脛、夏尾）、山田町（石風呂）
カッポ	木城町（石河内、岩渕、高城）、川南町（白髭、通山）、高鍋町（各地）
カッポー	新富町（鬼付女、末永、日置）
ガレブ	東郷町（坪谷）、西都市（津々志）
カワアケビ	北方町（上鹿川）、南郷村（上渡川）
カワトモクウアケビ	北方町（上鹿川②）、南郷村（上渡川②）
カワトンボ	新富町（湯ノ宮）、高原町（湯之元）
カンアケビ	高千穂町（押方、神殿、三田井、向山）、五ヶ瀬町（桑野内、三ケ所、東光寺、広瀬③）、諸塚村（立岩）、南郷村（神門）
カンベ	椎葉村（大河内④）、えびの市（飯野、大河平）、小林市（真方）、須木村（九々瀬）
クソガッポ	高鍋町（持田）
クマアケビ	高千穂町（岩戸）、日之影町（七折一ノ水、見立）
クマアケブ	南郷村（下渡川）
ココメアケビ	西郷村（和田）
ゴック	川南町（細、牧平）
コッコ	北方町、北浦町（市振）、日向市（畑浦）、西都市（三納、上三財、都於郡）、都農町（川北）、新富町（新田、上新田）、国富町（八代）、宮崎市（江田、住吉、柏原）、日南市（大浦）
ゴッコ	東郷町（寺迫、福瀬）、日向市（飯谷、幸脇、高松、田の原）、都農町（川北、東都農）、川南町（込ノ口、多賀、名貫、比田、細、孫谷）、高鍋町（上江）、新富町（湯ノ宮）、北郷町（黒山）

コップ	椎葉村(日添)、宮崎市(塩鶴、白浜、曽山寺)、田野町(片井野、堀口、内八重)、北郷町(大戸野、広河原、宿野)、日南市(南平、宮浦)
ゴップ	東郷町(坪谷)
コップカズラ	日南市(鵜戸)
コップン	宮崎市(木花)
コッポ	南郷村(水清谷~福瀬)、東郷町(迫野内)、新富町(鬼付女)、宮崎市(野島)、日南市(鵜戸、大浦、宮浦)
ゴッポ	東郷町(福瀬)
コッポカズラ	東郷町(西林山)
コメアケビ	西郷村(和田)
サトウンベ	えびの市(各地)
ジャレゴッコ	都農町(川北、明田)
シワスウンベ	須木村(九々瀬、内山、堂屋敷、奈佐木)
シワスンベ	小林市(東方山代⑤)
ズナアケッポ	川南町
ズナアケビ	日向市(高松、田の原⑥)、高鍋町
ズナガップ	新富町(上富田平田)
ズナガッポ	木城町(高城-木住木)、川南町(唐瀬、白髭、下原土、新茶屋、通山、比田)、高鍋町新富町(上新田)
スナゴッコ	都農町(川北、木和田)、川南町(平田)
ズナゴッコ	都農町(今別府、川北)、川南町(平田)
チャワンウベ	小林市(西小林)
チャワンンベ	小林市(大出水)
チャンベ	えびの市(飯野)、小林市(西小林)
トッコ	北方町(久保山)、延岡市(小野)
トップ	日南市(上白木俣)
トッポ	延岡市(赤水)、南郷町(榎原)、串間市(本城、高松)
ドッポ	串間市(市木、本城)
ネコトンボ	高崎町(前田)
ビクン	高鍋町(永谷)
フユアケビ	北川町(上祝子)、椎葉村(大河内、尾前、松尾)、諸塚村(荒谷、奥村)、南郷村(水清谷)
フユアケブ	日之影町(後梅、中間畑)、南郷村(鬼神野)
ポッポ	南郷村(水清谷)
ホンゴッコ	串間市(市木)
ホンゴッポ	串間市(大平、大矢取、岩神)
ホントッポ	串間市(黒井)
ホンドッポ	串間市(今町、大矢取、高松)
マルアケビ	北浦町(阿蘇、市振、古江、直海⑦、三川内)、延岡市(熊之江)
ムクビ	北川町(葛葉)
ムベ	北浦町(阿蘇)
モチアケビ	北川町(熊田)、延岡市(和田町)
ヨドミ	北川町(瀬口多良田、俵野)
ヨドメ	北川町(陸地、葛葉、熊田、瀬口、俵野、松瀬、八戸)、延岡市(浦城、熊之江、須美江、安井)
ワタアケボ	高千穂町(※平田)
ヨドメアケビ	北川町(葛葉)
ンベ	高原町(狭野)、串間市(黒井)

【コメント】①実の皮・果肉がザラザラして梨に似た食感がある。②稲刈りの頃熟れる。皮まで食う。種子は大。③霜の降りる頃に熟れる。④カンウンベがカンベになった。⑤実は苦いし、種子は多い。鑑賞には良い。⑥果肉が砂のようにじゃりじゃりしている。⑦アケビがナガアケビとなる。
【ノート】熟れるのがアケビより遅く晩秋になるのでカン(寒)やフユ(冬)、シワス(師走)を付けたのであろう。スナ・ズナ(砂)は果肉に石細胞があり、噛むと砂や砂利を噛んでる感がすることからか。ウシノキンは2個ついた果実がまさにむべなるかなである。

ムベ(実は開かない)

アケボノツツジ (ツクシアケボノツツジ)　　　*Rhododendron pentaphyllum* Maxim.　　【ツツジ科】

アケボノツツジ	日之影町(※町史)
イモツツジ	高千穂町(向山秋元①)

ゴヨウツツジ	北川町（上祝子（※平田））、綾町（竹野）
チョウチン	北川町（上祝子）
チョウチンツツジ	北川町（上祝子）
ツリガネツツジ	日之影町（見立煤市）、北方町（上鹿川）、北川町（上祝子）、木城町（石河内）
ツリガネバナ	北方町（上鹿川）
ヨウラクツツジ	西米良村（田無瀬）
ヨウラック	西都市（尾八重）

【コメント】①農時暦：諸塚山（集落の南側にそびえる1300mクラスの山）がイモツツジでピンクに染まると、トイモ伏せ（サツマイモの苗床つくり）をした。春子ナバ（シイタケ）が終わる。

【ノート】ここに挙げたアケボノツツジは正式な分類学上の名前はツクシアケボンツツジである。盃状の花がやや下向きに咲くのでチョウチンやツリガネがついているようである。葉が展開する前に花が咲くので遠くからでも目立ち、農作業の開始のサインとなる。

アコウ　　　　*Ficus superba* var. *japonica* Miq.　　　　【クワ科】

アコウ	宮崎市（白浜、野島）、日南市（鵜戸、宮浦）
アコウノキ	串間市（市木）
イモギ	北浦町（宮浦（※平田））
イワイシブテ	延岡市（須美江①）
ウモレギ	北浦町（阿蘇、市振、古江）、延岡市（島野浦）
ガジュマル	串間市（黒井）
ハブトノキ	南郷町（大島）
マシバンキ	延岡市（島浦）
ヤドリギ	延岡市（赤水）
ヨウジュ	日南市（鵜戸）

【コメント】①生け花飾りに、実の着いた枝を使う。

アサ　　　　*Cannabis sativa* L　　　　【アサ科】

アサ	日之影町（見立煤市①）
イチッォ	都城市（※平田）
オ	高千穂町（押方②、田原③）、五ヶ瀬町（広瀬④、赤谷⑤）、日之影町（見立⑥、八戸星山⑦）、椎葉村（日添⑫）、椎葉村（尾手納）、日向市（畑浦⑧）、小林市（細野⑨⑩）、須木村（九々瀬⑪）

【コメント】①シシ取り罠の紐を作る。柿渋をつけて堅くなると滑りが良い。②「コキン」（麻で作った労働着）を着けて刈干し切りをした。稲刈りはその後（今は品種改良され、稲刈りの後に刈干し）、また、切り杭が危ないので〝ヒネリタビ〟を作った。更に丈夫な〝ゴンズワラジ〟をつけて刈ったものだ。③器具材：たきつけ、屋根葺き、防風垣、蜂とり（焼いて蜂とり）に使った。④トイレの尻ふきに麻ガラを使った。⑤繊維：アサギ（麻着）をつくる。アサギはカヤ屋根の下敷や家の壁にした。⑥種子は湯につけ、その後牛糞などの肥料とともに撒く。皮は普通10回くらい水にさらす（冷たいと20回くらい）と皮が腐り、その後で繊維をとる。⑦火つけ：アサガラに火をつけ、クマバチの巣にさし込み親を焼き殺して巣を取る。⑧盆に使う「しょろさんのハシ」にする。⑨アサガラ（アサの芯）は、白く清潔で折れやすい。お客さんのハシ、ナンコ（酒宴でこの玉を手のひらに隠して相手の持ち球と合計を当てる遊びで、負けたら飲まされる）の玉にする。⑩器具材：土用干しの時にかもいの釘（掛軸などをかもいにかける時これにつるす）にする。⑪盆行事のショロサンのハシにする。「昔は、竹のない所はアサガラで用を足した後の尻ふきをしたんじゃろう」といわれた。⑫木の葉隠れ（小鳥が木の枝に止まって見えなくなる頃）の頃に蒔くのが一番いい。

アサガラ　　　　*Pterostyrax corymbosa* Siebold et Zucc.　　　　【エゴノキ科】

アマフラシ	椎葉村（小崎）
アメフラシ	椎葉村（尾手納）
イモゾウ	椎葉村（尾向日添、小林）
サイシャギ	椎葉村（※平田）

【ノート】春の雨季になると、花が咲き、その花を見て稲作やサツマイモの芋の床伏せなどの農作業を始めるので、アメフラシというのであろう。西臼杵地方ではキブシにアメフラシを当てている。

アサダ　　　　*Ostrya japonica* Sarg.　　　　【カバノキ科】

アオゾヤ	椎葉村（尾向日添、小林）

アマクキ	椎葉村（※平田）	

アザミ類　　*Cirsium suffultum* Matsum. et Koidz.　　【キク科】

アカアザミ	高千穂町（岩戸①）、日之影町（※町史）
アザミ	高千穂町（岩戸、鬼切畑、押方、河内、下野②⑬、田原、三田井）、五ヶ瀬町（東光寺、桑野内③⑫）、日之影町（煤市、中間畑、見立、八戸星山）、北方町（上鹿川⑭）、北川町（陸地、上祝子、葛葉、瀬口多良田、八戸）、北浦町（三川内歌糸・大井）、延岡市（須美江）、椎葉村（尾手納、尾前、松尾）、諸塚村、北郷村（入下④）、西郷村（山須原）、南郷村（鬼神野）、日向市（田の原⑤）、宮崎市（野島）清武町、えびの市（加久藤、京町）、小林市（木浦木、西小林）、須木村（※内藤）、野尻町⑥、高崎町（笛水）串間市（黒井⑮）
アザミラ	西都市（銀鏡）
アザメ	えびの市（真幸、加久藤、飯野）、小林市（木浦木）、須木村（田代八重、内山）、野尻町（紙屋）、高原町（狭野）、宮崎市（塩鶴）、都城市（石原、安久）、三股町（長田）、北郷町（宿野）、日南市（吾田）、串間市（大矢取）
アザン	小林市、高原町
イガバナ	南郷村（鬼神野）
イゲバナ	えびの市（真幸（※平田））
イゲンバナ	えびの市（京町（※平田））
イソゴンボ	串間市（市木⑧）
イヌノシリサシ	西都市（尾八重）
インノシリサシ	西都市（銀鏡）
ウシアザミ	高千穂町（岩戸、押方）
ウマデコン	西都市（三財（※内藤））、木城町（石河内）、川南町（※平田）、高鍋町（鬼ケ久保）
オニアザミ	高千穂町（下野）、日之影町（見立）、北方町（上鹿川）、北川町（上祝子）、椎葉村（日添⑨）、西都市（銀鏡）、木城町（中之又）、宮崎市（生目）、小林市（西小林）
キノシタアザミ	椎葉村（日添⑦）
ゾロキイバナ	都城市（志比田）
タカソウアザミ	椎葉村（日添⑩）
ノアザミ	高千穂町（押方）
ピー	えびの市（飯野、加久藤）
ピゾロ	小林市（真方）
ヒメアザミ	高千穂町（押方）
ヘビセセリ	木城町（中之又）
ホンアザミ	椎葉村（日添⑪）
ヤマシタアザミ	椎葉村（日添⑦）

アザミ類（葉のトゲが痛い）

【コメント】①赤いヤマアザミを示した。②食える方をアザミといい、食えないのはオニアザミという。③花を勲章代わりにつける。④新生児に根の汁をのます。初便が楽になる。⑤ここではノアザミ。刈ったあとそのままにしとくと、しなびる（萎れる）ので、レンゲのできる前には牛に食わす。⑥根を煎服すると神経痛によい。⑦ツクシアザミはオニアザミといい食べないが、鋸歯が少なく、切れ込みのない丸い葉は食べる。森の中にあるヘイケモリアザミにはキノシタアザミかヤマシタアザミという。葉は軟いので、葉の縁を切り落とし食べる。⑧ここではハマアザミとなる。根をキンピラにして食べる。⑨ヤマアザミをさす。寄りつかれん。（椎葉クニ子）。⑩ノアザミのこと（椎葉クニ子）。田畑にあるとのこと。⑪ツクシアザミ（椎葉クニ子）。根はヤマゴボウといい、漬け物にするとうまい。葉が大きいものは少し柔らかいので牛が好む。⑫食用：根を飢饉の時に食った。⑬緑が冬を越すので、冬のニワトリの餌。⑭ここではノアザミをさし、ツクシアザミはオニアザミといい区別している。⑮ここではハマアザミを指している。

【ノート】宮崎県にはアザミ類は多様で9種ある。区別は難しいと判断し、一括してアザミで方言を聞き込んでいる。ただ唯一春咲きのノアザミは里にあり、これだけは食用にしていないようで、椎葉クニ子さんはノアザミをタカトウアザミと区別し、他にも3種のアザミを区別された。それ以外は日南地方や都城・北諸地方ではヒュウガアザミを、県北の沿岸地方ではニッポウアザミを、県の中北部山地ではツクシアザミをさしている。学名は宮崎県では最も普通なツクシアザミのもの。

アシカキ　　*Leersia japonica* Makino ex Honda　　【イネ科】

ノサキクサ	野尻町（今別府①）
タケグサ	北川町（瀬口多良田②）

【コメント】①やっかい・面倒なものをノサキゴロという。ざらついて痛いのでノサキクサなのであろう（南谷）。

②水田雑草。節から竹のように根を出す。

アジサイ　　*Hydrangea macrophylla* Ser.　　【アジサイ科】

アジサイ	椎葉村（十根川）、諸塚村（立岩）、綾町（竹野）
アマチャノキ	延岡市（※平田）
ジゴクバナ	えびの市（飯野）
タウエバナ	都城市（※平田）
ツユバナ	北浦町（三川内）
テマリカ	木城町（石河内）
テンマルコ	西米良村
ナガシバナ	都城市（安久、御池）、串間市（大矢取）
ニギイコバナ	えびの市（飯野）
ニギイバナ	都城市（※平田）
ニギイメヒバナ	高原町（狭野①）
ニギコ	えびの市（加久藤）
ニギリコバナ	えびの市（尾八重野、加久藤）
ニギリバナ	都城市（※平田）
ニギリメシバナ	野尻町高原町
ユウリンバナ①	日向市（田の原②）

【コメント】①ヤマアジサイも同名。②ユウリン→幽霊のこと
【ノート】ニギリメシ・ニギリコは花序全体がニギリメシに見えるので、ツユ・ナガシは梅雨期に咲くので、またジゴクやユウリンは花の色が変化するのでいうのであろう。

ヤマアジサイ　　*Hydrangea serrata* Ser.　　【アジサイ科】

アジサイ	椎葉村（日添）
アマチャ	川南町（細①）
ナガシバナ	都城市（御池町）
ニギイメヒバナ	高原町（狭野）
ヤマアジサイ	高千穂町（向山秋元）、椎葉村（日添②）、小林市（木浦木、西小林）
ヨヒラ	都城地方（※都盆）

【コメント】①尾鈴山の甘茶谷に多い（甘茶谷の名の由来）。咬んでると初めは苦いが、後は甘くなる。葉の柔いうちに摘んで乾かしておく。②花が青と白がある。白花にヤマアジサイと言ってるようである。

アスナロ　　*Thujopsis dolabrata* Siebold et Zucc.　　【ヒノキ科】

アスナロ	北浦町（市振、古江）、木城町（中之又）
ウラシロ	東郷町（坪谷）
サワラ	高千穂町（向山秋元）、椎葉村（尾向、日添、小林）、西都市（銀鏡）
ナロ	東郷町（坪谷）

アセビ　　*Pieris japonica* D.Don ex G.Don　　【ツツジ科】

アシビ	都城市（志比田）
アセビ	高千穂町（下野①）
イセブ	椎葉村（尾前）
エナバ	五ヶ瀬町（鞍岡波帰）、日之影町（新畑①、中間畑①）、北方町（上鹿川③?、下鹿川②）、椎葉村（大河内④、尾手納、小崎、日添?、不土野、松尾）、諸塚村（荒谷）、西郷村（和田）、南郷村（上渡川③、名木、中山、水清谷）、西米良村（板谷）、須木村（田代ケ八重④）
エナバコゾウ	椎葉村（十根川①、胡麻山）
エナバシバ	五ヶ瀬町（鞍岡波帰）、日之影町（後梅）、椎葉村（尾前）
エバナ	北方町（上鹿川②）
サセビ	須木村（堂屋敷）
シラミノキ	椎葉村（尾崎）
シラメノキ	椎葉村（栂尾）、南郷村（中山）
スズラン	串間市（大平⑤）
ダニノキ	南郷村（鬼神野）
チョウチンバナ	延岡市（赤水）、えびの市（飯野、加久藤）、都城市（御池町）、山之口町（五反田）

チョチンバナ	えびの市（真幸）
ドクギ	須木村
ドクシバ	諸塚村（荒谷、飯干、小原井、黒葛原、立岩、矢村）
ドクシバノキ	諸塚村（荒谷）
パチンコ	延岡市（浦城⑥）
パッチンバナ	都農町（※町史）
ヒガンキ	えびの市（飯野）、小林市（忠臣田⑥、東方）、須木村（内山、堂屋敷、奈佐木）、高原町（狭野、広原）、高崎町（前田、笛水）、都城市（荒襲、安久）、串間市（高松）
ヒガンキョ	小林市（西小林）
ヒガンギ	えびの市（尾八重野、京町）、小林市（木浦木①、西小林）、須木村（九々瀬④）、野尻町（今別府）、高原町（後川内）、串間市（大矢取①④、高松）
ヒガンギイ	高原町
ヒガンバナ	えびの市（京町）、高原町（狭野）、高城町（四家）、都城市（牛の脛、夏尾）
ミソウシナイ	椎葉村（尾手納⑦④、不土野）、西米良村（田無瀬⑦）
ミソウシネ	椎葉村（日添）
ミソウシャ	椎葉村（日添㉖）
ヤマツゲ	高城町（有水七瀬谷）
ヨシミシバ	串間市（市木）
ヨナバ	高千穂町（岩戸、三田井、向山①）、日之影町（中間畑）、諸塚村（飯干、立岩、塚原）
ヨナバシバ	高千穂町（神殿、上野、下野⑧）、五ヶ瀬町（赤谷①、桑野内、東光寺）
ヨネガシバ	北方町（二股⑨⑩）、延岡市（小野）
ヨネシバ	日之影町（見立飯干）、北方町（川水流、久保山）、北川町（上赤①、上祝子①、俵野、八戸⑩⑪）、延岡市（浦城⑫、熊之江①⑭、黒岩、松山町⑬）、東郷町（迫之内、坪谷、羽坂、福瀬⑮）、日向市（権現崎、田の原）、西米良村（小川①、田無瀬）、西都市（三財、下津々志、銀鏡、中尾、瓢丹淵、水喰①）、木城町（石河内、岩渕、中之又㉗）、都農町（東都農）、川南町（野田原⑯、比田④、細）、高鍋町（鬼ヶ久保）、新富町（鬼付女、日置⑰、湯ノ宮、）、綾町（入野、上畑、竹野）、国富町（八代⑱）、高岡町（柞の木橋）、宮崎市（生目、江田、木花、塩鶴⑳、曽山寺、野島⑲、産母※）、田野町（内八重、片井野⑲、堀口）、都城市（安久㉑）、山之口町（五反田）、三股町（長田）、北郷町（大戸野㉒、広河原㉑、宿野）、日南市（鵜戸、飫肥、白木俣①）、串間市（大矢取、高松、本城）
ヨネバ	日之影町（舟の尾、見立⑪）、北川町（陸地①、葛葉㉓、瀬口多良田㉔、松瀬①、八戸）、北浦町（阿蘇、市振①、古江④、三川内）、延岡市（島浦④、須美江①）、椎葉村（大河内）、諸塚村（荒谷、葛原）、南郷村（鬼神野）、西米良村（小川、横野）
ヨネバシバ	北方町（二股④）、北郷村（宇納間、坂元、入下）

アセビ（農薬として使う）

【コメント】①牛のシラミ殺し。②春の彼岸に墓にあげる。③花が多い時は麦が豊作。④うじ殺し、大根の青虫殺し。⑤花があまりきれいじゃかい「庭どんにや植えやんな」と言い伝えがある。⑥ままごと遊びのご飯粒に使った。花に息を吹き込み、額に押し付けてプチンと破れる際に出る音を立てて遊ぶ。⑦灰が赤く、オキの色が味噌に似るので、味噌を焼いて食いよったら味噌が灰に落ち見失った。⑧ゲラン代わり。⑨枝葉を30分ほどたぎらかすと紅茶色（コーヒー色）になるので、瓶に入れて保存しておく。アブラムシやアオムシがついたらその液をうすめてかけると効く。今でもやっている。⑩花の盛りは猪の交尾の頃になる。⑪根元に生えるネズミ茸を食うと死ぬ。⑫頭ならつけてよいが、ねぶる（なめる）ところにつくっといかん。シキミはなお毒が強いのでえれこっちゃ。⑬盆花に使う。⑭昔は印籠（煙草入れ）を作った。⑮ヨネシバの皮を煎じた液でシラミを殺した。牛がねぶらんごつ外に出し、紐を短こしてねぶらんごつしよった。⑯ヨネシバの鉢植えの下からセミの子がたくさん出てきたので、鶏に食わせたら、食った2羽とも死んだ。⑰日置地区の3月の墓地には8割以上にアセビが供えられ、他にシキミ、ヒノキ、ハマヒサカキが供えられていた（南谷：1979-3-10）。⑱ここあたりにはシキミがないので、ヨネシバを仏様にあげる。⑲サノボリの日は、クンパチ山の神社に部落代表が上がり、山頂でアセビを取り神社で祈祷してもらい、お札をつけて部落に帰り、皆に配る。それを田の水口に挿し、虫除け祈願をした。⑳クンパチ山にサノボリの時、全員で登り（後には代表だけ）、参った。山の上で商人が10本くらい束にしたものを2銭で売りよった。下って田の水口に挿した。昭和22年頃までしよった。瓜生野、内海、田野へんからもきよった。㉑馬が死ぬので、庭に植えるといかん。㉒田の水口に挿す。㉓花が咲くころアヤゴダニが着き、振りかぶっと、噛まれてかゆく治らん。治らん時は塩をなすりこむ。㉔青虫退治に撒いたら10日間くらい食えん。㉕墓には春の彼岸にはアセビ、秋の彼岸にはハギ、日ごろはシキミを供える。㉖ダイコンなどの野菜を蒔いた畦と畦の間にエナバの枝を挿しておくと虫除けとなる。㉗川で馬をこの汁で洗うと、川の魚が死によった。

【ノート】アセボトキシンという有毒成分があり、野菜の害虫退治や牛のシラミ・ダニ取りに使うのでドクシバやシラミノキの名がついている。田んぼの虫除けも同じ関連であろう。花は小型の白いチョウチンのような美しい花をぶら下げるので、彼岸には墓の供花にしている。小粒の白い花は米粒に見えるのか、ヨネ（米）バと呼び、それが転じてエナバになったものと思われる。㉖野菜畑の虫除けに使う。キュウリを蒔いた所にアセビの枝を挿すと、殺虫剤が出てきて虫が湧かない。牛のシラメ（シラミ）をやっつける時には、牛が体を動めないようにしながら拭いてやる。

アデク	*Syzygium buxifolium* Hook. et Arn.	【フトモモ科】

アデク	沖縄県（恩納）
カナツバキ	須木村（内山）
カナモドシ	都城地方（※都盆）
カナモドリ	日南市（飫肥）
カネモノキ	三股町（長田①）
ツゲ	高岡町（柞木橋）
ノユス	小林市（木浦木②、山代③）
ミソッチュ	宮崎市（曽山寺④）
ヤマツゲ	宮崎市（塩鶴）、田野町（内八重⑤、堀口）
？	西米良村（小川⑥）

【コメント】①ゲンノウ（大型の木製の小槌）の頭に用いる。②材がユス（イスノキ）に似ているから。③昔は大きいのを見つけると伐倒して、柄木にしよった。おそらく、枝や材がユス（イスノキ）に似ているのでノユスというのじゃろ。1979年に暖冬のせいで初めて実が生（な）ったので食ったらミソッチュ（シャシャンボ）よりはるかに甘かった。オカ（尾根）のビンタ（山頂部）に、高さ3mくらいのものがあり、実が生る。④シャシャンポも同名でいう。地福川上流に径20cmの大木がある（南谷）。⑤宮崎で花屋で売っている業者が枝を切りにきよった。サカキの代用にする。実は見ない。⑥名は知らん。餅つきの杵や桶屋の木槌にした。小川神社の森には北限のアデクが自生している（南谷）。

【ノート】宮崎県が北限の亜熱帯性の亜高木で、尾根筋に生える。材が非常に堅いのでカネ（金）、葉はツゲに似るのでヤマツゲ・ツゲと呼んでいるのであろう。

アブラギリ	*Vernicia cordata* Airy Shaw	【トウダイグサ科】

アオイ	延岡市（※平田）
アブラキ	宮崎市（※倉田）
アブラノキ	宮崎市（※倉田）
ホバ	宮崎市（※倉田）
ヤマギィ	都城地方（※都植方）

アブラススキ	*Eccoilopus cotulifer* A.Camus	【イネ科】

アブラガヤ	五ヶ瀬町（広瀬①）

【コメント】①油くさくて牛は食わぬ

アブラチャン	*Lindera praecox* Blume	【クスノキ科】

アブラギ	日之影町（見立）
サンボンギ	日之影町（見立）
ジンタンノキ	諸塚村（飯干①）
センボン	日之影町（見立②）
センボンギ	日之影町（見立②）
タケツエギ	椎葉村（大河内③、小崎、日添④）
タンバリ	南郷村（鬼神野）
ツエギ	高千穂町（向山秋元）、五ヶ瀬町（鞍岡波帰）、北方町（上鹿川）、北川町（上祝子）、椎葉村（尾手納、尾前、日添、松尾）、諸塚村（飯干）、西米良村（板谷）、西都市（銀鏡）、川南町（細）、須木村（堂屋敷、九々瀬）
ニッケギ	西米良村（乙益氏収録）
ホンツエギ	椎葉村（日添）
ヤマニッケイ	高千穂町（向山秋元）

【コメント】①枝を折ると臭いが仁丹に似る。②枝の形状による。③杖にする。④葉が竹に似るので。

アマナ	*Amana edulis* Honda	【ユリ科】

カタクリ	北川町（八戸①）

【コメント】①芋は深くにある。甘く生でかじる。

| アマリリス | *Hippeastrum x hybridum* Hort. ex Valenovsky | 【ヒガンバナ科】 |

ラッパバナ	西郷村（山須原）、日向市（田の原）、木城町（石河内）
チクオンキバナ	小林市（各地）
テッポウバナ	北川町（八戸）

| アリドウシ・ジュズネノキ | *Damnacanthus indicus* C.F.Gaertn. | 【アカネ科】 |

アリドオシ	北川町（松瀬）、宮崎市（野島）
アリトオシ	田野町（堀口）
イガ	南郷村（鬼神野）
イヌトゲ	高城町（有水）、高崎町（笛水）
イヌノシリサシ	木城町（石河内）、日南市（吾田）
インコロシ	須木村（堂屋敷①）、須木村（田代ケ八重②）
インツゲ	日向市（田の原）
インノシリサシ	西都市（中尾）、木城町（中之又）、宮崎市（塩鶴）、北郷町（広河原）、日南市（白木俣）
ウサギノシリサシ	北浦町（陸地③、三川内歌糸）
オニガワラ	延岡市（島野浦）
コトリトマラズ	須木村（内山②）
センジュノタマ	日南市（鵜戸）
ツゲ	日之影町（七折一ノ水②）
ネズミサシ	北川町（上赤④、葛葉③、八戸②⑤）
ネズミトオシ	北浦町（阿蘇⑥）
ネズミノシリサシ	北浦町（市振⑦）、延岡市（浦城⑧、須美江）、田野町（内八重②）
ネズミノハナサシ	延岡市（熊之江②）、東郷町（坪谷）
ネズミノハナトオシ	北浦町（直海⑥）
ネズミノメザシ	日之影町（後梅③、中間畑、八戸星山）、小林市（木浦木②）
ネズミノメツキ	日之影町（新畑⑥）、日南市（宮浦）
ネズミノメックジリ	都城市（石原②、安久⑦）、串間市（大矢取②）
ネズミノメヌキ	南郷村（水清谷）
ネズンバリ	高城町（四家）
ハイゲ	五ヶ瀬町（桑野内）
ヤボイゲ	延岡市（小野）
ヤマチャエン	東郷町（西林山下⑨）
？名前を忘れた	西米良村（田無瀬⑩）、小林市（東方山代⑪）、須木村（田代八重②）

アリドウシ（茎に鋭いトゲ）

【コメント】①猟犬がこれにはばまれる。②ネズミ除け（ネズミの通り道に枝を立てる。籾俵の上に置く）。③マンリョウ・ヤブコウジ・ジャノヒゲの実を針に刺して遊ぶ。④根を煎服。膀胱炎・利尿剤。⑤１月24日？に針に小さな餅をさしてタカガミ（伊勢神宮：一番高いところに祀る）さんに供える。⑥ネコ除け。ネズミトオシの枝を魚干しの支柱に縛って下げる。⑦蔵のカライモの周りにはこの枝を採って、置いておくとネズミがこぬ。⑧キブシの芯を抜き出し、切って赤や青インクで染めてアリドオシの刺の上にさして飾る。⑨茶はハタチャエンという。樹形からつけた名か？⑩目の薬（この根をたいて汁を目につけるとよい）。⑪「センリョウ、マンリョウいつもアリドオシ」といい、正月に飾る
【ノート】この仲間は形態が多様で区別していないのでジュズネノキ類も含めて一括した。いずれの名前も鋭い針に注目してつけられている。イゲはトゲと同じ。

| アレチノギク | *Erigeron bonariensis* L. | オオアレチノギクを含む【キク科】 |

アメリカグサ	高千穂町（下野）
アワダチソウ	高原町
イクサグサ	えびの市（加久藤）
イクサボッ	えびの市（京町）
カングングサ	延岡市（和田町）、木城町（石河内、川原）
ゴイッシン	椎葉村（尾手納）
ゴイッシングサ	椎葉村（尾前、日添）
コメバナ	椎葉村（尾前）
サイゴウグサ	五ヶ瀬町（広瀬）、日之影町（後梅、八戸星山）、日向市（田の原）、西米良村（板谷）、西都市（三財）、川南町（比田）、国富町（八代南俣）、宮崎市（江田、木花）、田野町（内八重）、えびの市（飯野、真幸）、須木村（堂屋敷）、都城市（夏尾、安久①）、高城町（有水）、三股町（長田）、北郷町（広河原）、串間市（笠祇、黒井、高松）

サイゴブッ	都城市（御池町）
サイゴユッサ	都城市（御池町④）
サッシュウグサ	延岡市（※平田）
ゼンジグサ	日向市（高松②）
タイショウギク	日向市（権現崎）
タイホウグサ	日向市（田の原）
チョウテイグサ	小林市（西小林）、えびの市（飯野、真幸）
チョテイグサ	えびの市（京町）
チンダイグサ	綾町（上畑）、国富町（八代南俣）、えびの市（加久藤、京町、白鳥）、小林市（小林市街地、西小林）、野尻町、高原町（後川内）、高城町（有水）、高崎町、北郷町（大戸野、宿野）、宮崎市（野島③）、日南市（吾田）
ヘイタイグサ	五ヶ瀬町（桑野内）
ホウキグサ	北川町（八戸）、延岡市（和田町）
ユクサボッ	えびの市（京町）

【コメント】①西郷戦争の時、男が皆兵隊にとられたので、畑全体にこの草が生じた。②善二さんの広い畑に生えてきた。取るのに苦労した。③茎は硬いので鎌の刃が欠ける。④ユッサは戦（いくさ）のこと。
【ノート】帰化植物で、宮崎県には明治維新のころに入り込んだと思われる。西南戦争当時で、男たちが兵隊に参加し田畑が荒れ、そこに繁殖したのがアレチノギク。この新入りに、「戦争」や「西郷さん」、「維新」「官軍」「朝廷」「鎮台」「大砲」などを名に付して呼んだのであろう。当時のご時世に合わせた名である。ヒメムカシヨモギとほとんど区別していないと思われる。オオアレチノグサも含まれる。

アワブキ　　*Meliosma myriantha* Siebold et Zucc.　　【アワブキ科】

アワギ	五ヶ瀬町（鞍岡波帰①）
アワブキ	日之影町（見立煤市②）
カシワ	椎葉村（尾向日添、小林）
ナタオレ	都城市（御池町）
ナナカマド	都城市（御池町⑤）
ホットノキ	椎葉村（日添③）
ヤマビワ	北川町（上祝子）
ヤマモモ	椎葉村（小崎）
名前は忘れた	日之影町（見立②）、小林市（西小林④）

【コメント】①薪にして燃やすと切口から泡をふく。②燃えにくい。③ホウノキ（フウノキ）の小さなものと言われた。いつまでも時間をかけて燃え続けるからホットスル木だろうか。④名は忘れた。生大根とどっちが燃えないか競争したら大根の方が負けた。それほど燃えにくい木。⑤燃えにくい木で、カマドで7回目でようやく燃えて、炭になった。

イ（イグサ）　　*Juncus decipiens* Nakai　　【イグサ科】

イグサ	北川町（八戸）、木城町（石河内）
ゴザグサ	串間市（大矢取）
コジミ	串間市（高松）
シットグサ	北川町（瀬口多良田）
ジミ	高千穂町（三田井）、五ヶ瀬町（鞍岡波帰、東光寺）、椎葉村（栂尾、日添）、日向市（田の原）、西米良村（田無瀬）、西都市（銀鏡）、木城町（石河内、中之又）、国富町（八代南俣）、宮崎市（木花）、山之口町（五反田）、北郷町（広河原）、日南市（吾田）
ジミクサ	北郷町（大戸野）
ジミグサ	高千穂町（向山秋元）、綾町（竹野①）、宮崎市（生目）
ジン	須木村（堂屋敷）
ジュミ	五ヶ瀬町（鞍岡）、椎葉村（尾手納）
ジンガラ	えびの市（京町）
ジングサ	都城地方（※都盆）
ズミ	木城町（中之又）
トウシミ	北方町（上鹿川）、延岡市（熊之江）
トウシミ（グサ）	高千穂町（鬼切畑、下野）、日之影町（後梅）、北川町（上祝子）
トウシミグサ	日之影町（七折一ノ水）
トウシミノキ	延岡市（須美江）

トウシングサ	高千穂町(岩戸、下野)
トシミ	日向市(※市史)
フクイ	えびの市(真幸内堅②)
マルスゲ	南郷村(鬼神野)
ユ	椎葉村(松尾)、小林市(西小林)
ユガヤ	日南市(上白木俣)

【コメント】①二つに割ると、ジミが出る。灯心にした。②夏の土用に取って砂をつけてもんで干し、自分で打って畳をつくった。
【ノート】灯火の火をつける芯のことを「じみ」というとある。灯芯につかうのでトウシン・トウシミという。

イイギリ　　*Idesia polycarpa* Maxim.　　【ヤナギ科】

イヌギリ	高千穂町(岩戸)、日之影町(後梅、新畑、中間畑①、見立②)、北川町(上祝子③)、椎葉村(尾前、日添)、諸塚村南郷村(鬼神野)、西米良村(小川)、木城町(中之又)、綾町(竹野①)、田野町(内八重)、山之口町(五反田)、北郷町(宿野)
インギィ	都城市(夏尾、御池町)、高城町(有水)、高崎町(笛水)
インギリ	高千穂町(三田井①)、北方町(上鹿川)、北川町(上赤、八戸)、北郷村(入下)、日向市(田の原①)、西都市(銀鏡)、木城町(石河内、中之又)、川南町(細)、小林市(木浦木)、須木村(九々瀬)、宮崎市(塩鶴)、都城市(安久)、三股町(長田)、北郷町(大戸野)
キリノキ	椎葉村(松尾)
キンノミチョウ	木城町(中之又①)
ゲタギリ	えびの市(白鳥)、高原町(狭野)
ヒメチョー	西米良村(小川)、西都市(銀鏡)
ヤマギリ	高千穂町(岩戸、下野、向山)、日之影町(七折一ノ水)、北川町(陸地、上祝子、葛葉、瀬口、八戸)、北浦町(三川内①②)、延岡市(須美江)、南郷村(鬼神野)、東郷町(坪谷)、西都市(三納)、木城町(石河内)、川南町(細)、田野町(内八重)、小林市(木浦木、西小林④)、北郷町、串間市(大矢取①)

【コメント】①下駄の材料。②野鳥は雪が降るまで待ち、食うものが何もない時食べる。③正月にはナンテン代わりに飾る正月花に使う。④正月花に使う。
【ノート】材が桐のように軽いので偽の桐とし、イヌギリ、インギリと呼んだのであろう。桐は植栽、本種は自生で山に生えるのでヤマギリ。下駄に使ったという話は各地で聞いた。

イシカグマ　　*Microlepia strigosa* C.Presl　　【コバノイシカグマ科】

コヘゴ	宮崎市(白浜①)

【コメント】牛が食う。シロヤマゼンマイがオニヘゴ。

イズセンリョウ　　*Maesa japonica* Moritzi et Zoll.　　【サクラソウ科】

コゴメカズラ	東郷町(西林山①)
コメゴメノキ	田野町(内八重)
コメノキ	日南市(鵜戸②)

【コメント】①折れやすく、カズラにならぬ。②実が米粒に似る。

イスノキ　　*Distylium racemosum* Siebold et Zucc.　　【マンサク科】

イス	宮崎市(白浜)、都城市(荒襲)
オクボチョスケ	延岡市
クシノキ	都城地方(※都盆)
コウ(ォ)ズノキ	日之影町(一の水、後梅、中間畑①)
サルノフエ	宮崎市(※平田)、西米良村(※平田)
サルノフエノキ	宮崎市(※倉田)、串間市(市木(※平田))
サルフーノキ	日之影町(新畑②)
サルブエ	日向市(権現崎、田の原)
サルフエノキ	宮崎市(※倉田)
サンノフエ	綾町(上畑)
スカッペノキ	西都市(三納(※平田))
デシコシボッポノキ	延岡市(島浦③)
トッコノキ	高原町(狭野)、都城市(庄内⑨)

ハトブエ	日向市(田の原)
ヒョンノキ	都城地方(※都盆)
ホッホノキ	日之影町(一ノ水)、北川町(八戸④)
ボッボユス	日向市(田の原)、
ポッポユス	東臼杵郡(※倉田)
ポポユス	北川町(祝子(※平田))
ホンユス	東郷町(坪谷⑤、西林山)、高原町(狭野)
ヤマユス	西米良村(横野)
ユシノキ	えびの市(加久藤、京町)
ユス	高千穂町(三田井)、北方町(上鹿川)、北川町(陸地、上赤、葛葉、瀬口、八戸⑥)、北浦町(阿蘇、市振、古江、三川内⑦)、延岡市(赤水、浦城、須美江)、西都市(津々志)、木城町(石河内)、綾町(入野⑩)、国富町(籾木)、えびの市(飯野⑧、大河平)、小林市(西小林)、須木村(内山)、野尻町(石瀬戸)、宮崎市(塩鶴、野島⑪)、都城市(安久)、高城町(笛水)、山之口町(五反田)、高城町(有水)、三股町(長田)、日南市(小吹毛井)、串間市(高松⑫)
ユスノキ	日之影町(新畑、中間畑)、延岡市(※平田)、椎葉村(栂尾)、西米良村(※平田)、川南町(比田)、宮崎市(青島(※平田))、小林市、須木村(堂屋敷)、北郷町(広河原)、串間市(市木(※平田)、大矢取)
ヨシカンキ	都城地方(※都植方)
ヨシカンミノキ	小林市(西小林⑧)

イスノキ(虫こぶの笛)

【コメント】①虫こぶを「コウズまたはホロストコウズ」という。コウズはアオバズクのことで、虫こぶでアオバズクそっくりの音が出る。②ナタの刃が取れるくらい堅い。③虫こぶの笛をデシコシポッポという。④笛はユスボッポという。⑤幹中がウドになり臼にする。⑥虫こぶの笛をユスボッポという。⑦笛はポッポユスという。炭俵の口当て。⑧虫こぶの笛を吹くとヨシカ(アオバズク)の声に似る。実をヨシカデッポウともいう。⑨トッコはフクロウのこと。笛がフクロウの声に似るのでトッコノキという。⑩枝葉を炭俵の底当てに使う。⑪ヤマオコにする。⑫実で作る笛をユスアケボという。
【ノート】市街地ではできないが、空気のきれいな山手に行くと、径5cmほどの穴(虫が出た)の開いた虫こぶができる。乾くと堅くなり、反対側にもう一つ穴を開けると笛ができる。名前もこの笛由来が多い。ホッホも鳴き声から。

イソノキ　*Frangula crenata* Miq.　【クロウメモドキ科】

キクラゲノキ	椎葉村(※平田)
クロガネモドキ	北川町(祝子(※平田))
ニガキ	椎葉村(※平田)
ヤマハゼ	北川町(上祝子)

イタドリ　*Fallopia japonica* Ronse Decr.　【タデ科】

イタドリ	高千穂町(下野)、えびの市(飯野)、小林市(西小林)
オニサド	北浦町(阿蘇)
カッポンガラ	西臼杵郡(※日植)、日之影町(※町史)
コッポ	日向市(幸脇、田の原)
サド	高千穂町(岩戸、押方)、日之影町(見立、後梅①、新畑、見立)、北川町(陸地、瀬口、俵野)、北浦町(市振、古江、三川内)、延岡市(島浦)、椎葉村(大河内、栂尾②、不土野)、諸塚村(飯干)、南郷村(鬼神野)、西米良村(尾股)、木城町(中之又)、須木村(※内藤)
サトガラ	日之影町(一ノ水)、西米良村③、都農町(東都農)、木城町(中之又)、高鍋町(鬼ケ久保)、綾町(入野)、高岡町(法ケ代)、都城市(安久)、高城町(有水)、高崎町(笛水)、山之口町(五反田④)、北郷町(大戸野)、日南市(上白木俣①)、串間市(大矢取①、高松)
サドガラ	北方町(上鹿川)、延岡市(熊之江)、日向市(田の原)、西都市(津々志)、都農町、木城町(石河内)、川南町(細、牧平)、田野町、須木村(堂屋敷)、えびの市(真幸内堅①)、小林市(木浦木)、宮崎市(塩鶴)、日南市(飫肥)
シオガラ	小林市(西小林窪谷)
スカンポ	木城町(中之又)、宮崎市(※平田)
スイガラ	えびの市(霧島)
スイスイコンボ	高鍋(※平田)
スッポン	宮崎市(※平田)、国富町(本庄(※平田))
ヘビサド	南郷村(鬼神野)

　【コメント】①葉をタバコ代わりに。②茎で水車遊びをする。③サトガラ笛を作る。一節を切り、皮を薄く剥ぎ、

横笛のように穴を開ける（乙益氏収録）。④かしき草に使う。

イタビカズラ類　　*Ficus sarmentosa* subsp. *nipponica* H.Ohashi　　【クワ科】

アガフジカズラ	日南市（宮浦）
イヌタブ	日南市（鵜戸）
イワイシブテ	北川町（上赤、八戸）
イワフズキ	北方町（二股）
イワブテ	日之影町（一ノ水）
イワホウズキ	北川町（葛葉）
イワムク	延岡市（浦城）
イワモモ	日之影町（中間畑）
インヅタ	串間市（大納）
インツバ	日南市（鵜戸②）、日南市（鵜戸）
キンブク	延岡市（安井①）
クツタ	串間市（黒井）
コタブカズラ	えびの市（霧島）
サルモモ	延岡市（熊之江）、延岡市（熊之江）
ゼンヅタ	宮崎市（野島）
タブ	串間市（市木）
ツタ	串間市（黒井）
ツタカズラ	日南市（鵜戸）
ハナキンブク	延岡市（安井）
ホンヅタ	串間市（大納）
ヤドリカズラ	日向市（幸脇）

【コメント】①食えるものをいい、食えないものをハナキンブクという。②実が丸く小さく、割れないものはインツバで食えない。実が長大で割れるものがツタカズラで食える。
【ノート】串間市黒井では、蔓になるのでツタといい、食べられるのをクツタ（食うツタのことか）、食われないのをツタと呼んでいるようである。

イタヤカエデ　　*Acer pictum* Thunb.　　【ムクロジ科】

アオモミジ	北方町（下鹿川①）
イタヤカエデ	日之影町（見立）
オキャージ	椎葉村（尾手納）
オニカエデ	日之影町（見立）
オニキャージ	椎葉村（倉の迫）
カエデ	高千穂町（向山秋元）、日之影町（新畑）、北方町（上鹿川）、北川町（上祝子）、北浦町（三川内大井）、椎葉村（日添）、東郷町（坪谷）、西米良村（村所）、川南町（細）、綾町（竹野）、宮崎市（塩鶴）、小林市（木浦木）、須木村（堂屋敷）、高城町（有水）、都城市（御池町）、山之口町（五反田）、北郷町（広河原）
カエデモメジ	須木村（田代ケ八重）
キャージ	五ヶ瀬町（鞍岡波帰②）、椎葉村（尾手納、尾前、十根川②、日添③）
キャージ（ノキ）	西都市（銀鏡）
クーデイ	高千穂町（※平田）
クェージ、ケージ	日之影町（後梅）
ケェァージ	諸塚村（小原井）
ケェジ	椎葉村（不土野）
ケージモミジ	北川町（葛葉）
ケシカエデ	小林市（木浦木）
ケシモミジ	小林市（木浦木）
ケデ	三股町（長田）
シロモミジ	高原町（後川内）
モミジ	日南市（白木俣）

【コメント】①紅くならずに緑のまま散る。②ピアノ材に買いに来よった。③子供の可愛い手を「キャージのような手という」
【ノート】カエデがケェーデ→ケェージ→キャージと転訛したのであろう。紅葉しないのでアオモミジ・シロモミジとなる。

イタヤカエデと同じカエデ類

イタヤメイゲツ（コハウチワカエデ）　　*Acer sieboldianum* Miq　　【ムクロジ科】

キリシマモミジ	都城市（御池町）
ホンモミジ	椎葉村（日添①）

【コメント】①葉の鋸歯を「かきかたもみじのは」と言いながら数える。

イロハモミジ　　*Acer palmatum* Thunb.　　【ムクロジ科】

アカモミジ	高原町（後川内）
アカモメジ	須木村（田代ケ八重）
カエデ	北方町（上鹿川）、諸塚村（七つ山矢村）、日向市（田の原）
クヨウモミジ	五ヶ瀬町（桑野内）
ケェージ・ケージ	日之影町（後梅）、椎葉村（尾崎）
ケシモミジ	須木村（九々瀬）
ハナキャージ	椎葉村（尾前）
ヒモミジ	北方町（下鹿川）
モミジ	五ヶ瀬町（波帰）、高千穂町（向山秋元）、日之影町（後梅、新畑）、北浦町（三川内大井）、北川町（葛葉）、椎葉村（尾前、十根川①）、諸塚村（小原井）、北郷村（坂元）、南郷村（神門、水清谷）、東郷町（坪谷）、西米良村（村所）、西都市（上三財、銀鏡、下津々志）、綾町（竹野）、宮崎市（塩鶴）、小林市（木浦木、真方）、須木村（九々瀬、堂屋敷）、高原町（狭野）、高城町（有水）、都城市（御池町）、山之口町（五反田）、北郷町（広河原）、日南市（白木俣）
モミジノキ	須木村（内山）
モミズ	都城市（牛の脛）

イロハモミジ（もっとも普通なカエデ類）

【コメント】①イタヤ→キャアジ：ピアノ材、ウリハダ→アオベラ、チドリノキ→タニガシ：発光キノコがつく。

【ノート】イロハモミジ（タカオモミジ）とオオモミジはどの地方にもあるが、区別していないのでここでは一括した。

ウリカエデ　　*Acer crataegifolium* Siebold et Zucc.　　【ムクロジ科】

アオベラ	日之影町（見立）、北川町（上祝子）、諸塚村（荒谷、飯干、小原井、矢村）、北郷村（坂元）、南郷村（上渡川、中山、水清谷）、西米良村（板谷、小川、田無瀬、横野）、西都市（銀鏡）

オオモミジ　　*Acer amoenum* Carriere　　【ムクロジ科】

キャージ	椎葉村（日添）
シロモメジ	須木村（田代ケ八重）

ウリハダカエデ　　*Acer rufinerve* Siebold et Zucc.　　【ムクロジ科】

アオギリ	椎葉村（日添）、北郷村（坂元）、高原町（狭野）
アオクチ	東郷町（坪谷、西林山）
アオベラ	高千穂町（岩戸、向山秋元）、五ヶ瀬町（波帰）、日之影町（新畑、八戸星山）、北方町（上鹿川、下鹿川）、北川町（陸地、上赤、上祝子、葛葉）、北浦町（三川内大井）、椎葉村（十根川）、諸塚村（飯干）、南郷村（鬼神野）、日向市（田の原）、西都市（上三財）、木城町（石河内）、都農町（細）、綾町（竹野）、田野町（内八重）、須木村（堂屋敷）
オオベラ	南郷村（水清谷）
カクレミノ	えびの市（真幸内堅）
キウリノキ	西都市（津々志）
ヤマギリ	椎葉村（日添）

【ノート】アオギリに似ているので、アオギリの名は混乱しているのかもしれない。樹肌が緑（青）なのでどこでもアオベラで通じる。鹿が忌避するので盛んに増え、群生しているところが目立つようになっている。

コハウチワカエデ（イタヤメイゲツ）　　*Acer sieboldianum* Miq.　　【カエデ科】

キリシマモミジ	都城市（御池町）
ホンモミジ	椎葉村（日添①）
モミジ	五ヶ瀬町（鞍岡波帰）

【コメント】①「カキカタモミジノハ……」と言いながら裂片を数える遊び。日添集落は標高が1000mあるので、イロハモミジはない。

コミネカエデ	*Acer micranthum* Siebold et Zucc.	【カエデ科】
アオベラ	五ヶ瀬町（鞍岡波帰）	

イチイ	*Taxus cuspidata* Siebold et Zucc.	【イチイ科】
アカギ	五ヶ瀬町（鞍岡波帰）、日之影町（見立、煤市①）、北方町（上鹿川）、椎葉村（尾手納、日添、小林）	
アカサ	都城地方（※都植方）	
アララギ	五ヶ瀬町（鞍岡波帰）、日之影町（見立②）、椎葉村（尾手納）、西米良村（板谷）、西都市（銀鏡）、川南町（細④）、えびの市（霧島）、綾町（綾北川）、日南市（上白木俣②）	
ヘボノキ	須木村（内山、田代ケ八重）	

【コメント】①枝葉を乾燥して煎服。②採るとバチがあたるという。煎服すると糖尿病によい。②小松山にある。④尾鈴山の甘茶谷の上の方に大木がある。

イチゴツナギ	*Poa sphondylodes* Trin.	【イネ科】
オニキカゼ	椎葉村（日添）	

イチヤクソウ	*Pyrola japonica* Klenze ex Alefeld	【ツツジ科】
ヤマタバコ	椎葉村（日添）	

イチョウ	*Ginkgo biloba* L.	【イチョウ科】
イチョウ	北浦町（市振、古江①）、五ヶ瀬町（鞍岡②）、日之影町（八戸星山③）	
ギンナン	各地	

【コメント】①庭に植えてはいけない。②一里四方の水を吸い上げるので火よけ雷除けによい。③まな板にする。

イヌエンジュ（ハネミイヌエンジュ）	*Maackia amurensis* Rupr. et Maxim.	【マメ科】
エンジ	高千穂町（押方、神殿）、五ヶ瀬町（鞍岡）、日之影町（後梅②）、北方町（二股①）、北川町（上祝子③）、椎葉村（小崎③、日添③）、西郷村（山須原）	
エンジュ	高千穂町（向山秋元②）、日之影町（見立③）、高原町（狭野④）、三股町（長田）	
エンジュノキ	椎葉村（大河内③）	
クロエンジ	川南町（細）	
シロエンジ	椎葉村（小崎、小林）、川南町（細）	

【コメント】①材が堅いのでナタの刃がこぼれる。②床柱にすると縁起がよい。③シロエンジとクロエンジがあり、シロはだめ、クロは床柱によい。④大工さんの材を削る道具（チョンナ）の柄に最高。温泉の熱湯に浸け、伸ばしたり曲げたりする。弾力性あり。

イヌガヤ	*Cephalotaxus harringtonia* K.Koch	【イチイ科】
イヌガヤ	北郷町（宿野）	
ウラジロ	延岡市（赤水①）	
カヤ	東郷町（坪谷、西林山）	
ゴロメカシ	日之影町（後梅）	
ハシリマメ	北川町（祝子川②）	
パチパチノキ	北浦町（阿蘇）、延岡市（島浦）	
ハリメカシ	北方町（二股②③）	
ヒョヒョグリ	高千穂町（河内④）、五ヶ瀬町（桑野内④）	
ヒワ	日南市（小吹毛井）	
ヘボ	高千穂町（下野、三田井、向山⑤⑥⑦）、五ヶ瀬町（東光寺、波帰⑤、広瀬）、北方町（上鹿川①）、北浦町（直海⑧）、延岡市（浦城、熊之江⑨、須美江）、諸塚村（飯干⑩、黒葛原）、南郷村（上渡川①）、西米良村（小川、田無瀬、横野）、西都市（銀鏡横平⑩、中尾、瓢丹淵）、木城町（中之又）、えびの市（加久藤榎田）、高原町（狭野）	

ヘボノキ	高千穂町（下野⑥）、椎葉村（尾崎①）、諸塚村（飯干⑩、小原井、立岩①）、須木村（小野）、宮崎市（※倉田）、高原町（後川内、狭野①）、高崎町（前田）
ヘボノミ	高千穂町（向山秋元⑦）
ベロス	北郷村（入下）
ベロスイノキ	諸塚村（荒谷）
ベロッキ	串間市（大束、大平、大矢取）
ベロッキノキ	串間市（市木（※平田））
ベロハスンノキ	小林市（西小林⑪）
ベロンベロンノキ	日南市（細田）
ボウリョウ	西米良村（田無瀬）
ホロメガシ	高千穂町（※倉田）
ボロメカシ	日之影町（中間畑⑫）、北郷村（坂元）
ボロメガシ	諸塚村（荒谷、矢村）、門川町（庭谷）
ボロメギ	南郷村（榎の越、上渡川、神門名木、水清谷①⑫）
マメダラ	北川町（陸地、葛葉、瀬口）、北浦町（市振、古江、三川内⑬）
マメノキ	高千穂町（岩戸）、日之影町（一ノ水⑪⑫、新畑、見立③）、北方町（上鹿川、二股②③）、北川町（上赤、上祝子）、北浦町（三川内歌糸）
ムロノキ	山之口町（麓、富吉①）
モロノキ	えびの市（真幸内堅⑭）、都城市（荒襲⑮）
モロノッ	都城市（荒襲）
モロバ	えびの市（真幸）　日南市（小吹毛井）
モロミギ	木城町（中之又⑯）
モロミノキ	北郷町（大戸野④）
モロムキ	須木村（堂屋敷）、野尻町高城町（有水）、都城市（安久）、高城町（有水）、山之口町（五反田①）
モロムギ	東郷町（迫野内①、福瀬①⑫⑰）、日向市（飯谷、権現崎⑫⑲、田の原⑫、畑浦①⑫）、西都市（三財水喰①⑫、三納）、木城町（石河内⑪⑱）、川南町（比田、細）、高鍋町（上江）、綾町（上畑①、竹野）、宮崎市（生目⑪、江田⑪、塩鶴、白浜、曽山寺、野島①⑪）、田野町（内八重、片井野①）、小林市（西小林）、須木村（内山⑤、田代ケ八重①、堂屋敷）、高原町（祓川⑲）、三股町（長田）、北郷町（広河原）、日南市（大浦、飫肥、小吹毛井、白木俣、宮浦）、串間市（市木①、黒井①）
モロムク	小林市（山代①）、野尻町（紙屋）、高崎町（笛水）、都城市（御池町）
モロメキ	椎葉村（尾手納）、西都市（三財）
モロメギ	椎葉村（大河内⑳、尾崎、尾手納、尾前、十根川⑫、戸屋の尾、日添①-2、小林、不土野⑫）、東郷町（坪谷）、西都市（下津々志、穂北）、木城町（岩渕）、新富町（鬼付女）、えびの市（大河平）、小林市（木浦木）
モロモ	えびの市（大河平①）
モロモギ	宮崎（※倉田）、都城地方（※都植方）、日南市（飫肥）
モロモッ	都城地方（※都植方）

イヌガヤ（作占いに使う）

【コメント】①ダラ（タラノキ）と共に７日正月に門松をとったあとに供える。仏様や墓にも。（ここでは、シダ類のウラジロはオオシダ、オニシダという）。①-2-1月6日に、家中にしめ縄を張って一間に一本のモロメギを下げ、悪魔が来ないようにする。昔、山の神の年寄りが風呂に入っておったら鬼が風呂釜ごとかろうて山に行きよった。途中でモロメギの枝があったのでそれに下がったら、鬼は知らずに山に行き、命が助かった。モロメギは鬼から助けてもらった。②床柱、土台木によい。③炭にするとパリパリと小さく割れる。④実を笛（ヒョヒョグリ）にして遊ぶ。⑤実を食う、赤くなるとうまい。⑥牛の鼻グリに使う。⑦しびって→蒸して→サンマイタで絞めて→油をとり→仏様の灯明に。⑧腐りにくいので杭や船の腐りやすい所に使う。⑨モウガ（鋤）の横木に使う。腐りにくく鉄杭が緩まない。⑩股がよくできるし、腐れにくいので物干しの支柱によい。⑪種子はほぐって空にしたものを舌や口唇に吸い付けて遊んだ。⑫正月７日に供え、囲炉裏の火ではしらかして作占いをする。⑬昭和20年頃まで、枝葉を炭の火にくべ稲の品種をとなえて、作占いをした。⑭正月にユズリハの下に敷く。座布団の代わり。⑮正月六日は鬼フサギといい、ユルリ（囲炉裏）でパチパチ音をたてた。⑯天秤棒にする。⑰６日年にははしらかし、火難除けをする。年寄りの家は今もする。⑱20日正月に神棚、墓にあげる（十住常一：90歳の談）。⑲ダラと共に玄関や牛小屋に掛け悪魔払いに使った。ダラ：鬼をはらう。モロムギ：諸々の福を呼び寄せる。⑳１月６日鬼火たき：モロメギをくべ、その火に青竹をくべ、ちょうどかげんの頃竹を石に当てはしらかし音の大きさを競う。

【ノート】小枝の先に付く葉が、対生で諸向になっているのでモロムキ・モロムクの名があるのであろう。それがモロムギ、モロメギさらにモロノキ・モロモやボロメに転じたと思われる。葉裏が白く対生している点はシダ類のウラジロに共通しており、正月行事に登場している。六日正月に枝葉を囲炉裏の火にくべると、油分が多いので激しく音を立てて燃えるので、パチパチやハシリマメと言ったのだろう。その音で魔除けやまた燃え具合で作占いをしている。種子は、ほぐって空にしたものを舌や口唇に吸い付けて遊ぶので、ベロスイ・ベロハスンと子供たちは名づけた。その空は笛にもなった。ヘボは「つたない」「つまらない」等の意味を持ち、本物のカヤと差

別的に呼んだ「ヘボカヤ」が変化したものであろう。「イヌガヤ」と同義。

イヌザクラ　　*Padus buergeriana* T.T.Yu et T.C.Ku　　【バラ科】

イヌザクラ	椎葉村(尾手納)
ニロウ	えびの市(白鳥①)
ヒガンザクラ	北諸県郡(※倉田樹方)
ヒメチョ	北方町(上鹿川)

【コメント】①重い木で、サクラに似ている。

イヌツゲ　　*Ilex crenata* Thunb.　　【モチノキ科】

イヌツゲ	日之影町(後梅、見立)、北川町(上赤、上祝子)、椎葉村(大河内、尾手納①)、西郷村(山須原)、東郷町(坪谷、西林山)、木城町(中之又)、須木村(堂屋敷、内山)、高崎町(笛水)
インツゲ	高千穂町(岩戸、押方、下野、三田井、向山)、五ヶ瀬町(赤谷①、鞍岡波帰)、北浦町(三川内歌糸)、椎葉村(松尾)、高鍋町(鬼ケ久保)、田野町(内八重)、えびの市(霧島)、小林市(西小林)、須木村(九々瀬)、宮崎市(塩鶴)、都城市(安久)
カワツゲ	三股町(長田)
スズメノキ	高千穂町(河内、下野、神殿)
スズメモチ	高千穂町(田原)
ツゲ	五ヶ瀬町(東光寺①、広瀬)、日之影町(八戸星山)、北川町(上祝子①)、延岡市(赤水)、椎葉村(大河内、尾前、日添、小林)、西米良村(田無瀬)、えびの市(加久藤、白鳥)
ヒチギ	西都市(三納)
フユツゲ	椎葉村(日添)
マメツゲ	日之影町(戸川、見立)
ヤマツゲ	北川町(上祝子)、椎葉村(尾前)、諸塚村、北郷村、南郷村(鬼神野)、日向市(田の原)、西米良村(小川)、西都市(三財)、えびの市(飯野、真幸)、小林市(木浦木、西小林)、都城市(夏尾、御池町②)、山之口町(五反田)、三股町(長田)、北郷町(宿野)、日南市(上白木俣)、串間市(大矢取、高松)
ヤマモチ	椎葉村(栂尾①)

【コメント】①皮から鳥もちをつくる。②ここではツクシイヌツゲを言い、イヌツゲはノツゲと言う。

イヌドクサ　　*Equisetum ramosissimum* Desf.　　【トクサ科】

？	北川町(八戸①)
ツンキリグサ	宮崎市(生目②)
マツバグサ	えびの市(京町)

【コメント】①名前は忘れたが、歯磨きに使う。茎を歯に当てこする。②「どこついだ」遊びをする。金物や爪を削る。

イヌビエ　　*Echinochloa crus-galli* P.Beauv.　　【イネ科】

ヒエ	高千穂町(岩戸)、えびの市(加久藤)

イヌビユ　　*Amaranthus blitum* L.　　【ヒユ科】

イヌグサ	えびの市(真幸)
クサヒバ	木城町(中之又)
ゴボクサ	高崎町(笛水)
ヒー	西米良村(田無瀬)
ヒーナ	椎葉村(尾手納②、日添)
ヒーバ	日之影町(一ノ水、後梅)、北川町(上赤、葛葉①、瀬口①、八戸①)、延岡市(島浦①)、椎葉村(栂尾)、南郷村(鬼神野)
ヒバ	高千穂町(鬼切畑)、五ヶ瀬町(東光寺②)、南郷村(鬼神野)、日向市(権現崎)
ブタクサ	えびの市(加久藤)、小林市(西小林)、都城市(上安久)、三股町(長田)
ホトケンミミ	えびの市(加久藤)
マンダラ	野尻町(今別府)

【コメント】①盆の和え物に使う。葛葉ではヒーバの和え物を出すか出さんかで嫁の評価をした。②ゆでて食う。
【ノート】イヌビユもスベリヒユもヒーバと共通した名で呼んでいる地方が多い。盆行事にも使い食べている点も

同様である。

| イヌビワ | *Ficus erecta* Thunb. | 【クワ科】 |

イシブタ	延岡市(島浦)
イシブテ	北川町(上赤①、葛葉、八戸①②)、北浦町(古江)、延岡市(赤水、浦城、熊之江)、椎葉村(栂尾)、南郷村(鬼神野)、日向市(権現崎、幸脇、田の原③④、畑浦)、木城町(川原)、都農町(東都農)、高鍋町(鬼ケ久保)、山之口町(五反田)、日南市(大浦)
イシブテェ	椎葉村(松尾)
イシブト	北方町
イセブト	北浦町(市振、古江)、北方町
イタブ	西都市(三納(※倉田))、宮崎(※倉田)
イチブタ	北浦町(阿蘇)
イチブテ	北浦町(市振、古江)
イチッペ	山之口町(富吉)
イップタ	高城町(四家)
ウシッテ	三股町(長田)
ウシブタ	高千穂町(向山④)、日之影町(後梅④)、北郷村(入下)、西米良村(板谷)、西都市(銀鏡)
ウシブタイ	高城町(有水)
ウシブテ	高千穂町(岩戸、押方)、五ヶ瀬町(桑野内)、日之影町(一の水、新畑、見立飯干)、北方町(上鹿川、二股)、北川町(陸地、上祝子、瀬口)、北浦町(三川内大井・歌糸)、諸塚村、北郷村(入下)、西郷村(山須原)、西米良村(田無瀬)、木城町(石河内、川原、中之又)、都農町(東都農)、川南町(名貫)、須木村、野尻町(紙屋)、宮崎市(江田、塩鶴)、清武町、田野町(内八重)、日南市(鵜戸、飫肥、小吹毛井、宮浦)
ウシブト	北郷村(入下)
ウルシブテ	西都市(尾八重)
オシビテ	延岡市(南方(※倉田※内藤))、西都市(中尾)
オシブテ	北郷町(大戸野)
オシュブテ	田野町(片井野)
カワタッ	都城地方(※都盆)
カワタブ	都城市(安久)
カワフズキ	えびの市(霧島)、都城市(上安久)、三股町(長田)
ギシギシ	延岡市(安井)
クイタブ	西臼杵郡(※倉田)
クウタブ	宮崎市(白浜)
クソタブ	須木村(原)、小林市(木浦木)
コタキ	高原町(後川内)
コタツ	えびの市(尾八重野、加久藤、京町⑤、真幸内堅⑥⑦⑧)、小林市(各地)、須木村(内山⑨、奈佐木)、野尻町(野尻)、高原町(後川内)、都城市(夏尾)、高崎町(前田)
コタツノキ	都城市(御池町)
コタツノミ	えびの市(加久藤)
コタブ	えびの市(霧島)、須木村(田代八重、内山)、小林市(山代)、野尻町(野尻)、串間市(市木、高松)
タビノキ	串間市(高松)
タブ	宮崎市(野島)、清武町、日南市(鵜戸、大浦)、北郷町(広河原)、南郷町(大島)、串間市(石波、黒井)
タブノキ	北郷町(大戸野)
チチグサ	小林市(真方)
チチタブ	串間市(大平、大矢取)
チチブテ	日之影町(八戸星山)、延岡市(恒富)
トガキ	高千穂町(三田井)
ブテ	西諸県郡(※倉田)
ムシブテ	西都市(津々志)、宮崎市(生目)、田野町(堀口)
ムシュブテ	西都市(三財)、宮崎市(檍(※平田))
ムスッペ	綾町(竹野、上畑)
ムスブテ	西都市(三納)、国富町(八代北俣、八代南俣)、宮崎市(浮城)、須木村(内山)
ヤネタブ	日南市(鵜戸、小吹毛井)
ヤマイチヂク	宮崎(※倉田)
ヤマトガキ	高千穂町(押方)
ヤマビワ	日向市(※倉田)
ヤマフズキ	都城市(上安久)

ヤマホウズキ	延岡市(浦城)、山之口町(五反田)

【コメント】①ホウズキ遊び。実の先端に穴をあけ中身をとりだしてホウズキにする。②ゴム銃に使う。また、花を生けるモウソウチクの筒の底部にマタギとして使う。③兎の餌。④アカメガシワとイヌビワで写し絵遊び。⑤「ハラメウチ」の棒にする。小正月に子供たちは「ハラメ、ハラメ」と唱えながら新婚さんの腹をコタツの棒で叩く。家の一部、柱、縁側なども叩く。枝はねばりがあり衝撃を与えない。⑥炭に最高で小丸をつくる。⑦実がいっぱいなると雨が降る。⑧葉をタバコの代用。⑨実をウシノチチンミといい、吸っていた。

【ノート】ウシブテの語源は、ねばりのあるこの幹で牛の鞭(ブチ)にする。即ちウシブチよりという説と葉面を牛の顔にみたてて牛の額よりという説がある。このウシブテがイシブテ・ムシブテになったのでは。食べられるのでクイタブといい、それが変化してクタブ・コタブになったと思われる。

イヌマキ　*Podocarpus macrophyllus* f. *spontaneus* H.Ohba et S.Akiyama 【マキ科】

サルノキンタマ	日向市(権現崎、富高①②)
チョロンカ	国富町(本庄(※平田))
チンポンカン	延岡市(※平田)
チンポンミ	高鍋町(上江)
トロンカシ	宮崎市(浮之城③、江田)
ヒトツバ	北川町(上赤④、葛葉②、瀬口多良田)、北浦町(阿蘇、市振、古江、三川内大井・歌糸)、延岡市(浦城)、東郷町(坪谷、西林山)、西米良村(小川)、日向市(権現崎)、高鍋町(鬼ケ久保)、えびの市(霧島)、小林市(木浦木)、須木村(内山)、野尻町、高城町(四家⑤)、都城市(安久)、山之口町(五反田)、日南市(鵜戸)、串間市(大矢取⑥)

イヌマキ(実を食べる)

【コメント】①実には緑と赤が2つあって、その形が猿のものに似ている。②実は食べる。③実をトロンカシといい食べる。実はとろんとした口ごたえがあり、甘くうまい。④床柱、大黒柱に使う。⑤旧高城町立四家小の校歌の一節にでてくる。⑥実をヒトツバンミといい、うまい。

イノコズチ　*Achyranthes bidentata* Blume var. *japonica* Miq. 【ヒユ科】

イノコグサ	田野町(内八重)
イノコズチ	高千穂町(下野)、日之影町(七折一ノ水)、北川町(上祝子、陸地)、北郷村(入下)、木城町(中之又)、都城市(安久)、山之口町(五反田)、日南市(鵜戸)
イノコドゥチ	北浦町(三川内歌糸)
イヤシ	五ヶ瀬町(桑野内)
インダシ	北川町(瀬口多良田)
インノコズチ	北川町(八戸①)
コブトノキ	北川町(祝子(※平田))
サシ	日向市(権現崎、田の原)、えびの市(加久藤、京町)、小林市(西小林)、都城市(全域)、高崎町(笛水)
ザシ	高千穂町(向山秋元)、五ヶ瀬町(赤谷)、日之影町(後梅、中間畑、八戸)、北方町(上鹿川)、椎葉村(大河内、尾手納、松尾)、諸塚村、西郷村、木城町(石河内)、野尻町、高原町(後川内)
ザシクサ	椎葉村(日添)
サシクサ	北郷町(大戸野)
サス	宮崎市(塩鶴)、三股町(長田)、北郷町(宿野)、日南市(吾田)、串間市(高松)
ザス	延岡市(赤水)
サッシ	高城町(四家)
サッヒ	えびの市(京町)
スス	日南市(大浦)
ダシ	北川町(上赤、葛葉)
ダシグサ	北浦町(古江、三川内歌糸・大井)、延岡市(須美江)
ダス	延岡市(島浦)
ニンギョウグサ	北川町(祝子(※平田))
バカ	五ヶ瀬町(鞍岡波帰)
フシダカ	えびの市(加久藤②)
モノグリ	高鍋町(鬼ケ久保)
モノグルイ	川南町(※平田)
ヤボ	高千穂町(押方)
ヤボジラメ	延岡市(※平田)
ヨメグサ	日南市(上白木俣③)

【コメント】①亥の子の頃に花がでるから。②血清注射を打つまでの応急処置に生の葉をよくもんで厚めにはっておく。③くっつく種子はすべて同名。
【ノート】：ひっつき虫類（オナモミ、ヌスビトハギ、ミソナオシ）、すべてに同名で呼びサシという地方がほとんど。

イボクサ	*Murdannia keisak* Hand.-Mazz.	【ツユクサ科】
オエノリ	えびの市（加久藤）	
カズラグサ	都城市（志比田）	
ジゾウグサ	延岡市（※平田）	
タグサ	小林市（細野）	
タハナガラ	椎葉村（尾手納、松尾）、西米良村（板谷、田無瀬）	
ダンナグサ	えびの市（京町）	
ハナガラ	日之影町（後梅）、北郷村（入下）、南郷村（鬼神野）、須木村（堂屋敷）	
ヘヤリビッチョグサ	えびの市（加久藤長江①）	
ホタルグサ	えびの市（加久藤）	
ミズグサ	都農町（岩戸）	

【コメント】①蔓で広がるので「はい歩く」→「へあるく」→「ヘヤリ」になったのじゃろ。
【ノート】ツユクサにハナガラといい、水田の雑草で這いずり回るので田がついている。

イラクサ	*Urtica thunbergiana* Siebold et Zucc.	【イラクサ科】
イラ	高千穂町、椎葉村（大河内）、西米良村（田無瀬）、えびの市（加久藤）、小林市（細野）、日之影町（※町史）	
イライラグサ	西都市（三納（※平田））	
サイラクサ	小林市（木浦木①）、須木村（内山、九々瀬）、高原町	
イラグサ	日之影町（見立煤市②）、北川町（上祝子）、椎葉村（栂尾）、西都市（津々志）、須木村（堂屋敷）、綾町（竹野）、えびの市（霧島）、小林市（山代）	
オコゼノカミ	延岡市（島浦）	
ヒラヒラグサ	北川町（八戸）	
ユラ	五ヶ瀬町（鞍岡波帰）、椎葉村（日添）	

【コメント】①蜂がついたように痛い。②葉をもんで吹き出物の薬

イワオモダカ	*Pyrrosia hastata* Ching	【ウラボシ科】
クワイラン	高千穂町（※平田）	
クワラン	高千穂町（※平田）	

イワガネ	*Oreocnide frutescens* Miq.	【イラクサ科】
シロハドギ	串間市（黒井）	
ヤマジャイエン	高原町（狭野）	
ヤマジャエン	高原町（狭野）	

イワガラミ	*Schizophragma hydrangeoides* Siebold et Zucc.	【アジサイ科】
ツタカズラ	椎葉村	

イワタバコ	*Conandron ramondioides* Siebold et Zucc.	【イワタバコ科】
イワタカナ	椎葉村（尾崎、松尾）、小林市（西小林）	
イワダカナ	五ヶ瀬町（波帰）、北川町（上赤）、椎葉村（小崎）、西都市（三財（※内藤））、木城町（石河内）、えびの市（飯野）、小林市（西小林）、都城市（安久）、三股町（長田）、北郷町（宿野）、日南市（吾田①、細田）、串間市（大矢取）	
イワチシャ	五ヶ瀬町（鞍岡波帰、赤谷）、日之影町（八戸星山）、北浦町（三川内大井）、椎葉村（大河内、尾手納）	
イワヂシャ	高千穂町（岩戸、下野、三田井、向山）、五ヶ瀬町（鞍岡波帰、桑野内、東光寺）、日之影町（一ノ水、後梅、新畑、中間畑、見立②③④）、北方町（上鹿川）、北川町（上祝子、葛葉、瀬口）、椎葉村（大河内、尾前）、諸塚村、南郷村（鬼神野）、日向市（田の原）、木城町（石河内）、高鍋町（鬼ケ久保）、宮崎市（塩鶴）、えびの市（飯野）、北郷町（大戸野）	

イワチャ	北川町（八戸）
イワナ	西都市（尾八重）

【コメント】①葉を陰干しして煎服→女の病気によい。②陰干しして茶代わり。③胃によい。④味噌汁に入れて食べる。
【ノート】岩に着生する植物で昔から食用にしたので、タカナやチシャの名を付している。ひところはガンに効くといって乱獲されていた。

イワトミツバツツジ　*Rhododendron dilatatum* subsp.*satsumense* var. *nippoensis*　Minamitani　【ツツジ科】

イワツツジ	日之影町（見立煤市①）、北方町（上鹿川）

【コメント】①春の彼岸に墓に供える。
【ノート】2018年に正式記載されたミツバツツジ類であるが、宮崎県北部から大分県南部の岩場に多い。早春に咲き、目立つ植物なので県北の人には馴染みのある植物である。本種に限らず岩場に生えるヒュウガミツバツツジ等にもイワツツジと呼ぶ地方が多い。

イワヒバ　*Selaginella tamariscina*　Spring　【イワヒバ科】

イワヘボ	川南町
イワマツ	高千穂町（下野）、日之影町（見立）、北川町（俵野）、椎葉村（尾手納、松尾）、諸塚村、北郷村、南郷村、木城町（中之又）、えびの市（京町）、野尻町（今別府）、三股町（長田）
ハイマツ	北川町（祝子）

ウキクサ　*Spirodela polyrhiza*　Schleid.　【サトイモ科】

イケグサ	都城市（※平田）
ウキクサ	高千穂町（押方、田原）、五ヶ瀬町（東光寺）、椎葉村（尾前、松尾）、南郷村（鬼神野）、木城町（中之又）、えびの市（加久藤、真幸内堅①）、小林市（木浦木）、宮崎市（塩鶴）、三股町（長田）
ウキグサ	高千穂町（押方、下野）、五ヶ瀬町（鞍岡波帰①）、日之影町（後梅、八戸）、北川町（八戸）、北浦町（古江）、諸塚村北郷村（入下）、日向市（田の原）、須木村（堂屋敷）、野尻町（今別府）、北郷町（大戸野、宿野）
タンポンウキクサ	串間市（高松）
ビーゴザ	えびの市（京町）
ヒヒグサ	えびの市（飯野）
モ	小林市（西小林）

【コメント】①田の雑草。ひっかえしてもかえらん。牟田にあってのさん。
【ノート】ビーゴザやヒヒグサはヒルのゴザやヒルがいるクサの意味で、ヒルムシロにも同名で呼ぶ。

ウ

ウコギ類　*Eleutherococcus spinosus*　【ウコギ科】

カベクサ	小林市（西小林①）

【コメント】①ここではオカウコギを指し、垣根用にしているので壁草という。幹に棘を持つその性質から防犯用に垣根としても利用されたのであろうが、山形県米沢地方のヒメウコギの生け垣は有名で、防犯用だけでなく、若葉を食用にしている。（南谷）

ウツギ　*Deutzia crenata* Siebold et Zucc.　【アジサイ科】

アメフラシ	日之影町（見立）
イセビ	高千穂町（※倉田）、小林市
ウツギ	北川町（八戸①）、須木村（堂屋敷）
ウノハナ	日向市（田の原）
スウツギ	椎葉村（日添②、小林）
タニワタリ	えびの市（飯野）
ハシギ	西米良村（小川）
フジキ	北川町（祝子（※平田））
ブローチバナ	西都市（中尾④）
ナベツシ、ナベトオシ	参考：場所不明

【コメント】①鍛冶屋さんのゲンノウの柄にする。②箸にしたらいかん。歯が痛くなる。
【参考注記】●植物と自然（1983年6月号）：骨をはさむハシにする。火勢が強いのでたきすぎるとナベコワシ。
●花の手帖（1979年12月）：箸にすると、歯が痛くなる。この材で木釘をつくる。
●折口信夫『「花」と民俗』：花が多く咲くと豊年、長雨などが続いて早く散ると凶作。木釘・小楊枝・主衣の根滞。

ウツボグサ　　*Prunella vulgaris* L. subsp. *asiatica* H.Hara　　【シソ科】

イシャゴロシ	宮崎市（※平田）
ウツボグサ	椎葉村（松木①）、小林市（西小林④）
カコソウ	北方町（※平田）
シボリケノハ	小林市（西小林④）
コムソグサ	えびの市（加久藤（※内藤②）、宮崎（※内藤②）
ジュウニヒトエ	五ヶ瀬町（波帰③）

【コメント】①ウツボグサの咲くころにアズキを蒔く。②膀胱炎によい（内藤）。③婦人病によい。④利尿薬で、尿を絞り出す。「しぼりけの葉」といった。

ウド　　*Aralia cordata* Thunb.　　【ウコギ科】

ウド	高千穂町（岩戸、鬼切畑、押方、上野、下野、神殿、田原、三田井、向山）、五ヶ瀬町（赤谷、桑野内）、日之影町（見立、八戸星山）、北方町（上鹿川）、北川町（上赤、八戸①）、北浦町（三川内歌糸・大井）、延岡市（赤水、浦城）、椎葉村（松尾）、諸塚村、北郷村、南郷村（鬼神野）、木城町（中之又）、綾町（竹野）、えびの市（京町）、日南市（細田）
カンザシ	西米良村（田無瀬③）
シカ	高千穂町（下野、三田井）、椎葉村（大河内、松尾②）、諸塚村、北郷村（入下①）、南郷村（鬼神野）、日向市（田の原）、木城町（中之又）、国富町（八代北俣）、宮崎市（塩鶴）、田野町（内八重）、小林市（木浦木）、北郷町（大戸野、宿野）、日南市（吾田、細田）
ドウゼン	高千穂町（押方）、日之影町（七折一ノ水、中間畑）、椎葉村（日添、）諸塚村、西米良村（田無瀬）、えびの市（飯野五日市、加久藤）、小林市（木浦木）、須木村（内山）、高城町（有水）、三股町（長田）
ドゼ	日之影町（後梅）
ドゼン	高千穂町（三田井、向山）、五ヶ瀬町（鞍岡波帰、東光寺）、椎葉村（大河内、尾手納、尾前、小林）、綾町（竹野）、えびの市（霧島）、小林市（西小林）、須木村（九々瀬）、都城市（夏尾）、高崎町（笛水）
ヤマウド	えびの市

【コメント】①若いうちはウド、生長するとシカという。②掘った時若いのは白く鹿の角。③葉の頃をドウゼン、食う頃をシカ、花や実の頃をカンザシと言い分ける。
【ノート】若い筍のような時期にはウドといい、葉が展葉するとシカという地方が多い。ドゼンは不明。

ウドカズラ　　*Ampelopsis cantoniensis* Planch.　　【ブドウ科】

チクゼンカズラ	木城町（石河内①）、田野町（内八重①）、小林市（山代②）、高原町（狭野）、高崎町（笛水）、三股町（長田）
ツッデンサガリ	須木村（堂屋敷③）
ハナグリカズラ	西都市（三財）
フチカズラ	山之口町（五反田①）

【コメント】①谷の深い所に枝を張り、そこから根（気根）が垂れる。その根を牛のハナグリに使う。乾くと固くなる。②太い気根の芯を3重くらいに巻いて乾かしておき（何年ももつ）、牛に着ける時に1時間くらい湯に浸けて軟らかくし、ほじいて刺し、また巻く。一カ月で替える。③牛の鼻グリにする。根を湯に浸け皮をつるんと剥ぐ。

ウバメガシ　　*Quercus phillyreoides* A.Gray　　【ブナ科】

?	都農町（東都農①）
ウバメガシ	延岡市（浦城）、延岡市（浦城、島浦②）
ナタハジキ	延岡市（赤水④）
マメガシ	北浦町（阿蘇③）、

【コメント】①名は忘れたが、堅い木だ。ドンチョウの柄や頭に使う。②木槌に使う。③舟のスクリューのコックボート（櫓グイ？）、に使う。シャリンバイも同じ。④枯れたら堅くてとっつけん。金のように堅いので舟の櫓ベソに使う。舟のまた木にもよい。

| ウバユリ | *Cardiocrinum cordatum* Makino | 【ユリ科】 |

オニユリ	諸塚村（黒葛原）
カタクリ	串間市（黒井）
カラスノゼニ	高千穂町（向山秋元①）
センコユリ	高千穂町（岩戸）
テッポウユリ	日之影町（後梅②）、北川町（上赤②）、椎葉村（栂尾）
ノユリ	串間市（高松）
ムギユリ	高千穂町（下野③）
ヤマユリ	五ヶ瀬町（赤谷、桑野内、鞍岡波帰、東光寺）、日之影町（一の水、中間畑④、見立④、八戸星山）、北方町（上鹿川）、北川町（陸地、上祝子⑤、瀬口、八戸⑥）、北浦町（三川内大井）、延岡市（浦城）、椎葉村（大河内、尾手納、尾前、日添⑦、松尾）、北郷村（入下）、南郷村（鬼神野）、日向市（田の原）、木城町（中之又）、えびの市（全域）、小林市（木浦木④）、須木村（内山⑧、九々瀬、堂屋敷）、野尻町（石瀬戸）、宮崎市（塩鶴）、都城市（安久）、高崎町（笛水）、三股町（長田）、山之口町（五反田）、北郷町（宿野）、串間市（大矢取）
ユリ	野尻町④

【コメント】①種子は円形でうすく平たいのでカラスノゼニといい、ままごと遊びに使う。②根（球根）を焼いて食う。③麦の頃、花が咲く。④オトコユリ、オンナユリと区別。花が着くとオトコユリ。猪の大好物。⑤オユリ、メユリと区別。オは花茎ののびん（伸びない）もの、メはとうのたたぬもので根をカタクリにする。⑥葉が出始め見つかる頃に掘る。メユリの方をカタクリにして食う。⑦花が咲いたときには根がなく男だが、来年は女になる。⑧実の中にある種子をカラスノゼンといい、ままごと遊びのお金にする。

| ウマノミツバ | *Sanicula chinensis* Bunge | 【セリ科】 |

インダシ	北川町（瀬口多良田）
サシグサ	小林市（西小林）

| ウメバチソウ | *Parnassia palustris* L. | 【ニシキギ科】 |

キリンソウ	椎葉村日添

| ウメモドキ | *Ilex serrata* Thunb. | 【モチノキ科】 |

ウメモドキ	川南町（比田）

| ウラジロ | *Diplopterygium glaucum* Nakai | 【ウラジロ科】 |

イワジロ	椎葉村（尾崎）、須木村（田代ヶ八重）
ウマヘゴ	国富町（八代南俣）
ウラシオ	都城市（志比田）
ウラジオ	西都市（下津々志）
ウラシロ	高千穂町（鬼切畑、下野）、五ヶ瀬町（赤谷）、小林市（西小林）
ウラジロ	高千穂町（岩戸、押方、鬼切畑、下野、田原、向山①、三田井）、五ヶ瀬町（東光寺）、日之影町（後梅②、見立、八戸③）、北方町（川水流、二股）、北川町（陸地、上祝子、松瀬）、北浦町（阿蘇、市振、直海④、古江、三川内）、延岡市（浦城）、椎葉村（松尾⑤）、北郷村（坂元、入下）、南郷村（上渡川、鬼神野、水清谷）、東郷町（迫野内、坪谷、西林山）、日向市（畑浦）、西米良村（小川⑥、田無瀬、西都市（銀鏡、三納長谷）、木城町（石河内、岩渕）、高鍋町（持田）、新富町（湯ノ宮）、綾町（竹野）、宮崎市（瓜生野、江田⑦、塩鶴、野島）、清武町、田野町（内八重）、えびの市（上江④、加久藤、真幸）、小林市（西小林、東方、細野、真方⑧、三松）、須木村（内山⑨）、野尻町（紙屋、野尻）、高原町（後川内）、高崎町（笛水、前田）、高城町（有水、四家⑩）、都城市（牛の脛、夏尾、御池⑨）、山之口町（上富吉、五反田⑪、古大内）、三股町（長田）、日南市（白木俣⑫、宮浦）、串間市（市木、大平、黒井、高松、吉野）
ウラジロヘゴ	須木村（内山）
ウランジロ	北方町、北浦町（市振、古江）
ウワジロ	北方町（上鹿川、下鹿川）、西米良村（板谷）、西都市（三財水喰）、新富町（鬼付女）、宮崎市（白浜）、日南市（鵜戸）
オオシダ	延岡市（赤水）
オオスダ	延岡市（熊之江）、西郷村（和田）、北浦町（阿蘇、市振、古江⑬）
オシダ	都農町（東都農）

オスダ	日向市(田の原)、西米良村(田無瀬⑭)
オニシダ	延岡市(赤水)
オニスダ	日向市(幸脇)
オニヘゴ	高岡町(作木橋)、日南市(飫肥)
オンスダ	北方町(久保山)、延岡市(浦城、島浦)
ササワラベ	椎葉村(尾前)
シダ	高千穂町五ヶ瀬町(桑野内)、延岡市(小野)、川南町(比田、細)
シロウラ	椎葉村(尾前)
スダ	北方町(二股)、北川町(松瀬)、北浦町(三川内大井)、北浦町(三川内大井・歌糸⑮)、延岡市(松山町)、北郷村(入下)、西郷村(小川、山須原)、南郷村(鬼神野)、日向市(権現崎)、西米良村(小川)、西都市(三財水喰)、木城町(中之又)、川南町(細)
ネコシダ	延岡市(浦城)
ヘーゴ	小林市(西小林)
ヘゴ	えびの市(上江⑲、加久藤、京町、真幸)、小林市(西小林、細野⑯⑰)、野尻町(今別府他⑨⑱)、高原町⑨北郷町(広河原)、日南市(上白木俣⑫、細田、吾田)
ホナガ	都城地方(※都盆)
モロムキ	都城地方(※都盆)
モロメキ	東臼杵郡(※樹方)
ワジロ	日南市(大浦)

ウラジロ(正月飾りに使う)

【コメント】①鬼のあばら骨に見立て、魔除け。②ヒノキ林の指標。③節々が枝々にあるのでどの家も代々続き縁起良い。④正月に、10cmに切って、しょろうさんのはしにする。⑤枝を飛ばし、飛行機遊び。⑥鶴の羽を広げたようでめでたい。⑦人という字に似とるから正月に使う。⑧うらうらまで続く人間のくもりのないよう。⑨共に白髪になるまで長生きしようと供える。⑩鏡餅の下のウラジロは葉の裏を表にする。ユズリハも同じ。⑪山姥がでてきて子供が追われた時、ウラジロの茂み(ヘゴヤボ)、に飛び込んで助かったので、それ以来正月に供える。⑫ひげが生えているようにみえる。男は髭がこれくらいになってえらくならんといかんといって飾る。⑬カゴ作り。⑭蛇のあばら骨に見立て魔除けに飾る。⑮スダは枝がポロッと折れるので箸にすると歯がもろくなる。⑯ある神様が追われている時、ユズリハとウラジロに正月に祝ってやるから隠してくれと言って隠してもらって難を逃れた。⑰2枚が仲良く並んでいるところから家族が仲睦まじくいくように飾る。⑱表より裏が美しい、人間も表面を飾りたてるより裏の心が美しくなければならないということで飾る。⑲正月に白く清めるために供える。
【ノート】正月にはどの地域でもウラジロの葉を供える。何故に供えるのか聞くとそれなりの面白いいわれがあるようである。今でも年末になるとスーパーの店頭にも並びその伝統は引き継がれている。

ウリカワ　　*Sagittaria pygmaea* Miq　　【オモダカ科】

ウシバリ	西郷村(山須原)
ウマバイ	えびの市(真幸内堅)、須木村(九々瀬)
ウマバリ	高千穂町(鬼切畑、向山秋元)、五ヶ瀬町(東光寺)、日之影町(七折一ノ水、後梅)、北川町(上赤、上祝子、葛葉、瀬口、八戸)、椎葉村(尾手納)、北郷村(入下)、西郷村、南郷村(鬼神野)、木城町(中之又)、高鍋町(鬼ケ久保)、須木村(堂屋敷)、綾町(竹野)、国富町(八代南俣)、宮崎市(塩鶴)、清武町、田野町(内八重)、山之口町(五反田)、北郷町(大戸野)、日南市(吾田)
ウマバリグサ	高千穂町(岩戸①)、高千穂町(田原)
ミズグサ	北郷町(広河原②)、串間市(高松)
ンマバリ	椎葉村(日添)

【コメント】①牛馬の注射針に葉先が似ている。②手でかかじる(かく)と逃げる。
【ノート】水田雑草中最も手ごわいもので農家には嫌われる。花も姿も可愛らしいのだが。

ウワバミソウ　　*Elatostema involucratum* Franch. et Sav.　　【イラクサ科】

イワソバ	椎葉村(※平田)

ウワミズザクラ　　*Padus grayana* C.K.Schneid.　　【バラ科】

カバザクラ	西米良村(小川)
シオガマザクラ	須木村(堂屋敷)、高原町(狭野)
ヒメッチョザクラ	椎葉村(日添)
ヒメチョ	日之影町(新畑)

エ

エゴノキ　　*Styrax japonica* Siebold et Zucc.　　【エゴノキ科】

イオズイ	東郷町（坪谷①、西林山）
イオズイノキ	椎葉村（松尾）、東郷町（坪谷）
イオズルメ	東郷町（坪谷、西林山）
イオゼ	日向市（権現崎）
ゲラン	都城市（志比田）
コヤシ	えびの市（真幸）、須木村（堂屋敷①）、小林市（山代）、野尻町（今別府①）、高崎町（前田）、都城市（上安久、安久⑭）、高城町（有水）、山之口町（五反田⑤）、三股町（長田）
コヤシノキ	木城町（川原①）、田野町（内八重①）、須木村（内山①、九々瀬）、宮崎市（塩鶴）、高原町（後川内）、都城市（夏尾②、御池、安久⑭）、北郷町（広河原）、日南市（上白木俣）、串間市（大矢取⑫）
コヤス	高千穂町（岩戸、押方④、下野、三田井③、向山①）、五ヶ瀬町（鞍岡波帰①⑤、桑野内、東光寺）、日之影町（一ノ水①、煤市⑥、中間畑①④、見立⑤、八戸）、北方町（上鹿川⑦、二股）、北川町（上祝子）、延岡市（須美江①）、椎葉村（大河内、尾手納、尾前、松尾）、諸塚村（飯干）、北郷村（入下）、南郷村（鬼神野⑫）、東郷町（坪谷）、日向市（権現崎、田の原①⑦）、西米良村（板台①、小川）、西都市（銀鏡⑬）、木城町（中之又）、川南町（細）、宮崎市（野島）、えびの市（全域）、小林市（木浦木）、須木村（田代ケ八重①、堂屋敷）、高崎町（笛水）、北郷町（大戸野）、串間市（黒井①）
コヤスカキ	日南市（飫肥（※平田））
コヤスノキ	五ヶ瀬町（赤谷）、日之影町（後梅、新畑①）、椎葉村（尾前、日添⑧）、南郷村（鬼神野②）、西都市（三財⑦）、綾町（竹野）、木城町（石河内）、小林市（西小林）
コヤシノカン	高原町（狭野⑮）
コヤスノッ	都城地方（※都盆）
シャクシギ	椎葉村（日添⑪、小林）
セッケンブクノキ	都城市（御池⑨）
チョウチン	北川町（上祝子）
チョウチンバナ	えびの市（飯野五日市）
チョウメイ	北川町（陸地町⑩）
チョウメイギ	北浦町（三川内大井①）
チョウメン	北方町（二股⑦）
チョウメンノキ	北川町（上祝子）
デントウバナ	宮崎市（※平田）
ニンギョウギ	北浦町（三川内大井）
ハベロシ	椎葉村（尾前）
ヒサゲ	日南市（上白木俣）
ロクロ	北川町（上祝子、葉①、八戸）
ロクロギ	北川町（陸地、瀬口多良田）、宮崎市（※倉田）、都城地方（※都盆）

エゴノキ（実を魚捕りに）

【コメント】①サンショウとコヤシの実をたたき,木灰と混ぜ、上流に流す。死なずにまた生き返る。②実をつぶし泡で石けん代わりにして遊ぶ。③材からコケシをつくる。④天秤棒、鞍、テミの縁木に使う。⑤和傘のろくろ。⑥燃えにくい。実が毒だから、水神様が嫌うので切るときには実が落ちんように切る。⑦炭俵のオロに一番いい。⑧実をサンショウと共に叩いて袋に入れ揉みだし、ゲラン代わりにする。⑨実をたたいて泡をたてて髪を洗う。⑩炭材によい。⑪杓子を作る。今はコヤスノキともいう。⑫実をゲラン代わりにする。毒はカライモの蔓で止める。⑬枝がねばいので天秤棒にする。「ミ」（農具のテミ）の枠木によい。⑭コヤシの花盛りに大豆を蒔く。⑮径５cmくらいのシュッと伸びた枝が猪罠のナエギに最高。
【ノート】昔から魚とりにゲランの代わりに使っていたようである。イオは魚のことでイオヅル・イオズイは魚を捕るとの意味であろう。チョウメンやコヤスの意味は不明。

エゴマ　　*Perilla frutescens* Britton　　【シソ科】

エコジソ	椎葉村（日添）

エドヒガン　　*Cerasus spachiana* Lavalee ex H.Otto　　【バラ科】

イヌザクラ	日之影町（新畑①）
ヒガンザクラ	日之影町（一ノ水、中間畑）、椎葉村（日添③）、西米良村（小川、尾股）、西都市（三財）、えびの市（真幸）、高原町（狭野④）、小林市（木浦木）
ヒメザクラ	椎葉村（尾手納）

ホンザクラ	五ヶ瀬町（鞍岡波帰）、椎葉村（日添）、西米良村（田無瀬）
ヤナギザクラ	日之影町（見立奥村）
ヤマザクラ	高千穂町（向山秋元）、日之影町（後梅、中間畑②）

【コメント】①咲きだすとイダがふす（産卵のために寄って来ること）。②材は堅く燃えにくいので囲炉裏の縁木に使う。花が咲いたらナバが盛り。③チガヤの糞を作るときに使うコテはエドヒガンで作る。④霧島山麓の御池から長尾国有林にかけて多い。南限となる（南谷）。

【ノート】エドヒガンザクラは県の中北部の山地にあり、霧島山地が南限となる。したがって、県南部には方言はない。花が小さいのでヒメザクラ、葉がヤマザクラに比べ細長いのでヤナギザクラというのであろう。

エノキ　　　*Celtis sinensis* Pers.　　　【アサ科】

エノキ	高千穂町（岩戸、下野）、日之影町（八戸星山①）、北浦町（三川内大井②、古江③）、延岡市（熊之江⑦）、椎葉村（大河内、尾前）、東郷町（坪谷、西林山）、日向市（田の原）、えびの市（京町）、小林市（木浦木③、西小林）、須木村（九々瀬、堂屋敷）、野尻町、高原町（狭野④）、都城市（安久③）、日南市（小吹毛井）、串間市（大矢取③、高松⑥）
エノミ	日之影町（後梅⑤）、延岡市（赤水①、島浦⑤、須美江①）
エノミノキ	北川町（葛葉⑤、八戸①）
メギ	えびの市（真幸内堅）

【コメント】①実を竹鉄砲の弾にする。②ミミナバ（キクラゲ）が生える。③小正月のモチ飾り「メノモチ」に使う。④樹齢が100年以上もつと神が宿るといい神木になる。だから、1月14日のメノモチの枝に使う。⑤実は熟れると食う。美味い。⑥葉が2銭（金）の大きさになったら霜が降りんからカライモの苗床を作ってよい。⑦芝肥（しばこ）にする。防潮林（くねき）に植えていたのでどこにもあった。

エノコログサ　　　*Setaria viridis*　P.Beauv.　　　【イネ科】

アワクサ	高原町
アワボトクリ	高鍋町（鬼ケ久保）
アワンホ	須木村（九々瀬）
イヌグサ	小林市（細野）
イヌコウコ	北川町（陸地）
イヌコログサ	五ヶ瀬町（赤谷）、日南市（吾田）
イヌノコ	北郷町（宿野）
イヌノコボ	えびの市（京町）
イヌノシッポ	えびの市（真幸）
イヌノシッポグサ	高原町
イヌノシリッポ	北郷町（広河原）
イヌボトクリ	木城町（石河内）、高鍋町（上江）
インコーコ	北川町（上祝子）
インココ	高千穂町（向山秋元）
イントト	北川町（葛葉、瀬口多良田）
インノコ	北川町（八戸）、都農町（東都農）、えびの市（加久藤）、小林市、高原町、北郷町（黒山、広河原）
インノコグサ	北浦町（三川内歌糸）、延岡市（初田町）、高原町（狭野）、高城町（四家）
インノコサイサイ	延岡市（須美江）、南郷村（鬼神野）、木城町（岩淵）、日南市（吾田、飫肥、松永）
インノコシイボ	小林市（西小林忠臣田）
インノコジョコジョ	三股町（長田）
インノコボ	都城市（荒襲）
インノコンシイボ	高原町（後川内）、都城市（荒襲、上安久）、山田町（石風呂）
インノシイボ	小林市
インノシッポ	日之影町（中間畑）、小林市（山代）
インノシリッポ	日向市（権現崎）
ウシホトクリ	宮崎市（野島①）
ウシボトクリ	日南市（宮浦）
ウマノシッポグサ	川南町
エドボトクイ	えびの市（真幸内堅）
エノクボ	小林市（東方）
エノコ	椎葉村（尾手納）
エノコグサ	えびの市（加久藤）
エノコブ	西米良村（板谷）、都城市（安久）
エノコボ	椎葉村（日添）、西都市（銀鏡）

オフリグサ	五ヶ瀬町（桑野内）
コンコングサ	北浦町（三川内大井②）、北郷村（入下）
トイトイボウ	延岡市（熊之江）
トト	五ヶ瀬町（鞍岡波帰）
トトボ	高千穂町（岩戸）、日之影町（一の水、舟の尾、見立）、北方町（上鹿川）、北川町（上祝子）、北浦町（阿蘇）、椎葉村（松尾）、諸塚村（飯干）
ドンクツリグサ	延岡市③
ネコグサ	高千穂町（鬼切畑）、五ヶ瀬町（東光寺、広瀬）、日之影町（八戸星山）、木城町（中之又）
ネコジャラシ	日南市（飫肥）
ネコジョ	日之影町（後梅）
ネコダマシ	椎葉村（栂尾）
ネコトウト	高千穂町（押方）
ネコネコ	高千穂町（河内、下野、三田井）、日之影町（後梅）
ネコマイマイ	延岡市（浦城）、西都市（銀鏡）
ネコミャアミャア	諸塚村（黒葛原）
ネコンケ	高千穂町（上野）
ネコンシイボ	都城市（牛の脛）、高崎町（前田）
ネコンシッポ	都城市
ハッコクホトクリ	えびの市（真幸内堅④）
ホトクリ	日向市（田の原）、西都市（三納）、串間市（黒井）
ミャーミャーグサ	椎葉村（日添）

【コメント】①ツクロガニ（シオマネキ）の穴にこの穂を入れ、クルクル回すとカニが出てくる。体が見えたところで穴の奥の方に竹べらを挿して、カニが戻らんようにする。②キツネ遊び。上を縛った花穂を２本ずつ両手に持って上下するとキツネのしっぽのように揺れる。③穂の一部を残し、ツバをつけてドンク（蛙）をつる。④ホトクリ（イネ科の雑草類をいう）の一種じゃが、８石も実がなる。
【ノート】花穂に密に生える毛から犬の毛や猫の毛を連想させるのでネコ・イヌの名を付けている地方が多い。トトボの意味は不明。

エノコログサ（畑の雑草）

オオエノコロ　*Setaria x pycnocoma* Henrard　【イネ科】

ハコザ	椎葉村（日添）

オカウコギ　*Eleutherococcus spinosus* var. *japonicus* H.Ohba　【ウコギ科】

ウコギ	西米良村（小川①）

【コメント】①芽をゆがいて、おひたしにして食う。

エビガライチゴ　*Rubus phoenicolasius* Maxim.　【バラ科】

カナケイチゴ	椎葉村（日添①）

【コメント】①毛が赤錆状で金気（かなけ）色をしている。

エビヅル　*Vitis ficifolia* Bunge　【ブドウ科】

ガネブ	椎葉村（栂尾、日添）、南郷村（鬼神野）、西米良村（板谷）、西都市（銀鏡）、木城町（中之又）
ガラウメ	延岡市（※平田）
ガラメ	北川町（上赤、瀬口多良田、陸地、上祝子、葛葉、松瀬、八戸）、北浦町（三川内）、延岡市（赤水、須美江）、東郷町（迫野内、寺迫）、日向市（飯谷、権現崎、高松）、木城町（石河内、岩戸、岩渕、椎木、高城）、都農町（川北、心見、明田、東都農）、川南町（全域①）、高鍋町（全域）、新富町（新田、富田、日置）、宮崎市（白浜）、えびの市（真幸）、都城市（荒襲）、日南市（鵜戸）
ガラガラ	都農町（川北）
ガラミ	北方町（上鹿川）、北川町（葛葉）、延岡市（島浦）、西都市（上三財、三納長谷）、木城町（石河内）、高鍋町（各地）、新富町（鬼付女、新田）、綾町（上畑、竹野）、国富町（八代）、宮崎市（瓜生野、生目、江田、柏原、木花、野島）、田野町（内八重）、えびの市（京町）、小林市（木浦木）、須木村（堂屋敷）、都城市（石原、牛の脛、安久）、山之口町（富吉）、北郷村（大戸野、広河原、宿野）、日南市（吾田、白木俣）
ガラン	延岡市（松山町）、西都市（尾八重、津々志）、えびの市（加久藤、京町、白鳥）、小林市（永久津、西小林、山代）、須木村（内山）、野尻町（紙屋、野尻）、高原町（後川内）、高崎町（笛水②、前田）、高城町

	（有水、四家）、都城市（中郷、夏尾、上安久）、山田町（石風呂）、山之口町（五反田）、三股町（長田）
ガランノキ	野尻町（栗須）
ガランポ	北浦町（阿蘇、直海、古江）
ガランメ	北方町（久保山）、北浦町（市振、古江）、延岡市（小野）、日向市（田の原）、木城町（川原）、えびの市（真幸）、都城市（御池町）
ガレビ	串間市（市木、大矢取、高松）
ガレブ	西都市（中尾）、串間市（大平）
ガレミ	日南市（宮浦）
クロガラン	小林市（細野）
ノガラン	小林市（東方、細野）
ノブドウ	須木村（原）
ヒトガラン	清武町
ホンガラメ	延岡市（浦城）、東郷町（坪谷）、都農町（川北）
ホンガレビ	串間市（黒井）
ヤマブドウ	日之影町（上鹿川、見立、岩井川）、北方町（上鹿川）、北川町（陸地、葛葉）、北浦町（三川内大井）、延岡市（島野浦）、椎葉村（大河内）、南郷村（鬼神野）、西都市（津々志）、木城町（岩戸、高城、中之又）、都農町（川北）、えびの市（京町）、小林市（真方、山代）
ワタノキ	野尻町（栗須③）

【コメント】①ブドウ酒にする。②食べる。この地方にはクマガワブドウが自生しており、その実はデラウェアほどもあるが、ガランの方がより甘い。③葉裏の綿毛から付けられた名と思われる。
【ノート】エビヅルのことを多くの地方でガネブ・ガラメ・ガラミ・ガランといい、それに似て非なるノブドウにイヌ・ウシ・キツネ・ヘビを冠して区別している。ガネブやガラミは不明。

エビヅル（実は紫に熟れうまい）

ノブドウ　　*Ampelopsis glandulosa* Momiy. var. *heterophylla* Momiy.　　【ブドウ科】

イヌガネブ（インガネブ）	北郷村（入下、坂元）、南郷村（鬼神野）、須木村（田代ケ八重）
イヌガラミ	高鍋町新富町（上新田）、宮崎市（木花）
イヌガラメ	北川町（松瀬、八戸）、日向市（権現崎）、川南町（下原土）、高鍋町（鬼ケ久保）
イヌガラン	西都市（津々志）、小林市（西小林、東方、細野）
イヌガレミ	日南市（宮浦）
インガラミ	延岡市（島浦④）、国富町（八代南俣）、小林市（木浦木）、須木村（堂屋敷）、宮崎市（瓜生野、野島②）、日南市（白木俣①）
インガラメ	北川町（陸地、上赤、上祝子①、葛葉、瀬口）、北浦町（三川内）、延岡市（赤水、浦城、小野、島浦、須美江①）、東郷町（迫野内、坪谷、寺迫）、日向市（高松、飯谷）、西都市（三納長谷、上三財）、木城町（石河内①、岩渕、岩戸、椎木、高城、中之又）、都農町（東都農、川北、心見、明田）、川南町（内野田、通山、平田、細、牧平①）、高鍋町（上江、持田）、新富町（鬼付女、上富田）、綾町（竹野、上畑）、国富町（八代）、宮崎市（生目、江田、塩鶴、白浜、野島②）、田野町、小林市（木浦木）、都城市（荒襲）、山之口町（富吉）、北郷町（大戸野、広河原、宿野）
インガラン	清武町、えびの市（加久藤、真幸）、小林市（西小林、細野、山代）、須木村（堂屋敷）、野尻町（野尻①）、高原町（狭野）、高城町（有水）
インガランポ	北浦町（阿蘇）
インガランメ	北方町（上鹿川①）、北浦町（市振、古江）、日向市（田の原①）、木城町（川原）
インガレビ	串間市（市木、大平、大矢取①、黒井、高松）
ウシガネブ	高千穂町（押方、下野、神殿、三田井、向山秋元①）、五ヶ瀬町（赤谷、桑野内、鞍岡波帰⑤）、日之影町（一ノ水、新畑、中間畑、見立、八戸）、北方町（鹿川）、椎葉村（尾手納、栂尾、日添）、諸塚村（黒葛原、荒谷、七つ山）、北郷村（宇納間）、西郷村、西米良村（板谷）、（山須原）、南郷村（小川、神門、水清谷）、西米良村（村所、板谷）
ウシガラミ	木城町（石河内）、えびの市（飯野）
ウシガラメ	北方町（上祝子、久保山）、北浦町（三川内大井⑥）、えびの市（真幸内堅）
ウシブドウ	日之影町（後梅）、椎葉村（尾崎）、諸塚村（飯干）
ウマガネブ	高千穂町（田原）
オンナメカズラ	西米良村（乙益氏収録）
オンノブカズラ	椎葉村（不土野）
オンノミカズラ	椎葉村（日添⑧）
オンノメカズラ	日之影町（岩井川⑦）、椎葉村（尾手納、日添①、小林）
キツネガラン	えびの市（各地）、小林市（西小林、東方、真方）、須木村（内山）、野尻町（野尻）、高原町（広原、後

	川内)、都城市(夏尾①)、山之口町(五反田③)、都城市(安久、石原、牛の脛)
キツネノガランメ	えびの市(真幸)
キツネブドウ	えびの市(京町)
キッネンガラメ	都城市(上安久)
キッネンガラン	須木村(内山)、野尻町(石瀬戸)、高原町、高崎町(前田)、都城市(上安久、夏尾)、三股町(長田)
キッネンガランメ	都城市(御池町)
クマガネブ	高千穂町(田原)
シシガネブ	椎葉村(松尾)
ドクガランポ	北浦町(直海)
ヘッガラン	えびの市(飯野)
ヘッノガラン	小林市(西小林、細野)
ヘビガラメ	北浦町(三川内大井)
ヘビガラン	小林市(真方)、野尻町(野尻)、高原町
ベンガラ	木城町(中之又)
ミズガズラ	えびの市(加久藤)
メツキカズラ	西郷村①
ヤマガラン	高城町(四家)
ヤマブドウ	西米良村(尾股)

ノブドウ(実は食べない)

【コメント】①目がしむことがないので、目をついた時にこの枝の汁を吹き込む。②目をついた時に、この枝を5cmに切ってプーッと吹き汁を目にかける。③目つきに一番。医者もかなわん。④ヤンメ(目ヤニの出る眼病)の特効薬。⑤実は食えない。⑥石にウシガラメを一重巻きし、水口に立て、田の神のよりどころとする(水口祭)。⑦日之影神楽のスガモリ神事に登場するカズラの輪はオンノメカズラで作る。この輪の中を9回潜って身や道具を清める。⑧伝染病が出たら三本道口に蔓を張り巡らした。

【ノート】エビヅルのことを多くの地方でガネブ・ガラメ・ガラミ・ガランといい、それに似て非なるノブドウにイヌ・ウシ・キツネ・ヘビを冠して区別している。果実がタマバエ等の幼虫の寄生により、虫こぶ状になり、異常に膨らんで、白緑色、淡紫色、瑠璃色、赤紫色や形も大小不揃いになり、不気味に見えるので鬼の目に見立てて、オンノメカズラというのであろう。隣県熊本の球磨地方では、赤痢が出ると、患者を隔離して、この蔓を張り巡らして謹慎していた(乙益氏)とのこと。これもノブドウに呪力を抱いていたからであろうか。

エビネ類　　*Calanthe discolor* Lindl.　　【ラン科】

エビネ	えびの市(飯野)、小林市(木浦木①)、都城市(安久)、高崎町(笛水)
エビネラン	えびの市(飯野、加久藤)、小林市(西小林)、須木村(内山)
オオバラン	西米良村(尾股)
タケンコバナ	えびの市(大河平②)
ダンダンバナ	小林市(真方③)
ヂエビネ	宮崎市他④
ナツエビネ	えびの市(飯野⑤)
ハクリ	山之口町(五反田⑦)
ハルエビネ	えびの市(飯野)
ヒヨコバナ	都城市(御池町⑥)

【コメント】①春咲き、夏咲き、ガンゼキランを区別せずにエビネという。②タケノコの最盛期に咲くのでタケノコバナという。③花を摘んで首飾りにする。④エビネそのものに各地でヂエビネという。⑤夏咲きをいう。春咲きはハルエビネ。⑥ここではキエビネを指す。花がヒヨコが羽ばたいているように見える。⑦昔からハクリという。最近はエビネと言うようになった。

エヒメアヤメ　　*Iris rossii* Bake　　【アヤメ科】

イッスンアヤメ	小林市
イッスンショウブ	えびの市(飯野五日市)
サンズンアヤメ	小林市(西小林)
ヒメアヤメ	小林市(西小林)

【ノート】えびの市から小林市にかけての丘陵地には原野が多かったせいで、エヒメアヤメとノハナショウブが自生している。小林地方ではノハナショウブをアヤメという。

オ

オオアブラガヤ　　*Scirpus ternatanus* Reinw. ex Miq.　　【カヤツリグサ科】

スゲ	高岡町（柞木橋①）
スゲノミ	田野町（内八重①）
シゲノミ	綾町②

【コメント】①頭花の肉穂花序は径5mmほどになり、真っ白くなるとほのかな甘味があり、食べる。②頭花を食べる。

オオイワヒトデ　　*Leptochilus neopothifolius* Nakaike　　【ウラボシ科】

コヘゴ	宮崎市（白浜）

オオカグマ　　*Woodwardia japonica* J.Sm.　　【シシガシラ科】

シシワラベ	延岡市（南方（※内藤））

オオカメノキ　　*Viburnum furcatum* Blume ex Maxim.　　【レンプクソウ科】

ヤマイセブ	椎葉村（尾手納）

オオキツネノカミソリ　　*Lycoris sanguinea* Maxim. var. *kiushiana* T.Koyama　　【ヒガンバナ科】

オーシー	椎葉村（日添）
オセ	高千穂町（向山秋元①）

【コメント】①地下茎を食べる

オオクマヤナギ　　*Berchemia magna* Koidz.　　【クロウメモドキ科】

クロカネカズラ	椎葉村（日添、小林）

オオコマユミ　　*Euonymus alatus* var. *rotundatus* H.Hara　　【ニシキギ科】

イヌミャーミ	椎葉村（尾前）、
イヌメアミ	椎葉村（尾手納①）
メミ	北川町（上祝子）

【コメント】①マユミをホンメアミという。

オオタニワタリ　　*Asplenium antiquum* Makino　　【チャセンシダ科】

オオタニワタリ	北浦町（市振、古江①）
タニワタリ	宮崎市（野島）、北郷町（黒山）、日南市（鵜戸、宮浦）、串間市（黒井）

【コメント】①昔は直海と大分との県境にあった。

オオツヅラフジ　　*Sinomenium acutum* var. *cinereum* Rehder et E.H.Wilson　　【ツヅラフジ科】

オオツヅラ	木城町（中之又①）
オオフジカズラ	北川町（上赤①）
フウトウカズラ	北川町（祝子川（※倉田））

【コメント】①神経痛の薬

オオデマリ　　*Viburnum plicatum* Thunb.　　【レンプクソウ科】

テマリカ	木城町（中之又）
ニギリメシバナ	野尻町（今別府）、都城市（都城）
ハチノスバナ	えびの市（真幸内堅）

オオナルコユリ　*Polygonatum macranthum* Koidz.　【キジカクシ科】

ウシエビ	椎葉村（日添）
エビ	椎葉村（小林）

オオバウマノスズクサ　*Aristolochia kaempferi* Willd.　【ウマノスズクサ科】

オオツヅラ	西都市（津々志）、西米良村（田無瀬）、都城市（荒襲）
オオフジカズラ	都城市（御池町）
シャリン	高城町（有水）
ネラカズラ	えびの市（加久藤、白鳥①）
フウトウカズラ	日之影町（見立煤市②）、木城町（石河内）
フトカズラ	日向市（田の原②）
ヤマツヅラ	西都市（津々志）

【コメント】①オオバウマノスズクサを昔馬仕事をしていた時には、牛馬の出産後の血の薬にした。この蔓をささ切りにして大豆、麦などと一緒に煮て食わす。枝は芳香あり。②皮は神経痛の薬。

オオバコ　*Plantago asiatica* L.　【オオバコ科】

ウーバコ	北郷村（入下）
オオバコ	高千穂町（押方②、河内、下野①、三田井①）、日之影町（一ノ水、八戸星山）、北川町（陸地、上赤、瀬口多良田①③、八戸）、北浦町（三川内）、西郷村（山須原）、日向市（権現崎）、高鍋町（鬼ケ久保⑭）、小林市（西小林）、須木村（各地）、野尻町（各地）、三股町（長田）
オッパンコ	南郷村（鬼神野）
オバコ	西都市（津々志）、綾町（上畑）、えびの市（真幸内堅）、都城市（夏尾）
オンバ	小林市（東方）、都城市
オンバキノハ	えびの市（飯野、真幸内堅④）
オンバク	五ヶ瀬町（鞍岡波帰、東光寺③、広瀬）、椎葉村（尾手納、尾前⑤、日添、松尾）、諸塚村木城町（中之又）、宮崎市（生目、野島）、清武町、えびの市（飯野、加久藤）、小林市（木浦木）、須木村（九々瀬④⑥）、野尻町（石瀬戸）、高原町（並木⑥）、都城市（御池町）、北郷町（大戸野、宿野）、日南市（吾田、細田⑤）、串間市（大矢取⑫、高松）
オンバコ	高千穂町（岩戸、押方、田原、三田井、向山）、五ヶ瀬町（赤谷、桑野内①）、日之影町（後梅、中間畑⑪、見立⑦）、北川町（上祝子⑧）、北浦町（古江）、椎葉村（尾前、大河内）、北郷村（入下）、南郷村（鬼神野）、日向市（田の原）、西都市（三財（※内藤）、⑩）、木城町（中之又）、えびの市（飯野、真幸）、小林市（西小林⑨、細野）、須木村（原）、野尻町（紙屋）、高原町（後川内⑮）、高崎町、宮崎市（塩鶴⑫）、都城市（夏尾）、高城町（有水）、串間市（高松⑫⑬）
オンバッ	えびの市（飯野、京町、真幸）、小林市（木浦木、東方）、高原町、都城市（安久）、高崎町（前田）
オンバッノハ	都城市（御池町）
オンバナ	小林市（西小林）
ケンカグサ	延岡市（※平田）
スモトリグサ	延岡市（須美江）
チカラシバ	日向市（権現崎：※日向市史）
ミチクサ	小林市（新地）
メハリゴンボウ	川南（※平田）
メヒッパイ	西諸県郡（（※日植））

【コメント】①咳、風邪を抑える。②葉を揉んで柔らかくしてホオズキを作る。③相撲とり遊び。④音出し遊び：手で叩いて鳴らす。⑤葉を炙って腫れ物のうんだものにつけると膿がでる。⑥機織り遊び：葉柄の繊維を剥ぎだし一部は皮を残す。残した部分を前後に動かして機織の真似をする。葉柄の方は片手に落ち、葉の先は着物のひもに挟んで引いておく。⑦生葉をもんでできものの上にはり膿を吸い出す。⑧切り傷によい。⑨馬の虫下し、胃の薬。⑩陰干しして下血、咳止めとして煎服。⑪炙って軟くしたものを化膿した腫物に貼ると膿が出る。経験したが効果がある。⑫花柄で目突っ張り遊びをする。⑬葉を揉んだものでカニやカエルを釣る。⑭花茎で虫カゴを作る。⑮機織り遊びに使う。葉身を腹の帯に挟み、葉柄を引きちぎって筋を出し、これに木綿糸を横糸にして機織りをする。

【ノート】各地に普通にあるので方言も面白いものがあるのではないかと想像していたが、道端に生えるのでミチクサ、葉柄で引っ張り合いをするのでケンカグサ・スモトリグサ、同じく葉柄でメツッパリをするのでメハリゴンボ・メヒッパイが聞けたものの他ではオンバコ・オオバコ系方言ばかりである。

オオバライチゴ　*Rubus croceacanthus* H.Lev.　【バラ科】

シシモドシ	日南市（鵜戸）

オオマツヨイグサ　*Oenothera glazioviana* Micheli　【アカバナ科】

ツキミソウ	西諸県郡須木村(内山)、野尻町(石瀬戸)
ユウガオ	五ヶ瀬町(鞍岡波帰)

オオムラサキシキブ　*Callicarpa japonica* var. *luxurians* Rehder　【シソ科】

ツキダシ	日南市(小目井)

オオルリソウ　*Cynoglossum furcatum* Wall.　【ムラサキ科】

アズキバカリ	椎葉村(日添①)

【コメント】これが多いところは小豆畑に良い。

オガタマノキ　*Magnolia compressa* Maxim.　【モクレン科】

イモクソ	西諸県郡(※倉田)
インブノッ	高原町(狭野①)
オガタマ	高千穂町(田原、押方)、五ヶ瀬町(赤谷)、日之影町(新畑②、中間畑、八戸)、北浦町(市振、古江)、延岡市(浦城)、諸塚村西都市(銀鏡、中尾)、高鍋町(鬼ケ久保)、新富町(鬼付女④)、宮崎市(江田③)、都城市(安久石原⑨)
オガタマノキ	高千穂町(岩戸④、押方、三田井、向山)、日之影町(後梅)、北川町(葛葉)、北浦町(阿蘇、市振)、延岡市(浦城)、東郷町(迫野内、福瀬)、日向市(田の原⑤)、木城町(石河内、岩渕⑥)、宮崎市(塩鶴)、高原町(狭野)、高城町(有水)、高崎町(笛水)、日南市(鵜戸)
コガタマノキ	川南町(込口、牧平)
スズノキ	川南町(※平田)
ナタカクシ	山之口町(五反田⑦)
ホンジャカキ	西都市(※平田)、(三納)
マガタマ	田野町(内八重、片井野)
マガタマノキ	西都市(三財水喰)、川南町(細⑧)、綾町(竹野)

オガタマノキ(ご神木として神社に)

【コメント】①アメノウズメノミコトが陰部をこの木で隠しながら踊ったためにいう(狭野神社:松阪宮司談)。インブノキを薩摩方言地域の高原町ではインブノッと発音している。狭野神楽の「柴舞」にはオガタマノキの枝を持って舞う。②サカキ100本よりオガタマ1本の方がよい。③江田神社では一般の神様にはヒサカキを、奥殿にはオガタマをあげる(サカキはなし)。人家には位が高すぎるので植えるといかんという。④神楽を舞う鈴はこの実をかたどって作る。⑤神武天皇が尾鈴山から下りて美々津に出てこられた。その時オガタマの実を手に持っていたので、通り道にオガタマノキが生えている。神芝峠、石神、神の越、さかき谷、など神のついた地名が多い。⑥山ノ神の木で大切なので、伐らん。⑦伐ってはいかん。ナタをかくせ。東岳には胸高直径が40cmの大木あり。⑧河野トメさん方の庭に高さ20m、径60cm、枝張り10mの大木があり、1月末〜2月上旬に花。実の時はカラスが来る。⑨神木。

【ノート】宮崎県には自生も多く馴染みのある木。昔から神聖な木として切ることを避けていたようである。伐らないためもっと多くの言い伝えがあったものと思われる。材は柔らかで利用価値がないのでイモクソというのであろう。

オカトラノオ　*Lysimachia clethroides* Duby　【サクラソウ科】

インノコンシッポ	野尻町(今別府)
インノコンシイボ	高原町(後川内)
インノシイボ	須木村(内山)
インノシッポ(バナ)	須木村(内山、堂屋敷)、えびの市(京町)、小林市(西小林)
ガロンヘ	西都市(三財(※内藤))
キツネグサ	北郷町(大戸野)
キツネノシッポ	北郷町(大戸野)
キツネバナ	北郷町(大戸野)
トラノオ	北郷村(入下)
ネコトウトウ	五ヶ瀬町(赤谷)
ネコンシイボ	小林市(木浦木)

オカメザサ　　*Shibataea kumasaca*　Nakai　　【イネ科】

カンノンザサ	西臼杵郡（（※日植））、高千穂町（向山秋元①）、日之影町（七折一ノ水）
キョウザサ	西米良村（田無瀬）、木城町（中之又）
メゴシバ	北川町（陸地）
メゴタケ	延岡市（浦城）、綾町（入野）、野尻町①

【コメント】①チャワンメゴ（かご）を作る。

オガルカヤ　　*Cymbopogon tortilis* var. *goeringii*　Hand.-Mazz.　　【イネ科】

カブガヤ	日向市①（※日向市史）
カルカヤ	小林市（木浦木）

【コメント】①茅屋根葺きの材料にした。『日向市史』にはオガルカヤとあるが、ヒメアブラススキかもしれない（南谷）。

オキナグサ　　*Pulsatilla cernua*　Berchtold et J.Presl　　【キンポウゲ科】

インノコピッピ	高岡町（和石）
インノコピンピン	高岡町（和石）
ウネコ	綾町（竹野）
ウネリコ	高岡町（穆佐①）
ウマノタバキ	日南市（飫肥）
オナイコ	南郷村（水清谷）
オネコ	西都市（三財（※内藤））、国富町（八代北俣中別府）、宮崎市（塩鶴）、田野町（内八重）、えびの市（加久藤、京町、真幸）、小林市（各地）、都城市（石原②、上安久、夏尾、荒襲、牛の脛、御池町）、三股町（長田）、北郷町（広河原）、日南市（白木俣）
オネコヤンボシ	綾町（入野、上畑）、えびの市（飯野、加久藤、真幸）、小林市（木浦木、山代、西小林③）、須木村（下九々瀬⑪、堂屋敷）、野尻町、高原町（後川内④、狭野⑤、笛水⑥）、都城市（御池町）、高城町（有水七瀬谷）
オネッコ	高崎町（前田）、都城市（志比田、安久）
オネッコカッコ	山之口町（五反田）、三股町（長田、大野）
オネッコタッコ	高原町
カンワラビ	北郷町（宿野⑦）
キジンソウ	北川町（葛葉）
サンドバナ	高岡町（和石）
ジジンゲソウ	北川町（八戸⑧）
シャセンボボ	日之影町（※町史）
ネコグサ	都農町（牧平）、川南町（細）
ネコバナ	木城町（岩渕⑨）、串間市（大矢取⑩）
ネコボウズ	五ヶ瀬町（鞍岡）
ネコヤナギ	高鍋町（鬼ケ久保）
ネンネコ	えびの市（加久藤）
ベンケイノユミトリ	椎葉村（松尾）
ヤッコサン	高城町
ユウレイグサ	北方町（上鹿川）、南郷村（門田）
ユウレイバナ	北川町（松瀬）

オキナグサ（花は女の子の遊びに）

【コメント】①口紅遊び：唇に花弁をはりつけて口紅をつけてるように見せて遊ぶ。②今はねごなった（無くなった）。③子房の毛をしばって人形の髪にする。その時ベロでねぶって毛をまとめるので、ベロがひりひりと痛うなる。④「オネコヤンボシャもらいてがねえウシトンジャンがもらうげな」とはやしながら遊ぶ。花弁を口につけると痛い。牛にはよくないので、避けて草刈りした。この葉で歯をつくじると虫歯もすぐくされて、ぼろぼろになり一気にとれよった。⑤「オネコヤンボシャもらいてがねえトトどうしゅかカカどうしゅか」。⑥「オネコヤンボシャもらいてがねゴザをかぶしてふみ殺せ」。この果実を頭にしばってリボン代わりにしよった。⑦咳止めに煎服するとよい。⑧昔は牧場にようあった。⑨小丸川の河原に多かった。⑩根を歯が痛いところにつけると歯は自然にボロボロになってとれる。⑪「オネコヤンボシャもれてがござらん。かかどうしゅうか、とてたんね。ととどうしゅうか、かけたんね」とはやしながら遊ぶ。

【ノート】かつては牛馬の餌を刈るため、あるいは屋根の材料に使うための萱場が普通にあり、オキナグサがそこに必ず生えていた。女の子たちは、翁の頭髪のようになった白い毛を口で舐めて、髪結い遊びをした。その際に、有毒成分で唇がピリピリすることから、インノコピッピと呼ぶようになったのでは。ヤンボシはくしゃくしゃ頭、山法師の頭のこと。ヤッコサンも山法師になった花序を大名行列のヤッコサンが担ぐ毛槍に見立てたのであろう。ジジンゲソウは爺さんの頭髪の意であろう。方言のほとんどは花弁の毛の手触りが猫の毛を思わせるのでネコ系の名が多い。

オクマワラビ　*Dryopteris uniformis* Makino　【オシダ科】

オニシダ	椎葉村（日添）

オケラ　*Atractylodes ovata* DC　【キク科】

オケラ	小林市（東方）

オシロイバナ　*Mirabilis jalapa* L.　【オシロイバナ科】

オシロイグサ	高千穂町（岩戸）
オシロイバナ	椎葉村（松尾）、諸塚村、北郷村、南郷村、日向市（田の原）、西都市（銀鏡）、木城町（中之又）、高鍋町（鬼ケ久保）、須木村（内山）
ケショウバナ	えびの市（京町）、小林市（西小林）、都城市（全域）
ケショバナ	北郷町（大戸野）
オトジロウ	北浦町（古江）

オタカラコウ　*Ligularia fischeri* Turcz.　【キク科】

イヌブキ	椎葉村（尾手納、日添、小林①）
オッタゼンゴ	椎葉村（日添）
オニブキ	須木村（田代ケ八重、堂屋敷）
サカタブキ	高千穂町（岩戸落立②）、五ヶ瀬町（鞍岡波帰）
トウブキ	日之影町（見立）
ニガフキ	小林市（木浦木）
ヤマツワ	えびの市（飯野五日市）
ヤマブキ	椎葉村（尾前）、南郷村（鬼神野③）

【コメント】①食用のフキに対してイヌブキという。②花が咲くと小豆を播く。③葉の柄が赤い。固く食わん。
【ノート】フキに似るが非なるのでイヌブキ、ヤマブキ、ニガフキといい、大型で丈夫なのでサカタブキというのであろう。里に生えるツワブキに対しヤマツワという。オッタゼンゴの意味は不明。

オトギリソウ　*Hypericum erectum* Thunb.　【オトギリソウ科】

オトギリス	西都市（三財（※内藤））
ホウキグサ	椎葉村（日添①）
ボンバナ	都城市

【コメント】①ここではオトギリソウでなく、ナガサキオトギリ。焼き畑に多い。

オトコエシ　*Patrinia villosa* Juss.　【スイカズラ科】

アワバナ	野尻町（今別府）
オッツナ	椎葉村（日添①、小林）
オトコナエシ	北郷村（入下）、小林市（細野）
コメバナ	高岡町（法ケ代）、えびの市（白鳥）、小林市（西小林）、高原町（狭野）、都城市（夏尾）、高崎町（笛水、前田）
コメンバナ	須木村（内山）、高原町（後川内）
ジュウゴヤバナ	南郷村（鬼神野）
シロボンバナ	小林市（山代）、都城地方（※都盆）
トチナ	木城町（石河内）、須木村（田代ケ八重）
ヒガンバナ	川南町（牧平）、高鍋町（鬼ケ久保）
ボンバナ	須木村（内山）、三股町（長田）

【コメント】①食べる。焼畑によく出る。

【ノート】アクがないので若い芽立ちをゆがいて和えものにしたりして食べると美味い。オッツナの語尾の「ナ」は野菜を指しており食える。オミナエシに対しオトコナエシ、花が白いのでコメバナというのであろう。

オドリコソウ　*Lamium album* var. *barbatum*　Franch. et Sav.　【シソ科】

シロイダ	都城市（安久①）
スイシャバナ	北川町（八戸②）
スイスイグサ	北川町（俵野②③）
ハナグルマ	北川町（八戸）
ブルブルグサ	延岡市（浦城）

【コメント】①葉を塩で揉むと赤い汁が出るので、これを足の指の「またぐされ」につける（他の草を指しているかもしれない：南谷）。②花で風車遊び：花序を1節切り取り、茎の筒中に細い竹を差し込み、これを水流に入れて回す。③蜜を吸う。
【ノート】花を花茎と共に切り取り、中空の花茎に細い芯を入れて風車にしたり、流れにつけて水車にして遊ぶ。いずれもその遊びからついている。

オナガカンアオイ　*Asarum minamitanianum*　Hatus.　【ウマノスズクサ科】

ジャノヒゲ	北川町（八戸①）

【コメント】①長い萼片を蛇の髭に見立てる。

オナモミ類　*Xanthium strumarium* subsp. *sibiricum*　Greuter　【キク科】

アンポンタン	えびの市（京町）
イノウエサシ	都城市（御池町①）
サシ	南郷村（鬼神野）、日向市（田の原②）、木城町（中之又）、えびの市（京町）、都城市（全域）
ザシ	高千穂町（向山）、日之影町（一ノ水、後梅、八戸）、椎葉村（尾前）、串間市（黒井）
サス	北郷町（宿野）
ダシグサ	北浦町（三川内大井）、延岡市（須美江）
バカ	高千穂町（三田井）、五ヶ瀬町（赤谷、桑野内）
モノグリ	高鍋町（鬼ケ久保）
ヤボ	高千穂町（押方）

【コメント】①宮崎から来た井上さんの庭にいっぺ生えてきた。20年ほど前じゃったわ。②実をかためて、その塊をそのままボールにして遊んだ。
【ノート】アンポンタン、バカ、ヤボなどと蔑めた名が多いようであるが、このような名付けは全国的にみられる傾向である。サシやダシは「刺し」からきているようである。

オニグルミ　*Juglans mandshurica* var. *sachalinensis*　Kitam.　【クルミ科】

エグルミ	椎葉村（日添、小林）
オニグルミ	日之影町（見立煤市①）、諸塚村（家代）
クルミ	西米良村（板谷②）

【コメント】①燃えにくい。②板の下に、脚代わりにクルミの実を付けてお膳にした。

オニシバリ　*Daphne pseudomezereum*　A.Gray　【ジンチョウゲ科】

ヒノ	椎葉村（※平田）、米良（※平田）
ヒノカジ	高千穂町（向山秋元①）、川南町（細）

【コメント】①昔は紙すきに使った。

オニバス　*Euryale ferox*　Salisb.　【スイレン科】

ザクロ	宮崎市（跡江①）
ジャノミ	宮崎市（生目（※平田））
ジャノメ	宮崎市（生目（※平田））
ジャモ	宮崎市（生目②）
ナベンフタ	木城町（岩淵③④⑤）

【コメント】①果実はザクロという。若いうちは外の寒天状のものと中の種も食いよった。熟すと中の種は黒くなり堅いので食わず、外だけ食う。泳ぎながら竹の棒に巻きつけ引きちぎる。陸にあげ靴で踏んで種を出す。渋いような甘いような味じゃった。（高橋和平談）。②果実中に種子が30～40個あり、コジイの種子のように乾かして、煎って食べる。昔はなかったが戦後に生えた。③葉柄の皮をむいてちょっと湯通しし味噌和えで食う。実は中の澱粉を生のまま食いよった。１年おきに発生しよった（鎌田武夫談）。葉が鍋のふたのようになって水面に浮かんでいるのでいう。④10月ごろ、実の中に20～30個くらいの種があり、中のデンプンがやわいうちに生のままあるいは煮て食った。⑤葉柄の皮をむいて、塩漬けまたは酢の物にして食った。

オニヒカゲワラビ　　*Diplazium nipponicum* Tagawa　　【メシダ科】

ヤマワロ	都城市（高野町）

【コメント】食べる。都城方面では商店で販売されており、庭先でも栽培されている。ヤマワラビが転じてヤマワロになったのでは（吉川氏談）。

オニヤブソテツ　　*Cyrtomium falcatum*（L.f.）C.Presl　　【オシダ科】

オニヘゴ	日南市（鵜戸）

オニユリ類　　*Lilium lancifolium* Thunb.　　【ユリ科】

アワユリ	えびの市（真幸内堅①）、小林市（木浦木）、野尻町（今別府）、高原町（後川内）、都城市（上安久、安久⑤）、高城町（有水）、高崎町（笛水）、山之口町（五反田）
オニユリ	高千穂町（岩戸）、日之影町（見立）、北川町（瀬口多良田）、北浦町（市振、古江、三川内）、延岡市（赤水）、木城町（中之又②）、須木村（堂屋敷）
コメユリ	椎葉村（日添③）
トユリ	えびの市（加久藤）
ニガユリ	西米良村（田無瀬④）
ノユリ	高千穂町（下野）、綾町（竹野）、木城町（石河内）、高鍋町（鬼ケ久保）、須木村（内山、九々瀬）、田野町（内八重）、北郷町（大戸野）、串間市（高松）
ハタケユリ	北川町（八戸）
ホンユリ	西都市（津々志）
ヤマユリ	高千穂町（岩戸）、日之影町（中間畑）、串間市（黒井）
ユリ	五ヶ瀬町（波帰）、日之影町（後梅）、北川町（上赤）、北浦町（三川内歌糸）、延岡市（須美江）、日向市（田の原）
ユリバナ	野尻町（今別府）

【コメント】①アワユリの二番花に粟を蒔く。②花の時に小豆を蒔く。③根を一つ一つ割いて、米と一緒に炊く。④花が３個咲くときにアワ・ダイズを蒔く。⑤三段花の頃に粟を蒔く。
【ノート】オニユリとコオニユリがあるが、区別していないようなのでまとめた。内陸部のはコオニユリで近海地がオニユリになる。

オヒシバ　　*Eleusine indica* Gaertn.　　【イネ科】

ウカゼグサ	都城市
ウマボトクリ	日南市（宮浦）
コマツナギ	延岡市（※平田）
チカラグサ	宮崎市（青島（※平田））、野尻町（今別府）、北郷町（宿野）、日南市（吾田）、串間市（大矢取）
チカラシバ	日之影町（後梅）
ババコロシ	新富町
ミチクサ	五ヶ瀬町（桑野内）、椎葉村（尾前）
ミチグサ	高千穂町（上野、下野）
ミッシバ	都城市（夏尾）

【ノート】同科のチカラシバと方言名が重なっているようであるが、似たような環境に生えるので仕方のないことだろうか。

オヒョウ　　*Ulmus laciniata* Mayr　　【ニレ科】

ニレ	椎葉村（日添①、小林）
ネレ	椎葉村（尾前①）

【コメント】①ハルニレはムギニレと言い区別している。

オヒルムシロ　　*Potamogeton natans* L.　　【ヒルムシロ科】

モ	北川町日向長井家田①

【ノート】①1年に1回、「藻刈り」で梅雨の頃に伐る。

オミナエシ　　*Patrinia scabiosifolia* Fisch. ex Trevir.　　【オミナエシ科】

アワノハナ	高原町（後川内）
アワバナ	高千穂町（河内）、五ヶ瀬町（鞍岡）、えびの市（飯野、加久藤長江、白鳥①）、須木村（堂屋敷）、小林市（各地）、高原町（各地）、野尻町（各地）、都城市（夏尾）、高城町（有水）、高崎町（笛水）、三股町（長田）
アワンバナ	小林市（東方、真方）、須木村（奈佐木）、野尻町（野尻）、高原町（後川内）
オミナエシ	高千穂町（岩戸、鬼切畑①、押方、下野、三田井）、五ヶ瀬町（東光寺）、日之影町（八戸星山）、北川町（上祝子）、椎葉村（尾前、松尾）、諸塚村北郷村、南郷村（鬼神野）、木城町（中之又）、宮崎市（塩鶴①）、小林市（各地）、須木村（内山）、都城市（安久①）
オンナメシ	えびの市（霧島（※鷹野））
キヨバナ	三股町（長田）
ジュウゴヤバナ	綾町（竹野）、都城市（志比田）
ショロバナ	国富町（八代南俣）
デシ	五ヶ瀬町（鞍岡波帰）
ヒガンバナ	川南町（牧平）、高鍋町（鬼ケ久保）、宮崎市（生目）、日南市（小目井、吾田）
ボンバナ	椎葉村（日添②）、田野町（内八重）、えびの市（飯野、加久藤、京町①）、小林（木浦木①、各地）、須木村（田代八重）、高原町（各地）、都城地方（※都植方）、高城町（有水）、山之口町（五反田）、三股町（長田）、串間市（大矢取）

【コメント】①盆花として供える。②昔はこればかり供えよった。ショウロウ棚にはシキミを使う。
【ノート】花が黄色で粟粒に似るのでアワバナ。秋の彼岸や盆に供花にするのでボンバナというのであろう。デシは不明。

オモダカ・アギナシ　　*Sagittaria trifolia* L.　　【オモダカ科】

アギナガ	須木村（堂屋敷）
アギナガグサ	高千穂町（岩戸）
アギナシ	日之影町（一ノ水、八戸星山）、西郷村（山須原）、日向市（田の原）、綾町（入野）、木城町（石河内）、高鍋町（鬼ケ久保）、須木村（九々瀬）
アゴクサ	北郷町（大戸野）
アゴナシ	北郷村（入下）
イモガラ	日之影町（中間畑）、北川町（葛葉）、延岡市（熊之江）、北郷町（宿野）
イモガラクサ	須木村（内山）、都城市
イモクサ	えびの市（真幸内堅）、都城市（上安久）
イモグサ	椎葉村（栂尾）
ウマバリ	木城町（中之又）
オモダカ	南郷村（鬼神野）
カエカエマメ	小林市（木浦木①）
カワイモ	椎葉村（日添）
グウエ	高千穂町（押方）
クワノヘラグサ	五ヶ瀬町（鞍岡）
ケンケングサ	北郷町（広河原②）
シンノハリ	串間市（高松③）
タイモ	西都市（銀鏡）
タガライモ	宮崎市（生目）
ナシ	小林市（西小林）
ナンキモグサ	宮崎市（塩鶴④）
ヘソクリ	椎葉村（尾手納）

【コメント】①オモダカの方は根に小指並みの玉ができ、掘って食う。②葉先が剣のように尖っている。③地下茎の球の先が針のようにとがっており、抜いても球が残っていれば、直ぐに生えてくる。④ナンキモはサトイモの

こと。
【ノート】アギナシとオモダカは区別しないと思い、まとめた。イモガラグサはまとめて言っている。カエカエマメ・アギナググサはオモダカをさし、アゴナシはアギナシをさしており、ちゃんと区別している地方もある。グウエは不明。

オランダガラシ　　　*Nasturtium officinale* R.Br.　　　【アブラナ科】

カワゼリ	椎葉村（大河内）
カワタカナ	えびの市（加久藤）
カワダカナ	椎葉村（大河内）、須木村（内山）
タイワンゼリ	小林市（各地）

オンツツジ　　　*Rhododendron weyrichii* Maxim.　　　【オンツツジ】

アカツツジ	北方町
イモツツジ	日之影町（新畑）
イワツツジ	北浦町（直海、古江）、延岡市（赤水①、島浦⑦）、日向市（長谷）、川南町（比田）、都城市（安久）
オオツツジ	北川町（上赤、上祝子、松瀬、三川内、八戸②）、北浦町（阿蘇）、延岡市（熊之江③）、北郷村（坂元）、木城町（川原）
オダイシサンバナ	北川町（八戸⑩）
オダワラツツジ	木城町（石河内、川原）
オツツジ	北方町（上鹿川）、諸塚村（荒谷）、南郷村（下渡川）、西都市（津々志）
オニツツジ	延岡市（小野）
オマキツツジ	日之影町（見立④）
カンコツツジ	南郷村（榎の越、水清谷、名木）、東郷町（松瀬）、日向市（田の原⑤）、都農町（東都農⑥）
ツツジ	北浦町（三川内大井）
ノツツジ	延岡市（島浦⑦、須美江）
ベニツツジ	北浦町（市振、古江）
ホンツツジ	北方町（下鹿川）、北浦町（三川内）、延岡市（浦城①）
ミツバツツジ	日之影町（見立煤市）、北川町（陸地）、高岡町（ゆすの木橋）、宮崎市（塩鶴、曽山寺）、田野町（堀口）、北郷町（宿野）、日南市（白木俣）
ムギツツジ	高千穂町（向山秋元）、日之影町（一ノ水、後梅、新畑、煤市、中間畑、見立⑧）
モチツツジ	北川町（葛葉、瀬口多良田⑨）
ヤマツツジ	日之影町（舟の尾）、田野町（内八重）、北郷町（広河原）

オンツツジ（紅い花は大きく目立つ）

【コメント】①この花の時がブリの最盛期で、花が終わるとブリも終わり。②花が咲くとイダが上がってくる。大分の丸市尾では4月の鎮守の祭りに墓に一面に供える。③咲くと、イガメ（ブダイ）が食う。④オマキツツジが咲くと、オ（麻）を播く。⑤カンコの花がえれー咲いたがゼンマイが出るぞ。⑥カンコはホトトギスの鳴く頃に咲く。⑦ミズイカの漁期、ブリ漁の打ち止め。⑧麦のできる頃咲く。⑨蕾が粘るのでモチツツジという。⑩4月のお大師さんには、集落の代表が山に枝を取りに行き、お大師さんの横に供える。
【ノート】オンツツジは宮崎・大分・四国・三重県へと分布するミツバツツジ類で、花も葉も大きい。生育場所は稜線など傾斜地となるので、イワツツジ、オオツツジ、オツツジやホンツツジと呼んでいるようである。オダワラツツジはミツバツツジ類では紅色で目立つことから小田原チョウチンとなったのだろうか。カンコツツジは不明。

カ

カカツガユ　　　*Maclura cochinchinensis*（Lour.）Corner　　　【クワ科】

インツゲ	小林市（山代①）
ゲズゲズカズラ	田野町（内八重）
シシモドシ	日南市（鵜戸）
ソメグ	串間市（黒井）
タカンツメ	田野町（内八重②）
ムク	延岡市（須美江）
ヤマミカン	小林市（※鷹野）
?	山之口町（五反田③）

【コメント】①ツゲの葉に似ている。イヌツゲはヤマツゲという。②実を食う。③柄木に最高。なかなか大きいのがない。

カギカズラ	*Uncaria rhynchophylla* Miq.	【アカネ科】

イノシシモドシ	延岡市（須美江）
サットリカズラ	宮崎市（野島）
タニワタリ	北方町（二股）
チクテンカズラ	宮崎市（白浜）
ネコヅメ	東郷町（坪谷、西林山）、日向市（田の原）、川南町（細④）、綾町（竹野）、小林市（山代⑥）、都城市（安久⑤）
ネコヅメカズラ	北川町（陸地）、西都市（津々志）、都農町（東都農）、木城町（石河内）、川南町（細）、須木村（田代ケ八重、内山）、田野町（内八重）、高城町（有水）
ネコヅル	東郷町（坪谷）
ネコノツメ	高千穂町（田原）
ネコノツメカズラ	延岡市（浦城）、宮崎市（木花（※平田））、北郷町（広河原）
ネコンツメ	北浦町（阿蘇①）、延岡市（熊之江②）
ネコンツメカズラ	延岡市（浦城、安井）、日南市（上白木俣③）
ネコンテ	北浦町（三川内大井）

【コメント】①枝ごと半日ほど煮る。この煮汁で漁網を染める。残りの材はまた水を入れ煮汁をとる。2～3回はできる。網が赤く染まる。②血圧によい。蔓（ツト）をすべて使う、よく効くので晩のみ飲む。③漁師が買いに来よった。④この茎はよく曲がり、ねばっこいので、ショケやミの枠にする。⑤網の染料にしよった。⑥網染めに使う。昔は蔓を鹿児島に出しよった。径20㎝になるものもあった。

【ノート】常緑で芽がネコノツメ状にまがった鉤（爪）を持った蔓植物。繁茂すると猪もＵターンしてしまうように見える。爪は降圧剤として民間療法に使われ、幹や枝は網染めに使うので漁師にとっては大切な木。北浦方面では、山手の人が乾燥させた幹を海辺に持ち込み、海の幸と物々交換していたようである。

カキドオシ	*Glechoma hederacea* subsp. *grandis* H.Hara	【シソ科】

タンクサ	三股町（※内藤）
カキドウシ	串間市（黒井①）

【コメント】①垣の間を通って広がる。

ガクウツギ	*Hydrangea scandens* Ser.	【アジサイ科】

アカウツギ	三股町（長田）
アカジミ	宮崎市（※倉田）
オトコジミ	田野町（堀口）
オンナジン	都城市（安久）
ジミ	宮崎市（塩鶴）、田野町（内八重）、串間市（大矢取）
ジミガラ	西都市（三納（※平田））
ジミノキ	木城町（川原）、日南市（上白木俣）
シロウツギ	日之影町（見立）
ジン	西都市（尾八重）
ジンガラ	えびの市（白鳥）
スッポン	えびの市（飯野、加久藤）
スッポンノキ	西都市（三納（※平田））
チョウチンバナ	西都市（三納（※平田））
ツキダシ	日向市（田の原①）、須木村（九々瀬）
ツキダシウツギ	北川町（上祝子②）
ツキツキブシ	日之影町（後梅）、西米良村（小川）
ツキツキボウシ	西米良村（小川）
ツキブシ	日之影町（八戸星山）
ツキボシ	西都市（銀鏡）
ツクツクボウシ	西米良村（小川）
ツッツキブシ	北郷村（※内藤）
ツッツキボーシ	北郷村（※内藤）
トウシミ	北川町（祝子（※平田））
ホタレグサ	小林市（西小林③）
ヤマアジサイ	椎葉村（日添⑤）
ヤマシタウツギ	北川町（上祝子④）

【コメント】①炭のオロにはよくない。潮風にあたるとぼろぼろになる。②コガクウツギにツキダシウツギといい、ガクウツギにはヤマシタウツギとして区別している。③ホタルが卵を産む（アワフキムシをホタルと勘違いしている）。④木の下にあるので。⑤和名ヤマアジサイにもヤマアジサイと言われたので、要確認。
【ノート】ガクウツギもコガクウツギも同名で区別していないようである。ガクウツギとしたがほとんどがコガクウツギをさす。茎の中心にスポンジのような髄があり、これをつきだして遊ぶので、ツキダシ・ツッツキという。その際に髄は見事にスポンと飛び出す。また、この髄は灯心に用いた。キブシやハナイカダ等の髄のあるものも同名で呼ぶ地方が多い。

カクレミノ　　　*Dendropanax trifidus* Makino ex H.Hara　　　【ウコギ科】

カエンデ	都城市（御池町）
カクレミノ	北川町（陸地、瀬口多良田）、都城市（御池町）
カワラヒッサゲ	東郷町（西林山）
テングノウチワ	日南市（飫肥（※平田））
テングノカクレミノ	都城市（御池町）
トビノキ	日向市（幸脇）
ニセヤッテ	延岡市（浦城）
ミノカクシ	延岡市（浦城）
ミノカケノキ	延岡市（浦城）
ミノブセ	日向市（田の原）
？？	田野町（片井野①）

【コメント】①昔は箸を作っていた。縦によく割れる。

カゴノキ　　　*Litsea coreana* H.Lev.　　　【クスノキ科】

カジ	宮崎市（※倉田）
コカ	宮崎市（曽山寺）、田野町（内八重）
コガ	高千穂町（下野、向山）、日之影町（後梅、中間畑）、北方町（上鹿川）、南郷村（鬼神野）、綾町（竹野）、高崎町（笛水）
コガタブ	椎葉村（松尾）
コガノキ	日之影町（新畑）、椎葉村（尾前）、日向市（幸脇）、西米良村（小川）、須木村（内山）、小林市（木浦木）、野尻町（石瀬戸）、高原町（後川内）、高城町（有水）
タブ	東郷町（坪谷）
ハゲタブ	新富町（鬼付女）
フユコガ	椎葉村（大河内）、南郷村（鬼神野）、西都市（銀鏡）、須木村（九々瀬）、木城町（中之又）
ホシコカ	田野町（内八重、堀口）、都城市（御池町、安久）
ホシコガ	高千穂町（岩戸）、日之影町（戸川①、見立①）、北川町（陸地①、上赤、上祝子、葛葉①、瀬口①②、八戸）、北浦町（三川内大井）、東郷町（西林山）、日向市（田の原）、西都市（銀鏡）、木城町（川原、中之又）、えびの市（白鳥、真幸）、小林市（西小林）、須木村（堂屋敷）、高原町（狭野）、宮崎市（塩鶴）、山之口町（五反田）、三股町（長田）、北郷町（黒山）、串間市（大矢取）

【コメント】①樹皮のまま床柱に使う。②床の間の床板に使う。
【ノート】樹皮のはがれが小鹿模様に似るので、小鹿（こが）を付けた名となる。常緑の本種に対し、落葉樹のカナクギノキがナツコガとなる。

カシ類

アカガシ　　　*Quercus acuta* Thunb.　　　【ブナ科】

アカガシ	高千穂町（岩戸、押方、向山）、五ヶ瀬町（赤谷、鞍岡波帰）、日之影町（一の水、後梅、新畑、中間畑、見立、煤市①、八戸星山）、北川町（陸地、上赤、上祝子、八戸①）、北浦町（上鹿川、市振、古江、三川内）、北方町（上鹿川、二股）、延岡市（須美江）、椎葉村（尾手納、尾前、栂尾②、松尾）、南郷村（鬼神野）、東郷町（坪谷）、日向市（田の原）、西米良村（板谷、尾股）、木城町（中之又）、都農町（東都農）、綾町（竹野）、国富町（八代南俣）、えびの市（白鳥）、小林市（木浦木、西小林、東方）、須木村（堂屋敷）、野尻町、宮崎市（塩鶴）、田野町（内八重）、都城市（夏尾）、高城町（有水）、高崎町（笛水）、山之口町（五反田）、三股町（長田）、北郷町（大戸野、宿野）、串間市（大矢取）
アラカシ	小林市（西小林、山代⑦）、高城町（有水⑥）
イガガシ	西米良村（小川）
クロガシ	西都市（中尾④）
ニガカシ	西都市（銀鏡③④）

ハトガシ	高千穂町(岩戸)
マガシ	東郷町(坪谷)
ミネガシ	西米良村(板谷、田無瀬⑤、横野)

【コメント】①カンナの台に使う。②柄木やドンチョウの頭に使う。③高所に生える。木馬(きんま)のソリに使う。④旧東米良村一帯ではアカガシはツクバネガシのことをいう。⑤オド(嶺)に生える。⑥材の目が粗い。⑦樹肌が粗いから。ツクバネガシにアカガシという。

【ノート】材が堅く重いので、ドンチョウ(大型の木槌)、にしたり、木馬のソリに使っていたようである。材に赤みがあるのでもっぱらアカガシとなる。

アラカシ　　　*Quercus glauca* Thunb.　　　　【ブナ科】

アオガシ	北川町(陸地、瀬口多良田)、北浦町(市振、古江、三川内)、延岡市(浦城、熊之江、須美江)
アマガシ	椎葉村(大河内)
アラカシ	高千穂町(下野)、木城町(石河内①)、小林市(東方、西小林)、山之口町(五反田)
アラガシ	えびの市(飯野、加久藤)、小林市(西小林)
ウラジロガシ	えびの市(白鳥)
クロガシ	高千穂町(押方)、日向市(長谷)、国富町(八代南俣①)、野尻町(石瀬戸)、高崎町(笛水)、串間市(笠祇⑦、黒井)
サトガシ	野尻町三股町(長田)
ショウジガシ	えびの市(真幸内堅)
シラカシ	延岡市(赤水)
ニガカシ	西米良村(尾股)
ニガジイ	宮崎市(江田)
ハタガシ	北川町(上祝子、八戸)
ハトガシ	高千穂町(岩戸、下野、向山秋元)、日之影町(一ノ水、後梅、新畑、煤市、八戸星山)、北方町(上鹿川、二股)、北川町(陸地、上祝子)、北浦町(三川内歌糸、大井)、延岡市(熊之江)、椎葉村(松尾)、諸塚村(飯干)、南郷村(鬼神野)、東郷町(坪谷、西林山)、日向市(権現崎⑥、田の原、長谷①)、門川町(庭谷)、西米良村(板谷、尾股)、西都市(銀鏡、中尾)、木城町(中之又、川原)、都農町(東都農)、綾町(綾北川)、宮崎市(塩鶴)、山之口町(五反田)、田野町(内八重)、小林市(木浦木)、須木村(九々瀬、堂屋敷②)、都城市(安久)、北郷町(大戸野、宿野)、日南市(上白木俣)、串間市(大矢取)
ホンガシ	北方町(二股)、北川町(上赤、葛葉③、八戸)、延岡市(浦城、安井④)、西郷村(山須原)、門川町(庭谷)、日向市(※市史)、西都市(津々志)、木城町(川原)、宮崎市(瓜生野)
マガシ	北浦町(阿蘇⑤)、延岡市(島浦)、清武町、串間市(高松)
マテガシ	東郷町(坪谷)、木城町

【コメント】①実からカシコンニャクをつくる。②11月に割れて鳩が食う。③柄物の材料。昔はこのあたりに60軒ほど炭焼きがいた。④船のマタギ(竿を掛ける)に使う。シャリンバイもよい。⑤船の櫓ベソにする。舟のイレコにする。⑥天秤棒に使う。⑦正月の大寒に伐ると駒を打たなくてもシイタケが出来る。

【ノート】鳩が好物なのかハトガシの名が多い。材は粗く、またアクが強いので実を食用にしたりしていない。

アラカシ(最も普通なカシ類)

イチイガシ　　　*Quercus gilva* Blume　　　　【ブナ科】

イチ	北方町(上鹿川)、国富町(八代南俣)、小林市(木浦木)、串間市(金谷②)
イチイ	五ヶ瀬町(赤谷)、北川町(陸地)、北浦町(三川内)、木城町(石河内)、野尻町
イチイガシ	高千穂町(向山、秋元)、日之影町(新畑)、北川町(上赤①、瀬口、八戸①)、北浦町(阿蘇)、椎葉村(松尾)、西都市(銀鏡、中尾)、都農町(東都農)、高城町(有水③)、山之口町(五反田⑤)
イチイノキ	北川町(葛葉①)
イチガシ	日之影町(後梅、中間畑、見立)、北川町(俵野)、延岡市(浦城②、須美江)、南郷村(鬼神野)、東郷町(坪谷、西林山)、日向市(権現崎②、畑浦②、田の原③)、木城町(石河内③、川原、中之又)、川南町(比田)、宮崎市(塩鶴)、田野町(内八重)、えびの市(各地)、須木村(田代ケ八重)、小林市(西小林④、東方)、都城市(安久)高崎町(笛水)、北郷町(河原谷)、串間市(大矢取)
イチノキ	北方町(二股)、日之影町(七折一ノ水)、日向市、綾町(竹野)、須木村(九々瀬)、小林市(山代)、野尻町、高原町、都城市(夏尾)
ハボソガシ	延岡市(浦城)

【コメント】①ケハナシ(敷居)によい。②船の櫓に使う。③カシゴンニャクをつくる。④イチノミンダゴをつくる。⑤デンプンで団子を作った。柄木によい。材の腐って軽くなったた部分に火をつけワラで巻いて腰に下げ、

ブト除けにした。
【ノート】カシ類では最もアクが少なく、生食可能。果実の澱粉を砕いて、水に晒し、沈殿した澱粉を煮て、透明になったら容器に流し込んで冷やし固めたものを「カシノミコンニャク」「イチノミンダゴ」という。こんにゃくそっくりの食感となる。材は堅いがネバイので櫓木として使う。

ウラジロガシ	*Quercus salicina* Blume	【ブナ科】
ウラジロ	高千穂町(下野)	
ウラシロカシ	日之影町(中間畑)	
ウラジロガシ	高城町(有水)	
カシ	高千穂町(向山秋元①)、椎葉村(日添)	
カシワ	椎葉村(日添)	
ササガシ	高千穂町(岩戸②)	
シラカシ	高千穂町(岩戸、神殿、向山)、五ヶ瀬町(赤谷、鞍岡波帰)、日之影町(一の水、後梅、新畑、煤市③、中間畑、見立、八戸)、北方町(上鹿川③、二股)、北川町(陸地、上赤、瀬口多良田、八戸③)、北浦町(阿蘇、市振、古江、三川内)、延岡市(島浦、須美江)、椎葉村(尾手納、尾前、栂尾⑤、松尾)、南郷村(鬼神野)、東郷町(坪谷、西林山)、日向市(権現崎、田の原、長谷)、西米良村(板谷、尾股)、西都市(銀鏡、中尾)、木城町(中之又)、綾町(綾北川)、宮崎市(塩鶴)、田野町(内八重)、えびの市(白鳥)、小林市(木浦木、永久津、西小林、東方)、須木村(九々瀬③、堂屋敷)、都城市(夏尾)、高城町(有水)、高崎町(笛水)、山之口町(五反田)、北郷町(大戸野、宿野)、串間市(笠祇④)	
シロカシ	高千穂町(押方)、北川町(葛葉)、北浦町(三川内歌糸)、諸塚村(飯干)、野尻町(今別府)、三股町(長田)、串間市(黒井)	
ハボソ	宮崎(※倉田)	
ヤナギガシ	小林市(西小林②)、宮崎(※倉田)	

【コメント】①木釘に使う。正月の若木に使う。②特に葉の細いものをいい、ふつうにはシラカシと呼ぶ。③ナタ、カマ、ヨキの柄にする。一等よい。木がねばい。④正月の大寒に伐ると駒を打たなくてもシイタケが出来る。
【ノート】ウラジロガシの県内分布をみると中部以南では高所になり、方言も聞けない。シラカシとの区別が難しいのか方言名が重なっている。一般的にはウラジロガシがシラカシで、シラカシがアマカシと呼ぶ地方が多い。

シラカシ	*Quercus myrsinifolia* Blume	【ブナ科】
アオガシ	高千穂町(向山秋元)、諸塚村(飯干)、延岡市(赤水)、木城町(石河内)、川南町(細)	
アマカシ(ガシ)	日之影町(一ノ水、後梅、新畑、中間畑、見立煤市①)、北川町(陸地)、椎葉村(尾前、栂尾、松尾)、南郷村(鬼神野)、西米良村(尾股)、西都市(銀鏡、中尾)、木城町(中之又)、綾町(竹野)、小林市(東方、木浦木)、須木村(堂屋敷、九々瀬①)、高原町(後川内)	
ウラジロガシ	北川町(上祝子)	
クロガシ	須木村(内山)	
ゴマメ	西郷村(※倉田)	
ササガシ	高千穂町(岩戸、三田井)、日之影町(見立煤市①)	
シラカシ	椎葉村(日添)、えびの市(飯野、白鳥)、小林市(西小林)、高城町(有水)	
ポッポガシ	えびの市(飯野)	
ヤナギガシ	えびの市(真幸内堅)、高原町(狭野)	

【コメント】①牛が枝葉を好み、冬の餌にする。

ツクバネガシ	*Quercus sessilifolia* Blume	【ブナ科】
アオガシ	北川町(上赤)	
アカガシ	西米良村(板谷、小川、田無瀬)、西都市(銀鏡、中尾)、須木村(九々瀬)、小林市(山代)	
アラカシ	小林市(西小林)	
カワガシ	日之影町(中間畑、見立煤市)、北川町(陸地①、上祝子)、東郷町(西林山)、日向市(田の原)、木城町(石河内、中之又)、西都市(三財)、都農町(東都農)、川南町(細)、北郷町(広河原)、串間市(大矢取)	
センパ	西諸県郡(※倉田)	
センパガシ	西米良村、須木村(堂屋敷)、宮崎(※倉田)、都城地方(※都盆)、日南市(上白木俣)	
タニガシ	日之影町(後梅、中間畑)、北川町(瀬口多良田②、八戸)、西米良村(板谷)	
ツクバネ	宮崎(※倉田)、高城町(有水)	
ツクバネガシ	小林市(木浦木)、須木村(田代ケ八重、堂屋敷)、山之口町(五反田)	
ツボカシ	北諸県郡(※倉田)	
ハトガシ	日之影町(見立)	

ハナカシ	宮崎(※倉田)
ハナガシ	宮崎(※倉田)

【コメント】①木炭。ヨキの柄。白い材。②建材。てんころ。柄。
【ノート】ツクバネガシは川沿いに生えるのでカワガシやタニガシというのであろう。

ハナガガシ	*Quercus hondae* Makino	【ブナ科】
センパガシ	小林市(山代)、都城市(※倉田)	
バカガシ	東郷町(福瀬)、高城町(四家)	
ハナガシ	綾町(竹野)、宮崎市(塩鶴)、田野町(内八重、堀口)、都城市(安久)、北郷町(広河原)、日南市(上白木俣)	
ハナガガシ	宮崎(※倉田)、高城町(有水)、山之口町(五反田)	

シリブカガシ	*Lithocarpus glaber* Nakai	【ブナ科】
アカガシ	小林市(※倉田)	
クロカシ	田野町(内八重)、都城市(安久)	
クロマテ	宮崎(※倉田)	
シリブカ	宮崎(※倉田)	
シリフカガシ	木城町(中之又)	
シロマテ	山之口町(五反田)	
シロマテガシ	西都市(※倉田)	
ニガカシ	西米良村(尾股)	
バカガシ	延岡市(浦城)、西都市(※倉田)、都農町(東都農)	
ハトガシ	西米良村(尾股)	
ハナガガシ	串間市(大矢取)	
ハブトガシ	田野町(内八重)	
ヘコボリガシ	諸塚村(黒葛原)	
マテガシ	日之影町(一ノ水、後梅、新畑、中間畑、見立①、八戸)、北川町(陸地、上赤、葛葉②、瀬口、俵野、八戸)、北方町(二股)、北浦町(阿蘇、三川内)、延岡市(赤水⑤、島浦、須美江)、南郷村(鬼神野)、東郷町(坪谷、西林山)、日向市(田の原③④、長谷④)、西米良村(田無瀬、横野)、西都市(銀鏡、中尾)、木城町(川原、中之又)、都農町(東都農)、国富町(八代南俣)、宮崎市(瓜生野)、えびの市(真幸内堅)、須木村(各地)、高原町(後川内)、高城町(四家)、都城市(荒襲)、三股町(長田)	
ヨシカシ	都城地方(※都盆)	
ヨシガシ	宮崎(※倉田)	

【コメント】①名をもらうときに最後になってやっともらったので、待てガシという。②「ホンガシ(カシ類)にマテマテと言って追いかけるが追いつかん。いわゆるカシ類とは違う。炭にもならん。柄もんにしても折れち役たたん。③カシゴンニャクにする。④元日の雑煮をこの箸で食う。⑤正月の雑煮箸や年木にする。

マテバシイ	*Lithocarpus edulis* Nakai	【ブナ科】
アラカシ	えびの市(白鳥①)	
カブドジイ	宮崎(※倉田)	
カワカシ	高城町(四家)	
クマノガシ	木城町(石河内)	
クロマテ	山之口町(五反田)	
クロマテガシ	西都市(※倉田)	
シリフカ	日之影町(中間畑②)	
シリフカガシ	西都市(中尾)	
シリフカマテ	西都市(尾八重)	
ダマカシ	新富町(鬼付女)	
トクジイ	延岡市(※倉田)	
バカガシ	椎葉村(※倉田)、日向市(田の原)、川南町(細)	
ハナガ	野尻町(今別府)	
ハナガガシ	日向市(田の原)、須木村(内山)	
ハナカシ	野尻町(今別府)	
ハビロカシ(ガシ)	椎葉村(松尾)、西米良村(板谷、小川)、西都市(銀鏡、三財)、木城町(中之又)、宮崎※倉田	
ハブトガシ	日向市(長谷、畑浦③)、高城町(有水)	
ハベロガシ	椎葉村(栂尾) 南郷村(鬼神野)、西米良村(小川、尾股)、西都市(大椎葉)、木城町(中之又)	

ヘボガシ	小林市（東方）
マテ	日向市（権現崎）
マチカシ	都城地方（※都盆）
マテガシ	西郷村（三財、山須原）、木城町（中之又）、綾町（入野④）、宮崎市（瓜生野、江田⑤、木花）、田野町（内八重）、小林市（西小林）、須木村、都城市（安久）、高城町（有水）、三股町（長田）、日南市（鵜戸）、串間市（大矢取、高松）
マテノキ	北郷町（大戸野）
マテノッ	都城地方（※都盆）

【コメント】①材が粗い。②シイタケができる。③ドングリがよくなる。昔はいつも食いよった。正月飾りの薪にする。たきもんにゃ一等じゃ。④正月の大寒に伐ると駒を打たなくてもシイタケが出来る。⑤実は煮て食べる。

カジノキ（ヒメコウゾ）　　*Broussonetia papyrifera* L'Her. ex Vent.　　【クワ科】

カジ	北方町（上鹿川）、北川町（上赤、上祝子①、八戸）、椎葉村（大河内）、日向市（田の原）、木城町（川原）、高鍋町（鬼ケ久保⑤）、田野町、小林市（木浦木）、須木村（田代ケ八重）、野尻町
カジガラ	えびの市（飯野）、山田町（石風呂）
カジノキ	日之影町（後梅、新畑）、椎葉村（日添②）、宮崎市（塩鶴）、日南市（上白木俣③）
クロカジ	日之影町（中間畑）
シロカジ	椎葉村（日添）
ホンカジ	高千穂町（向山秋元）、日之影町（中間畑）、椎葉村（日添）、西都市（津々志）
マカジ	西都市（銀鏡）、木城町（石河内）、須木村（堂屋敷）
ヤマカジ	五ヶ瀬町（鞍岡波帰④）

【コメント】①コウゾ、ツルコウゾも同名。②葉がざらつくので、ウナギつかみによい。③1月15日の「かせだ打ち」に作るアワの穂はカジノキを使う。④葉が萎れ、つぼんでくると台風がくる。⑤柿の渋抜きに、この葉を用いる。
【ノート】ヒメコウゾとカジノキが山地に広く分布している。両者を識別していないように思えたのでここでは一括した。

カシワ　　*Quercus dentata* Thunb.　　【ブナ科】

ウナラ	須木村（内山）
オオナラ	都城市（御池町）
オニボス	須木村（堂屋敷）
カシワ	高千穂町（下野）、日之影町（一ノ水、新畑）、北川町（上赤）、木城町（川原）、小林市（細野）、須木村（内山）
カシワバサコ	高千穂町（岩戸）
ズソナラ	日向市（田の原①）
ドウダ	椎葉村（栂尾）
ナラ	小林市（山代）、野尻町（今別府②）、高原町（後川内）、高崎町（前田）
ホウサ	西米良村（小川）
ホサ	川南町（比田②）
ミズナラ	日向市（田の原）

【コメント】①ズソはダメ（＝シイタケがつかん）なのでいう。5月5日はこの葉を使いカシワダゴを作る。ズソナラ以外にミズナラ、カシワともいう。②五月節句の柏餅を包む
【ノート】柏は宮崎県には分布が少なく方言も限られている。五月節句に団子を包むのはヨシかサルトリイバラの葉が普通。

カゼクサ　　*Eragrostis ferruginea* P.Beauv.　　【イネ科】

ウマツナックサ	須木村（九々瀬①）
カザクサ	えびの市（京町②）
カゼグサ	日南市（宮浦③）
チカラグサ	日之影町（見立）
ミチグサ	五ヶ瀬町（波帰）
ミチシバ	五ヶ瀬町（広瀬②）

【コメント】①チカラシバも同名、馬繋ぎ草の意。②葉にできるフシの数で台風の襲来を予測する。チカラシバも同名。③節の数で台風占いをする。下なら早く、上なら年の終わりに来る。よう当たるわ。しかし、去年（1978年）は節がついとらんかった

カタバミ	*Oxalis corniculata* L.	【カタバミ科】
アカネグサ	西諸県郡（※日植）	
アツケグサ	椎葉村（松尾）	
アマメ	日之影町（後梅）	
オカネグサ	延岡市（浦城）	
カタバミ	高千穂町（鬼切畑、下野、三田井）、五ヶ瀬町（東光寺①）、日之影町（七折一ノ水）、北川町（陸地、上赤、葛葉、八戸②）、北浦町（古江）、椎葉村（大河内③）、南郷村（鬼神野）、西都市（銀鏡）、木城町（中之又）、須木村（堂屋敷）、宮崎市（塩鶴）、えびの市（真幸）、小林市（西小林④）	
カネコグサ	都城地方（※都植方）	
ギジバリ	北川町（上祝子）	
コガネ	小林市	
コガネグサ	高千穂町（岩戸）、五ヶ瀬町（桑野内、鞍岡、広瀬）、日之影町（中間畑、八戸）、北方町、椎葉村（大河内、尾前）、宮崎市（木花）、田野町（内八重）、えびの市（飯野、加久藤）、小林市（木浦木）、須木村（堂屋敷）、野尻町⑤、都城市（牛の脛）	
コガネブソ	串間市（黒井）	
コガレグサ	えびの市（真幸内堅①）	
シオナ	えびの市（京町⑤）	
ジシバリ	えびの市（真幸内堅）	
スイスイ	北川町（俵野）	
スイスイグサ	木城町（石河内）	
スイバミ	木城町（川原）	
ゼニクサ	串間市（大矢取）	
トビシャゴ	宮崎市（野島）	
ネコノチャッカラ	延岡市（※日植方）	
パチパチグサ	三股町（長田②）	
ペンペングサ	野尻町（今別府②）	
ミツバ	日之影町（七折一ノ水）、延岡市（島浦）	
ミツバグサ	串間市（都井）	
メツブシグサ	宮崎市	
ヤツバ	諸塚村（飯干）	
ラッパグサ	宮崎市（曽山寺）	

【コメント】①マニキュア遊び：ホウセンカの花と混ぜつぶして爪染め。②実がはじいて顔に当たり痛い。③昔は葉をもんだものでペンを磨いた。③仕事で草の汁が付いて汚れた時はこれで洗うととれる。墨が濃くなるのですりこむ。④銭磨き遊び：この葉で銭（10円、5円硬貨）を磨くとピカピカになる。⑤酸っぱいが生で葉を食べる。塩で揉んで食べる。

【ノート】果実が熟れるころに触るとハジキ中の種を飛ばす。その距離は1mを超える。パチパチグサ、メツブシグサ、ペンペングサはその現象からきている。オカネグサ・コガネグサ・コガレグサ、シオナ・スイスイ・スイバミは全草に含まれるシュウ酸の酸味により、これで磨くと銅や真鍮が輝きを取り戻す。

カタバミ（葉は酸っぱい）

カタヒバ	*Selaginella involvens* Spring	【イワヒバ科】
コケグサ	小林市（西小林	

カツラ	*Cercidiphyllum japonicum* Siebold et Zucc. ex Hoffm. et Schult.	【カツラ科】
カツラ	高千穂町（下野、向山秋元①）、五ヶ瀬町（鞍岡波帰）、日之影町（後梅、新畑①、見立）、北方町（上鹿川①）、北川町（上祝子）、椎葉村（大河内、尾手納②、倉の迫、日添③、松尾）、南郷村、西米良村（田無瀬）、西都市（銀鏡）、木城町（中之又）、川南町（細）、綾町（竹野）、小林市（木浦木）、須木村（内山）、三股町（長田）、都城市（安久④）、山之口町（五反田⑤）	
ゼンノキ	西米良村（乙益氏収録）	

【コメント】①神楽面にする。②位のある木で、軒はりより下には家に使うなという。③家の上の方に使わないと、家負けする。④かつて一本あった（南限：南谷）。⑤合板材。東岳に径1.5mのものがある。

カナクギノキ　*Lindera erythrocarpa* Makino　【クスノキ科】

カナクギ	田野町
カナクギノキ	須木村(内山)、高城町(有水④)
カラクリ	椎葉村(尾前)
コウカノキ	須木村(堂屋敷)
コウハリ	高千穂町(向山秋元)、日之影町(見立)、椎葉村(日添①)
コウハリノキ	椎葉村(日添、小林)
コウハル	椎葉村(松尾)
コガ	三股町(長田)
コッテゴロシ	高千穂町(五か所高原②)
コハリ	木城町(石河内)
コハル	高千穂町(三田井)
サカエカンジンノキ	小林市(西小林)
ナツコガ	日之影町(新畑③)、椎葉村(大河内)、諸塚村(飯干)、南郷村(鬼神野)、西米良村(小川、田無瀬)、西都市(銀鏡、中尾)、木城町(中之又)、綾町(竹野)、小林市(木浦木)、須木村(九々瀬)

【コメント】①乾いたらカシに似て堅い。②材が重いからいう。③はげた皮で人形遊び。④枯れたら釘が立たん。立てようとしたら釘が曲がる。
【ノート】同属で、常緑性のカゴノキに対し、落葉樹なのでナツコガ。

カナムグラ　*Humulus scandens* Merr.　【クワ科】

イゲムラ	北川町(八戸)
イラグサ	えびの市(加久藤長江)
カナムグリ	木城町(中之又)
ママコノシリフキ	北川町(八戸)
ムクラ	木城町(石河内)
ムクラグサ	須木村(堂屋敷)
モクラカズラ	小林市(東方)
モグラクサ	須木村(内山、堂屋敷)

【ノート】タデ科のママコノシリヌグイも茎に痛いトゲがあり、方言名はほぼ同じである。

カニクサ　*Lygodium japonicum* Sw.　【カニクサ科】

シャミセンイト	延岡市(熊之江)、小林市(西小林)、都城地方(※都盆)、高崎町(笛水)、日南市(鵜戸)
シャミセンイトグサ	小林市(西小林)
シャミセンカズラ	日之影町(後梅)、北川町(陸地)、北浦町(阿蘇、三川内大井)、延岡市(浦城)、北郷村(入下)、南郷村(鬼神野)、木城町(石河内)、野尻町(今別府)、宮崎市(野島④)、都城市(夏尾)、山之口町(五反田)、北郷町(宿野)、串間市(市木)
シャンセンイト	えびの市(加久藤)
シャンセンカズラ	北川町(八戸)、えびの市(飯野、加久藤)、小林市、都城市(志比田①)、高崎町(前田)、三股町(長田)
タニカズラ	串間市(大矢取、黒井②)
タンカズラ	高城町(有水)
ネコンシャンセンイ	都城地方(※都植方)
ピンピンカズラ	西臼杵郡(※日植)、高千穂町(田原(※内藤))、北川町(葛葉③)、南郷村(鬼神野)、児湯郡(※日植)、西都市(三財)、田野町(内八重⑤)
ピンピングサ	日向市(田の原)

【コメント】①タンの薬。②サワガニと一緒につぶして、その汁をタンにつける。③蔓の皮をむいて、芯を三味線糸にし鳴らす。④全草を煎服すると神経痛に良い。⑤火に直にくべて黒焼きにし、油で練ってやけどの薬にする。跡が残らない。
【ノート】蔓になるシダ植物。特異な植物だが里に多く馴染みがあるようである。蔓の維管束を取り出し三味線の糸にする子供の遊びから付けられた名ばかりである。

カニバサボテン　*Schlumbergera truncata* Moran　【サボテン科】

ガネダン	えびの市(真幸内堅)

カノコソウ　*Valeriana fauriei* Briq.　【スイカズラ科】

カンショウ	椎葉村（日添①）

【コメント】①漢方薬として業者が買いに来よった

カボチャ　*Cucurbita moschata* Duchesne　【ウリ科】

ナンカ	日南市（上白木俣）
ナンキン	県内各地
ナンバン	日之影町（七折一ノ水①）、宮崎市（瓜生野、木花）、県内各地
ボウブラ	県北各地
ユウゴ	西臼杵（※平田）、西米良（※平田）

【コメント】①味噌コウジカビを増やす時に葉をかぶせる。

ガマズミ　*Viburnum dilatatum* Thunb　【レンプクソウ科】

アカズ	北方町（上鹿川）
イセキ	えびの市（京町）
イセグミ	須木村（内山）
イセグン	須木村（内山）
イセッ	えびの市（尾八重野、加久藤、白鳥）、小林市（西小林①）、野尻町、高原町（狭野）、高崎町（前田）、山田町（石風呂）
イセッノキ	高原町（後川内）
イセッガラン	えびの市（飯野）
イセビ	高千穂町（岩戸、下野）、五ヶ瀬町（鞍岡波帰、東光寺）、北郷村（入下）、西米良村（尾八重）、木城町（石河内）、須木村（堂屋敷）、小林市（山代）、野尻町（今別府）、都城市（夏尾①）、御池町、高城町（有水）、山田町
イセブ	高千穂町（押方、三田井、向山）、日之影町（一ノ水、後梅、新畑、中間畑、八戸星山）、椎葉村（尾手納①、尾前、小崎、日添、松尾）、諸塚村北郷村（入下）、西郷村（山須原）、南郷村（鬼神野）、東郷町（坪谷）、西米良村（小川、横野）、西都市（銀鏡、中尾）、木城町（中之又）、小林市（木浦木）、須木村（九々瀬、堂屋敷）
ウセブ	椎葉村（栂尾）
ガマズミ	宮崎市（塩鶴）
サンゴジュ	五ヶ瀬町（桑野内①）
シモウレ	延岡市（赤水）
シモグミ	木城町（川原）
シモグルメ	日向市（田の原）
シモフリ	高千穂町（神殿）
シモンミ	北郷町（大戸野）
タニバリ	川南町（細④）
ナベコサギ	延岡市（※平田）、川南町（比田）
ナベシメ	西都市（三財）
ナベツシ	都城地方（※都盆②）、都城市（上安久、安久）、三股町（長田）、串間市（大矢取）、山之口町（富吉⑤）
ナベトウシ	北川町（上祝子）、北浦町（古江、三川内大井③）、延岡（須美江）
ナベトオシ	北川町（上祝子、葛葉）
ナベワラシ	北川町（上祝子）
ナベワリ	田野町（内八重）、高岡町（柞木橋）
ナメツシ	三股町（長田）
ネベキ	延岡市（※平田）
ヤマアジサイ	田野町（内八重）、北郷町（宿野）
ヤマイセブ	椎葉村（尾崎①）

【コメント】①霜が降りると甘酸っぱくなり食べる。鳥ワナの餌に使う。②鍋釣りの意。枝が鋭角に出て丈夫なので、囲炉裏に鍋を吊り下げる鉤にしたという。③ねばく、折れない。④ねばい木で、昔はゲンノウの柄にした。⑤ナベッシの材をお膳の天板を打ち付ける木釘にする。ちょっと焼いて釘にする。

【ノート】果実が霜が降りる頃には甘味が出て食えるようになるので、霜を付した名がある。ナベトオシは枝が堅く、上に置いた鍋底に突き刺さるから言うのか、鉄鍋のアクをとるのにこの枝を入れた湯をくぐらせるからか、小枝の火力が強く鍋底が傷むからか

ガマズミ（実は秋に食べる）

と推理したが、「都盆」にあるように「鍋釣るし」と解釈するのが妥当と思われる。イセブの意味は分からない。ここでは、ガマズミもコバノガマズミも区別していない。

コバノガマズミ　　　*Viburnum erosum* Thunb　　　【レンプクソウ科】

イセッノミ	都城地方（※都盆）
イセブ	東郷町（西林山）
ナベツシ	山之口町（五反田①）
ムギイセブ	椎葉村（日添②）

【コメント】①これを柄にした石割用のゲンノウで石を叩くと、隠れていた魚がひっくり返って出てくる。この漁を「石たたき」「げんのうち」という。②実が麦粒のようにとぎっている。ガマズミがイセブとなる。

ミヤマガマズミ　　　*Viburnum wrightii* Miq.　　　【レンプクソウ科】

イセブ	椎葉村（日添、小林）
ハチイセブ	椎葉村（日添①）

【コメント】①実は大きくて甘い。

カマツカ　　　*Pourthiaea villosa* Decne.　　　【バラ科】

ナマエ	諸塚村（小原井）
ノユス	高千穂町（向山秋元）、日之影町（一ノ水、後梅①、新畑②、向山中間畑①）、北川町（陸地①、上赤①、上祝子、瀬口①、八戸①）、北浦町（三川内歌糸①）、椎葉村（日添、小林）、諸塚村（小原井）、南郷村（鬼神野）、日向市（田の原①）、西米良村（横野③）、西都市（銀鏡、中尾）、木城町（中之又）、綾町（竹野）、宮崎市（塩鶴）、田野町（内八重）、須木村（九々瀬、堂屋敷）、小林市（木浦木①）、高原町（狭野）、都城市（御池所）、高城町（有水）、山之口町（五反田）、三股町（長田）、日南市（上白木俣）、串間市（大矢取）
ヤマナシ	高崎町（前田）
ユス	椎葉村（尾手納①）

【コメント】①カマ、ナタ、ヨキの柄にする。②バットにもよい。③柄木に一番強い。
【ノート】カマツカには、ウスゲカマツカやワタゲカマツカがあるが、ここでは区別していない。ノユスの意味は分からない。

ガマ　　　*Typha latifolia* L.　　　【ガマ科】

ガマ	木城町（中之又）、えびの市（京町）、野尻町（今別府）、三股町（長田）
ガマノホ	北郷村（入下）、高鍋町（鬼ケ久保）、須木村（内山）、都城市（上安久）、北郷町（大戸野）、串間市（大矢取）
ガマホ	都城市（志比田）
ガマンホ	田野町（内八重①）、高崎町（笛水）
カモノホ	綾町（竹野）、宮崎市（生目②）
カモンホ	高原町（狭野）
カワドソー	児湯郡（※日植）
カワドソク	西都市（都於郡（※平田））
ローソクグサ	川南町（※平田）

【コメント】①松明代わりに使う。石油をしませちょくと、一里ぐらい歩いても消えん。②昔は、穂を乾燥させ、石油をかけ、3本ほどをくくって火を着け、明かりにした。魚釣りにも使った。何本も持って行き交換した。
【ノート】ガマ類には他にもコガマ、ヒメガマがあるが、ここでは区別していない。

カミエビ（アオツヅラフジ）　　　*Cocculus trilobus* DC　　　【ツヅラフジ科】

アオカズラ	諸塚村（飯干）
イトカズラ	椎葉村（日添）
コメカズラ	五ヶ瀬町（桑野内）
ジンズウカズラ	五ヶ瀬町（桑野内①）
ジンゾウカズラ	高千穂町（向山、秋元）
セイダラカズラ	諸塚村（黒葛原）
ハトカズラ	南郷村（鬼神野）、日向市（田の原）、木城町（川原）、西都市（三財）、綾町（竹野）、国富町（八代南

	俣)、田野町、須木村(内山)、野尻町、高原町、宮崎市(塩鶴)、高城町(有水)、高崎町(笛水)、山之口町(五反田)、北郷町(大戸野、宿野)
ハトキビリカズラ	野尻町
ハトクビイ	須木村(堂屋敷)、都城市(夏尾)
ハトクビリ	田野町(内八重)、えびの市(飯野)、小林市(木浦木)、高原町(後川内)、三股町(長田)、北郷町(広河原)
ハトクビリカズラ	椎葉村(大河内、栂尾、松尾)、西米良村(田無瀬)、西都市(銀鏡、中尾)、木城町(中之又)、須木村(田代ケ八重)、野尻町(今別府)、都城市(安久)
ハトコビカズラ	えびの市(加久藤)
ハトコビリ	えびの市(白鳥②)
ハトソカズラ	日之影町(後梅①)
？？	綾町(入野③)

【コメント】①蔓でメガネを作って遊ぶ。②鳩の足をきびって(縛って)持ち帰る。③ケガしたところにこの蔓を編んで指サックを作って患部を保護する。

【ノート】蔓は柔らかいが丈夫で、里山には各地にあるので、捕れた山鳩を運ぶには、この蔓で山鳩の足首を縛り、持ち帰るのに都合がよいのであろう。

カモジグサ　　*Elymus tsukushiensis* var.*transiens* Osada　　【イネ科】

カラスムギ	小林市(西小林)、都城市(荒襲)
キジノオ	都城市(御池町)
ズーニ	高千穂町(岩戸)
ノムギ	川南町(川南(※平田))

カモメヅル類　　*Tylophora oshimae* Hayata　　【キョウチクトウ科】

テングサ	野尻町(今別府①)

【コメント】①ヘクソカズラとヤマイモとの中間様という。

カヤ　　*Torreya nucifera* Siebold et Zucc　　【イチイ科】

カヤ	高千穂町(田原、三田井①、向山秋元)、五ヶ瀬町(鞍岡波帰)、日之影町(見立)、北方町(上鹿川)、椎葉村(大河内)、木城町(石河内④)、須木村(堂屋敷)、都城市(御池町)、高城町(有水)、日南市(小吹毛井②)
カヤノキ	日之影町(後梅②)、北浦町(三川内大井③)
サケスギ	都城市(※平田)

【コメント】①牛の鼻輪にする。②夜中の庭仕事ではカヤの皮やのこくずをいぶして、蚊を追い払いよった。③杭にする。抱きついたら皮はかぶれる。④焼いて蚊除けをする。

カヤツリグサ類　　*Cyperus microiria* Steud.　　【カヤツリグサ科】

カヤグサ	えびの市(京町)
カヤツリケサ	高千穂町(三田井)
サンカキ	えびの市(真幸)
サンカク	川南町(平田)
サンカクイ	日南市(吾田)
サンカククサ	北郷町(大戸野)
サンカクグサ	小林市(西小林)
サンカクスゲ	国富町(八代南俣)、田野町(内八重)、えびの市(飯野、加久藤、京町、真幸)、須木村(堂屋敷)、高原町(後川内)、都城市、高城町(有水)、山之口町(五反田)、三股町(長田)
サンカッスゲ	西諸地方(※鷹野)、都城市(上安久)
センコハナビ	えびの市(真幸①)
ハナビグサ	川南町(※平田)
マスグサ	北川町(瀬口多良田、八戸)、北浦町(三川内歌糸)、椎葉村(栂尾、松尾)、諸塚村、南郷村(鬼神野)、日向市(田の原)、西米良村(板谷)、西都市(銀鏡、中尾)、木城町(中之又)
マスゲ	綾町(竹野)
マスワリ	高千穂町(下野、岩戸)、高千穂町(岩戸、押方、鬼切畑、河内、下野、神殿)、日之影町(後梅、八戸星山)

マスワリグサ	西臼杵郡（※日植方）、高千穂町（上野、田原、向山）、五ヶ瀬町（桑野内、東光寺）、日之影町（一ノ水、中間畑）、北方町（上鹿川）、北川町（上祝子）、椎葉村（尾手納、日添）、北郷村（入下）
マルスゲ	清武町
ミズコウブシ	北川町（葛葉②）

【コメント】①回すと線香花火のように見える。②ホンコウブシ（ハマスゲ）は抜けんが、ミズコウブシは抜きやすい。蚊帳釣り遊び＝マスを作って遊ぶ。

【ノート】カヤツリグサ類は種類が多い。宮崎県の場合カヤツリグサ、コゴメガヤツリ、オニガヤツリが里のものの主役である。ハマスゲは区別しているがこれらの区別はしていないように思えたので一括した。花茎を切り取り、両端を裂いていくと最後には四角い枡（蚊帳）状になる。

カラスウリの仲間

カラスウリ	*Trichosanthes cucumeroides*　Maxim. ex Franch. et Sav.	【ウリ科】

アカゴリ	高原町（狭野）、高崎町（前田）、三股町（長田）
イヌゴウリ	北浦町（三川内大井）
インゴッコ	串間市（市木（※平田））
ウマゴイ	小林市（永久津）
ウマンクソゴウリ	北川町（瀬口多良田①）
ウリゴッコ	日南市（大浦）
カラスウベ	西郷村
カラスウリ	延岡市（赤水）、木城町（川原、中之又）
カラスグチ	北川町（八戸）
カラスグリ	高千穂町（岩戸、鬼切畑④、押方、上野、河内、田原②）、五ヶ瀬町（桑野内②）、都農町（東都農③）、日南市（吾田、小吹毛井）
カラスゴイ	えびの市（霧島）、高原町（狭野）
カラスコウベ	西郷村
カラスゴウリ	北川町（葛葉）、延岡市（熊之江）
カラスゴック	宮崎市
カラスゴッコ	串間市（市木）
カラスコビリ	日之影町（見立）
カラスコベ	高千穂町（岩戸）、五ヶ瀬町（東光寺④）、日之影町（一ノ水、見立、八戸星山）、椎葉村（日添）、北郷村（入下）、北郷村（※日植、内藤）、日向市（田の原）、都農町（木和田）
カラスゴリ	北川町（陸地）、木城町（石河内）、宮崎市（江田、塩鶴）、都城市（牛の脛）、高崎町（前田）
カラズゴリ	延岡市（浦城）
カラスドッポ（トッポ）	串間市（大矢取、黒井、高松）
カラスノシリノゴイ	諸塚村（黒葛原）
カラスノトッコ	日南市（吾田、細田）
カラスノベントウ	北川町（上赤）
カラスボ	延岡市（島浦）
キンゴリ	須木村（内山）、小林市（西小林、山代）
クソウリ	北郷村（入下）
クソゴリ	北浦町（市振）、延岡市（和田町）、日向市（権現崎）、西都市（三納）、西米良村（横野）、高鍋町（鬼ケ久保）、綾町（竹野）、国富町（八代南俣）宮崎市（瓜生野）、田野町（内八重、片井野）、えびの市（真幸）、小林市（木浦木）、都城市（夏尾）、高城町（有水）、山之口町（五反田）、三股町（長田）、北郷町（大戸野、宿野）、日南市（上白木俣）、串間市（大矢取）
クソグリ	延岡市（須美江）
クソゴイ	えびの市（真幸）、野尻町（今別府）、高崎町（笛水）
クソゴロシ	北浦町（古江）
クソトゴイ	西都市（三財（※内藤））
クソトゴリ	西都市（三財）
ゴイ	都城市
ゴイカズラ	都城市
コベ	高千穂町（向山秋元）、椎葉村（大河内）、諸塚村（家代）、西米良村（小川④）
コベゴウリ	西米良村（小川）
コベゴリ	西米良村（板谷、田無瀬）
コベンゴウリ	北川町（上祝子）、西都市（津々志、中尾）
ゴベンゴロ	五ヶ瀬町（東光寺）
コメゴリ	須木村（堂屋敷）
コメノゴリ	西都市（銀鏡）

ゴリ	えびの市(真幸)
ゴロリ	北浦町(三川内歌糸)
ササコベ	椎葉村(尾手納)
ダダコベ	西米良(※平田)
ダダゴリ	川南町(牧平)
チューチコベ	日之影町(中間畑)
チュチュコベ	五ヶ瀬町(波帰③)
チョウチョコベ	椎葉村(松尾)、諸塚村(黒葛原)
チョチョコベ	西郷村(山須原)、南郷村(鬼神野)
チンチンゴリ	都城市(御池町)
ツチコベ	日之影町(後梅③)
ニガゴリ	高城町(四家⑤)
ヒナゴイ	えびの市(京町)
ヤマゴリ	高城町(有水)

【コメント】①根の澱粉は医者が買いに来よった。薬のベースにする。②しもやけに果汁をつける。③これは食えない。食える方はモミジカラスウリで、ここではコベグリという。④熟れた実を赤切れの薬。⑤実の中を横からほじくって、「チョウチン」と言って遊んだ。キカラスウリも同じ。
【ノート】宮崎県のカラスウリ類の基本名は「ウリ→グリ」「ゴリ→ゴイ」「コベ」となる。これに形容詞を冠して名前がついている。キカラスウリとモミジカラスウリはそれぞれの項へ。

キカラスウリ　*Trichosanthes kirilowii* var. *japonica* Kitam.　【ウリ科】

アオゴリ	小林市(西小林)
インゴッコ	串間市(市木)
ウシゴリ	えびの市(加久藤)
ウマゴリ	えびの市(京町)
ウマンゴイ	小林市(※平田)
カラスコベ	北方町(※平田)
カラスゴリ	高千穂町(下野)
キンゴリ	須木村(内山)
クソゴイ	えびの市(京町)、野尻町(今別府)、高原町(狭野)
クソゴリ	須木村(堂屋敷)、小林市(西小林、山代)、都城市(御池町)、高崎町(前田)、三股町(長田)
コベ	五ヶ瀬町(広瀬)、椎葉村(尾手納、尾前)
コベンゴウリ	東米良(※平田)
コベンゴロ	五ヶ瀬町(広瀬)
タスカリ	西米良村(小川①)
タスカリゴリ	西都市(津々志)
ダダゴイ	小林市(※平田)
ダダコベ	西米良村(※平田)
ダダゴリ	木城町(石河内)
チュチュコベ	五ヶ瀬町(鞍岡波帰)
ドクコベ	椎葉村(日添)

キカラスウリ(実は黄色く熟れる)

【コメント】①根は浅いところにある。デンプンを天花粉や障子貼りにすると虫が付かん。

モミジカラスウリ　*Trichosanthes multiloba* Miq.　【ウリ科】

オオゴイ	野尻町(今別府)
カナツキゴリ	都城市(牛の脛)
カナツチ	須木村(九々瀬)
カナヅチ	椎葉村(大河内)、木城町(石河内)
カナツチコベ	都農町(木和田)
カナツチゴリ	西都市(津々志)、小林市(山代)、田野町(内八重)
カナツッゴリ	えびの市(真幸内堅)、小林市(西小林)、須木村(九々瀬)、田野町(片井野)、高原町(狭野)、高崎町(前田)、山田町(石風呂)、日南市(上白木俣)、串間市(大矢取)
カナヅツゴリ	小林市(木浦木①)
カナンチ	西米良村(小川、田無瀬、横野)、西都市(銀鏡、中尾)
カマツチゴリ	三股町(長田)

カマツッゴリ	都城市(安久⑦)
カラスグリ	高千穂町(田原(※内藤))
クズ	南郷村(鬼神野②)
クズノカネ	南郷村(鬼神野)
コウベ	北郷村(※内藤)
ゴーリ	延岡市(宇和田町)
コベ	高千穂町(岩戸)、五ヶ瀬町(鞍岡波帰③)、日之影町(八戸星山)、北川町(陸地④、上祝子)、椎葉村(尾手納④⑤)、西郷村、日向市(田の原)、木城町(中之又)
コベゴリ	西米良村(板谷)、都農町(東都農)
コメゴリ	宮崎市(塩鶴)
ゴリ	山之口町(五反田)、北郷町(大戸野)
タスカリゴリ	西米良村(小川)、須木村(九々瀬④)
ダダゴリ	小林市(木浦木)、須木村(内山、堂屋敷)
チョウチコベ	椎葉村(栂尾⑥)
ホンコベ	高千穂町(向山秋元)、日之影町(一ノ水、後梅、中間畑)、椎葉村(日添)

【コメント】①デンプンは透き通って上質。②クズはゴブリョウという。③食えぬものはチュチュコベという。④救荒食。食べて飢饉を救った。⑤食えぬものはササコベという。⑥種子でおはじき遊びをする。デンプンは障子貼りに使う。⑦実の色が「かまつち色」をしているから言うんじゃろ。

カラスザンショウ　　Zanthoxylum ailanthoides Siebold et Zucc 【ミカン科】

アキダラ	高千穂町(岩戸、向山)、日之影町(中間畑)、北川町(上祝子)、西都市(銀鏡⑤、中尾)
イゲダラ	東米良(※平田)
インサンシュ	えびの市(霧島)
イヌダラ	綾町(入野)、宮崎市(青島(※平田))、串間市(羽ケ瀬)
インダラ	北浦町(市振、古江①)、延岡市(赤水、浦城①②)、日向市(幸脇、田の原)、西都市(三財)、都農町(東都農)、木城町(石河内)、田野町(内八重)、高原町(狭野)、高崎町(前田)、山之口町(五反田)、串間市(笠祇④)
オトコダラ	北郷町(大戸野)
オニダラ	宮崎(※倉田)
オマンダラ	延岡市(須美江)
オンダラ	西米良村(尾八重)、須木村(堂屋敷)、宮崎(※倉田)、高岡町(柞木橋)、高城町(有水)
クソダラ	野尻町(今別府)、高崎町(前田)
クマダラ	北浦町(三川内大井)
ゲタギリ	高原町(後川内)
ゲタダラ	宮崎市(塩鶴)、小林市(山代)、都城市(安久)
ダラ	五ヶ瀬町(波帰)、延岡市(島浦①②③)
タラノキ	日南市(鵜戸)
ダラノキ	北浦町(阿蘇)
ヒメダラ	西都市(三財)
メダラ	北郷町(広河原①)
メンダラ	都城市(御池町⑥)
ヤマギリ	高原町(後川内)
ヤマタデ	小林市(西小林)
ヤマダラ	東米良(※平田)

【コメント】①下駄の材料。②杵を作る（糒が付かない、割れない、軽い）。③太鼓のばちを作る。④根の皮を煎じて胃の薬に使う。医者が手放した人が3年も元気にしとる。⑤下駄木、バットの代用にする。⑥樹皮がうすい。材は軽く下駄にする。

【ノート】同属のタラノキに似たより大型の落葉樹。大型なのでオトコ・オニ・オン・クマダラと言い分けているようである。

カラスノエンドウ（ヤハズエンドウ）　　Vicia sativa subsp. nigra Ehrh. 【マメ科】

カラスノエンドウ	野尻町
シビビ	西都市(三納(※平田))
シビリ	日向市(※日向市史)
ピーピーマメ	小林市(東方①)
ヘヤリベッチ	小林市(西小林忠臣田)
ヘヤリビッチョ	小林市(新地)、高原町(後川内①)

ヘヤリベッチョ	須木村（内山）
マメクサ	串間市（高松）
マメンコグサ	串間市（大矢取）

【コメント】①草笛：実が少しかたくなったら口にくわえ吹くとピーピーなる。

カラスノゴマ　*Corchoropsis crenata* Siebold et Zucc.　【アオイ科】

カノハグサ	椎葉村（日添①）
クワノハグサ	椎葉村（日添）

【コメント】①焼畑によく出てくる。

カラスビシャク　*Pinellia ternata* Breitenb.　【サトイモ科】

カラスビシャク	椎葉村（松尾）、木城町（中之又）
クワノハグサ	椎葉村（日添）
トカゲビシャク	高千穂町（岩戸落立①）
ヘソクリ	高千穂町（岩戸、鬼切畑、向山秋元）、五ヶ瀬町（波帰、桑野内）、日之影町（後梅、八戸星山、中間畑、七折一ノ水）、北方町（上鹿川）、北川町（上祝子、瀬口）、椎葉村（栂尾、日添③）、北郷村（入下）、西郷村（山須原）、西米良村（尾八重）、木城町（中之又）
ヘソグリ	椎葉村（不土野）
ヘソバナ	北川町（瀬口多良田②）
ヘビジャクシ	北郷村（入下）
ヘビノシタ	西都市（銀鏡）

【コメント】①つわりに効く。②根が薬になり、売る。女の人は蓄えてへそくりに。「昔しゃよ、女子衆がよ、取ってきて知らんごつ売ってよ、自分のヘソクリにしよったわ」。③昔は薬として買いに来よったわ。
【ノート】どこでもヘソクリと呼んでいる。その理由が②のように女子衆のヘソクリという説は興味あることである。しかし、葉の付け根に臍のような小さな丸いムカゴがあるが、このような例は他になく特徴的なのでこれも無視できそうにない。

カラタチ　*Citrus trifoliata* L.　【ミカン科】

ゲシノッ	高崎町（前田）
ケズ	県内各地
ゲズノキ	宮崎市（檍）

カラタチバナ　*Ardisia crispa* A.DC.　【サクラソウ科】

アカミ	えびの市（京町）
ササギンチョウ	高千穂町（岩戸）
ササマンリョウ	高千穂町（上野）
ジュウリョウ	えびの市（真幸内堅）、都城市（夏尾）
センリョウ	えびの市（真幸内堅①）、小林市（西小林）
ノコギリセンリョウ	三股町（長田）
ハナミ	えびの市（真幸内堅）
ヒャクリョウ	高千穂町（三田井、押方、向山、鬼切畑）、北川町（八戸）、椎葉村、木城町（中之又）、川南町（平田）、えびの市（飯野）、野尻町（今別府）、都城市（志比田）、高城町（四家）
ヤマセンリョウ	日之影町（後梅）

【コメント】①センリョウはアワガラブシという。

カラムシ　*Boehmeria nivea* Gaudich. var. *concolor* Makino　【イラクサ科】

ウサッゴロンクサ	えびの市（白鳥①）
カッポグサ	高千穂町（岩戸、向山）、五ヶ瀬町（鞍岡、桑野内①）
カッポガラ	西米良村（板谷）
カッポリ	日之影町（七折一ノ水）
カッポンタン	高千穂町（岩戸、押方、田原、三田井、向山）、五ヶ瀬町（広瀬、東光寺）、日之影町（一ノ水、見立②）
カラオ	椎葉村（尾前、大河内③、尾手納、日添）、西米良村（小川、田無瀬、八重）、須木村（九々瀬④、堂屋敷④、奈佐木）

ゴマガラ	椎葉村(尾手納)
シロ	西米良村(尾八重)、木城町(中之又)
シロウカッポウ	椎葉村(松尾)
シロオ	五ヶ瀬町(波帰)、北方町(上鹿川)、西都市(銀鏡、津々志、中尾)
シログサ	高千穂町(向山秋元)、日之影町(見立飯干)
シロホ	北方町(下鹿川)
タンタングサ	綾町(入野①)、えびの市(加久藤)、須木村(内山、堂屋敷、九々瀬)、北郷町
タンタンバ	須木村(内山)、宮崎市(塩鶴)、日南市(吾田、宮浦)、南郷町(榎原)、串間市(市木、黒井)
チョマ	田野町(片井野)
トッポグサ	椎葉村(栂尾)
トントングサ	宮崎市(瓜生野)
トントンバ	北郷町(広河原)
ドントンブキ	日向市(田の原)
ノラミー	椎葉村(尾前)、小林市(山代)、高原町(後川内)
ハッタンガラ	日之影町(見立、後梅、中間畑⑤、七折一ノ水)、小林市(木浦木)
ハッタングサ	えびの市(加久藤長江)
パンパングサ	北方町(下鹿川)、日之影町(見立飯干)、北川町(熊田、八戸)、延岡市(赤水、浦城、小野、和田町)、日向市(権現崎)、木城町(川原、中之又)、川南町(平田、比田)、宮崎市(野島)、田野町(内八重)
ホウタンガラ	日之影町(舟の尾)、高千穂町(三田井)、北郷村(入下)
ホキラホシ	高城町(有水)
ホシラホシ	高城町(有水)
ホッタン	西郷村(山須原)
ホッタンガラ	日之影町(八戸星山)、西米良村(小川)、小林市(木浦木)
ホッタングサ	諸塚村(黒葛原⑥)、南郷村(鬼神野)、東郷町(坪谷)、北郷町(大戸野)
ホッタンシロー	諸塚村(飯干)
ポットノハ	西米良村(尾八重)
ポッポグサ	木城町(石河内、川原)
ポンポン	北川町(陸地)
ポンポングサ	北川町(上赤、上祝子、葛葉、瀬口)、北浦町(阿蘇、市振、古江、直海、三川内)、延岡市(島浦①、須美江)、西都市(三財、三納)、木城町(岩淵)、国富町(八代南俣)、えびの市(真幸)
ヤセイラミ	日之影町(後梅⑦)、高原町、高崎町(前田)
ヤマラミー	南郷村(鬼神野)
ラミー	北川町(陸地)
ラミー(ラミ)	西米良村(尾股)、宮崎市(野島)、田野町(内八重、片井野)、えびの市(飯野)、小林市(各地)、野尻町(今別府)、都城市(上安久)
ラミーグサ	小林市(西小林)

カラムシ(葉をたたいて音遊び)

【コメント】①兎の餌にする。②かしき草。③皮の繊維でひもを作る。下駄の緒にする。水に強い。④昔はカラオといいよったが、今はタンタングサというようになった。⑤戦時中には皮をひほかしたものを供出した。⑥スギ林の指標。⑦戦時中は衣類にした。学校では学年により割り当てがあり、供出した。

【ノート】昔から繊維を採る草として使われてきた。麻の代わりにしたので麻(お)が付いている。苧麻(チョマ)やラミーも同じ。また、この葉は大きく柔らかく葉裏が白いという特徴を持っているので、シロオというのであろう。この葉を子供たちは音出し遊び(片手に葉を広げもう一方の手で叩いて破れ音を出す)を各地でやっている。この音からカッポン・タンタン・トントン・ハッタン・パンパン・ポンポンの名がついている。この仲間にはアオカラムシ、ナンバンカラムシ等の変種があるがここでは区別していない。

カワラケツメイ　　*Chamaecrista nomame* H.Ohashi　　【マメ科】

アカヂャ	北川町(上祝子①)
アサネゴロ	小林市(細野⑤)
オダイサヂャ	北浦町(三川内大井)
オダイシサマヂャ	延岡市(熊之江)
オダイシチャ	延岡市(浦城)
コウボウヂャ	北川町(陸地、葛葉、八戸、瀬口多良田②)
コーボマメ	野尻町(今別府③)
スシコ	えびの市(真幸内堅④)、小林市(西小林)
スズ	えびの市(京町)

ススコ	高鍋町(鬼ケ久保)、須木村(堂屋敷)、宮崎市(塩鶴、野島)、田野町(内八重)、都城市(安久)、北郷町(広河原)、日南市(上白木俣)、串間市(大矢取、黒井、高松)
スズコ	北浦町(三川内歌糸)、日向市(権現崎)
ススコチャ	五ヶ瀬町(桑野内)、日向市(田の原)、木城町(川原)
ノススコ	都城市(上安久)
マメチャ	北浦町(市振、古江)
ユラチャ	高千穂町(岩戸③)

【コメント】①枝が赤いことから。②お茶にするため昔は植えよった。③お茶にすると芳しい香りがするから。④実で味噌をつくる。⑤触ってしぼんだら翌朝は朝ネゴロ(葉が開かない)する。

カワラナデシコ　　*Dianthus superbus* var. *longicalycinus* F.N.Williams　　【ナデシコ科】

ナデシコ	高千穂町(下野)、五ヶ瀬町(鞍岡波帰)、高原町(狭野)、高崎町(笛水、前田①)
ナデシコバナ	高原町(後川内)
ノタケ	須木村(堂屋敷①)
ノナデシコ	えびの市(真幸①)、須木村(内山)、小林市(細野①、山代)、野尻町(今別府)

【コメント】①盆花に供える。

カワラヨモギ　　*Artemisia capillaris* Thunb.　　【キク科】

チョウセンヨモギ	串間市(市木(※平田))

カンアオイ類　　*Asarum subglobosum* F.Maek. ex Hatus. et Yamahata　　【ウマノスズクサ科】

サイシン	北方町、椎葉村(大河内、尾崎①、栂尾)、北郷村(入下)、南郷村(鬼神野)、東郷町(迫野内③、坪谷、西林山)、門川町(庭谷)、西米良村(村所)、木城町(石河内、中の又③)、川南町(細)、田野町(内八重④)、小林市(西小林)、須木村(田代ケ八重)
サイセン	熊本県(山江)、南郷村(上渡川門田)
スイセン	東郷町(坪谷、西林山)
チノクスリ	北郷町(大戸野④⑤)
ナケズラノクスリ	西都市(銀鏡上揚⑥)

【コメント】①ひほして売りよった(※南谷:ここではマルミカンアオイ)。②昔は買いにきよった(※南谷:ここではキンチャクアオイ)。③煎服すると頭痛によい。④女の頭痛持ちによい。煎服する。⑤はんこ遊び:花の萼筒を手の甲に押しつけると凹んで形がつく。⑥泣き虫の子に煎服させると治る

【ノート】宮崎県のカンアオイ類は9種類と多様であり、その区別はオナガカンアオイ以外では難しいので、ここではカンアオイ類として一括した。広範囲に分布するのはマルミカンアオイとキンチャクアオイなので、種を特定するならそのいずれかになる。学名もマルミカンアオイの学名をあてた。県内方言も全国的に言われるサイシン。業者により名前が広まったのであろうか。

カンコノキ　　*Glochidion obovatum* Siebold et Zucc.　　【ミカンソウ科】

イソハイ	延岡市(浦城)
カンコ	田野町(内八重)
カンコノキ	宮崎市(野島①)
スズメノチャヒキ	日南市(飫肥(※平田))
ドンダギ	延岡市(熊之江②)
ヤマチャ	延岡市(浦城)

【コメント】①材は硬く、ナタをはじく。②炭に良い

カンザブロウノキ　　*Symplocos theophrastifolia* Siebold et Zucc.　　【ハイノキ科】

シロハイ	田野町(内八重)

ガンゼキラン　　*Phaius flavus* Lindl.　　【ラン科】

スイショウラン	田野町(内八重)

| カンチク | *Chimonobambusa marmorea* Makino | 【イネ科】 |

カンチクダケ	延岡市（※平田）
ゴゼタケ	野尻町
ヒッチク	宮崎市（青島（※平田））

| カンナ | *Canna x generalis* L.H.Bailey | 【カンナ科】 |

アンドクセン	五ヶ瀬町（鞍岡）
タンドクセン	高千穂町（田原）
バショバナ	都城市（※平田）
ハナバショウ	川南町（※平田）
ラッパバナ	西米良村（※平田）

キ

| キガンピ | *Diplomorpha trichotoma* Nakai | 【ジンチョウゲ科】 |

ツチビノ	北川町（上祝子）
ヒノ	東米良（※平田）

キイチゴの仲間

| クサイチゴ | *Rubus hirsutus* Thunb. | 【バラ科】 |

アカイチゴ	高千穂町（鬼切畑、押方、河内）、五ヶ瀬町（赤谷、桑野内）、椎葉村（尾前）、えびの市（飯野、尾八重野）、小林市（木浦木、永久津、東方）
イチゴ	北方町、野尻町、木城町（中之又）
カゴイチゴ	田野町（内八重⑦）
カバスイチゴ	北郷町（広河原）
カンイチゴ	椎葉村（尾前）
カンスイチゴ	延岡市（熊之江）
キヨイチゴ	三股町（長田）
クサイチゴ	北川町（陸地、上赤）、えびの市（真幸内堅）、高原町（後川内）
クサイッゴ	高原町（狭野）、都城市（牛の脛）
コメイチゴ	高千穂町（岩戸、押方、下野①）、日之影町（見立①）
シシイチゴ	北郷町（大戸野）
スミヤマイチゴ	えびの市（真幸内堅）
セドイチゴ	高崎町（前田）
ヂイチゴ	北方町（上鹿川）、北川町（上祝子）、椎葉村（松尾）、川南町（牧平）
チャイチゴ	川南町（細⑧）
チャオトリイチゴ	西都市（三納）
ツチイチゴ	高千穂町（向山秋元）、五ヶ瀬町（鞍岡波帰、広瀬②）、北川町（上祝子）、椎葉村（尾手納、大河内、尾前、日添⑥）、西米良村（小川）、西都市（銀鏡）
テツドウイチゴ	高崎町（前田）
ノイチゴ	高千穂町（三田井）、日之影町（七折一ノ水）、北川町（瀬口多田）、北浦町（市振、古江）
ハヤバシリイチゴ	日之影町（新畑③）、諸塚村（飯干）、西米良村（板谷③、小川③）、木城町（中之又）、須木村（堂屋敷）
フゾイチゴ	日向市（田の原④）
ヘビイチゴ	椎葉村（尾手納、尾前）、北郷村（入下）、東郷町（鬼神野⑤）、都城市（全域⑤）
ムギイチゴ	北川町（葛葉、八戸）、北浦町（三川内歌糸）
ヤカンイチゴ	日之影町（後梅、中間畑）、北郷村（入下）
ヤブイチゴ	高城町（四家）
ヤマイチゴ	高千穂町（田原）

【コメント】①これがよく生（な）ると米が豊作。②実の中に虫がおるのでこの虫を吹き飛ばしながら食う。③根茎が走る。④フゾ：昔の財布のこと。実は薄いが中の空洞が大きいので財布。⑤食べない。⑥イチゴの中で一番うまい。⑦実の中が空洞で、カゴのようだからいう。⑧茶摘みのころに熟れる。

【ノート】実は空洞が大きいのでフゾ（財布）イチゴ、ヤカンイチゴの名が付いたのであろう。キイチゴ類は低木になるが本種は蔓になっており、実が地面近くに付くのでヂイチゴというのであろう。カンスイチゴについては、茶の湯の茶釜をカンスとある（日本国語大辞典）ように果実を萼から離して摘んだ形が湯釜に似ていることからいうのであろう。

| クマイチゴ | *Rubus crataegifolius* Bunge | 【バラ科】 |

アカイチゴ	小林市(西小林)、日南市(宮浦)
アカイッゴ	山田町(石風呂)
ウシイチゴ	北川町(上赤、瀬口多良田、八戸、陸地)、木城町(石河内、川原)、高鍋町(鬼ケ久保)、えびの市(飯野)、川南町(名貫)
クマイゲ	日之影町(見立)
クマイチゴ	高千穂町(岩戸、下野、鬼切畑)、五ヶ瀬町(鞍岡波帰、桑野内)、日之影町(見立飯干、八戸星山、七折一ノ水)、北川町(上祝子)、日向市(畑浦)、西米良村(尾股)、木城町(中之又)、野尻町
コウライゲ	西都市(尾八重)
シシイチゴ	北方町、北浦町(三川、内歌糸)、諸塚村(飯干、黒葛原)、北郷村(入下)
タカイチゴ	椎葉村(大河内、尾手納、尾前、日添)、南郷村(鬼神野)、日向市(田の原)、西米良村(板谷)、西都市(銀鏡)、木城町(中之又)、川南町(細)、田野町、えびの市(飯野、尾八重野)、小林市(木浦木、西小林)、須木村(内山)、野尻町(今別府)、綾町(竹野)、宮崎市(塩鶴)、田野町(内八重)、高原町(後川内)、都城市(御池)、高城町(有水)、高崎町(前田)、山之口町(五反田)、三股町(長田)、北郷町(大戸野、宿野)、日南市(吾田、宮浦)、串間市(大平、大矢取)
タカイッゴ	高原町(狭野)、都城市(上安久、御池町)
ヂイチゴ	東郷町(坪谷西林山)
ナベイチゴ	日向市(権現崎、畑浦)
ハンズイチゴ	宮崎市(野島①)
ヒエイチゴ	高千穂町(岩戸、河内、田原、向山、秋元)、五ヶ瀬町(鞍岡波帰)、日之影町((一ノ水、後梅、新畑、中間畑、見立②)、北方町(上鹿川)、椎葉村(松尾、日添)、西郷村(山須原)
ホゴイチゴ	椎葉村(尾前)
ヤカンイチゴ	五ヶ瀬町(東光寺)、日之影町(新畑)、諸塚村(黒葛原)
ヤマイチゴ	高城町(四家)

【コメント】①ハンズは水瓶のことで、実の格好が水瓶に似ている。②この実のなる時はヒエが良い。
【ノート】木が大型なので、ウシ・シシ・クマやタカ等の強そうな名を冠している。ナガバモミジイチゴの粟イチゴに対して稗イチゴと呼んだのだろう。

| コジキイチゴ | *Rubus sumatranus* Miq. | 【バラ科】 |

カゴイチゴ	西米良村(板谷、小川、田無瀬、横野)、木城町(石河内)
シシイチゴ	日之影町(中間畑、後梅①)

【コメント】①美味くない。

| ナガバモミジイチゴ | *Rubus palmatus* Thunb. | 【バラ科】 |

アオイチゴ	椎葉村(尾前)、西米良村(横野⑤)
アワイチゴ	高千穂町(岩戸、押方、上野、河内、下野、田原、三田井、向山)、五ヶ瀬町(赤谷、鞍岡波帰・広瀬、東光寺)、日之影町(一ノ水、後梅①、新畑、中間畑、見立①、八戸)、北方町(上鹿川)、椎葉村(尾前、尾手納、日添、小林)、諸塚村、北郷村(入下)、西都市(津々志)、須木村(内山)、高原町(後川内)、高城町(有水)、高崎町(前田)、山之口町(富吉)、串間市(大矢取、真萱)
アワイッゴ	山之口町(麓)
カゴイチゴ	西都市(銀鏡)
キイチゴ	高千穂町(鬼切畑、押方、下野、三田井)、五ヶ瀬町(桑野内、東光寺)、日之影町(見立、八戸星山)、北川町(陸地、上祝子、葛葉、瀬口多良田)、北浦町(市振、古江)、延岡市(赤水、熊之江)、椎葉村(大河内)、日向市(田の原、畑浦)、西米良村(尾股)、木城町(中之又)、高鍋町(鬼ケ久保),えびの市(飯野、尾八重野、京町、真幸)、小林市(木浦木、西小林②)、野尻町、都城市(五十市)、三股町(長田)
キイッゴ	えびの市(白鳥)、小林市(東方)、高原町(狭野)、都城市(中郷、御池町)
キナイチゴ	高千穂町(神殿)、北方町(上鹿川)、北川町(上祝子)、南郷村(鬼神野)、西都市(三納)、木城町(石河内)、川南町(名貫)
キヌイチゴ	日南市(鵜戸)
キヨイチゴ	野尻町(今別府)
キヨイッゴ	都城市(牛の脛)、山之口町(麓)
キンイチゴ	北川町(上赤、三川内大井・歌糸、八戸)
キンキンイチゴ	木城町(石河内)

クイチゴ	日南市(吾田)
タカイチゴ	椎葉村(松尾)
チャイチゴ	綾町(竹野④)
ナエシロイチゴ	日向市(田の原)、木城町(川原)、北郷町(宿野)
ナワシロイチゴ	都農町(東都農)、宮崎市(塩鶴③、野島)、田野町(内八重)、日南市(宮浦)
ネシロイチゴ	日向市(田の原)
ノイチゴ	椎葉村(尾前)、高城町(四家)
ヤマイチゴ	日向市(権現崎)、宮崎市(生目)、清武町、高原町、都城市(夏尾)、山之口町(五反田)
ヤマイッゴ	都城市(上安久)

【コメント】①多くなる時は粟が良い。②実の熟れる5月中旬は「陸稲の播き時よ」という。③この花が咲くと、苗代を作る。④茶が取れる頃に実が生る。⑤枝が青いから。

【ノート】熟れても実は赤くならずに黄色いので、黄苺・粟苺というのであろう。モミジイチゴより九州のものは葉が長いのでナガバモミジイチゴといわれてきたが、モミジイチゴと区別する必要はないとの説がある。

ナガバモミジイチゴ(黄色く熟れうまい)

ナワシロイチゴ　　*Rubus parvifolius* L.　　【バラ科】

アーチクターチク	延岡市(熊之江)、椎葉村(日添)
アカイチゴ	西米良村(尾股)
アシクサシイチゴ	椎葉村(尾前、松尾)
アシクタシ	五ヶ瀬町(鞍岡波帰)
アシクタシイチゴ	五ヶ瀬町(波帰)
アチクターチク	椎葉村(日添⑤)
アチクチャイチゴ	北方町
アツキタイチゴ	椎葉村(尾前)
エキリイチゴ	野尻町(今別府)
カクランイチゴ	高千穂町(岩戸①)、北浦町(三川内歌糸)
クサイチゴ	北川町(上祝子)、串間市(大矢取④)
クサイッゴ	高城町(有水④)、山田町(石風呂)
クソタレイチゴ	川南町(細)
コメイチゴ	五ヶ瀬町(桑野内、赤谷)
シシイチゴ	日南市(宮浦)
ショベンイチゴ	西米良村(横野)
ションベンイチゴ	須木村(堂屋敷)
セキリイチゴ	小林市(西小林、永久津)、都城市(夏尾)、えびの市(飯野)
セキリイッゴ	えびの市(白鳥)、小林市(西小林)、都城市(牛の腓)
ゼンキュウイチゴ	椎葉村(尾手納②)
タウエイチゴ	高千穂町(向山)、日之影町(後梅、八戸星山)、諸塚村、西郷村(山須原)、西都市(三財)、木城町(中之又)、串間市(大平)
タウエイッゴ	えびの市(真幸内堅)
ヂイチゴ	南郷村(鬼神野)
ツチイチゴ	椎葉村(尾手納、尾前)
ドクイチゴ	高城町(四家)
ドテイチゴ	三股町(長田)
ナガシイチゴ	えびの市(真幸内堅)
ナガセイチゴ	北川町(上赤、葛葉、八戸)、延岡市(浦城③)
ナツイチゴ	高千穂町(岩戸、向山)
ナワシロイチゴ	北川町(陸地)、北郷村(入下)、木城町(石河内)、日南市(小吹毛井)
ノイチゴ	高千穂町(三田井)、須木村(内山)、小林市(西小林)、高崎町(前田)
ノシロイチゴ	日之影町(七折一ノ水)、北方町(上鹿川)
ハクランイッゴ	高原町(狭野⑦)
ハヤバシリイチゴ	日之影町(中間畑)、西米良村(小川⑥)
ヒナタイチゴ	高千穂町(鬼切畑、押方④、下野、神殿、田原、三田井)、五ヶ瀬町(東光寺)
ヘビイチゴ	えびの市(真幸)
ヤカンイチゴ	北郷村(入下)

【コメント】①カクラン：日射病。②実の中に虫がいる。③腹を下すので食わん。④食い過ぎると下痢する。⑤名の意味はわからん。昔からそう言うとる。虫が入っているのであまり食べさせられん(椎葉クニ子)。⑥根が走り、繁殖がよい。⑦ハクランは下痢のこと。

【ノート】苗代を作るころに実が熟れるのでナエシロイチゴという。ちょうど梅雨（ながし）の頃でナガシイチゴとも。実は酸っぱくて美味いものではないが子供の気をひく。食あたりの時期なので食べると赤痢にかかるといい注意を喚起したのか。アシクタシはナワシロイチゴの別名だが語源はわからない。下痢をアシクタシというのか。下痢をしてトイレにハヤバシリで駆け込むというのであろうか。日射病や夏に激しい下痢を起こす急性の病気のことをカクランというがナワシロイチゴの方言には食欲をそそるような名はなさそうでる。

ハスノハイチゴ　　　*Rubus peltatus* Maxim.　　　【バラ科】

ウシノチチイチゴ	椎葉村（尾手納①、日添）
ウシンチチイチゴ	椎葉村（日添）
カナキンイチゴ	椎葉村（尾手納（※平田））
ヤカンイチゴ	諸塚村（飯干）

【コメント】①実はうまいという。実は長く、牛の乳首に似ているのでこの名が付いたのであろう（南谷）。

バライチゴ　　　*Rubus illecebrosus* Focke　　　【バラ科】

カバシイチゴ	都城市（安久①）
コジキイチゴ	椎葉村（日添）
セキリイチゴ	都城市（御池町）
ゼンキュウイチゴ	椎葉村（日添②）
ツチイチゴ	日之影町（見立）

【コメント】①香ばしいにおいがする。②名の意味はわからん。昔からそう言うとる（椎葉クニ子）。

ビロードイチゴ　　　*Rubus corchorifolius* L.f.　　　【バラ科】

エンザイチゴ	えびの市（真幸内堅①）
ヤマイチゴ	小林市（西小林）

【コメント】①実はエンザごと落ちる。
【ノート】ビロードイチゴは宮崎県ではえびの市・小林市周辺にしか自生しないので、他地域での方言がない。エンザは敷物の円座に実の下側の形が似ているからか？

フユイチゴ（ミヤマフユイチゴ）　　　*Rubus buergeri* Miq.　　　【バラ科】

アオイチゴ	椎葉村（尾前）
アカイチゴ	椎葉村（尾前）、えびの市（尾八重野）
アカイッゴ	えびの市（真幸内堅）
イチゴ	北郷村（入下）、南郷村（鬼神野）、西都市（尾八重）、田野町（片井野⑥）
イバリバリイチゴ	川南町（名貫⑦）
カシワイチゴ	西米良村（板谷、小川、尾股、横野）、木城町（中之又）
カンイチゴ	高千穂町（岩戸、鬼切畑、押方、上野、下野、田原、三田井、向山①）、五ヶ瀬町（赤谷、鞍岡波帰、桑野内、東光寺、広瀬）、日之影町（一の水、後梅②、新畑①、中間畑、見立①、八戸星山）、北方町（上鹿川）、北川町（陸地、上赤、上祝子、葛葉、瀬口、八戸）、北浦町（三川内大井・歌糸）、椎葉村（尾前、尾手納、日添）、諸塚村（飯干①④、各地）、西郷村（山須原）、日向市（田の原①⑤、畑浦）、門川町（庭谷）、川南町（細）、小林市（木浦木）、宮崎市（塩鶴）、都城市（安久）、北郷町（広河原）、日南市（宮浦）
ギシイチゴ	串間市（大平）
クサイチゴ	高鍋町（鬼ケ久保）、須木村（内山）、日南市（吾田）、串間市（真萱）
コケイモイチゴ	須木村（堂屋敷）
シベンイチゴ	小林市（鷹野氏）
ショウベンイチゴ	椎葉村（大河内）、えびの市（真幸内堅）
タヌキイチゴ	椎葉村（松尾）、西都市（津々志⑧）、木城町（石河内）
ヂイチゴ	東郷町（西林山）、須木村（九々瀬）、小林市（山代）、田野町（内八重）、北郷町（大戸野）
ヂダイチゴ	三股町（長田）
ヂダイッゴ	都城市（牛の脛、上安久）
ツチイチゴ	西米良村（小川）
ノイチゴ	延岡市（赤水）、西米良村（小川）、宮崎市（生目）、小林市（西小林）
ハトイチゴ	山之口町（五反田⑤）
フユイチゴ	西都市（銀鏡）、小林市（西小林）

ヤマイチゴ	北郷村（入下）、東郷町（西林山）、川南町（牧平）、えびの市（飯野、京町）、高原町（後川内）、都城市、高崎町（前田）、山田町（石風呂）、山之口町（麓）、北郷町（宿野）
ヤマイッゴ	えびの市（白鳥）、高原町（狭野）、都城市（御池町）

フユイチゴ（冬に熟れる）

【コメント】①葉が少し乾き、しわんしわんなった時に刻んでタバコにする。②青竹の中に入れ棒でつついて、ついた汁をなめる。③蔓ごと陰干し、煎服すると膀胱炎に効く。④葉をちょっと火にあぶって半乾きにして煎服すると膀胱炎によい。⑤山鳩が食う。⑥葉はタバコの代わり。生葉を火にあぶり、お茶にした。おいしくないが、色は出た。⑦実を食うと、小便をしかぶる（もらす）ようになる。⑧タヌキがよく食う。
【ノート】フユイチゴの近似種にミヤマフユイチゴやオオフユイチゴがあるが、ここでは区別していない。寒い時期に熟れるので、寒苺。立小便をしそうな、杉林の道路脇に生えるので小便苺。キイチゴ類は低木となるが、本種は地面を這うので地苺というのであろう。

ホウロクイチゴ　　*Rubus sieboldii* Blume　　【バラ科】

オニイチゴ	北浦町（市振、古江）
カンシュウイチゴ	北浦町（阿蘇①）
カンスイチゴ	延岡市（須美江）、串間市（黒井②）
タカイチゴ	東郷町（坪谷西林山）、日南市（小吹毛井）
ドベイチゴ	延岡市（熊之江）
ドングワンイチゴ	延岡市（島浦③）
ナベイチゴ	延岡市（赤水）
ハンズイチゴ	日南市（小目井（※平田））

【コメント】①小鳥のひなが巣立つころ熟れる。②実が大きいからいう。③「ドングワン」は「大きい」の意味。

キキョウ　　*Platycodon grandiflorus*　　A.DC.　　【キキョウ科】

キキョウ	延岡市（島浦）、日向市（田の原①②）、西米良村（小川②）、高鍋町（鬼ケ久保）、えびの市（加久藤長江②③）、小林市（西小林②、山代②）、須木村（内山）、野尻町（今別府②、栗須）、高原町（後川内②）、都城市（牛の脛）

【コメント】①昔は近くの鹿場高原に多かったが今はない。②盆花にする。③根を咳・喉の薬にする。
【ノート】キキョウはかつてどこのカヤ場にも普通であったが、今は離島や海岸の断崖に残っているだけとなった。

キクイモ　　*Helianthus tuberosus* L.　　【キク科】

イモバナ	五ヶ瀬町（波帰）、須木村（内山）
キクイモ	小林市（西小林）
ギンソウ	東臼杵（※平田）
ケドコロ	椎葉村（※平田）
ハナショウガ	都城市（御池町）
ミソヅケイモ	高千穂町（岩戸）

キクバドコロ　　*Dioscorea septemloba* Thunb.　　【ヤマノイモ科】

オニドコロ	椎葉村（日添）
ケドコロ	椎葉村（小林）

キササゲ　　*Catalpa ovata* G.Don　　【ノウゼンカズラ科】

カワライサギ	延岡市（島浦①）
カワラヒサゲ	北川町（葛葉）、延岡市（浦城、熊之江②、須美江③）
カワラヒシャギ	北浦町（阿蘇④）
ナナカドギリ	五ヶ瀬町（三ケ所大石（※平田））

【コメント】①「ブリオトシ」（網に落とし込み逃げるのを防ぐ）、「磯立て網のアバ」（浮き）、「イカヅノ」（擬餌）にする：軽く水を吸わない。②イカガタ（カノ）を作る。③イカスマリにする。④三川内の河原に自生

ギシギシ	*Rumex japonicus* Houtt.	【タデ科】

スイバの項へ

キヅタ	*Hedera rhombea* Bean	【ウコギ科】
ガタフズキ	西米良村（小川）	
ツタ	北川町（上赤、上祝子）、木城町（川原）	
ツタカズラ	北川町（上祝子）、北浦町（三川内大井）、小林市（西小林）、野尻町（野尻）、都城市（上安久）、串間市（大平）	

キツネノカミソリ	*Lycoris sanguinea* Maxim.	【ヒガンバナ科】
オオシ	椎葉村（尾手納①）	
オシ	椎葉村（尾前）	
オセ	高千穂町（岩戸）、五ヶ瀬町（鞍岡波帰）	
ケサカケバナ	宮崎（※日植）	
コメオセ	高千穂町（岩戸）	
ドクバナ	西臼杵郡（※日植）、須木村（内山）	
ドヨウグサ	都城市（西岳町②）	

【コメント】①根を食う。飢饉のとき食べる。②7月20日の土用のころに満開になる。

キツネノボタン	*Ranunculus sileriifolius* H.Lev.	【キンポウゲ科】
イヌゼリ	北川町（上祝子）、椎葉村（大河内、尾手納、松尾）、北郷村（入下）、えびの市（京町）	
インゼリ	北川町（八戸①）、延岡市（熊之江②）	
インノクソバナ	須木村（内山）	
ウイマイセイ	都城市（志比田）	
ウシゼリ	五ヶ瀬町（波帰）、椎葉村（日添⑤）、えびの市（真幸）	
ウシノハコボレ	五ヶ瀬町（桑野内）	
ウマゼリ	日之影町（後梅）、木城町（川原、中之又）、えびの市（加久藤、京町、真幸）、小林市（西小林）、須木村（夏木、堂屋敷）、高原町（各地）、高崎町（前田⑥）、都城市（安久）、三股町（長田）	
ウンマゼー	小林市（東方）	
ウンマゼリ	えびの市（飯野）	
オニゼリ	高千穂町（岩戸）	
キツネボタン	須木村（田代ケ八重）	
キンチョウゲ	串間市（黒井）	
キンポウゲ	高千穂町（下野）、日之影町（後梅）、北川町（上祝子）、北郷村（入下）、西都市（銀鏡）、山之口町（五反田）	
コンペイト	延岡市（島浦）	
コンペイトウグサ	南郷村（鬼神野）、小林市（西小林）	
コンペイトグサ	日之影町（七折一ノ水④）、西米良村（田無瀬）、西都市（中尾）、高鍋町（鬼ケ久保）	
サシクサ	高原町（後川内）	
チョウチンゼリ	須木村（堂屋敷）	
ドググサ	えびの市（京町）	
ドクゼリ	延岡市（浦城）、木城町（石河内）	
ドクバナ	高千穂町（下野）、野尻町（今別府①）	
ドッグサ	えびの市（京町）	
ドッバナ	えびの市（飯野、加久藤）	

【コメント】①牛はこれが少しでも入ると全く食わんので、全部取り出さんといかんので大変。②腫物の口が開かんときは、葉を揉んだものをバンソウコウで止めておくと、真っ黒になり治る。③歯が痛い時は葉をもんでつける。しかし、カブレる。④葉をもんで、右の腕につけると左の歯の痛みがとれ、左は右となる。付けたところは水ぶくれになる。⑤歯が痛いとき、頬に付けると皮膚がやけどをするが、痛みは取れる。⑥茎を一節切り取り、一方の節は切り落として開ける。茎に、縦に一条の切り込みを入れ、開いた方から空気を吸って音を出す。
【ノート】ここでいうキツネノボタンは水田のケキツネノボタンやウマノアシガタ（キンポウゲ）も一括している。一見、食用にされるセリに似ているが食えないのでイヌ・ウシ・ウマやオニ・ドクを冠して区別している。

キハダ	*Phellodendron amurense* Rupr.	【ミカン科】
オオバク	椎葉村（日添⑥、小林）	

キハダ	高千穂町(向山秋元)、日之影町(後梅)、宮崎市(野島⑧)
キワダ	五ヶ瀬町(東光寺①)、日之影町(見立煤市②)、椎葉村(日添⑦、小林、大河内)、西都市(銀鏡)、木城町(石河内)、えびの市(飯野)、小林市(西小林③、木浦木)、須木村(九々瀬④⑤)、宮崎市(塩鶴)、高原町(後川内)、都城市(安久)、高城町(有水)、山之口町(五反田)
ニゾウ	椎葉村(※平田)
ニゾーノキ	椎葉村(椎葉のことば)

【コメント】①牛の胃腸薬。②胃腸薬として煎服。染め物。③床板、タンスによい。④下駄にする。⑤皮を煎じて目洗い、はやり目を治す。⑥今はキワダともいう。⑦昔は皮を業者が買いにきよった。⑧イカガタを作る。

キブシ　　*Stachyurus praecox* Siebold et Zucc.　　【キブシ科】

アメフラシ	高千穂町(向山秋元①)、五ヶ瀬町(波帰①)、日之影町(後梅①②、新畑、中間畑②、見立煤市)、北方町(上鹿川③、二股)
ウツキ	都城市(安久)
ウツギ	北川町(上赤、上祝子、葛葉、瀬口①)
ウトギ	延岡市(浦城)
オトコジミ	串間市(大矢取)
シオツツンノハ	都城市(牛の脛)
ジミ	西都市(※倉田)、北郷町(宿野)、日南市(宮浦①)
ジミギ	西米良村(小川)
ジミノキ	西米良村(小川)、西都市(三財)、木城町(石河内、川原)、都農町(東都農)、高城町(有水)
ジュンノキ	須木村(九々瀬)
シロツキブシ	西米良村(田無瀬)
シロツキボシ	西都市(銀鏡)
ジン	高城町(有水)、高崎町(前田)
ジンガラ	西米良村(尾股)、えびの市(加久藤、京町、白鳥)、須木村(堂屋敷)、小林市(山代)、都城市(全域③)、高崎町(前田)、三股町(長田)
ジンガラノキ	小林市(西小林)
ジンダシ	野尻町(今別府)
シンツキ	諸塚村(飯干)
ジンノキ	高原町(後川内)
ジンノッシ	高原町(後川内)
ズイ	北川町(祝子(※平田))、宮崎(※倉田)
スッポンノキ	宮崎市(野島)
タニバリ	日向市(田の原①)
ツキダシ	北浦町(三川大井)、延岡市(熊之江・須美江※)、小林市(木浦木)、日南市(鵜戸、小吹毛井)、串間市(市木)
ツキダシノキ	串間市(黒井)
ツキツキ	北川町(上赤④)
ツキツキブシ	日之影町(後梅)
ツキデ	五ヶ瀬町(桑野内④)、椎葉村(大河内③)
ツキブシ	日之影町(八戸星山)
ツッダシ	野尻町④、高城町(四家⑧)、高崎町(笛水)
テッポウノキ	延岡市(赤水⑦)
トウシミ	北川町(陸地)、北浦町(三川内歌糸)
トウシミギ	延岡市(浦城)
トウシミノキ	延岡市(浦城)
トウシンノキ	高千穂町(押方)
ハナクソンノキ	延岡市(島浦⑤)
ブツギ	北浦町(市振、古江)
ブッシ	北浦町(阿蘇)
ヨウジギ	椎葉村(尾手納、日添⑥)、西米良村(横野)

【コメント】①楊枝の材に根元を使う。昔は買いに来た。②この花が春の雨を呼び、稲作などの農作業が始まる。里人はこの木の開花を知って、稲作の準備をした。③突出し遊び：髄を突きだし、指でつまんで飛ばしたり、口にくわえて飛ばす。④トウシミ(ランプの芯)にする。⑤髄を鼻汁に見立てて遊ぶ。⑥山で爪楊枝にした。⑦若枝の芯(髄)がスポッと出てくるのにはムラサキシキブなど全てにいう。⑧芯をツユクサの花で染めて遊ぶ。

【ノート】※南谷：延岡、北浦の海岸地方ではキブシではなくハチジョウキブシとな

キブシ(花が咲くと春の雨が)

る。日之影町でこの木に「アメフラシ」と聞いた時には命名の訳が全く分からなかったが、聞けば素晴らしい名であった。ジミ・ジンガラ・トウシミは灯明の芯で、ツキダシ・ツキデは茎の髄を突きだして遊ぶ子供の遊びから付いた名。島浦の「鼻くその木」は傑作。ヨウジギは、この木の根元から爪楊枝を作るからだという。ブツギも同じか。

ギボウシ類	*Hosta kikutii* F.Maek.	【キジカクシ科】
イワダカナ	北川町(上祝子)、椎葉村(大河内、尾前、尾手納②、日添⑥)、西米良村(田無瀬)、西都市(銀鏡)、木城町(中之又)、宮崎市(塩鶴)、須木村(堂屋敷)、小林市(木浦木)、都城市(上安久)、三股町(長田)	
イワグサ	北方町(上鹿川)	
イワナ	日向市(田の原①)	
イワムジ	木城町(石河内)	
ウソハクリ	高千穂町(田原(※内藤⑤))	
ウラジロ	北川町(陸地②)	
オンバコ	日之影町(※町史⑦)	
カワラオンバコ	日之影町(新畑)	
ギボウシ	北郷村(入下)	
シオゲ	都城市(上安久⑧)	
ミゾナ	日向市(田の原③)	
モトジロ	高千穂町(岩戸①)、北浦町(三川内歌糸④)	

【コメント】①葉をゆがいて白和えに。干して貯える。油炒め、おひたし、めぐみの時に取る。ここではヒュウガギボウシ。②生でも食う。③ここではコバギボウシのこと。ヒュウガギボウシはイワナという。④芽立ちをゆがいて水にさらし、アクを抜いて酢味噌和えにする。⑤サイハイラン(ハクリ)に似るが偽物という意味(内藤)。⑥ここではサイコクイワギボウシ。魚の下敷きにする。若葉をゆがいて食う。バイケイソウの芽立ちをこれと間違えて食い中毒する人がいる。⑦ここではオオバギボウシのことという。⑧植えている物に言う。野生のヒュウガギボウシにはイワダカナ。
【ノート】宮崎県の里にみられるギボウシ類は、山手ではヒュウガギボウシ、田園地ではコバギボウシとなる。県北西部の五ヶ瀬町や椎葉・西米良村の山手ではサイゴクイワギボウシになるが、ここでは区別していない。若葉を食べ、岩場に生えているので野菜の高菜に対してイワダカナという。葉は緑でも下部の茎部は白いのでモトジロというのであろう。学名は宮崎県に最も広く分布するヒュウガギボウシをあてている。

キミガヨラン	*Yucca gloriosa* var. *recurvifolia* Engelm.	【キジカクシ科】
ロクネンソウ	北川町(上祝子①)	

【コメント】①六年目に咲く

ギョボク	*Crateva formosensis* B.S.Sun	【フウチョウソウ科】
アマギ	串間市(市木、都井(※平田))	
イカギ	宮崎市(青島(※平田))	

キランソウ	*Ajuga decumbens* Thunb.	【シソ科】
イシャゴロシ	西臼杵郡日之影町(中間畑)、北川町(陸地、上赤①、上祝子、葛葉、瀬口、八戸)、北方町(上鹿川)、北浦町(阿蘇、市振、古江、三川内)、延岡市(浦城、島浦)、椎葉村(栂尾、日添)、日向市(田の原)、西都市(銀鏡、中尾)、都農町(東都農)、高鍋町(鬼ケ久保)、えびの市(飯野)、小林市(各地)、須木村(内山)、野尻町①、宮崎市(塩鶴)、綾町(竹野)、日南市(宮浦)、串間市(大矢取、黒井)	
イシャタオシ	国富町(八代南俣)	
イシャダオシ	椎葉村(尾手納)	
イノチシラズ	小林市(東方)	
オダイシサマグサ	日之影町(七折一ノ水②)	
タイクサ	えびの市(加久藤③)、小林市(真方)	
タンクサ	北郷町(大戸野)	
チグサ	高崎町(前田⑦)	
フセギレグサ	都城市(御池町⑥)	
メヒカリ	川南町(白髭)、串間市(高松、真萱)	
メヒカリグサ	都農町(東都農)、川南町(込口、比田)、高鍋町④	

ヨウグサ　　　　　延岡市（島浦⑤）

キランソウ（煎じれば万能薬）

【コメント】①何にでも効く。万病によい。②お大師様のご利益がある草で、胃の悪い時に効く。③タイ（皮膚病で裏表に対にでる）の特効薬。④東児湯地方では広くいう（※南谷：これをのんだらうつろだった目が輝き始めることからメヒカリと思われる）。⑤ご飯粒と練り合わせ腫物の熱とりに使う。⑥ボロ布でふせをしたように生えちょる。⑦チの薬にする。
【ノート】宮崎県総合博物館で小中学生の夏休みの採集作品展があり、覗いたことがある。その際に都農小学校児童の採集標本にキランソウがあった。それに「メヒカリグサ」との名が付けられていた。おそらくこれを煎じて飲んだらうつろだった目が輝き始めたというのであろう。素晴らしい名前である。ヨウグサは瘍草であろう。

キリ　　　　　*Paulownia tomentosa* Steud.　　　　　【キリ科】

キリ	延岡市（須美江①）
ホンギリ	宮崎市（曽山寺②）

【コメント】①魚具のイカスマリにする。②加江田渓谷の林道に多い。

キレンゲショウマ　　*Kirengeshoma palmata* Yatabe　　　　　【アジサイ科】

オンダゼング	椎葉村（尾手納（※平田））

キンギンナスビ　　*Solanum capsicoides* All.　　　　　【ナス科】

アンポンタン	宮崎市（青島（※平田））、日南市（鵜戸）
イガナスビ	延岡市（島浦）
キンギンナスビ	延岡市（赤水）
キンポウゲ	北川町（陸地）
ハマナス	北浦町（市振、古江）

キンミズヒキ　　*Agrimonia pilosa* Ledeb.　　　　　【バラ科】

サシ	えびの市（霧島）
サシグサ	椎葉村（※平田）

キンモクセイ　　*Osmanthus fragrans* var. *aurantiacus* Makino　　　　　【モクセイ科】

キンモクセイ	北川町（八戸①）

【コメント】①花盛りがマツタケの盛り。

ギンリョウソウ　　*Monotropastrum humile* H.Hara　　　　　【ツツジ科】

イッショウビン	日向市（田の原①）
キツネグサ	須木村（堂屋敷）
トックリグサ	木城町（石河内②）
ビンチョク	西都市（津々志③）
ユウレイグサ	都城市（御池町）
ユウレイソウ	北川町（瀬口多良田）、日向市（田の原）

【コメント】①子房が一升瓶に似る。②子房が徳利に似ている。③子房がビンのような格好。

ク

クサアジサイ　　*Cardiandra alternifolia* Siebold et Zucc.　　　　　【アジサイ科】

クサアジサイ	椎葉村（日添）

クサイ　　*Juncus tenuis* Willd.　　　　　【イグサ科】

ドテグサ	椎葉村（日添①）

【コメント】①土手に張り付けたので。

クサギ	*Clerodendrum trichotomum* Thunb.	【シソ科】
アマクサギ	須木村(堂屋敷⑤)	
クサギ	高千穂町(下野)、五ヶ瀬町(桑野内①)、椎葉村(尾手納)、西都市(三財)、田野町(内八重)、小林市(木浦木)、野尻町(野尻)、綾町(竹野)、都城市(安久)、高城町(有水)、三股町(長田)	
クサキナ	西郷村(山須原)	
クサギナ	高千穂町(岩戸、三田井、向山)、五ヶ瀬町(鞍岡波帰、東光寺)、日之影町(後梅、新畑、中間畑、見立、八戸星山)、北方町(上鹿川)、北川町(陸地②、上赤、葛葉)、北浦町(阿蘇、三川内)、延岡市(熊之江③、島浦③、須美江③)、椎葉村(尾前、松尾)、北郷村(入下)、南郷村(鬼神野)、日向市(幸脇、田の原②)、木城町(中之又)、小林市(西小林、東方)、須木村(内山)、宮崎市(塩鶴、野島②)、北郷町(宿野)、日南市(吾田、鵜戸、細田)、串間市(大矢取④、高松③)	
クサッ	えびの市(飯野)、小林市(西小林、細野)、高原町、野尻町(野尻①)、都城市(御池町)、高崎町(笛水)	
クサッキ	えびの市(飯野)	
クサッナ	えびの市(飯野)、小林市(西小林、真方、東方)、高原町、都城地方(※都盆)	
クサッノキ	小林市(真方)、都城市(荒襲)	
クサッノハ	都城市(上安久)、高崎町(前田)	
クサノッ	都城地方(※都盆)	
クシャキ	えびの市(加久藤)	
クシャク	えびの市(加久藤、京町)	
クシャッ	えびの市(真幸)	
クシャッナ	えびの市(飯野)	
クシャッノハ	えびの市(真幸)	
ヤマクサギ	須木村(堂屋敷⑤)	

【コメント】①若芽をゆがいてアブラゲと煮る。②カンの虫がとれる。③イカ釣りのイカ餌木にする。④クサギナムシがおる。カンゲの薬に効く。⑤野生のもので苦いが食うものをヤマクサギ。植えるもので、食用にするものをアマクサギという。

クサネム	*Aeschynomene indica* L.	【マメ科】
アサネゴロ	小林市	
クサネム	高崎町①	
ネムイグサ	高原町	
ネムリグサ	えびの市(真幸)、野尻町、高原町(狭野)、高崎町(笛水)	
イカンソウ	北浦町(三川内大井②)	

【コメント】①この葉に虫が降りれば台風がこない。②胃の薬。陰干しし煎服。苦い。
【ノート】朝早くにはまだ展葉していないのでアサネゴロというのであろう。ネムノキにも同名がある。

クサフジ	*Vicia cracca* L.	【マメ科】
ウサギグサ	五ヶ瀬町(広瀬①)	
ウマゴヤシ	高千穂町(下野①、田原)	

【コメント】①兎は好むが、牛馬は食わん

クサボケ	*Chaenomeles japonica* Lindl. ex Spach	【バラ科】
スモモ	えびの市(霧島開拓①)	

【コメント】①果実を梅干しのように干して食う。

クサヨシ	*Phalaris arundinacea* L.	【イネ科】
ヨシグサ	川南町(※平田)	

クズ	*Pueraria lobata* Ohwi	【マメ科】
カキネノカズラ	野尻町(栗須(※内藤))	

カジネカズラ	西都市(三財)、木城町(石河内)、都農町(東都農)、高鍋町(鬼ケ久保)
カジメカズラ	宮崎市(野島)
カズネ	椎葉村(大河内、尾手納、栂尾)、諸塚村(飯干①、黒葛原)、西米良村(小川)、西都市(尾八重、銀鏡)、須木村(原)、高原町
カズネカズラ	椎葉村(大河内、尾前、小崎、日添、小林、松尾)、西米良村(小川)、木城町(川原)、国富町(八代南俣)、清武町、田野町(内八重)、須木村(田代八重、原)、野尻町(野尻)
カチネカズラ	野尻町(紙屋)
カッネカズラ	小林市(細野、山代)、野尻町(野尻)、高原町
カッネンカズラ	えびの市(京町②)
カネカズラ	日向市(畑浦)、都城市(上安久、夏尾②)、山之口町(富吉)、三股町(長田)
カンネ	高千穂町(岩戸、鬼切畑、押方、下野、田原、三田井、向山)、五ヶ瀬町(鞍岡波帰)、日之影町(見立飯干・煤市)、北川町(瀬口多良田)、北浦町(阿蘇、三川内大井)、延岡市(島浦)、椎葉村(日添)、川南町(白髭)、須木村(原)、野尻町(石瀬戸)、串間市(大矢取、高松)
カンネカズラ	高千穂町(押方、下野、田原、三田井、向山、河内)、五ヶ瀬町(赤谷)、日之影町(後梅、見立③)、椎葉村(小林)、北方町(上鹿川)、北川町(陸地④、上赤、八戸)、北浦町(市振、古江、三川内)、延岡市(熊之江、島浦、須美江)、北郷村(入下)、西郷村、西都市(津々志)、都農町(東都農)、綾町(入野)、宮崎市(瓜生野)、高岡町(柞木橋)、須木村(堂屋敷)、小林市(木浦木)、都城市(御池町)、高崎町(笛水)、山之口町(五反田)、串間市(大平、黒井)
カンネンカズラ	日向市(田の原)、えびの市(真幸)、高原町(狭野)、都城市(志比田)、高城町(有水)、高崎町(前田) 串間市(高松⑪)
クイマカズラ	えびの市(加久藤)、小林市(細野、真方、山代)
クイマキカズラ	小林市(木浦木、永久津、真方)
クイマッカズラ	小林市(真方、山代)
クズ	延岡市(赤水)、木城町(川原)、えびの市(真幸)、須木村(夏木)
クズバ	北川町(瀬口多良田)、延岡市(南方(※内藤))、北郷村(入下)、南郷村(鬼神野)、都農町(東都農)
クズバカズラ	延岡市(浦城)
クズブタ	北川町(上赤⑤)
クズマキ	北郷町(宿野)
クズマキカズラ	清武町、高岡町(柞木橋)、田野町(内八重)、えびの市(飯野、加久藤)、小林市(小林市街地、西小林⑥)、須木村(内山、九々瀬、奈佐木⑭)、宮崎市(塩鶴)、北郷町(大戸野、広河原)、日南市(釜肥、細田)、串間市(市木)
クズマキグサ	日南市(吾田)
クッマッカズラ	須木村(内山)、高原町(後川内)
クマカズラ	えびの市(加久藤⑦)、日南市(小吹毛井⑫)
ゴブリョウ	五ヶ瀬町(赤谷⑧)、高千穂町(岩戸、鬼切畑、押方、河内、下野⑨、神殿、田原、三田井、向山)、日之影町(一ノ水、後梅、舟の尾、見立、飯干③)、椎葉村(※椎葉ことば)、諸塚村(飯干、松尾)、西郷村(山須原)、南郷村(鬼神野)
ゴブリョウカズラ	諸塚村
コブロ	西都市(尾八重)、木城町(中之又)
ゴブロカズラ	南郷村(鬼神野)
ジジカズラ	高原町(狭野)、三股町(長田⑬)
ヂガンネン	串間市(高松⑪)
フクマクカズラ	小林市(西小林)
フッマキカズラ	えびの市(飯野)
フッマクカズラ	えびの市(加久藤)
フッマッカズラ	えびの市(加久藤、白鳥)
ミツバ	日向市(田の原⑩)

クズ(秋の七草)

【コメント】①葉をタバコの代用。②子供は大きな蔓をそのまましゃぶる。甘い汁が出てくる。③かしき草。④寒に掘ると澱粉が多い。⑤掘った根は小さいものはクズで、大きなものはビナンカズラで縛る。⑥猪が根を好む。⑦薪をしばる。⑧デンプンはカンネクズという。⑨蔓はカンネカズラ、葉はゴブリョウ。⑩三ツ葉になっているから。⑪山の太い蔓をサトウキビのように引き裂いて、噛んで汁を吸う。口の周りは真っ黒になる。野原の蔓はヂガンネンといい、食えん。しかし、蔓は丈夫なので、薪を縛ったり、家縛りに使う。⑫11月の「イノコモチ」で、縛った石をクズのカズラで4〜5人の子供が引き合いながら、ドスンドスンと庭をたたく。⑬蔓を縦に裂くとジジーと音がする。この音でマムシを寄せる。⑭クズ(亀)をこの葉で巻いて茹でる。

【ノート】葛根(カツネ)がなまってカチネ、カンネ、カジネというようになったとも考えられる。葛(クズ)巻き蔓がクイマッカズラ、クッマッカズラ、フッマキカズラになったのでは? 蔓を引き裂く際にジィジィと音を出すからジジカズラと呼ぶのであろう。ゴブリョウなどの意味はわか

らない。

| クスドイゲ | *Xylosma congesta* Merr. | 【ヤナギ科】 |

ウソド	北浦町(三川内大井①)
クソギ	田野町(堀口⑪)、北郷町(広河原)
クソーズ	日南市(宮浦⑧)
クソド	北川町(瀬口多良田)、延岡市(市振、浦城、熊之江、島浦)、宮崎市(野島⑨)
クソドイゲ	北川町(八戸②)
クソドン	北浦町(阿蘇③)、北浦町(古江④)
ゲジグイ	田野町(片井野①)
ゲズ	綾町(竹野)、宮崎市(塩鶴、曽山寺)、田野町(内八重⑩)
ゲズノキ	西都市(津々志)、川南町(細)
ショイノキ	須木村(内山)
ゾネノキ	串間市(高松⑥)
ソメノキ	串間市(市木⑦)
ヤマシゲ	えびの市(真幸内堅⑤)

クスドイゲ(幹に鋭い棘)

【コメント】①杭は、地下足袋を通す。②クソドはろくでもない者をいう。柄に一等よい。③枝を逆さにして、干し物台の柱に下げ、ネコ除けにする。④蔵のネズミ除け。⑤シゲは棘のことをいう。⑥ムシロを編む時のコテにする。⑦紫色の実がなる。⑧毒気を持っちょるかい、手に立つと痛ぇわ。固くてナタをはじくわ。材は一等重いわ。⑨がんたれで、ろくでもな木なのでいう。トゲは地下足袋も通す。ヨコヅツを作る。⑩泥棒が入らんように垣根に使う。⑪この木の針が立ったら、糞を一生食わんと治らん。

| クスノキ | *Cinnamomum camphora* J.Presl | 【クスノキ科】 |

| クスノキ | 北川町(陸地①) |
| ショウノウノキ | えびの市(京町) |

【コメント】①昔、樟脳、セルロイド、ビタカンフル剤にするため、この辺りから伐りだしたので、大木がない。

| クチナシ | *Gardenia jasminoides* Ellis | 【アカネ科】 |

カザグルマ	延岡市(島浦)、川南町(※平田)、宮崎市(生目⑭)
クチナシ	高千穂町(岩戸、押方、田原、三田井、向山)、五ヶ瀬町(赤谷①、桑野内)、日之影町(後梅②、新畑④、八戸③)、北川町(陸地、葛葉⑤、八戸⑥)、北浦町(阿蘇⑦⑧、三川内)、延岡市(赤水)、椎葉村(尾前、松尾)、北郷村、西郷村(山須原)、南郷村(鬼神野)、東郷町(坪谷)、日向市(幸脇、田の原⑧)、木城町(中之又)、綾町(竹野)、宮崎市(木花)、田野町(堀口⑮)、えびの市(飯野、加久藤、京町⑥⑧⑨)、都城市(御池⑯)、北郷町(宿野⑨)、日南市(小吹毛井、細田⑩)、串間市(黒井⑪)
クッナシ	小林市(西小林)、須木村(内山)、都城市、三股町(長田)
クンナシ	都城地方(※都盆)
ハンノキ	延岡市(島浦⑫)
ミズグルマ	日南市(鵜戸⑬)

【コメント】①実は神経痛の薬。②北にクチナシ、南にウメ、東に桃を植えるとよい。③花をテンプラにして食う。④口のアレに使う。⑤葉を煎服、咳止め。⑥沢庵づけに使う。⑦花は水車遊び。⑧実は赤切の薬。⑨打ち身:実をすりつぶして湿布。⑩団子の色つけ。歯を染めた。⑪花をミズグルマといい、水車遊びをする。⑫実でハンコ(印鑑)遊びをするから。⑬ミズグルマの花が咲くと田植えの花盛り。⑭花びらは味もないが、毒もないので、食べてた。実を割り、手で揉むと泡が出るので、髪を洗った。実で印鑑遊びをした。⑮喉が痛いときには、この実を一つか二つ煎服する。⑯八重咲きはサシという。

| クヌギ | *Quercus acutissima* Carruth. | 【ブナ科】 |

クギノキ	須木村(田代ケ八重)
クニキ	日之影町(見立)
クニギ	北方町(上鹿川)、北浦町(三川内大井・歌糸)、延岡市(熊之江)、日向市(田の原)、西都市(津々志)、木城町(石河内)、川南町(比田)、宮崎市(塩鶴)、北郷町(大戸野)
クヌキ	須木村(堂屋敷)
クヌギ	高千穂町(下野)、五ヶ瀬町(鞍岡波帰)、日之影町(一ノ水、見立煤市②、中間畑①)、北方町(二股)、北川町(上赤)、延岡市(今別府)、東郷町(坪谷)、都農町(東都農)、木城町(石河内)、田野町(内八重④)、えびの市(白鳥)、山之口町(五反田)、高崎町(笛水)、串間市(大矢取)

クノキ	えびの市（真幸内堅）、小林市（※鷹野）、都城市（荒襲）、山之口町（富吉）
ケドングリ	延岡市（※平田）
ズダノキ	東郷町（坪谷、西林山）
ツーラ	宮崎（※倉田）
ズグリノキ	都城市（※平田）
ドングリ	北川町（陸地）、日南市（上白木俣）
ドングリノキ	高千穂町（三田井③）、五ヶ瀬町（広瀬）、都城市（※倉田）
ナバギ	えびの市（真幸内堅）
ホンズウダ	椎葉村（日添）

【コメント】①ナバ木（ホダ木）には、クヌギ＞コナラ＞シデ類の順によい。②「二番いのこ」に伐る。③この実とカライモ（サツマイモ）のつるで鉄ガマのアク抜き。④実をドングリといい、ドングリ酒を作った。

クマガイソウ　　*Cypripedium japonicum* Thunb.　　　　　　　　　　　　　　　　【ラン科】

ウシノマンジュウ	野尻町（石瀬戸）
ウシノマンジュバナ	串間市（大矢取）
ウマノマンジュウ	小林市（木浦木）
ウマノメンチョウ	北郷町（宿野）
ウマンマンジュウ	都城市（上安久、安久）、北郷町（大戸野）
ウンマンマンジュウ	野尻町、都城市（夏尾）、高城町（四家）
ウンマンマンジュバナ	須木村（内山）
オゴジョンマンジュウ	高原町（後川内）、高崎町（前田）
キンタマバナ	都城地方（※都植方）
ブタマン	都城市（御池町）
ブタマンジュウ	宮崎市（野島）
マンジュウサゲ	高城町（有水）
マンジュウラン	えびの市（真幸内堅）
マンジュバナ	木城町（岩淵）、綾町（竹野）えびの市（加久藤長江）、須木村（堂屋敷）、小林市（西小林）、宮崎市（塩鶴、曽山寺）、田野町（内八重）、高原町（狭野）、都城市（荒襲）、高城町（有水）、高崎町（笛水）、三股町（長田）、北郷町（広河原）

【ノート】希少種であるが花が珍奇なので方言がついている。名の由来が雌の陰部になったのは、花の唇弁の形状が誰でもが共通して連想するほどの特徴があるからだろう。

クマガワブドウ　　*Vitis romanetii* Rom.Caill.　　　　　　　　　　　　　　　　【ブドウ科】

ヤマガラン	須木村（内山①）
ヤマブドウ	北浦町（三川内歌糸②）、小林市（山代③）、須木村（堂屋敷④）、野尻町⑤、高原町（狭野）、高崎町（前田、笛水⑥）、都城市（御池町）

【コメント】①昔は鳩がいっぱいきよった。原生林に多い。②奥山にありデラウェアほどの実がなる（※南谷：クマガワブドウはこの地にないことになっている。昔は自生があったのかもしれない）。②昔は43林班に多かった。ブドウ酒が作れるという。径15〜20cmの大木あり。照葉樹林のみにある。④熊本県境付近に1ヵ所あり。⑤昔はどこにも多かった。⑥ガラン（エビヅル）の方が甘い。昔は岩瀬ダムにいっぱいあった。（※南谷：現在も生えている）
【ノート】宮崎県南西部の西・北諸地方にはクマガワブドウが自生しており、果実が大きいので山仕事をされる方には馴染みがあったのであろう。今は、杉林に入ると林冠を被るので、刈り取られ次第に減少している。

クマノミズキ　　*Cornus macrophylla* Wall.　　　　　　　　　　　　　　　　【ミズキ科】

ミズキの項へ

クマヤナギ　　*Berchemia racemosa* Siebold et Zucc.　　　　　　　　　　　　　　　　【クロウメモドキ科】

カネカズラ	椎葉村（栂尾）、小林市（木浦木①）
カンネカズラ	須木村（夏木）
クロカズラ	須木村（堂屋敷）
クロカネ	小林市（西小林②）、都城市（志比田）、三股町（長田）、串間市（黒井⑤）
クロガネ	椎葉村（日添）、西米良村（小川）、西都市（銀鏡）、えびの市（白鳥）、小林市（西小林⑨）、高原町（狭野）、都城市（御池町）、高崎町（前田）、山之口町（五反田）
クロカネカズラ	日之影町（見立①）、椎葉村（尾手納、日添）、日向市（田の原）、須木村（田代ケ八重）、田野町（内八

	重)、日南市(小吹毛井⑥)
クロガネカズラ	高千穂町(岩戸、三田井①、向山①)、五ヶ瀬町(赤谷)、日之影町(後梅③)、北川町(陸地、上赤、瀬口、北浦町(三川内大井①)、椎葉村(栂尾⑦、松尾)、諸塚村、南郷村(鬼神野⑧)、西米良村(田無瀬)、西都市(津々志) 木城町(中之又)、小林市(山代)、野尻町(今別府④)、綾町(竹野)、須木村(堂屋敷)、宮崎市(塩鶴)、高原町(後川内)、都城市(安久) 北郷町(広河原)、串間市(大矢取)
クロガネモドシ	高城町(有水)
クロガネンボ	須木村(内山)
クロクチ	日之影町(見立①)
コガネカズラ	五ヶ瀬町(鞍岡波帰①)

【コメント】①枝が金のように堅い。杖によい。②堅くて下払いの時、切れぬ。③氏神さんお祭りの際に、木(山の神)にシラクチカズラ(サルナシ)とクロガネカズラをしめ縄代わりに巻く。集落により違ったが昔は年一回今は1月1日にする。④山仕事の時は牛の引き綱に使う。なかなか切れず丈夫。⑤牛の鼻ぐりに使う。杖にも良い。⑥筏の丸太を組むカズラに使う。⑦臼太鼓をたたくシモク(槌)の頭に使う。⑧臼太鼓のカネタタキを作る。⑨実が紫色になると食いよった。

【ノート】蔓植物で樹肌が黒くなり、金属のように堅くなるので付けられた名前であろう。1970年代に、伐採木を馬で搬出中の山師に出会ったが、その際にはロープ代わりにクマヤナギが使われていた(南谷)。

グミ類

アキグミ	*Elaeagnus umbellata* Thunb	【グミ科】

アキグミ	高千穂町(岩戸、三田井、向山)、五ヶ瀬町(赤谷、鞍岡波帰、桑野内)、北川町(上祝子)、延岡市(赤水)、西郷村(山須原)、えびの市(飯野)
アワグミ	串間市(高松)
カワグミ	日之影町(一ノ水、後梅)、北川町(上赤、八戸)、椎葉村(大河内)、南郷村(鬼神野)、西米良村(小川)、西都市(銀鏡)、木城町(中之又)、須木村(田代ケ八重)、北郷町(宿野)
カワラグミ	木城町(石河内)
グイメ	北方町、北浦町(古江)
グミ	高千穂町(鬼切畑)、北方町(二股、上鹿川)、北方町(上鹿川⑦)、北川町(瀬口多良田)、椎葉村(尾前)、北郷村(入下)、南郷村(鬼神野)、西米良村(田無瀬)、宮崎市(瓜生野)、山之口町(五反田)、北郷町(大戸野)、日南市(上白木俣)
グメ	北川町(葛葉)
コグミ	西都市(三納)、串間市(大平)
コメグミ	高千穂町(三田井)、都農町(東都農)、木城町(石河内)、新富町(鬼付女)、宮崎市(江田)、田野町(内八重)、えびの市(飯野、加久藤、京町)、小林市(西小林)、須木村(内山、夏木)、都城市(安久⑩)、高城町(四家)
コメグン	都城市(上安久、志比田)
コメコメグミ	宮崎市(江田⑧)
シシャブ	五ヶ瀬町(桑野内)
シャシャブ	新富町(新田(※平田))
シモグミ	高千穂町(岩戸、河内、神殿、田原)
シモグルメ	日向市(田の原)
ノグミ	日之影町(新畑、中間畑)、北川町(陸地)、椎葉村(尾前)、西米良村(板谷)、えびの市(白鳥)、須木村(内山①)、野尻町(今別府)、綾町(竹野)、国富町(八代南俣)、宮崎市(塩鶴、野島②⑨)、高岡町(柞木橋)、高原町(後川内)、都城市(御池町)、高城町(有水)、高崎町(前田)、三股町(長田)、日南市(吾田、宮浦)、串間市(大矢取、高松)
ノグルメ	日向市(田の原)
ムギグミ	高鍋町(鬼ケ久保)
ヒクサグイメ	北浦町(三川内歌糸③)
ヤマグミ	高千穂町(押方、下野、向山④)、五ヶ瀬町(東光寺)、日之影町(見立)、椎葉村(尾手納、日添、松尾)、日向市(権現崎⑥)、えびの市(京町)、須木村(田代ケ 八重)、高原町、都城市(夏尾)
ヤマグンノッ	えびの市(加久藤⑤)

【コメント】①枝をゴム銃に使う。②お茶:葉を煎じて茶代わり。③ヒクサとは干草のこと。刈干しを牛に食わせるため束にして積む頃熟れる。④高いところにある、秋に熟れる。木は大きいが実は小さい。⑤樹皮を虫下しにする。⑥げんのうの柄に使う。⑦杖にする。⑧たくさん生(な)ると米が豊作という。⑨材の虫はカンノムシによい。⑩自在鉤によい。

【ノート】里の川べりに生えるのでノグミやカワグミ。秋の寒くなると熟れるのでアキグミやシモグミ。実が小さいので米粒に見立てコメグミというのであろう。

| ツルグミ | *Elaeagnus glabra* Thunb. | 【グミ科】 |

カズラグミ	日之影町(見立)、日之影町(新畑)、北川町(上祝子、八戸)、西米良村(田無瀬)、木城町(中之又①)、高鍋町(鬼ケ久保) えびの市(白鳥)、小林市(木浦木、西小林)、野尻町(野尻)、綾町(竹野)、田野町(内八重、堀口)、高岡町(柞木橋)、都城市(安久)、高城町(有水)、串間市(大矢取)
ヤマグミ	野尻町(今別府)
ヤマグルメ	日向市(田の原)
ヤマグルンメ	東郷町(坪谷、西林山)

【コメント】①セットという小槌の柄に。頭は金属。

| ナワシログミ | *Elaeagnus pungens* Thunb. | 【グミ科】 |

エシログミ	椎葉村(日添)
オニグミ	田野町(内八重)、日南市(細田)
ギーメ	北浦町(市振)
グイメ	北方町、北浦町(古江)、延岡市(熊之江、島浦)
グウメ	北浦町(阿蘇)
クマグミ	えびの市(加久藤)
グミ	日之影町(後梅)、椎葉村(栂尾)、高鍋町(鬼ケ久保)、えびの市(京町)、串間市(高松)
グメ	北浦町(三川内大井)、延岡市(浦城、熊之江)
グン	えびの市(加久藤)
シオグミ	新富町(鬼付女)
タウエグミ	日之影町(※町史)
トラグミ	木城町(川原)、国富町(八代南俣)、宮崎市(木花、瓜生野)、小林市(木浦木他各地)、須木村(夏木)、野尻町、綾町(竹野)、宮崎市(野島)、田野町(内八重⑧)、都城市(安久)、高城町(有水)、三股町(長田)、北郷町(大戸野、黒山、宿野)、日南市(鵜戸、飫肥、細田、宮浦)、高岡町(柞木橋)、高原町(後川内)、都城市(牛の脛)、高城町(四家)、高崎町(笛水)、山之口町(五反田)、串間市(市木、大平、大矢取)
トラグン	都城市(荒襲、上安久)
ナエシログミ	五ヶ瀬町(鞍岡波帰)、北方町(上鹿川①)、北川町(瀬口)、日向市(権現崎)
ナガシログミ	北川町(八戸①)
ナガセグメ	北川町(葛葉)
ナワシログミ	高千穂町(岩戸、鬼切畑、押方、田原、向山)、五ヶ瀬町(赤谷、桑野内、東光寺)、日之影町(八戸星山)、北方町(二股①)、北川町(陸地、八戸⑤)、北郷村(入下)、南郷村(鬼神野)
ノグミ	延岡市(赤水)、木城町(中之又)
ノシログイメ	北浦町(三川内歌糸)、延岡市(熊之江)
ノシログミ	高千穂町(下野)、五ヶ瀬町(広瀬)、日之影町(戸川②、中間畑)、北川町(上赤、上祝子⑤)、椎葉村(尾手納、尾前)、西郷村(山須原)
ノシログメ	北浦町(三川内大井)
ハルグミ	高千穂町(向山)
ホングミ	日之影町(後梅①)
ムギグミ	宮崎市(江田⑦)
ムッグミ	川南町(細⑨)
ヤマグミ	高千穂町(田原、三田井)、日之影町(後梅①)、北川町(瀬口多良田)、椎葉村(大河内④)、諸塚村(黒葛原)、南郷村(鬼神野⑥)、西米良村(小川)、西都市(銀鏡、三納)、木城町(中之又)、小林市(西小林)、串間市(高松)
ヤマグルメ	日向市(田の原)

ナワシログミ(春に熟れうまい)

【コメント】①葉が長く裏が白い。石工のイシゲンノウの柄にする。皮付きの枝のまま、ねばいのでショックが少ない。②石工用の柄木に一番良い。2番はネズミモチ、3番はホンツゲ(ツクシイヌツゲ)、4番はマメツゲ(ツゲ)。③金槌の柄、ゲンノウの材料。④杖によい。⑤この実が熟れる頃苗代つくり。⑥ゲンノウの柄、自在鉤に使う。⑦たくさん生ると麦が豊作だという。⑧これで作った自在鉤は何年経っても折れん。火で炙れば、なお強くなる。⑨麦グミのこと。
【ノート】アキグミをグミやコメグミといい、それより大型の実にトラグミとつけたのか。苗代つくりの頃に熟れるのでナエシロ・ノシロと呼ぶ地方がほとんど。

| マルバグミ | *Elaeagnus macrophylla* Thunb. | 【グミ科】 |

トラグミ	串間市(高松)

| キリシマグミ（クマヤマグミ） | *Elaeagnus epitricha* Momiy. ex H.Ohba | 【グミ科】 |

セダオグミ	高原町（狭野①）

【コメント】昔は7月上旬になると、子供たちは霧島の瀬田尾に上がり食いに行きよった。腹はこわさん。

| グラジオラス | *Gladiolus x colvillii* Sweet | 【アヤメ科】 |

ダンダンバナ	椎葉村（尾手納）、西郷村、えびの市（飯野）、小林市（西小林）、須木村（内山）、都城市三股町

| クリ | *Castanea crenata* Siebold et Zucc. | 【ブナ科】 |

クリ	椎葉村（日添①）
ノグリ	北川町（上祝子②）、えびの市（加久藤③）

【コメント】①柄ものによい。鎌に軽くてよい。鍬の柄にもいい。②土台木によい。③ここでは、シバグリをさしており、十五夜飾りにする。

| クリンソウ | *Primula japonica* A.Gray | 【サクラソウ科】 |

ダンダンバナ	椎葉村（大河内）
ヒチダンソウ	椎葉村（不土野①）

【コメント】①庭さきの水辺に植えこまれていた。不土野にはあったらしい。
【ノート】クリンソウは九州に自生はないが、①の地区で元気に育っており、聞けば自生があったということであった。現存したかどうかの確認はしなかったが案内してもらうべきだったと反省している。

| クロガネモチ | *Ilex rotunda* Thunb. | 【モチノキ科】 |

イモグス	北川町（八戸）、北浦町（市振、古江）、延岡市（須美江）、日向市（畑浦）、西米良村（小川）、西都市（大椎葉）、木城町（川原、中之又）、綾町（竹野）宮崎市（木花、野島）、須木村（内山）、高原町（狭野）、田野町（内八重）、高原町（後川内）、北諸県郡（※樹方）、高城町（四家）、串間市（大平）
イモクソ	北川町（上赤）、日向市（田の原①）、木城町（石河内）、宮崎（※樹方）、都城市（上安久）、串間市（黒井）
イモグソ	日之影町（新畑）、延岡市（浦城②）、宮崎（※樹方）
イモクロ	串間市（市木）
イロシロギ	宮崎市（野島）、日南市（小目井（※平田））
キャーグス	西都市（銀鏡）
クロガネ	えびの市（真幸内堅）
クロガネモチ	日之影町（舟の尾）、北川町（陸地）、西諸県郡（全域）、小林市（西小林）
ケェァーグス	西都市（中尾）
ケグス	西米良村（横野）
コガネモチ	串間市（市木（※平田））
シラキ	延岡市（安井、須美江）
シロガネモチ	串間市（市木④）
シロギ	北川町（葛葉、瀬口、八戸）、北浦町（阿蘇）、日南市（鵜戸）
シロノキ	日南市（鵜戸）
ナナメノキ	北方町（二股）、日之影町（一ノ水、後梅、新畑）、高鍋町（鬼ケ久保⑤）、串間市（黒井⑥）
ナラメ	児湯郡（※樹方）
フユナナミ	高千穂町（向山秋元）
フユナナメ	日之影町（中間畑）
ミツッノキ	えびの市（京町）
ヤンモチノキ	小林市（山代）

【コメント】①炭に焼くと軟いやつができる。②ヤンモチ（鳥モチ）が取れる。③昔の名はイロシロギ、今はイモグスという。樹肌が白いから。④樹肌が白いのでいう。⑤今はイモグスというようになった。皮でトリモチを作っていた。⑥材は斜めに割れる。
【ノート】材が柔らかい木には多くのものにイモグスと呼んでいる。クロガネモチも同じ。また、樹肌がお化粧したように白いのでシラキ、シロギ、シロノキと呼ぶ。モチノキ類はナタで縦に割ると、中心をはずれ斜めに割れるのでナナメノキと呼ぶのは本種も同じ。同科の落葉性であるアオハダにナツナナメと呼んでいるが、これに対し冬も緑なのでフユナナメの名がつけられている。

クロキ　　*Symplocos kuroki* Nagam.　　【ハイノキ科】

イノス	東郷町（坪谷）
クロキ	東郷町（坪谷西林山①）、えびの市（加久藤②）
クロギ	都城市（上安久）、高崎町（笛水）
クロギバナ	椎葉村（日添）
クロッノキ	えびの市（白鳥）、高原町（狭野）
クロノキ	小林市（西小林①③）
クロフェ	都農町（木和田）
クロフェー	北川町（瀬口多良田）
クロフェーノキ	北川町（陸地④）
クロヘ	串間市（黒井）
クロヘー	北浦町（三川内大井⑤）
クロヘノキ	小林市（木浦木）
ゲンシロウノキ	延岡市（浦城）
シマクロ	木城町（石河内）、えびの市（真幸内堅⑥）
シマクロキ	都城市（御池町）
シラハイ	東郷町（西林山）
ハイノキ	日之影町（七折一ノ水⑦、見立）、北川町（上赤、俵野）、北浦町（阿蘇）、延岡市（島浦⑧）、日向市（幸脇）、須木村（内山）、田野町（内八重）
ババノテヤキ	えびの市（真幸内堅⑨）
フェーノキ	北川町（葛葉）、延岡市（熊之江）
フェノキ	日之影町（後梅）、日向市（田の原⑩）、延岡市（浦城）、日向市（権現崎⑪）
フェノキシバ	延岡市（赤水⑧）
ヘガラ	串間市（大平、大矢取、高松、羽ケ瀬）
ヘシバ	日向市（※日向市史）
ヘーノキ	北浦町（市振、古江）
ヘノキ	北方町（二股）、北浦町（古江⑫）、延岡市（須美江）、西都市（中尾）、宮崎市（江田、野島⑧）、串間市（市木、今町）
ヘノキシバ	延岡市（安井）

【コメント】①堅くて腐りにくいので、カヤ家の土台（うどこ木）に使う。②ハラメウチに使うハラメ棒にする。きれいに材を両側から切り裂き開いて飾りをつける。③燃やすとすぐ白灰になる。④シロフェーノキにはツチトリモチが出る。⑤木炭にならん。材が黒みがかる。⑥昔の名。今はババノテヤキという。⑦メグリボウ。打った際に効き目がある。⑧墓の供花。⑨灰がオキにかぶるので婆さんが灰だけと思って手ですくったら火傷した。灰をかぶってオキは翌朝まである。⑩ヂヤンモチ（ツチトリモチ）がつく。⑪小麦粉とこの灰に酢を混ぜ、練って、打ち身の湿布薬にする。⑫墓にあげるものがないときにはこれを供える。
【ノート】樹皮は黒いが、燃やすとすぐ白灰になるのでシラハイ、ハイノキといい、ハイが転訛してフェノキ、ヘーノキになっている。

クロキ（幹は黒い）

クログワイ　　*Eleocharis kuroguwai* Ohwi　　【カヤツリグサ科】

スガラ	都城市（志比田①）
タガライモ	三股町（長田）、須木村（奈佐木）
タンボガライモ	えびの市（真幸内堅②）
ヒツイグサ	えびの市（加久藤）
ユ	椎葉村（松尾）
ユガヤ	北郷村（入下）、南郷村（鬼神野）、日向市（田の綾町（竹野）、原③）、木城町（石河内）、高鍋町（鬼ケ久保）、高崎町（前田）、えびの市（飯野、京町、真幸）、小林市（西小林①）、須木村（九々瀬）、都城市（夏尾①、安久）、宮崎市（塩鶴）、田野町（内八重）、高原町（後川内）、都城市（安久）、高崎町（笛水）、三股町（長田）、北郷町（宿野）、串間市（大矢取）
ユグサ	諸塚村

クロヅル　　*Tripterygium regelii* Sprague et Takeda　　【ニシキギ科】

アカカズラ	五ヶ瀬町（鞍岡波帰①）、椎葉村（日添、小林）

アカクチカズラ	高千穂町（向山秋元②、三田井①）、西米良村（田無瀬）、川南町（細）、須木村（田代ケ八重）
アカグチカズラ	北川町（祝子（※平田））
？？	高原町（霧島山③④）
アカネ	えびの市（白鳥④）
アカネカズラ	高原町（狭野④⑤）
ハシツナギカズラ	北川町（祝子（※平田））

【コメント】①麻皮蒸しのときに使う輪にする。②フシン（家つくり）に使う。曲げるときは火にあぶる。ヤナカとノキを縛る。何十年ももつ。③先代の高千穂の峰守は、この木で杖を作った。曲がっているので束にして、お鉢の火口に埋め、蒸してから、伸ばして、売っていた（森本氏談）。④ここではコバノクロヅル。⑤枝を霧島山の噴気孔や熱湯に浸け、軟らかくして真っ直ぐに伸ばす。握り手は曲げ杖にする。杖は赤くなってきれい。
【ノート】クロヅルは九州中央山地までで、霧島山系以南ではコバノクロヅルになる。ここでは区別していない。

クロバイ　　*Symplocos prunifolia* Siebold et Zucc.　　【ハイノキ科】

クロハイ	東郷町（西林山①）
クロハイノキ	西都市（三財②）
クロフェ	都農町（木和田）
クロヘ	日南市（飫肥（※日植））
ハイノキ	日向市（幸脇）
ヘーノキ	北川町（八戸）、西都市（津々志）
ヘノキ	日南市（鵜戸）

【コメント】①クロキをシラハイという。②燃えにくいので、この枝で炭の掻き出しを作る。

クロモジ類　　*Lindera sericea* Blume　　【クスノキ科】

クロギ	椎葉村（尾前）
クロモジ	五ヶ瀬町（桑野内、赤谷①、鞍岡①②）、日之影町（一ノ水、後梅、中間畑②、見立、飯干、八戸星山①）、北方町（上鹿川①）、北川町（上赤②、上祝子、八戸③）、北方町（上鹿川②、二股）、椎葉村（尾手納④、尾前、松尾、日添⑤、小林）、諸塚村、北郷村、南郷村、日向市（田の原）、西米良村（田無瀬⑥）、綾町（竹野）、木城町（石河内）、小林市（木浦木）、須木村（九々瀬、堂屋敷①）
クロキ	木城町（中之又）
ツエギ	西米良村（板谷⑦）
ヨウジギ	椎葉村（尾前）
ヨウジノッ	小林市（山代）

【コメント】①杖にする。②箸にすると歯痛みがなくなり、歯が強くなる。③皮付きの枝を箸にして、魔除けにする。④ハヨウジに使う。⑤皮を薬に買いに来よった。⑥イノシシ罠のグシによい。必ずまっすぐに戻る。⑦昨年は楊子用に切り出した。
【ノート】宮崎県には高所にヒメクロモジが低所にケクロモジがあり、中間にウスゲクロモジがある。区別していないようなので一括してクロモジ類としている。学名には里山に多いケクロモジをあてた。

クワズイモ　　*Alocasia odora* Spach　　【サトイモ科】

クワズイモ	日南市（鵜戸）

ケ

ケイトウ　　*Celosia cristata* L.　　【ヒユ科】

カブトバナ	椎葉村（尾手納）、北郷村（入下）
ケイトウ	北川町（八戸）、諸塚村、南郷村（鬼神野）、木城町（中之又）
ケイトバナ	日之影町（後梅）、田野町（内八重）、北郷町（大戸野）
ケッシ	椎葉村（尾前）、木城町（石河内）
ケッシバナ	えびの市（飯野、加久藤）
ケトウジ	椎葉村（松尾）
ケトジ	五ヶ瀬町（鞍岡波帰）、日之影町（八戸）
ケットバナ	串間市（大矢取）
ケトバナ	串間市（高松）
ジュウゴヤバナ	日向市（田の原①）
トイノヨボシ	小林市（山代）

トサカ	小林市（西小林）
トサカバナ	北浦町（三川内）
トリノヨボシ	野尻町（今別府）
ニワトリノエボシ	田野町（内八重）
ニワトリノヨボシ	野尻町
マンダラ	都城市（安久）、三股町（長田）

【コメント】①十五夜の時ススキと共に供える。

ケイビラン　　*Comospermum yedoense* Rausch.　　【キジカクシ科】

イワニンニク	日之影町（見立）、北川町（上祝子①）

【コメント】①若葉をゆがいて食う。野猿坊の好物。

ケカモノハシ　　*Ischaemum anthephoroides* Miq.　　【イネ科】

ガニガシラ	日南市（小目井（※平田））
ハレン	宮崎市（檍（※平田））

ケヤキ　　*Zelkova serrata* Makino　　【ニレ科】

ケヤキ	西臼杵郡（全域）、高千穂町（向山秋元）、日之影町（七折一ノ水）、日向市（田の原）、西米良村（小川）、西都市（銀鏡、中尾）
ホンゲヤキ	高原町（狭野①）

【コメント】①イシゲヤキというのもある。

ケヤマウコギ　　*Eleutherococcus divaricatus* S.Y.Hu　　【ウコギ科】

？？	椎葉村（日添①）

【コメント】①名は忘れた。赤痢が流行ると玄関の柱に下げる。ハシカが流行ると子供の背中にかける。

ゲンノショウコ　　*Geranium thunbergii* Siebold ex Lindl. et Paxton　　【フウロソウ科】

イシャイラズ	川南町（込口）
ゲンノショウコ	西臼杵郡（全域）、五ヶ瀬町（鞍岡波帰）、日之影町（後梅、新畑、見立、八戸星山）、椎葉村（日添）、北川町（瀬口多良田）、北浦町（三川内歌糸）、延岡市（赤水）、日向市（田の原）、高鍋町（鬼ケ久保）、田野町（内八重）、小林市、野尻町、都城市（安久）、高崎町（前田）、高城町（有水①）、北郷町（大戸野）
セキリクサ	えびの市（真幸内堅）
セキリグサ	西都市（三財（内藤））、えびの市（京町）、須木村（内山）、都城地方（※都盆）、高崎町（笛水）
ミコシグサ	北浦町（三川内歌糸②）

【コメント】①やっと抱えるくらい取っても、乾かすと1kgしかなく、300円で売りよった。②実がはじけた形が神輿の飾りに似ているのでいうのであろう（南谷）。

ケンポナシ　　*Hovenia dulcis* Thunb.　　【クロウメモドキ科】

ケンナシ	西米良村（田無瀬）
ケンノミ	椎葉村（日添）
チャンポコナシ	小林市（西小林）、西諸・小林地方（鷹野）
テッポナシ	須木村（堂屋敷）
テンポコナシ	高原町（狭野①）
テンポナシ	高千穂町（岩戸、押方、下野、田原）、五ヶ瀬町（波帰、赤谷）、日之影町（後梅、新畑、中間畑、八戸星山）、西都市（津々志）、木城町（中之又）、綾町（竹野）、小林市（山代）、高原町（後川内）、高崎町（前田）
テンポンナシ	高千穂町（岩戸）、日之影町（見立）

【コメント】①霜の頃パラパラ落ち、子は拾って食う。

コ

コアカソ　*Boehmeria spicata* Thunb.　【イラクサ科】

？？	小林市①、須木村（九々瀬②）
アカジン	日向市（田の原③）、高城町（有水）
アカソ	南郷村（鬼神野③）、木城町（中之又③）
アカチャ	北川町（上祝子）
アラヲギ	西米良村（板谷）
ウツギ	都城市（御池町）、山之口町（五反田）
エビクサ	木城町（石河内）
エビグサ	日向市（※樹方）、児湯郡（※樹方）、宮崎市（野島）、田野町（内八重）、西諸県郡（※樹方）、北郷町（大戸野、広河原）、日南市（鵜戸③、上白木俣③、宮浦③）
エビザサ	川南町（細）
エビシバ	木城町（中之又）、川南町（細）、宮崎市（塩鶴、曽山寺）、都城市（安久）
オララギ	椎葉村（大河内、尾手納、尾前、日添④、小林）、諸塚村（飯干、家代⑤）、西米良村（田無瀬）、西都市（尾八重）
オララギカブ	椎葉村（日添）
オリコギ	西米良村（小川）、西都市（銀鏡）
カシキグサ	小林市（西小林）
カワジソ	北浦町（三川内歌糸）
カワラハギ	日之影町（新畑）
コウラハギ	五ヶ瀬町（鞍岡波帰）、日之影町（後梅、中間畑）
ゴウラハギ	高千穂町（向山秋元）、北川町（上祝子）
コオロギ	西米良村（尾股）
コララギ	西米良村（尾股）
セイロ	えびの市（真幸）
タニガシ	小林市（木浦木）
チトリグサ	高原町（狭野⑥）
トドロウツッ	えびの市（真幸内堅）
ホウリグサ	北浦町（三川内歌糸）
ヤマウツギ	高原町（狭野）
ヤマシソ	須木村（堂屋敷）
ヤマジソ	北川町（陸地）
ヤマジャエン	高原町（湯之元）

【コメント】①水浴びの後、この枝葉で体を叩く。②名は分からないが、牛馬が好む。③枝を束にして縛り、川につけてエビを捕る。④茎の紅いオンナと白いオトコがある。⑤オララギの葉を揉んだ汁でコベ（カラスウリ）のあく抜きができたかどうかを判断する。コベを晒した桶にオララギの汁を入れると、あくが抜けていれば、汁は丸く集まる。⑥泳ぐと頭がびっしょり濡れるので、この枝で髪をパタパタやって水を落としよった。「チトリ」は「露とり」のことか（南谷）。
【ノート】山地の高所ではクサコアカソもあるが、ここでは区別していない。エビ柴漁（枝を縛って川につけるとエビが枝の中に入る。それを上げるとエビをまとめ捕りできる）に最適なのでエビクサという。オララギなど不明。

コアカソ（枝葉を川に入れエビとり）

コウゾ　*Broussonetia x kazinoki* Siebold　【クワ科】

カジ	日之影町（奥村、見立飯干）、延岡市（熊之江）、小林市（山代）、高崎町（笛水）
コウゾ	高千穂町（下野）
タニワタリ	須木村（堂屋敷）
ムクビ	西都市（津々志）、木城町（石河内）、綾町（竹野）、宮崎市（塩鶴）、田野町（内八重）
ムクミ	日南市（上白木俣）、串間市（大矢取）
ムクン	高城町（有水）、高崎町（前田）
ヤマカジ	五ヶ瀬町（鞍岡波帰）、西米良村（小川）、西都市（銀鏡）、須木村（九々瀬、堂屋敷）
ヤマソカジ	椎葉村（日添）、西米良村（横野）
ヤマコウゾ	山之口町（五反田）

ツルコウゾ　*Ardisia pusilla* A.DC.　【クワ科】

カズラカジ	木城町（中之又）

ムクビ	北川町（八戸）、木城町（中之又）、綾町（入野）、田野町
ムクビカズラ	北川町（上赤）、北浦町（三川内大井①）、日向市（田の原）、須木村（堂屋敷）
ムクブカズラ	須木村（田代ケ八重）、国富町（八代南俣）
ムクミカジ	小林市（木浦木）
ムクミカズラ	野尻町（今別府②）、都城市（上安久、安久）、高崎町（笛水）
ムクミカン	北方町（※平田）
ムクンカジ	小林市（山代）
ムクンカズラ	高原町（後川内）、高崎町、三股町（長田）
ヤマカジ	高千穂町（向山秋元）、日之影町（後梅、中間畑）

【コメント】①縛りに使う。②昔にはよく出荷した。

コウゾリナ　　*Picris hieracioides* L. subsp. *japonica*　Krylov　　【キク科】

コウゾンナ	椎葉村（大河内①）

【コメント】①葉をゆでて味噌汁に入れる。

コウボウムギ　　*Ischaemum aristatum* L. var. *crassipes*　Yonek.　　【イネ科】

バレン	宮崎市（江田①）
？	新富町（鬼付女②）

【コメント】①根でホウキを作る。昔は「バレンボウキ」といい、売りよった。②根っこを集め束にして土間ホウキを作った。名は忘れた。

コウヤボウキ　　*Pertya scandens*　Sch.Bip.　　【キク科】

カラスハギ	日之影町（中間畑①）
キジノスネ	東臼杵郡（※樹方）、日向市（田の原）
キジノスネカキ	西都市（銀鏡）
キジノスネハギ	日之影町（後梅①②）
キジノメツキ	北浦町（三川内歌糸③）
キジノメハジキ	北川町（陸地④）
ホウキグサ	延岡市（赤水⑤）、木城町（中之又⑤）

【コメント】①ハエたたきを作る。モモバエ（ショウジョウバエ）が飛び回るときに使う。②ここではナガバコウヤボウキの方、ヒノキの指標。③15日正月に餅をつけ、餅飾りを作る。ヤナギも使う。④花餅。指くらいの小さな餅をつける。⑤乾燥させ、叩いて葉を落とし、縛って土間ボウキにする。
【ノート】宮崎県には雑木林の縁にコウヤボウキとナガバコウヤボウキがある。どちらも小枝を地面に広げて、キジの動きを止めるかのように繁茂するので言うのであろう。ここでは両種を一括している。

コウヤマキ　　*Sciadopitys verticillata*　Siebold et Zucc.　　【コウヤマキ科】

アブラマキ	東郷町（坪谷西林山①）
ホンマキ	日向市②、木城町（石河内）
マキ	西米良村（小川、上米良③、槙の口⑥）、椎葉村（大河内、栂尾⑦）、日向市（田の原④）、南郷村（鬼神野）、西米良村（小川⑨）、西都市（銀鏡⑧）、木城町（中之又⑤）、川南町（細）

【コメント】①雌は床柱に使う、雄はマキにする。②正月の時だけ神様にあげる。1mくらいの芯を使用し、枝を瓶にさして飾ると3月くらいまで持つ。昔からやっており市内の塩見や東郷町山陰の人たちが売りに来る。平日は榊を使用。③元気のいいうちに山に登り、マキを倒して、板にしておく。乾いたころ取りに行く。納屋にとっておき、死んだら自分の棺桶にする。④床の間に供える。産湯の桶はこれが縁起よい。23年も使っている。⑤柱や土台木などの雨がかりの場所に使う。⑥「材が入手できぬ」（桶屋さんの談）。井戸のはねつるべの支柱にした。⑦盆の時、墓に供える。⑧腐らないので、土台木によい。キジラ（白蟻）も食わん。水桶の材料。いつ死ぬかわからないので、板にして格納していた。⑨水桶や風呂に最高。下駄を作った。正月に神様に供える。湿しい木で、水さえきらさないと半年は青うしちょる。よだきん坊が生活の知恵で考えついたもんじゃろ。
【ノート】宮崎県にはコウヤマキが九州唯一の分布をしており、諸塚村・椎葉村・西米良村・東郷町・木城町にはコウヤマキを使う文化がある。

コガクウツギ　　*Hydrangea luteovenosa*　Koidz.　　【アジサイ科】

アカトウシ	場所不明

アカトンシン	北浦町（三川内大井）
ウノハナ	北川町（八戸⑤、陸地①、瀬口④）
ジミノキ	木城町（石河内）
スッポ	日向市（※日向市史）
タウエバナ	北川町（八戸②）
ツキデ	日之影町（七折一ノ水③）
ツキブシ	西米良村（田無瀬）
ツクヂェ	木城町（中之又）
ツヅミ	北方町（二股③）
トウシミ	北方町（二股③）、北川町（葛葉③、瀬口多良田④）
トウシミグサ	北方町（二股③）
トウシミノキ	北川町（八戸③）

【コメント】①炭俵の口当て。潮風に合うとボロボロになる。大阪に舟で出すと破れて炭が出るけんど使いよった。②咲いたら田植え。③芯をつきだし灯芯にする。箸にするな。④4月8日の花祭りに、今も供える。
【ノート】ガクウツギの項参照。ここでは明らかにコガクウツギをさしたものを取り上げている。

コガンピ　　*Diplomorpha ganpi*　Nakai　　【ジンチョウゲ科】

カワヤナギ	高原町（後川内）
コマツナギグサ	えびの市（各地）、小林市（西小林①）
コマツナッ	小林市（山代②）
シラハギ	小林市（西小林③）

【コメント】①戦時中には、一家族につき〇〇kg出せ！と供出させられた。落下傘の紐にしたのか？　②昔は、繊維をとるために、命令で1戸で1〜2貫を供出しよった。1日では取れんかった。③根を紙幣にしたという。終戦後供出したとのこと。

ゴキヅル　　*Actinostemma tenerum*　Griff.　　【ウリ科】

ウサギトカメ	宮崎市（江田①）
ネコンキンタマ	えびの市（加久藤）
ベントウカズラ	えびの市（京町）

【コメント】①白と黒の種が入っているから言う。

コクサギ　　*Orixa japonica*　Thunb.　　【ミカン科】

？？	須木村（九々瀬①）
ガニヘゴ	日南市（宮浦）
ハベロシ	椎葉村（尾前②）
ハボセロ	高千穂町（向山秋元③）
ハボロシ	五ヶ瀬町（鞍岡波帰）、椎葉村（日添、小林）、諸塚村（飯干④）
ハボロセ	高千穂町（向山秋元）
インノヘ	北川町（上赤）

【コメント】①名は忘れた。牛のシラミ取りに使う。②魚を殺せる。③匂いが臭い。④ウジ殺しに使う。

コシアブラ　　*Chengiopanax sciadophylloides*　C.B.Shang et J.Y.Huang　　【ウコギ科】

イヌギリ	椎葉村（小崎）
イモギ	椎葉村（尾手納）
イモクソ	北川町（上祝子①）
イモゾウ	椎葉村（尾手納）
ホットリ	五ヶ瀬町（鞍岡波帰②）
ホットロ	椎葉村（日添②）

【コメント】①材が軽い。②新芽を食べる。下駄・まな板にする。

コシダ　　*Dicranopteris linearis*　Underw.　　【ウラジロ科】

カゴシダ	川南町（比田）

カゴヘゴ	高城町（有水）
ガニヘゴ	日南市（飫肥）
コシダ	延岡市（赤水）、北川町（陸地）
コスダ	北浦町（阿蘇、市振、古江）、西米良村（田無瀬）
コヘゴ	高岡町（柞木橋）、串間市（大矢取）
スダ	北浦町（三川内歌糸①）、延岡市（島浦②）、日向市（幸脇）、綾町（入野④）、小林市（木浦木）
タカヘゴ	串間市（高松）
ネコシダ	北川町（祝子（※平田））
ネコスダ	北浦町（古江）、延岡市（浦城③、熊之江、須美江）
ヘゴシダ	延岡市（赤水）
ヘゴスダ	日向市（田の原）
メゴヘゴ	田野町（内八重）、山之口町（五反田）
メシダ	都農町（東都農）

【コメント】①ポロッと折れるのでハシにするなという。歯がもろくなる。②乾かして船底を焼く。③チャワンメゴ（かご）を作る。④茎は腐らないので、湿田を乾田にする時につかう。泥を掘り、竹（モウソウチク、マダケ、ホテイチク）を埋め、その上にコシダの茎を載せ、埋める。

コショウノキ　　*Daphne kiusiana* Miq.　　【ジンチョウゲ科】

サクラビ	川南町（細）
ヒノオ	田野町（片井野②）
ヒノカジ	高千穂町（※平田）
ミツマタ	日向市（田の原）
ミツマタカジ	延岡市（浦城）、田野町（内八重）
ミツマタコウゾ	田野町（堀口）、串間市（黒井）
ヤマギンチョウ	日之影町（新畑）、延岡市（浦城）、須木村（内山）、野尻町（今別府①）、宮崎市（塩鶴）、都城市（安久）、高城町（有水）、高崎町（前田）
ヤマジンチョウ	須木村（堂屋敷）、小林市（西小林）

【コメント】①ジンチョウゲをギンチョウという。②ガンピ類は同名。

コツクバネウツギ　　*Abelia serrata* Siebold et Zucc.　　【スイカズラ科】

ヤボシタギ	椎葉村（※平田）

コデマリ　　*Spiraea cantoniensis* Lour.　　【バラ科】

ゴメゴメノキ	須木村（内山）
コメバナ	南郷村（鬼神野）
ムギバナ	南郷村（鬼神野）

コナギ　　*Monochoria vaginalis* C.Presl ex Kunth　　【ミズアオイ科】

アキナシ	三股町（長田）
アギナシ	日之影町（一の水、後梅）、南郷村（鬼神野）、日之影町（後梅）、西都市（銀鏡）、国富町（八代南俣）
イボガラ	北川町（陸地、上赤、上祝子、葛葉、瀬口、八戸）
イモガラ	延岡市（須美江）、北郷村（入下）、西郷村（山須原）、日向市（田の原）、川南町（平田）、綾町（竹野）、田野町（内八重）、高原町（後川内）、三股町（長田）、日南市（吾田）、串間市（大矢取）
イモガラグサ（クサ）	日之影町（後梅）、五ヶ瀬町（鞍岡波帰）、北方町（上鹿川）、北浦町（三川内歌糸）、木城町（石河内）、高鍋町（鬼ケ久保）、須木村（内山）、高原町（後川内）、都城市（志比田、夏尾）、高城町（有水）、高崎町（前田）、北郷町（大戸野）
イモクサ（グサ）	木城町（中之又）、須木村（夏木、九々瀬）、野尻町（今別府）、都城市（上安久）
ウキグサ（クサ）	高千穂町（下野）、椎葉村（尾前、栂尾）、小林市（西小林）
ウマバリグサ	高千穂町（下野）
オモダカ	諸塚村（黒葛原）
カワイモグサ	椎葉村（日添③）
ギャ	五ヶ瀬町（東光寺）
グエ	高千穂町（向山秋元）
グァアー	五ヶ瀬町（鞍岡）
クワンエ	北川町（上赤①）

— 108 —

ジグサ	高千穂町(上押方)
タイモ	椎葉村(松尾②)、西郷村(山須原)、西米良村(小川、田無瀬)、西都市(銀鏡)
タイモガラ	北方町
ナギ	宮崎市(江田)、北郷町(宿野)、日南市(吾田、上白木俣)、串間市(黒井、高松)
ナギグサ	えびの市(真幸)
ナギミヤッ	えびの市(加久藤)
ナッ	えびの市(真幸内堅③)
ニャク	えびの市(加久藤長江)
ベー	高千穂町(上野)

コナギ(美しい花の水田雑草)

【コメント】①葉柄と葉のセットが鍬の柄に似るからか。②田の中の一番厄介者。③抜いても抜いても絶えない奴じゃ。③カワイモはオモダカに言う。

コナスビ　　*Lysimachia japonica* Thunb.　　【サクラソウ科】

ミズヒキグサ	田野町(内八重)

コナラ　　*Quercus serrata* Murray　　【ブナ科】

コナラ	椎葉村(松尾)、木城町(中之又)、都城市(御池町)
シブガシ	川南町(※平田)
シロハサコ	五ヶ瀬町(波帰①)
シロバサコ	日之影町(見立)
スダ	北方町(上鹿川)
ズウダ	椎葉村(日添)
ズーダ	椎葉村(尾前)
ドオダ	五ヶ瀬町(広瀬)、椎葉村(尾前)
ドングリ	宮崎市(瓜生野)
ナバギ	川南町(※平田)
ナラ	北方町(二股)、北浦町(三川内大井)、延岡市(熊之江)、椎葉村(大河内)、諸塚村(黒葛原)、東郷町(坪谷)、西都市(銀鏡)、木城町(川原)、小林市(細野、山代)
ナラノキ	都農町(東都農)
ナラバサコ	日之影町(※町史)
ナロウ	北浦町(三川内歌糸)
ハサカ	椎葉村(松尾)
ハサコ	高千穂町(岩戸、押方、河内、下野、神殿、田原、三田井、向山)、五ヶ瀬町(鞍岡波帰、桑野内、広瀬)、日之影町(一ノ水、後梅、新畑、中間畑、見立②、八戸星山)、北川町(陸地、上赤、上祝子、瀬口、八戸、上祝子)、椎葉村(尾手納)
ハザコ	北川町(葛葉)
ホウサ	南郷村(鬼神野)、西米良村(小川、田無瀬)、西都市(津々志)
ホサ	椎葉村(栂尾)、日向市(田の原)、西米良村(横野)、西都市(中尾)、木城町(川原)、川南町(平田)、宮崎市(瓜生野)、清武町、須木村(夏木)、田野町(内八重、片井野④、堀口)、高岡町(柞木橋)、小林市(真方)、都城市(安久)、高城町(有水)、高崎町(笛水)、山田町(石風呂)、山之口町(五反田④)、三股町(長田④)、日南市(上白木俣)、串間市(大矢取④)
ホシ(ノキ)	えびの市(加久藤、京町、白鳥)、小林市(田代八重、西小林、東方、真方)、須木村(内山)、野尻町(野尻)、高原町③、高崎町(前田)
ホス	西米良村(横野)、綾町(入野)、国富町(籾木、八代南俣)、小林市(木浦木、西小林)、須木村(堂屋敷)、野尻町(石瀬戸)
ホスノキ	須木村(原)
ホセラ	串間市(黒井)
ホヒノキ	小林市(西小林)
ヤボツラ	えびの市(加久藤)

【コメント】①クロバサコはナラカシワをいい、ホダにはよくない。②二番いのこに伐る。③コナラの豊作の時は、村近くでは猪がとれない。しかし、山にホシが生らぬ時は、アザミの根を食べに下りてくるので猪がとれる。④刈敷草にする。

コバノカナワラビ　　*Arachniodes sporadosora* Nakaike　　【オシダ科】

ヒメワラビ	延岡市（須美江①）

【コメント】①輸出して飾り物にするらしく、たくさん採っていきよった。ホソバカナワラビと区別せず。

コバンノキ　　*Phyllanthus flexuosus* Mull.Arg.　　【トウダイグサ科】

アカシ	小林市（西小林）
イワシノキ	宮崎（※倉田）

コバンモチ　　*Elaeocarpus japonicus* Siebold et Zucc.　　【ホルトノキ科】

アサガラ	都農町（木和田）
？？	野尻町（今別府①）
クワガタメ	田野町（内八重）
トビノキ	日向市（幸脇）
ナナカマ	日南市（鵜戸②）
ナナカマド	日向市（権現崎）
ハグス	宮崎市（塩鶴）
フキタチ	都農町（木和田）
ヤマモガシ	延岡市（赤水）

【コメント】①縦に割れにくいので、鋸の鞘に使う。②一本で7釜分の薪になる。

コブシ　　*Magnolia kobus* DC.　　【モクレン科】

コブシ	えびの市（京町①）、須木村（内山）、高原町（広原②）、都城市（安久③④）、
コボシ	小林市（西小林）、須木村（堂屋敷）、高崎町（前田、笛水）
シロコボシ	高原町（後川内）
フッダシバナ	高原町（蒲牟田⑥）
ヤマナシ	川南町（※平田）

【コメント】①花が咲く時は川魚の産卵期。②花が咲くとカンショの床伏せ。③「コブシの花がふくらんだど！カライモン床を出さんやー」という。④花にはイダが上がってくる。④春の吹き出しに咲くので、吹き出し花のこと。
【ノート】春早く真っ白な大型の花を咲かせるので、遠くから目立ち、春の農作業の始まりのサインとなっている。宮崎県に野生はないが昔から植え込まれており、西諸・北諸地方では野生化したものがある。

コブナグサ　　*Arthraxon hispidus* Makino　　【イネ科】

コブナグサ（やっかいな雑草）

アカボトクリ	椎葉村（日添）
ウシボトクイ	えびの市（内竪、真幸）、須木村（内山、堂屋敷）、野尻町（石瀬戸）、高原町（高原）
ウシボトクリ	木城町（川原）、えびの市（加久藤）、須木村（堂屋敷）、都城市（御池町）、北郷町（大戸野）
ササボトクリ	五ヶ瀬町（鞍岡）
タコラボトクリ	椎葉村（栂尾、日添）、西米良村（板谷）
ヤマボトクリ	日向市（田の原）

コマツナギ　　*Indigofera pseudotinctoria* Matsum.　　【マメ科】

コハギ	高原町（後川内①）
コマツナギグサ	小林市（西小林）
ゴマノキ	えびの市（真幸）
ノハギ	小林市

【コメント】①十五夜花にする。

コマユミ　　*Euonymus alatus* Siebold f. *striatus* Makino　　【ニシキギ科】

アオガリ	えびの市（真幸内竪①②）

アオキ	山之口町（五反田）
イセビ	田野町（内八重②）
イヌマユミ	日之影町（新畑）
ウサギノキ	高崎町（前田③）
ニシキザ	新富町（鬼付女）
メキ	高崎町（笛水）
メグノキ	須木村（内山②）
メッノキ	高原町（狭野）、高崎町（前田）
メノキ	野尻町（石瀬戸）
メブ	小林市（山代④）、三股町（長田②）
メブノキ	都城市（御池町②）
メユミ	椎葉村（大河内）

【コメント】①ノキ（茎）が常に青い。②炭俵の口木や底当てに使う。③この葉を兎が食う。枝がまっすぐのものをメグリ棒に使う。④マユミ（ウシメブ）も同じ。芽立ちが早く、早春でまだ草もないので、この芽とワラを混ぜて牛に与えた。
【ノート】ニシキギもここに入れている。

コミカンソウ　　*Phyllanthus lepidocarpus* Siebold et Zucc.　　【ミカンソウ科】

アキグサ	田野町（内八重①）
アリノミカン	須木村（内山）、野尻町、高原町（後川内）
イアイノミ	都城市（上安久③）
ジンタン	北川町（葛葉）
ジンタングサ	日向市（田の原②）、宮崎市（塩鶴）
ジンタンマメ	北川町（八戸）
ネムリグサ	日向市（権現崎）、小林市、北郷町（大戸野）
ムカゼグサ	日之影町（七折一ノ水）

【コメント】①秋にいっぺ生える。②実の形が仁丹に似ているからいう。③蟻（イアイ）の実のこと。

コモチシダ　　*Woodwardia orientalis* Sw.　　【シシガシラ科】

オニヘゴ	田野町（内八重）
ヘゴ	高原町（後川内）
ヤマヘゴ	小林市（西小林）

ゴヨウマツ（ヒメコマツ）　　*Pinus parviflora* Siebold et Zucc.　　【マツ科】

ゴヨウ	日之影町（見立）
ゴヨウノマツ	須木村（田代ヶ八重）
ゴヨウマツ	五ヶ瀬町（鞍岡波帰）、椎葉村（大河内）
ヒメコ	日之影町（見立）

ゴンズイ　　*Euscaphis japonica* Kanitz　　【ミツバウツギ科】

インノクソ（キ）	えびの市（白鳥）
インノクソノッ	小林市（山代）
ウメセンダン	小林市（西小林）
キクラギ	串間市（大矢取）
ゴジナ	北川町（陸地、上赤①、葛葉、瀬口、八戸）、北浦町（三川内大井①②）、延岡市（熊之江、須美江③）
ゴゼナ	北川町（瀬口多良田）
ゴニナノキ	北浦町（阿蘇）
ゴンズイ	野尻町（今別府）
ダンギイ	木城町（石河内）
ダイキナ	北川町（祝子川（※樹方））
ダイノキ	西都市（銀鏡）、小林市（木浦木）
デーギ	日之影町（後梅、新畑）
デーノキ	高千穂町（向山秋元）
デギ	日之影町（中間畑②）、木城町（石河内）、田野町（内八重）
デギナ	北川町（上祝子）、延岡市（浦城、和田町）、日向市（幸脇、田の原）、南郷村（鬼神野）、木城町（川

	原)、川南町（細）、都農町（東都農）
デノキ	えびの市（真幸）、宮崎市（塩鶴）、高原町（狭野）、都城市（安久）、日南市（上白木俣、小吹毛井）
デノッ	都城地方（※都植方）
ナベブチ	都城市（※樹方）
マラカシ	高崎町（前田）
マンジュンミ	小林市（西小林③）
ミズキ	高千穂町（下野）

【コメント】①若芽を食べる。②臭い。③耳なば（キクラゲ）が採れる。

サ

サイコクヒメコウホネ　　*Nuphar saikokuensis* Shiga et Kadono　　【スイレン科】

ミズイモガラ	北川町（日向長井家田）

サイハイラン　　*Cremastra appendiculata* Makino var. *variabilis* I.D.Lund　　【ラン科】

イモハクリ	北川町（上祝子①）
イモバクリ	椎葉村（日添②）、西都市（銀鏡）
ダンキョバナ	えびの市（真幸内堅③）
ハクリ	高千穂町（田原）、五ヶ瀬町（鞍岡波帰）、日之影町（見立煤市①）、都城市（安久②）、日南市（上白木俣）
マンジュノミ	えびの市（飯野）

【コメント】①根茎のねばりを赤切れの薬にする。②アカギレの薬になる。③地下の球がダンキョ（ラッキョウ）に似とる。

サイヨウシャジン（ツリガネニンジン）　　*Adenophora triphylla*　A．DC。　　【キキョウ科】

アズキバカリ	五ヶ瀬町（鞍岡）
ウグイスニンジン	須木村（堂屋敷）
サガリバナ	高千穂町（下野）
チョウチングサ	小林市（西小林）
チョウチンバナ	えびの市（加久藤、白鳥、真幸内堅）、野尻町（今別府、栗須）、都城市（御池町）、北郷町（大戸野）

【ノート】サイヨウシャジンとツリガネニンジンは区別が難しいので同じ扱いにしている。

サカキ　　*Cleyera japonica* Thunb.　　【モッコク科】

ウサカキ	三股町（長田①）
オオザカキ	高千穂町（岩戸）、木城町（川原）、新富町（湯の宮）
オオシャカキ	高千穂町（三田井、押方）
オオジャカキ	高千穂町（向山秋元②）、延岡市（赤水）、西米良村（小川）、木城町（岩淵）、高鍋町（上江、鬼ケ久保）、川南町（白髭）
オサカキ	日之影町（後梅）
オザカキ	五ヶ瀬町（東光寺）、西都市（尾八重）
オシャカキ	高千穂町（押方）
オジャカキ	高千穂町（岩戸）、日之影町（見立、八戸星山、新畑①、中間畑①③）、北方町（上鹿川）、諸塚村、西都市（尾八重）、木城町（石河内③）
カミサ（ザ）カキ	椎葉村（大河内）、諸塚村（飯干）、西米良村（横野）、川南町（細）、国富町（八代南俣）、宮崎市（曽山寺）、えびの市（真幸）、小林市（西小林、真方）、山之口町（五反田）
カミシャカキ	高千穂町（三田井）、北川町（上赤①）、延岡市（浦城、島浦①）、えびの市（尾八重野、京町）
カミジャカキ	日之影町（見立）、北川町（葛葉、瀬口多良田、俵野）、北方町（八戸）、北浦町（阿蘇、市振、三川内歌糸、古江）、延岡市（浦城）、南郷村（鬼神野）、西米良村（板谷、田無瀬）、木城町（中之又）、綾町（竹野）、田野町（堀口、内八重）、えびの市（尾八重野、加久藤、京町）、小林市（西小林、東方）、須木村（田代八重、原）、野尻町（今別府）、宮崎市（塩鶴）、田野町（内八重）、都城市（上安久）、高崎町（笛水）、北郷町（大戸野、広河原）、日南市（上白木俣⑤）、串間市（市木）
カミジャカシ	小林市（東方）
カンサカキ	都城市（夏尾）、えびの市（真幸）、山之口町（麓）
カンシャカキ	高原町（狭野）、高崎町（前田）

カンジャカキ	須木村(堂屋敷)、野尻町(野尻)、高原町(狭野)、都城市(御池町)
カンジャカシ	小林市(東方)
カンシャカッ	えびの市(飯野)、都城市(夏尾)
サカキ	高千穂町(鬼切畑)、北川町(上祝子)、西郷村(山須原)、東郷町(坪谷)、えびの市(加久藤、真幸)、小林市(西小林、真方)、須木村(原)、日南市(鵜戸、細田)、串間市(黒井)
サカキシバ	須木村(内山)、えびの市(飯野、真幸)、小林市(西小林、真方)、野尻町(野尻)
サカシバ	えびの市(加久藤)
サカッノッ	えびの市(加久藤)
シャカキ	五ヶ瀬町(桑野内)、北浦町(三川内大井)、椎葉村(尾前)、北郷村(入下)、南郷村(鬼神野)、東郷町(坪谷)、日向市(権現崎、畑浦)、西都市(銀鏡)、木城町(中之又)、田野町、小林市(木浦木)、須木村(原)、串間市(大平、大矢取⑤)
シャカシバ	小林市(真方)
シャカッ	野尻町(野尻)
ジュウゴベ	田野町(片井野)
ダンベユス	高原町(狭野)
ホンサカキ	五ヶ瀬町(赤谷)、高原町、宮崎市(木花)、日南(鵜戸)
ホンシャカキ	高城町(四家)
ホンジャカキ	高千穂町(下野)、五ヶ瀬町(鞍岡波帰)、椎葉村(尾前、尾手納、栂尾)、北方町(上鹿川)、北浦町(市振、古江)
ミヤマサカキ	延岡市(浦城④)
ミヤマシャカキ	北川町(陸地③)
ミヤマジャカキ	須木村(内山)
ヤマサカキ	野尻町(紙屋)
ヤマザカキ	都城市(牛の脛)
ヤマジャカキ	高城町(有水)

【コメント】①神事に供える。ヒサカキが仏事。②神楽の「芝ひきめん」にはサカキが使われる。神事、神棚。③メグリボウに使う。④箸にする。⑤ヤマオコに使う。
【ノート】冠婚葬祭では神式の場合はサカキ、仏式ではヒサカキが使われる。墓や神棚も同じである。サカキにカミサカキという地方ではヒサカキをサカキという。

ハマヒサカキ　*Eurya emarginata* Makino　【モッコク科】

イソサカキ	日南市(鵜戸、大浦、小吹毛井)
イソシャカキ	日南市(宮浦)
イソジャカキ	延岡市(赤水、浦城、熊之江、島浦、須美江)、日向市(畑浦)、日南市(鵜戸)
イソツゲ	串間市(高松②)
イソヒシャカキ	北浦町(古江)
イソマツ	北浦町(市振、古江)
イソムラサキ	串間市(市木)
オニジャカキ	日向市(権現崎)
カワザカキ	宮崎市(曽山寺)
サカキ	宮崎市(白浜)
サセブ	宮崎市(野島①)
シブシバナ	串間市(高松③)
シャシャブ	日南市(小目井(※平田))
タマジャカキ	延岡市(赤水)
ハマサカキ	宮崎市(野島)
ハマザカキ	宮崎市(青島(※樹方))
ハマジャカキ	川南町(比田)、宮崎市(江田、塩鶴)
ハマムラサキ	串間市(市木(※平田))
ムラサキノキ	串間市(黒井)

【コメント】①実はメジロ捕りに使う。②葉がツゲに似るから。③志布志の人が墓にあげていたから。

ヒサカキ　*Eurya japonica* Thunb.　【モッコク科】

アクシバ	東郷町(久居原、坪谷、西林山)、串間市(今町、黒井、羽ケ瀬)
アクジャカキ	北川町(陸地②、葛葉①、瀬口)、北浦町(三川内大井・歌糸③)
イヌジャカキ	椎葉村(尾手納、尾前、日添)
インキンミ	須木村(奈佐木)

インクシバ	日向市（※日向市史）
インクノキ	北浦町（直海）、延岡市（浦城）
インジャカキ	五ヶ瀬町（鞍岡波帰）
カミノハナ	宮崎市（白浜）
ケタザカキ	椎葉村（大河内）
ケドジャカキ	南郷村（鬼神野④）
コサカキ	三股町（長田）、日南市（鵜戸）
コザカキ	西郷村（山須原）、木城町（川原）
コシャカキ	門川町（庭谷）、須木村（田代ケ八重）
コジャカキ	高千穂町（押方）、日之影町（見立）、北川町（上赤、上祝子、葛葉、俵野）、北浦町（三川内歌糸⑤）、延岡市（浦城）、椎葉村（栂尾）北郷村（入下）、東郷町（坪谷）、西米良村（小川）、西都市（銀鏡）、木城町（中之又）、都農町（東都農）、田野町（片井野、内八重）、えびの市（飯野）、小林市（木浦木）、須木村（九々瀬）、野尻町（野尻）、高原町（狭野）、北郷町（宿野⑥）、串間市（大矢取）
サカキ	高千穂町（岩戸）、五ヶ瀬町（赤谷）、諸塚村（飯干）、綾町（竹野）、国富町（八代南俣）、宮崎市（木花）、日南市（鵜戸、小吹毛井、宮浦）
サカキバ	山之口町（富吉）
サカキシバ	宮崎市（野島）、清武町えびの市（加久藤、京町）、小林市（東方）、野尻町（野尻）
サカシバ	宮崎市（野島）、えびの市（各地）、小林市（各地）、野尻町（野尻）、高原町（狭野）、都城市（夏尾他各地）、山田町（石風呂）、山之口町（五反田）
サカンノッ	都城地方（※都盆）
シババナ	日向市（幸脇）、串間市（大束）
シャカキ	高千穂町（下野、押方、下野、三田井）、北方町（上鹿川）、北浦町（阿蘇⑤、市振、直海③⑤）、延岡市（赤水、島浦⑥）、木城町（岩淵）、川南町（細）、高鍋町（上江、鬼ケ久保）、宮崎市（赤江、江田）、田野町、えびの市（尾八重野）、小林市（西小林）、野尻町（野尻）、高原町（狭野）、都城市（安久）、高城町（四家）、高崎町（笛水）、北郷町（大戸野）
ジャカク	えびの市（加久藤）
シャカシバ	高崎町（前田）
ジャコウシバ	串間市（黒井③⑥）
ソメコ	串間市（大平）
ソメコノキ	東郷町（坪谷、西林山）
チャシバ	串間市（高松）
ノジャカキ	北浦町（古江）、宮崎市（塩鶴）
ハナシバ	日向市（権現崎⑩）、都城地方（※都盆）、宮崎市（江田）、日南市（大浦、宮浦）
ヒシャカキ	高城町（有水）
ヒジャカキ	日之影町（八戸星山⑥）
ブツジャカキ	須木村（内山）
ヘタザカキ	椎葉村（※平田）
ホトケザカキ	小林市（山代）
ムラサキ	日南市（細田⑥）
ムラサキシバ	日向市（幸脇、畑浦）
ムラサキノキ	日向市（権現崎⑩）
メザカキ	五ヶ瀬町（東光寺）
メジャカキ	高千穂町（岩戸、鬼切畑、向山）、北方町（下鹿川）、日之影町（中間畑②⑦、見立、後梅⑧⑨、新畑、八戸星山⑥）、北方町（下鹿川）、椎葉村（松尾⑨）、諸塚村、西都市（尾八重）、木城町（石河内）
ヤブジャカキ	須木村（内山）
ヤマムラサキ	串間市（市木⑤⑥）

ヒサカキ（神仏に供える）

【コメント】①実からインクを作って字を書く。②メグリボウに使う。③仏さんに供える。④「ケド」は小さいとのこと。⑤墓に供える。⑥神事に使う。⑦我が家は神道で、日ごろは家の神棚、大黒さん、墓に供える。盆正月はオジャカキ（サカキ）を使う。彼岸にはこれに萩を加える。⑧神楽宿の四方に立てる。⑨実を鳥ワナに使う。神前用。サカキ→オザカキ。⑩柴つけ漁の柴にこの枝を使い、ウナギ・エビを獲る

【ノート】広く各地で神仏の供花として使う。神式ではサカキ、仏式ではヒサカキを上げる。しかし、サカキが自生しない日南地方や近海地ではヒサカキを神事にも使っている。ヒサカキに対し、サカキはオサカキ、カミサカキ、ホンサカキと呼んでいる。ケタ（ケド）サカキについては、ケタ（傍ら・そばの意）やケド（邪魔、縁起が悪いの意）を付した名は、神道の方からみればサカキ（ホンサカキ）に対して邪魔扱いなものとして呼んだ名であろう。サカキのない近海地では、本種を神様にあげ、ハマヒサカキを仏様に供える。

サカキカズラ	*Anodendron affine* Druce	【キョウチクト科】
オヤナカセ	田野町 (内八重①)	

【コメント】①親が、ちょっと待て俺が伐ってくると、縛るためのカズラを取りにいったが、伐るものがなく、手で取ろうとしたが切れなかった。

サクラソウ	*Primula sieboldii* E.Morren	【サクラソウ科】
サクラソウ	高崎町 (前田)	

サクララン	*Hoya carnosa* R.Br.	【ガガイモ科】
ツバキラン	宮崎市 (野島)、串間市 (市木石波)	

【ノート】芋洗いで有名なニホンザル生育地の幸島にはサクラランが自生しており、昔は石波海岸にもあったものと思われ、市木周辺ではどこも葉がツバキに似ているのでツバキランという。

ザクロ	*Punica granatum* L.	【ミソハギ科】
ジャクリョ	宮崎市 (生目①)	

【コメント】①泡が出るので、手を洗った。

ササガヤ	*Microstegium japonicum* Koidz.	【イネ科】
タコラボトクリ	椎葉村 (日添①)	

【コメント】①焼畑によく出る。

ササクサ	*Lophatherum gracile* Brongn.	【イネ科】
タケグサ	高原町	

ササユリ	*Lilium japonicum* Houtt.	【ユリ科】
ササユリ	北方町 (二股)、延岡市 (島浦①)、日向市 (細島①)	
タケユリ	北川町 (上祝子②)	

【コメント】①昔は島に多かった。海岸近くにもあった。②山岳地の岩場に生えているので「岳百合」というのであろう (南谷)。

サザンカ	*Camellia sasanqua* Thunb.	【ツバキ科】
カタシ	高千穂町 (岩戸、下野)、北方町 (上鹿川)、椎葉村 (仲塔)、宮崎市 (塩鶴)、高原町 (狭野)	
コガタシ	北浦町 (三川内)、延岡市 (熊之江、島浦)、南郷村 (上渡川門田)、東郷町 (迫野内、坪谷)、日向市 (田の原)、都農町 (木和田)、高原町、北郷町 (広河原)	
コツバキ	北川町 (陸地②、上赤①、葛葉、瀬口、八戸)	
コマガタシ	北浦町 (阿蘇、市振、古江、直海、三川内)、日向市 (権現崎、田の原)	
コメガタシ	都城地方 (※都盆)	
サザンカ	五ヶ瀬町 (桑野内②)、北浦町 (三川内大井)、日向市 (幸脇、畑浦)、宮崎市 (江田)、小林市 (木浦木、東方)、野尻町、北郷町 (大戸野)、日南市 (白木俣)、串間市 (黒井)	
シロツバキ	椎葉村 (日添)	
スメガテシ	えびの市 (加久藤榎田②)	
ツバノキ	南郷村 (上渡川門田③)	
ヒメガタシ	日之影町 (一ノ水、後梅、戸川)、延岡市 (赤水、土々呂)、椎葉村 (尾崎)、北郷村 (坂元)、南郷村 (水清谷)、西都市 (尾八重、上三財、中尾、瓢丹淵)、新富町 (湯ノ宮)、綾町 (上畑、川中、竹野)、宮崎市 (曽山寺)、田野町 (内八重)、小林市 (東方、西小林)、須木村 (内山)、野尻町、高崎町 (笛水、前田)、高城町 (有水,四家)、都城市 (御池町、安久)、山之口町 (五反田、麓、古大内)、串間市 (大矢取)	
ヒメガテシ	木城町 (石河内)、川南町 (白髭③)、高鍋町 (鬼ケ久保②)、えびの市 (加久藤、真幸)、串間市 (高松)	
ヒメツバキ	西米良村 (田無瀬、横野)、西都市 (津々志)、田野町 (内八重)、須木村 (堂屋敷)	

【コメント】①この油でテンプラにすると子供のカンが治る。②実をカナヅチでたたいて鍋に入れて焚き、その湯で髪を洗う。③この葉の虫瘤（ガンニョウという）は酸味があり食べる。ツバキのは食わん。（※南谷：新葉がピンク色を帯びたり淡緑色になって分厚くなるサザンカの病気で餅病菌が原因となる。虫瘤状になるが中に虫はいない。各地で食べる話を聞く。）
【ノート】宮崎県ではヤブツバキに広くカタシ、カテシといい、サザンカは実が小さいのでこれにコやヒメを付けて区別している。

サダソウ　　　　　*Peperomia japonica* Makino　　　　　【コショウ科】

ゼニノツツリ	延岡市（島浦（※平田））

サルスベリ　　　　　*Lagerstroemia indica* L.　　　　　【サルスベリ科】

コソバイノキ	都城地方（※都植方）
ジュジュバナ	小林市（※平田）
ツルツルノキ	川南町（※平田）
チョコチョコノキ	西臼杵（※平田）、川南町（※平田）
ヒャッカン	串間市（市木①）
ヒャクジッカ	小林市②
ヒャクニチカ	高原町

【コメント】①庭に植えてはいかん。②山師は庭に植えん。

サルトリイバラ　　　　　*Smilax china* L.　　　　　【サルトリイバラ科】

イゲンハ	西米良村（板谷）
イゾログ	宮崎市（曽山寺）
カカラ（ン、ンハ）	えびの市（加久藤、京町、真幸内堅①）、小林市（西小林他各地）、須木村（内山他各地）、野尻町（紙屋、野尻）、田野町（内八重）、高原町（後川内⑲）、都城市（全域②）、高崎町（笛水）、山田町（石風呂）、山之口町（五反田）、串間市（市木、大矢取、高松）
ガメノハ	椎葉村（尾前）
クァクァラ（ンハ）	小林市（西小林③④）、北諸県郡（※日植方）、高城町（有水）、高崎町（前田）
クワッカラ	北諸県郡（※日植方）
サイカキ	高原町（後川内）、高崎町
サイカケ	西都市（三納（※平田））
サイカケイゲ	須木村（田代ケ八重）
サッカキ	椎葉村（大河内）
サラカク	宮崎市（江田）
サルオドシ	日之影町（※町史）
サルカキ	日之影町（後梅⑪）、延岡市（南方（※内藤））、椎葉村（大河内、尾前、尾手納、日添⑮）、諸塚村北郷村（入下）、新富町（新田）、小林市（木浦木②）、野尻町（野尻⑤）、北郷町（大戸野）、日南市（鵜戸）
サルカク	西都市（三財）、綾町（竹野）、宮崎市（木花、塩鶴⑰）、清武町、田野町（内八重、片井野）、北郷町（宿野、広河原））、日南市（宮浦、鵜戸、吾田）
サルカケ	高千穂町（岩戸、押方②、上野、下野、田原、三田井、向山秋元②）、五ヶ瀬町（鞍岡、桑野内、赤谷、東光寺）、日之影町（一ノ水、舟の尾、見立、八戸）、北方町（上鹿川）、北川町（上赤②⑥）、北浦町（阿蘇、三川内大井⑥・歌糸）、延岡市（赤水、島浦⑦、須美江、和田町）、椎葉村（小崎、松尾）、西郷村、東郷町（寺迫⑧⑨）、日向市（高松、田の原）、西都市（尾八重、銀鏡）、木城町（石河内、川原、椎木、高城岩戸、中之又）、都農町（川北⑩、心見、東都農他全域）、川南町（多賀、通山、比田、平田）、高鍋町（持田、上江）、新富町（上富田、新田、日置）、綾町（竹野）、宮崎市（白浜⑱）、小林市（西小林）、日南市（小吹毛井）
サルカケイゲ	高千穂町（岩戸）、五ヶ瀬町（鞍岡⑫）、椎葉村（※椎葉ことば）、南郷村（鬼神野）、西米良村（板谷）、須木村（田代八重）
サンカク	宮崎市（生目、城ケ崎⑭、瓜生野）、国富町国富町（籾木、八代南俣）
サンキラ	高千穂町（神殿、田原（※内藤）、⑬、下野）、北川町（陸地、瀬口多良田）、北方町、北浦町（市振、古江）、川南町（内野田、新茶屋、多賀）、串間市（黒井）
サンキライ	北川町（葛葉）、新富町（日置）
シャラカク	宮崎市（木花※木花方言辞典）
ダゴンハ	新富町（新田）
タッカラ	三股町（長田）
ボテグンハ	串間市（高松）

ボテンハ	串間市（高松⑯）

【コメント】①葉をタバコの代用。②団子（カカラダゴ、サンカクダゴ、サルカケダゴ、サルカケトンビなどと地方で呼び名が異なる）を包む葉にする。③便秘に実が効く。④狐は化けるには頭や体にこの葉をつけて綺麗な娘に化けると昔から言われる。⑤音出し遊び：葉を手にかぶせ、叩いて音をパンと立てて破る。口で吸い音をたてて破る。⑥箸にすると虫歯ができん。逆に箸にすると歯が痛むという地方もある。⑦実をサルカケドンビという。⑧実は喘息によい。⑨新芽はゆがいて酢味噌で食う。⑩実は塩漬けするとうまい。⑪ネブトか怪我してふくれ治らぬ時には根を煎服するとよい。⑫葉の汁で止血。⑬五月節句にこの葉で包んだ餅を食うと非常に力持ちになる。⑭この葉で包んだ団子をサンカクダゴという。⑮「ハガタガミ」（葉型噛み）遊びをする。葉を数回折り重ね、歯で噛み跡をつけて広げると模様ができる。お互いに品評会をする。⑯五月の節句にボテンハダゴを作る。⑰ウメノキタケ（地衣類）と並びガンの薬。⑱ここではサルトリイバラがないので、ハマサルトリイバラを指している。⑲青い実は塩をつけて食う。花序はオヒトツ（おじゃみ）遊びに使う。若い実に息を吹きかけ上にあげて遊ぶ。

【ノート】薩摩方言区域ではカカラを使っている。他はこの蔓に猿も引っかかるとうことで、付いたサルカケ系の方言で、サルカキ→サルカケ→サルカクからさらに転じてサンカクになっている地方もある。宮崎市でサルトリイバラの団子を、形は円いのにサンカクダゴと聞いた時には驚いた。

ハマサルトリイバラ　　*Smilax sebeana* Miq.　　【サルトリイバラ科】

サンキライ	串間市（市木）
カカラ	串間市（黒井）

サルナシ　　*Actinidia arguta* Planch. ex Miq.　　【マタタビ科】

アカガネカズラ	諸塚村（家代①）
アカクチ	日之影町（見立②）、椎葉村（尾手納）、北郷村（入下）、南郷村（鬼神野）、木城町（中之又）
アカクチカズラ	高千穂町（岩戸、下野②）、北川町（陸地）、北浦町（三川内大井②）、須木村（堂屋敷）、田野町
アカクッ	えびの市（京町）
アカフジ	小林市（山代）
カズラナシ	西都市（津々志）
コッコ	北浦町（市振、古江、三川内）、延岡市（島浦）
シロクチカズラ	日之影町（後梅②③）
ヤボソ	椎葉村（日添、小林）
ヤマナシ	日之影町（中間畑）、北浦町（三川内歌糸）、延岡市（宇和田）、椎葉村（尾前）、諸塚村（飯干）、日向市（田の原）、西都市（尾八重）、木城町（石河内、中之又）、綾町（竹野）、田野町（内八重）、えびの市（真幸内堅）、須木村（堂屋敷）、野尻町（今別府）、高原町（狭野）、都城市（夏尾）、高城町（有水）
ヤマナシカズラ	高岡町（柞木橋）
ヤマブドウ	小林市（西小林）
ヤマリンゴ	串間市（大矢取）

サルナシ(キウイのような実)

【コメント】①吊り橋の材料にする。鋸の柄に良い。柄がまだ生木の時に鋸を差し込むと、乾いたら締まって抜けない。②萱家の骨組みしばりに使う。③山の神祭りに使う：蔓を木に巻きつけしめ縄代り。

【ノート】蔓が非常に丈夫で腐りにくいことから「祖谷のかずら橋」（吊り橋）の材料にも使用されていることはよく知られている。他地域ではサルナシのことをシロクチカズラと呼んでいるようだが、本県ではアカクチカズラと呼ぶ地方が多い。実はキウイそっくりで美味しく、梨の実に形が似るからヤマナシという地方も多い。

シマサルナシ　　*Actinidia rufa* Planch. ex Miq.　　【マタタビ科】

シロクチカズラ	北浦町（三川内　大井①）
ヤマナシゴロ	日向市（※日向市史）

【コメント】①蔓が白い。（※南谷：ウラジロマタタビのことかもしれない。）

【ノート】サルナシの大型のもので、近海地にある。一般種でないので方言は聞きとれなかったが、サルナシと区別していないものと思われる。

サワグルミ　　*Pterocarya rhoifolia* Siebold et Zucc.　　【クルミ科】

クルミ	五ヶ瀬町（鞍岡波帰）、日之影町（見立煤市）、北川町（上祝子）、椎葉村（小崎、松尾、尾前、尾手納、

	小林)、南郷村、西米良村(小川①)、西都市(津々志)、木城町(石河内、中之又)、綾町(竹野)
サワグルミ	高千穂町(下野)、日之影町(新畑①)
ノグルミ	諸塚村(家代)
ホングルミ	椎葉村(日添)

【コメント】①下駄にした

サワフタギ　*Symplocos sawafutagi* Nagam.　　【ハイノキ科】

ネジキ	小林市(西小林)

サンカクヅル　*Vitis flexuosa* Thunb.　　【ブドウ科】

イヌガネブ	南郷村(上渡川)
インガラン	高原町(狭野)
ガネブ	椎葉村(日添)、日之影町(※町史)
ガラン	宮崎市(白浜)
ノブドウ	椎葉村(日添)

サンゴジュ　*Viburnum odoratissimuml* var. *awabuki* Zabel　　【レンプクソウ科】

イワシノキ	宮崎市(野島)
サンゴジュ	延岡市(浦城①、島浦)、日南市(宮浦)
サンゴジュノキ	川南町(細)
タニツバキ	北川町(瀬口多良田)、北町(三川内大井②)
タニワタリ	延岡市(須美江)
ナナカマド	北川町(陸地③)
ナナトコユルリ	延岡市(佐野町④)

【コメント】①火除けに植える。②役に立たない。③7日間焼いても燃えない。水分が多く、焚き物にしない。④囲炉裏に7回くべても燃え尽きん

サンショウ　*Zanthoxylum piperitum* DC.　　【ミカン科】

サンシュ	北川町(葛葉①)、木城町(石河内)、須木村(内山)、えびの市(各地)
サンシュウ	日之影町(後梅②)、西都市(三納)
サンシュノキ	日向市(田の原②)、須木村(田代ケ八重)、高城町(有水)
サンショ	高千穂町(押方、田原⑤)、日之影町(見立②)、北方町(二股③)、延岡市(須美江)
サンショウ	高千穂町(三田井⑧)、北川町(瀬口、八戸④)、北浦町(三川内②)、椎葉村(大河内⑥)、西米良村(板谷①②)、宮崎市(塩鶴⑨)、小林市(木浦木⑦)、都城市(牛の脛)、串間市(黒井)
サンショノキ	五ヶ瀬町(鞍岡波帰②)
サンショノッ	高原町

【コメント】①実をゲラン代わり。②皮をゲラン代わり。③皮を鍋で煮て、木灰を混ぜ、カラ臼でつき、バケツで運んで、川にまく。1kmまで効く。エノハ・アユ・アブラメ・ハエ・イダ・ウナギの順で浮いてくる。④実・葉・樹皮と焼灰を混ぜる→布袋に入れ、川上の石の上で踏む→汁が出る→20～30分で魚が出てくる。⑤味噌のカビ除けに使う。⑥すりこぎにする。⑦蜂に刺された時につける。イモがらもよい。⑧病人がでるので家に植えない。⑨歌いながら植えると枯れる。

イヌザンショウ　*Zanthoxylum schinifolium* Siebold et Zucc.　　【ミカン科】

イヌザンシュウ	日之影町(後梅)
イヌザンショウ	椎葉村(大河内、日添、小林)
インザンシュ	木城町(石河内)、須木村(田代ケ八重)
インザンショウ	日向市(田の原)、野尻町、都城市(牛の脛)、高城町(有水)、串間市(黒井)
ヤマサンシュ	えびの市(真幸)
ヤマザンショウ	野尻町、高原町

シイの仲間

コジイ（ツブラジイ）　*Castanopsis cuspidata* Schottky　【ブナ科】

アオタジイ	北川町（陸地①）、北浦町（三川内大井②）
アサガラ	国富町（本庄（※平田））、宮崎（※樹方）
アサガラジイ	日南市（飫肥（※平田））、宮崎（※樹方）、北郷町（広河原）
イチコジ	都農町（※町史）
イボコジイ	都城市（安久）、串間市（福島（※平田））
イボシイ	日南市（飫肥（※平田）、※樹方））
コウジ	日之影町（後梅、中間畑、舟の尾③④）、椎葉村（栂尾）、西米良村（小川⑯）
コウジノキ	木城町（中之又）
コウジンキ	延岡市（島浦⑤）
コジ	西都市（三財⑮）、えびの市（尾八重野、白鳥）
コジイ	北浦町（三川内歌糸）、東郷町（坪谷西林山）、門川町（庭谷）、小林市（木浦木）、綾町（竹野）、宮崎市（塩鶴③）、田野町（内八重③）、高城町（有水）、高崎町（笛水）、山之口町（五反田）、日南市（上白木俣⑬）
コージ	日之影町（中間畑③）、宮崎市（江田）
コジノキ	東郷町（坪谷西林山）、えびの市（京町）、宮崎市（木花）
サイヒ	日南市（飫肥（※平田）、※樹方）
シイ	高千穂町（岩戸）、日之影町（見立煤市③⑧）、北方町（二股、上鹿川）、北川町（上赤⑥、葛葉）、北浦町（阿蘇⑦）、木城町（石河内）、串間市（大矢取③）
シイノキ	延岡市（安井⑨）
シラシイ	都農町（木和田）
スダジイ	北浦町（三川内大井⑩）、須木村（堂屋敷）
デカンガシ	えびの市（京町⑪）
ベニジイ	都農町（木和田⑭）
ヘボジイ	小林市（山代）
ホンジイ	高原町（狭野）
マシイ	日向市（田の原⑫）

【コメント】①アオタは熟れていないこと。侮辱した名。②材にはよくない。炭は粉になりだめ。ホダ木にもならない。③花盛りにはノイネ（陸稲）を蒔け。④たくさん咲いたら台風が来る。⑤神楽宿の四隅、地鎮祭の四隅に立てる。年木に使う。正月の箸。⑥12月28日ごろに搗いた餅を、葉を取ったコジイの若木につける。きれい。⑦実はコジ。樹皮で網染め。渋い茶色に染まる。⑧椎の花が多いと蜜が多く取れる。⑨柴つけ漁（マイカが産卵）。⑩材の辺は赤くない。葉裏も茶赤色にならない。⑪「デカン」は丁稚のこと。丁稚が労せずに薪にできるのでいう。⑫実をつぶした粉を餅とり粉にする。⑬割れやすい木。炭俵の当て木に使う。コジイの花盛りに陸稲を蒔く。⑭コジイはシラシイといい、樹肌が紅味を帯びるもので、材が良い。（南谷：いわゆるニタリジイというもので、スダジイとの雑種と思われる）⑮花が咲くと大豆を植える。⑯神楽の神屋（こうや）の支柱。

コジイとスダジイの中間　*Castanopsis sp.*　【ブナ科】

ニタジイ	小林市（山代）
ニタリジイ	北浦町（三川内大井①）

【コメント】①コジイとイタジイの中間様のもの。両種の雑種と思われる。各地に見る（南谷）。

スダジイ（イタジイ）　*Castanopsis sieboldii* Hatus. ex T.Yamaz. et Mashiba　【ブナ科】

イタジ	えびの市（京町、加久藤）、小林市（永久津）
イタジイ	西米良村（田無瀬）、木城町（石河内）、綾町（竹野）、宮崎市（塩鶴）、田野町（内八重③）須木村（堂屋敷）、都城市（安久）、高城町（有水）、高崎町（前田）、山之口町（五反田）、串間市（高松④）
コウジ	日向市（幸脇）
スダ	日之影町（七折一ノ水①）、宮崎（※樹方）
スダコウジ	日之影町（中間畑②）
スダコジイ	日向市（※日向市史）
スダジイ	北川町（陸地②③、二股）、北浦町（三川内歌糸）、東郷町（坪谷西林山）、日向市（田の原）、都農町（木和田）
ベニジイ	北浦町（三川内大井④）

【コメント】①花が多いと台風がくる。②ナバ（シイタケ）が生える。コジイよりスダジイの方がホダが長持ちす

る。③家具材。D51の列車の床材や枕木（栗がない時）に使った。④樹皮が厚くホダ木によい。材の辺が赤い。④浜に生えているのはテッポウムシにやられて枯れる。

シイモチ	*Ilex buergeri* Miq.	【モチノキ科】
コハヤンモチ	日向市（田の原）	
スズメモチ	都農町（木和田、東都農）	
チカラシバ	国富町（八代南俣）	
ハナガモチ	西米良村（田無瀬）、西都市（銀鏡）	

シオデ	*Smilax riparia* A.DC.	【サルトリイバラ科】
ヤマアスパラ	椎葉村（日添）	

シオジ	*Fraxinus platypoda* Oliv.	【モクセイ科】
アオドネリ	椎葉村（日添）	
シオジ	五ヶ瀬町（鞍岡波帰）、椎葉村（日添①、小林）、西都市（三財）、川南町（細）	
シオデ	高千穂町（岩戸）	

【コメント】箪笥に良い。椎葉クニ子さんの家の箪笥はシオジでできている。アオドネリともいう。

シキミ	*Illicium anisatum* L.	【マツブサ科】
コウノキ	東郷町（坪谷⑥）、都農町（木和田）
シキビ	北方町、北浦町（古江）、延岡市（島野浦）、南郷村（鬼神野）、西都市（三納）、川南町（細①）、綾町（入野、竹野）、宮崎市（生目、江田、野島）、田野町（内八重⑫）、えびの市（飯野）、須木村（堂屋敷、原）、野尻町（今別府、紙屋）、高原町（狭野）、山之口町（五反田）、串間市（大矢取）
シキブ	北浦町（直海）、延岡市（島①）、西郷村、国富町（八代南俣）
シキミ	北郷村（入下）、西郷村（山須原）、西都市（銀鏡⑬）、川南町（平田）、高鍋町（鬼ケ久保）、新富町（湯ノ宮）、えびの市（加久藤）、小林市（細野、山代）、宮崎市（塩鶴）、高城町（有水）、北郷町（大戸野、宿野①）、日南市（細田②、宮浦）、串間市（市木、今町、黒井、羽ケ瀬）
ドクバナ	川南町（※平田）
ニゴリバナ	椎葉村（尾前、尾手納③、日添）
ネコヅメ	都城市（御池⑪）
ハナ	椎葉村（戸屋の尾、日添）
ハナエダ	北浦町（古江）
ハナシキビ	須木村（内山）
ハナシバ	高千穂町（岩戸、鬼切畑②、押方①、田原、三田井①②、向山⑥）、五ヶ瀬町（赤谷、鞍岡、桑野内、東光寺⑧）、北方町（上鹿川、二股、八戸星山⑦）、日之影町（一ノ水、飯干、後梅、新畑②③④、中間畑①②、舟の尾①、見立①④）、北方町（上鹿川）、北川町（陸地⑩、上赤、上祝子、葛葉、瀬口、俵野、八戸）、北浦町（三川内大井⑨・歌糸、古江）、延岡市（浦城、黒岩、須美江）、椎葉村（大河内）、諸塚村（各地）、北郷村（入下）、南郷村（下渡川）、東郷町（坪谷、西林山、羽坂）、日向市（畑浦）、西米良村（八重）、西都市（津々志）、都農町（木和田）、川南町（比田）、木城町（中之又）、小林市（木浦木）、須木村（内山、田代ケ八重）
ハナノキ	北浦町（阿蘇、古江）、椎葉村（大河内、尾手納）、諸塚村、西都市（三財）、えびの市（白鳥）、小林市（西小林）、高原町（狭野）
ホトケバナ	西米良村（※平田）
ホンシバ	延岡市（赤水）
マツコウ（ノキ）	東郷町（坪谷②）、えびの市（京町）、小林市（山代）、須木村（堂屋敷）、小林市（東方）、高原町（後川内）、高城町（四家）、高崎町（笛水、前田）、都城市（荒襲⑭、御池）、三股町（長田）、串間市（大矢取）
マッコンミ	都城地方（※都盆）
モチバナ	北方町②
モツヤマバナ	北浦町（市振⑤）
モトヤマバナ	北浦町（市振）

【コメント】①墓にあげる。②墓や仏壇に供える。③門松にたてる。④盆花はこれのみ。⑤シャカキ（サカキ）より位が上で、大切な時のみ供える。⑥香は昔は自分で作った：皮をはぐ→乾燥→ついて砕く→香になる。⑦棺桶に入れる。⑧天秤棒にする。⑨10年前に牛が食って死んだ。⑩栽培し20年になる。4000本植えている。700〜800円

シキミ（仏事に使う）

／キロ。熊本・福岡・広島・大阪・名古屋に出す。沖縄が多い。⑪実の格好からネコヅメという。⑫3歳の甥っ子が実を5個くらい食ったら、体がくたくたになって意識不明になり、黄色い泡を吹いた。水に浸けたタバコを絞った汁を飲ませ、吐かせた。2～3日寝こんじょったわ。ものすごい毒じゃわ。⑬墓花や盆花に使う。燃えにくいので炭の掻き出し棒に使う。メシゲに使う。⑭イノシシは、体の高さに、この木に歯で傷をつけ、身体をすりつけヤニを付ける。それにより身体のシラミを殺す。この木の皮を剥いで叩き、汁で豚や牛のシラミを殺した。
【ノート】神仏の供花の代表種。山地に自生しており、その山地ではハナノキやハナシバといい、シキミにハナシバという地方ではミヤマシキミがシキミになる。シキミの生えない地方ではシキミ・シキビ・シキブと呼んでいる。マッコウノキはお香の材料になるのでいう。

シシウド　　　　　*Angelica pubescens* Maxim　　　　　　　　　　　　　　　　　　　　　　【セリ科】

ウズ	高千穂町（向山秋元①②）、五ヶ瀬町（波帰①）、日之影町（七折一ノ水①）
オッダ	椎葉村（日添、小林）
ザシ	高千穂町（下野、岩戸①、五ヶ所）、五ヶ瀬町（桑野内、東光寺①）
シシウド	小林市（山代①）
ニンジングサ	都城市（御池町③）
マツタケドウゼン	日之影町（※町史）

【コメント】①「かしきぐさ」にする。②糞尿は少ないので、肥料を多くするためにウズをトイレに入れた。③花がニンジンの花に似る。

シシガシラ　　　　*Blechnum niponicum* Makino　　　　　　　　　　　　　　　　　　　　　【シシガシラ科】

オオワラビ	椎葉村（松尾）
オサワラベ	椎葉村（日添）
ムカゼヘゴ	三股町（長田①）
ヤマドリスダ	西米良村（横野②）

【コメント】①葉がムカゼ（ムカデ）に似ている。②ヤマドリが新芽を食う。

ジシバリ（イワニガナ）　　　*Ixeris stolonifera* A.Gray　　　　　　　　　　　　　　　　　【キク科】

ギシバリ	高千穂町（岩戸、鬼切畑、押方、下野、田原、三田井）、五ヶ瀬町（桑野内、東光寺）、北川町（上祝子①）、須木村（田代ケ八重）
ゲイクサ	都城市（上安久④）
ジシバイ	えびの市（京町）、須木村（堂屋敷）、都城市（夏尾）
ジシバリ	五ヶ瀬町（鞍岡波帰、広瀬）、椎葉村（尾手納）、諸塚村、北郷村、南郷村（鬼神野）、木城町（中之又）、えびの市（加久藤）、小林市（永久津、西小林、東方）、須木村（内山）、野尻町（石瀬戸）、高原町、宮崎市（塩鶴）、高城町（四家）、三股町（長田）、北郷町（宿野）、日南市（宮浦）、串間市（高松）
ソウズ	日之影町（舟の尾②）、西米良村（板谷、小川）、西都市（銀鏡）
ソウズ（グサ）	椎葉村（大河内）、諸塚村（飯干）
ソウズゴウ	椎葉村（不土野）
チチグサ	日向市（田の原）、串間市（大矢取、黒井）
ドクバナ	日之影町（八戸星山③）

【コメント】①ギシとは石垣のこと。②畑の雑草。③牛が食べると、よだれを出す。黄花は全てドクバナだよという。④いっぱいはびこることをゲイという。株をちびっと引きちぎっておくと直ぐに根を出す。

シソ　　　　　　*Perilla frutescens* Britton var. *crispa* H.Deane　　　　　　　　　　　　　【シソ科】

チソ	児湯郡（※日植方）

シチトウイ　　　　*Cyperus malaccensis* subsp. *monophyllus* T.Koyama　　　　　　　　　【カヤツリグサ科】

シチトウ	五ヶ瀬町（波帰）

シチョウゲ　　　　*Leptodermis pulchella* Yatabe　　　　　　　　　　　　　　　　　　　　【アカネ科】

オタイコバナ	小林市
ヘクソバナ	宮崎市（城ケ崎）

| シナノキ | *Tilia japonica* Simonk. | 【シナノキ科】 |

クマベラ	椎葉村（日添①）
ヘラ	五ヶ瀬町（鞍岡波帰）、椎葉村（尾手納①）
ヘラノキ	北方町（上鹿川）、椎葉村（日添、小林）

【コメント】①繊維をとる：皮をはいで１ｍほどに切り、水につける。とれた繊維は、ミノや縄にする。縄には牛馬を縛るミノオや自分たちが担ぐときのカニーローがあるがどれもヘラノキで作る。

| シマカンギク | *Chrysanthemum indicum* L. | 【キク科】 |

ニガフツ	高千穂町（※平田）
ノギク	高千穂町（岩戸）、日之影町（戸川）

| シマサクラガンピ | *Diplomorpha pauciflora* var. *yakushimensis* T.Yamanaka | 【ジンチョウゲ科】 |

ガンビ	川南町（細）
ヒノ	北川町（上祝子）、日向市（田の原①）、西米良村（横野）、西都市（三財、銀鏡）、木城町（石河内）、須木村（田代ケ八重②）、綾町（竹野④）　宮崎市（塩鶴）、北郷町（広河原）
ヒノオ	綾町（綾北川）、田野町（片井野）
ヒノオカジ	椎葉村（大河内）
ヒノカジ	日之影町（新畑③）、西米良村（小川）
ヒノハギ	北方町（上鹿川①）

【コメント】①昔は買いにきよった。②20年前、業者に頼まれ取って売った。③オニシバリも同名でいう。④カジより値がよいといい、採りにいきよった。

| シャガ | *Iris japonica* Thunb. | 【アヤメ科】 |

ヤマショウブ	高原町（狭野）

| シャクナゲ（ツクシシャクナゲ） | *Rhododendron japonoheptamerum* Kitam. | 【ツツジ科】 |

シャクナゲ	日之影町（見立）
シャクナン	高千穂町（岩戸）、五ヶ瀬町（波帰）

| ジャケツイバラ | *Caesalpinia decapetala* Alston var. *japonica* H.Ohashi | 【マメ科】 |

イノシシイゲ	北川町（八戸）
イノシシモドシ	高城町（有水）、三股町（長田）、串間市（大矢取）
イモドシ	東郷町（坪谷）
クマカエシ	日之影町（中間畑、八戸星山）
クマケージ	高千穂町（向山秋元）
クマケージイゲ	日之影町（後梅⑧）
クマトリイゲ	日之影町（中間畑）
コッテゴロシ	えびの市⑫（飯野、尾八重野、京町、真幸内堅）、小林市（山代⑪）、都城市（御池、荒襲）
コッテゴワシ	えびの市（京町）
コツモマクリ	えびの市（加久藤）
サルカエシ	高岡町（作の木橋）、田野町（内八重①、片井野、堀口）、高崎町（笛水）、山之口町（五反田）、北郷町（広河原）、日南市（鵜戸、白木俣⑧、宮浦）、串間市（市木、都井）
サルカキ	串間市（都井（※平田））
サルカケ	都城市（安久、石原）、串間市（黒井）
サルカケモドシ	延岡市（赤水）
サルケシ	北郷村（坂元）
サルモドシ	北方町（久保山）、北川町（八戸）、北浦町（市振）、延岡市（小野、浦城）、椎葉村（栂尾）諸塚村（荒谷黒原）、西郷村（小川）、南郷村（水清谷⑦、神門名木）、東郷町（追野内、坪谷、福瀬）、日向市（田の原⑨、畑浦⑨）、西都市（三納長谷、下津々志）、都農町（東都農）、川南町（比田、細⑧）、綾町（南俣川中）、国富町（八代南俣）、串間市（市木）
サルモドシカズラ	北方町（川水流）
シシカケイドロ	北川町（葛葉）
シシグ	串間市（大平）

シシゴナシ	小林市(西小林)
シシタオシ	串間市(大平)
シシモドシ	北川町(陸地⑨、上赤、葛葉⑨、瀬口、八戸)、北浦町(三川内大井・歌糸)、延岡市(熊之江)、椎葉村(尾前)、南郷村(鬼神野)、西米良村(小川)、西都市(三財水喰、銀鏡、穂北)、木城町(石河内、岩渕⑧、中之又)、高鍋町(鬼ケ久保)、綾町(入野、竹野⑩)、宮崎市(塩鶴⑨、白浜、曽山寺)、田野町(内八重)、須木村(内山、堂屋敷、田代ケ八重)、高原町(狭野)、都城市(御池)、高崎町(笛水)、山之口町(五反田)、北郷町(宿野、広河原)、日南市(鵜戸、上白木俣、宮浦)、串間市(市木)
シシモドリ	北川町(松瀬⑨)
シシモドロ	宮崎市(野島)
ジャケツイバラ	小林市(真方)
タカトリイゲ	西米良村(板谷)
タカトリカズラ	西米良村(横野②)
ネコカズラ	都城市(安久)
ネコヅメ	北川町(下祝子)、高原町(狭野、湯之元)
ネコノツメ	椎葉村(尾崎、栂尾)、諸塚村(七つ山立岩、小原井、飯干)
ネコノツメギ	北方町(上鹿川、下鹿川)
ネコンツメ	日之影町(見立煤市)、延岡市(須美江)、都城市(上安久)
ネコンツメイゲ	高千穂町(岩戸)
ネコンツメギ	北方町(上鹿川)
ムシャケージ	南郷村(上渡川門田)
ヨネマクリ	えびの市(各地③)、小林市(木浦木、西小林、山代)、須木村(九々瀬、田代ケ八重④、堂屋敷、奈佐木)
ヨネモクリ	須木村(田代ケ八重)
ヨバイギ	諸塚村(七ツ山矢村⑤)
ヨベギ	北浦町(阿蘇、市振、直海、古江⑥)、延岡市(熊之江)
ヨメノスソマクリ	串間市(都井岬)
ヨリエムクビ	西都市(尾八重、瓢丹渕⑧)
ヨロイムクリ	西都市(銀鏡、中尾、瓢丹渕)

ジャケツイバラ(蔓には鋭いカギが)

【コメント】①泥棒が入らんごつ垣根にはわせる家があったが今はない。②鷹がひっかかってよう逃げじおった。③村の男衆あこがれのオヨネさんの裾に、ヨネマクリのクイ(鉤)がひっかかって取れなくなり、着物を脱がざるを得なかったとの言い伝えがある。④両方に杭があっですもん、ひっかかったらやっかいじゃ。⑤いみって(茂って)、どこでもはっていき、よばいの男がどこでも勝手にいくのに似る。⑥昭和27年ごろ、野焼きの際に山火事になりヨベギの茂みに逃げ込み8人が焼死した。⑦ひっかかったら、サルの身もとる。⑧根を干しておいて煎服すると、神経痛やリウマチによい。⑨茎の中にテッポウムシ(カンノムシ等の呼び名あり)がおり食べるとリウマチや神経痛によい。⑩根茎の皮をカンナくずのように削って焼酎漬けにする。⑪「コッテゴロシン虫」8㎝くらいのものもいる。クサモノ(ガンソともいうただれ)やカンノ虫(よだれをだす子供の病気)に10匹くらい食わす。乾燥したものを焼いて食う。子房分が多くクサギの虫よりうまい。ヨネマクリともいう(大口義則氏談)。⑫コッテとは暴れる雄牛をいう。

【ノート】黄色い大型の花は見事であるが、枝葉に猫の爪のような鋭い棘があり嫌われ者。蔓状に繁茂して広がるので、この茂みにはイノシシ、クマ、サル、雄牛もしり込みするという。ヨバイギは、大正時代まで農漁村中心に各地で行われていた習俗である「夜這い」とは関係ないもので、古語辞典によれば「繁茂すること」を「よばい」とあるように、ジャケツイバラが枝を縦横無尽に広げて繁茂することからきているのでは。ヨベギもヨバイギが転訛したものと思われる。ヨネマクリのような面白い名もある。

シャシャンポ　*Vaccinium bracteatum* Thunb.　【ツツジ科】

アベノキ	延岡市(島浦④)
サセンボ	北浦町(古江)
シバチノキ	串間市(高松④)
シャシャンポ	北浦町(三川内歌糸)
シャセンボ	南郷村(鬼神野)
ノジャエン	田野町(片井野⑥)
ミソウシナイ	日之影町(中間畑)、西米良村(板谷、小川)、西都市(中尾)　木城町(川原)
ミソウシネ	北方町(二股)、東郷町(坪谷)、西米良村(横野)、西都市(三財)、木城町(石河内)、都農町(東都農)
ミソシメ	北川町(陸地)、北浦町(三川内大井)、延岡市(浦城、熊之江、須美江)、西都市(三財)
ミソスキ	東臼杵郡(※倉田)
ミソスネ	北川町(上赤①、葛葉①、瀬口①②、八戸)、

ミソスメ	日向市(田の原③)
ミソッチ	都城地方(※都盆)
ミソッチュ	北浦町(市振、古江)、延岡市(赤水)、川南町(細)、えびの市(真幸、白鳥)、小林市(西小林)、須木村(九ヶ瀬)、綾町(竹野)、宮崎市(塩鶴)、田野町(内八重⑤)、都城市(安久)、高城町(有水)、高崎町(前田)、山之口町(五反田)、北郷町(大戸野)、日南市(宮浦、上白木俣)、串間市(市木、大矢取)
ミソッチュノキ	高原町(狭野)、都城市(御池町)
ミソッチョ	須木村(田代ケ八重)
ミソッチョノキ	西諸県郡(※鷹野)、小林市(※鷹野)
ミソノキ	西都市(津々志)
ミソユス	北浦町(三川内歌糸)

【コメント】①実は美味い。ナベトウシ(ガマズミ)より美味い。いっぺ食いよった。②炭に良い。③「スメ」はかくす、もぐることをいう。灰が赤いので囲炉裏で灰の中に落ちた味噌がわからなくなる。④ここらでは墓花にする。⑤実は甘くなく、味噌みたいな味。⑥小さいうちは株だって、茶の樹形に似ている。

【ノート】灰が赤く、味噌に似た色をしているので、この木を囲炉裏で焚くと、落とした味噌がどこに行ったか分からなくなるといい、ミソウシナイ・ミソスメ、ミソッチュなどと味噌由来の名を付けている。

ジャノヒゲ(リュウノヒゲ)　　*Ophiopogon japonicus* Ker Gawl.　　【キジカクシ科】

アオマンリョウ	北川町(陸地①)
アガリダマ	北方町(上鹿川)
イヌノメ	椎葉村(尾崎)
イワタマ	西臼杵郡(※日植)
イワダマ	高千穂町(岩戸、鬼切畑①、神殿、田原①、三田井、向山)、日之影町(一ノ水、後梅①、見立煤市①、中間畑①②、八戸)、椎葉村(仲塔)、諸塚村(荒谷、小原井、立岩、黒葛原、矢村)、南郷村(上渡川門田①③、神門名木①)、西米良村(板谷①、小川①、田無瀬①)、西都市(銀鏡、中尾)、木城町(中之又)
イワダマグサ	高千穂町(岩戸①)
インノコシカケダマ	日之影町(見立)
インノメ	椎葉村(不土野)
インノメダマ	五ヶ瀬町(鞍岡波帰)
オトメノメンタマ	野尻町(今別府)
ギシギシ	五ヶ瀬町(東光寺①)
ギヨンダマ	北郷村(入下)
ギロンタマ	北郷村(入下)
ギンノユクダマ	椎葉村(松尾①)
クサダマ	高千穂町(河内)
コケ	高城町(四家)
サッシンミ	都城市(志比田)
ジッダマグサ	東郷町(坪谷)
ジノヒゲ	須木村(内山)、野尻町
ジノミグサ	五ヶ瀬町(桑野内①)
ジャヒゲ	北浦町(直海)
ジュウノヒゲ	高千穂町(押方)
ジュウノミ(グサ)	北方町(川水流)
ジュギンタマ	南郷町(榎原)
ジュスタマグサ	須木村(田代ケ八重①)
ジュズダマ	都城市(荒襲)
ジュングサ	高千穂町(押方)
ジュンヒゲダマ	高千穂町(上押方)
ジョウノミ	南郷村(水清谷)
ジンタマ	高千穂町(三田井)
ジンヒゲ	五ヶ瀬町(赤谷①)
スゲクサ	椎葉村(大河内)
ズズゲンダマ	須木村(奈佐木①)
ススダマ	高千穂町(上野)
センジョウグサ	西都市(三納長谷)
タマグサ	東郷町(迫野内)
ダマリグサ	延岡市(須美江①)

チヂンミ	えびの市（真幸）
ヂドメ	日南市（宮浦）
ヂヒゲ	西都市（三財水喰）、須木村（内山）
ツチドメ	えびの市（真幸内堅）、日南市（上白木俣）
テッポンタマ	北川町（上赤）
テッポンダマ	南郷村（鬼神野）
テマリコ	延岡市（島野浦①）
ニラクサ	日之影町（新畑）
ニラダマ	諸塚村（黒葛原）
ネコダマ	延岡市（赤水④）、椎葉村（栂尾）、木城町（石河内）、えびの市（飯野、加久藤、真幸）
ネコネコ	宮崎市（曽山寺①）
ネコノキンタマ	えびの市（各地）、高崎町（前田）
ネコノメ	えびの市（各地）
ネコノメンタマ	椎葉村（尾手納、尾前、日添）、野尻町（野尻）
ネコメンタマ	椎葉村（日添）、東郷町（坪谷西林山）
ネコラン	都城市（安久）
ネコンキンタマ	北方町（二股）、北川町（八戸⑤）、延岡市（小野）、木城町（岩渕、川原）、綾町（上畑）、宮崎市（江田、塩鶴①、野島）、田野町（内八重、片井野）、えびの市（全域）、小林市（全域）、須木村（内山、原）、高原町（狭野⑥、高原①）、高崎町（前田）、北郷町（広河原）、串間市（市木藤⑦）
ネコンタマ	えびの市（加久藤）、北郷町（大戸野、宿野）、日南市（大堂津）
ネコンチンポ	須木村（堂屋敷）
ネコンメ	須木村（九々瀬①）
ネコンメダマ	北郷町（黒山）
ネコンメンタマ	東郷町（西林山）
ノキダレグサ	北浦町（市振、古江）
パンパンミ	都城市（上安久）
ヒメマンジュウ	小林市（山代）
ポンポンミ	都城市（上安久）
マリノミ	えびの市（加久藤長江）
ミャンダホーベ	北浦町
メンクンタマ	串間市（大平）
モクランミ	えびの市（加久藤榎田①）
ヤンブシダマ	北方町（二股⑧）
リュウノケ	延岡市（須美江）
リュウノヒゲ	延岡市（熊之江⑨）、北郷村（入下）、日向市（権現崎、畑浦）、西都市（尾八重）

【コメント】①実は竹鉄砲、つき鉄砲の弾にする。②ワナカケのえさに使う。③実はイワダマコンブという。④鉛筆の芯をこの実につきさし、水で濡らして書きよった。字が濃ゆくなりよった。⑤下級生は濃いものを上級生は淡い鉛筆を使う。下級生は淡い字に憧れた。そこでジャノヒゲの実に芯を刺しておくと淡くなり嬉しかった。⑥種子に糸を通して首飾りを作りよった。⑦雨で土が流れないように土止めに使う。⑧山法師の数珠に実が似る。葉の全体がヤンボシ頭。⑨手水鉢の下に植える。

【ノート】身近でなじみのある草なので語彙が豊かである。そのほとんどが種子からつけられている。果皮は美しい青色で目立つのに、それ以上にインパクトがあるのが種子。半透明で、跳ねるほど弾力性があり、極めて特異だから。この種子に目を付けた名が多く、オトメノメンタマ、ネコノキンタマなど分かりやすい名である。この種子が子供たちの戦争ごっこで使う竹鉄砲の弾になるので、テッポンタマやセンジョウグサというのであろう。また、細長い葉は株だっており軒下に植えると土止めになるので、ノキダレグサやツチドメと呼んだのであろう。

ジャノヒゲ（土止めに軒下に）

シャリンバイ（タチシャリンバイ）　　*Rhaphiolepis indica* Lindl.ex Ker var.*umbellata* H.Ohashi　【バラ科】

イソウルメ	串間市（高松）
イソグルメ	宮崎市（白浜）、日南市（鵜戸①、大浦、小吹毛井④）、串間市（金谷⑤、高松②、羽ケ瀬）
イソジラキ	串間市（黒井③）
イソボップ	串間市（高松、今町）
イソマテ	宮崎市（野島⑥）、日南市（宮浦）
イソモッコク	延岡市（安井⑩）、日向市（権現崎）
シマゴ	北浦町（阿蘇③④、市振、直海、古江）、延岡市（赤水③④、島野浦、浦城③、熊之江③、島浦①③④⑦）、日向市（畑浦⑦）

シマンゴ	延岡市(安井)
シモグリ	日向市(幸脇⑧)
センジョノキ	日南市⑨(※ふかのき8)
ハマモッコク	日向市(田の原)、都農町(東都農)、川南町(比田)
ヘバチ	串間市(市木藤④)
ログノキ	串間市(黒井③)

【コメント】①ワラをしぐ木槌(ヨコヅツ)にする。材が重く硬い。②セヅツ(木のドンチョウで桶屋が使う)にした。③櫓の止めしんであるログイ(櫓杭)・ロベソ(櫓臍)にする。ログノキともいう。櫓にはイチイガシがよい。④イセエビ網などの網染めに使う。網は茶褐色に染まる。⑤お墓に供える。⑥ガンタレ木じゃねして、タキモンに切ったら樫の木と一緒じゃかり、売る時にゃ樫で売っとよ。⑦黒い実を食う。⑧皮と種子の間の白い果肉は甘い。霜が降りると甘くなる。⑨この皮で魚網を染めるので、センリョウノキ→センジョノキという。(湯浅氏:ふかのき8号)⑩実は真っ黒になると食べる。網染めに使う。

シュウカイドウ　　*Begonia grandis* Dryand.　　【シュウカイドウ科】

スイブキ	西都市(尾八重①)

【コメント】①葉柄をしゃぶる。酸っぱい。

シュウブンソウ　　*Aster verticillatus* Brouillet　　【キク科】

モチザシ	木城町(中之又)

シュウメイギク　　*Anemone hupehensis* Lemoine　　【キンポウゲ科】

エドギク	小林市(山代)
カワギク	西都市(銀鏡①)
キクバナ	西都市(三納)

【コメント】花盛りに、シイタケのナバ木を水に浸けて、棒で打ち刺激を与える。

ジュズダマ　　*Coix lacryma jobi* L.　　【イネ科】

ジュシダマ	えびの市(加久藤①)、都城市(牛の脛⑤)
ジュジュダマ	日之影町(七折一ノ水①)、北川町(八戸)、串間市(高松)
ジュスダマ	須木村(内山)
ジュズダマ	日之影町(後梅)、北川町(陸地、上赤②、葛葉③、瀬口)、北浦町(三川内)、延岡市(島浦)、日向市(田の原)、都農町(東都農)、宮崎市(浮之城⑤)、田野町(内八重)、小林市(西小林)、高城町(四家)、串間市(大矢取)
ジュッダマ	北浦町(市振、古江)
ジュズノミ	椎葉村(日添)
シロジュズ	高千穂町(下野)
ズシダマ	小林市(西小林、東方)
ススダマ	高千穂町(押方④、上野)、日之影町(一ノ水、見立④)、西米良村(田無瀬)、宮崎市(瓜生野)
ズスダマ	高崎町(笛水)

【コメント】①枕に入れる。夏は冷たく気持ちがよい。②咳止め。③実は腎臓によい。④首飾り。⑤オジャミ(お手玉)の中身にする。

シュロ　　*Trachycarpus fortunei* H.Wendl.　　【ヤシ科】

シロ	高千穂町(鬼切畑①)、五ヶ瀬町(東光寺①、見立①)、日之影町(見立煤市①、八戸)、椎葉村(日添①)、須木村(堂屋敷④)、小林市(各地②)、串間市(市木③、北方③)

【コメント】①幹の毛は蓑に、葉はハエ叩きに使う。②ヘウツボ(ハエ打ち棒)にする。③葉を細かく裂いて大根切り干しをしばってつるす。④この縄は腐れにくいので、井戸の汲み桶の紐に使う。

ジュンサイ　*Brasenia schreberi* J.F.Gmel.　【ジュンサイ科】

ジュンサイ	宮崎市（生目①）

【コメント】①昔からあった。船を浮かして採ってた。町から買いに来よった。ぬるぬるしている。吸い物にして食べてた。

シュンラン　*Cymbidium goeringii* Rchb.f.　【ラン科】

ジジババ	日之影町（一ノ水、後梅）、北川町（上赤、葛葉）、北浦町（三川内歌糸）、高崎町（笛水）
ジトババ	高千穂町（三田井）
ジババ	五ヶ瀬町（東光寺）、北川町（八戸）
スゲバクリ	椎葉村（栂尾①、日添④）、西都市（銀鏡）、都城市（安久）
ハクイ	小林市（山代）、都城市（夏尾①）
ハクイラン	須木村（堂屋敷）、えびの市（真幸内堅）
ハクリ	高千穂町（下野、押方）、五ヶ瀬町（桑野内、赤谷、東光寺）、日之影町（後梅、八戸星山①）、北川町（陸地②、上赤、上祝子、葛葉、瀬口①、八戸）、北浦町（市振、古江、三川内）、延岡市（赤水、浦城、島浦、須美江）、椎葉村（尾手納、日添①、松尾）、諸塚村、南郷村（鬼神野）、日向市（田の原①）、西都市（山須原）、木城町（中之又）、国富町（八代南俣）、えびの市（飯野）、小林市（木浦木）、綾町（竹野）、宮崎市（塩鶴）、田野町（内八重）、都城市（牛の脛、上安久）、三股町（長田）、高崎町（前田）、北郷町（大戸野）、串間市（大矢取①、黒井）
ハクリラン	串間市（高松④）
ボボチカ	延岡市（赤水）
ヤボラン	都城市（※平田）
ヤマハクリ	高城町（有水）
ヤマバクリ	北方町（上鹿川）
ヨメジョバナ	野尻町③

【コメント】①球根をアカギレの薬にする。②アカギレにすり込むと８里か９里は大丈夫なので８９里：ハクリという。③花の格好が女性の頭の丸髷に似ている。④地下茎のねばりをアカギレに塗ると、一昼夜で治る。④足の裏の赤子の口のように開いたアカギレに、ハクリランの球をねったものを竹べらですり込み、上に丈夫な紙をかぶせておくとべたっとくっついて治るまではげん。
【ノート】県北の一部でいうジジババは花を解剖してからご覧いただくと、思わず含み笑い。まさに「爺・婆」で名づけ者の豊かな発想に脱帽。ハクリについては、広くシュンランを古名でハクリというとある。古名。

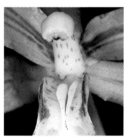
シュンラン（花の内部）

ショウジョウバカマ　*Helonias breviscapa* N.Tanaka　【シュロソウ科】

カンザシバナ	五ヶ瀬町（桑野内①）
ウドゲノハナ	えびの市（真幸）
ショウベングサ	椎葉村（尾手納）

【コメント】①子供の頃カンザシにして遊んだ。
【ノート】九州のショウジョウバカマは正式にはツクシショウジョウバカマとなる。

ショウブ　*Acorus calamus* L.　【ショウブ科】

ショウブ	日之影町（新畑①）、小林市（木浦木）、野尻町、高原町（高原②）
ホンショウブ	椎葉村（大河内③）、都城市（牛の脛①④）

【コメント】①頭に巻くと頭痛がこない。②久保田氏談「昔、大蛇が人に化け、人間をさらっていた。ある人が、連れて行くなら頭の上のタライに載せてくれと頼んだ。途中で、池に生えるショウブの上に飛び降り、探せなくなって難を逃れた」。それ以来ショウブを飾るという。③端午の節句に頭に巻くとその年は頭が痛くない。④桶の水に葉を切って入れ、その水を飲みよった。
【ノート】５月の節句に魔除けとして使われるので、各地にその訳を残した伝説がある。

ショウベンノキ　*Turpinia ternata* Nakai　【ミツバウツギ科】

イセエビ	日南市（小目井（※平田））
イモクソ	日南市（鵜戸、小吹毛井①）
デギ	串間市（黒井）

【コメント】①キクラゲがよく出る。牛馬の飼料。

シラキ	*Neoshirakia japonica* Esser	【トウダイグサ科】
オシロイギ	五ヶ瀬町（鞍岡波帰①）	
シラキ	北川町（上祝子）、須木村（堂屋敷）	
ミツナリ	北川町（上祝子②）	

【コメント】①樹肌が白い。一番に紅葉する。②三つに割れる実からミツナリという。

シラタマカズラ	*Psychotria serpens* L.	【ウコギ科】
シラタマカズラ	日南市（鵜戸）	

シラネセンキュウ	*Angelica polymorpha* Maxim.	【セリ科】
ウマゼイ	小林市	
ウマゼリ	日之影町（見立①）、諸塚村（飯干）、日向市（田の原）、西米良村（板谷）、田野町（内八重）、えびの市（真幸）、小林市（西小林）、高原町（狭野②）	
ウマゼン	川南町（細）	
ウマニンジン	西都市（三財）	
ウマンコゼリ	高原町（狭野②）	
センキュウ	小林市（木浦木）、須木村（堂屋敷）	
ゼンゴ	小林市（西小林）	
ゼンゴグサ	北郷町（大戸野）	
バセリ	西米良村（小川）	
ヤマシタゼリ	椎葉村（栂尾、日添③）	
ヤマゼリ	椎葉村（日添④）、綾町（竹野）	
ヤマニンジン	えびの市（真幸内堅）	

【コメント】①若葉を味噌汁で食う。石を焼いてその上で味噌を混ぜて食べる。②複葉を切り取って、小柄を残して羽片を切り取り、葉柄が頭に、小柄が四足となって馬の形になる。③テンプラにする。④葉は吸い物に、花はテンプラによい。

シラン	*Bletilla striata* Rchb.f.	【ラン科】
シラン	椎葉村（日添）	

シロダモ	*Neolitsea sericea* Koidz.	【クスノキ科】
アカタブ	北川町（上赤）	
インゲシン	えびの市（加久藤）、小林市（西小林）、須木村（九々瀬）	
インゲセン	野尻町（今別府）、高原町（狭野）、高城町（四家）、高崎町（前田）	
ウラジロ	椎葉村（尾手納）	
オエコギ	小林市（山代）	
オダクサ	高千穂町（向山秋元①）、日之影町（後梅③、新畑⑤⑥、中間畑、見立③）、北方町（上上鹿川④）	
オダグサ	高千穂町（岩戸③）、椎葉村（尾手納、日添⑦）	
オダクサタブ	北方町（二股）	
キタタブ	日向（※日植方）	
キノミタブ	都農町（木和田）	
キノミノキ	川南町（細）	
クサダマ	高千穂町（押方、三田井③）、五ヶ瀬町（赤谷、東光寺③）	
クサダマノキ	五ヶ瀬町（鞍岡波帰⑤）	
クソタブ	小林市（永久津）	
ケイシンタブ	須木村（田代ケ八重）、田野町（片井野）、北郷町（広河原）	
ケイセン	宮崎市（野島）	
ケシンタブ	須木村（堂屋敷）	
ケセンタブ	西米良村（横野）、山之口町（五反田）	
シロタブ	北川町（八戸）、西都市（三財）、木城町（中之又）	
センコウタブ	門川町（庭谷）	
センコタブ	北川町（上赤）、西都市（津々志）、木城町（石河内）、田野町（内八重）、日南市（宮浦）	
タビ	東郷町（坪谷）	

タブ	東郷町（西林山）、木城町（川原⑧）、川南町（白髭⑩）
タマガラ	北浦町（阿蘇、市振、古江）、延岡市（熊之江②③、須美江②）
タマガラタブ	北川町（陸地、瀬口多良田）、北浦町（三川内大井③）
タマクサ（ノキ）	延岡市（浦城①）
ツンノキ	高原町（後川内③）
ニッケイタブ	新富町（鬼付女）
バイバイ	都城市（上安久）
ハナガラタブ	北川町（祝子（※平田））
ハナタブ	日之影町（後梅）、門川町（庭谷）、須木村（堂屋敷）
ヒヨドイノミ	都城市（上安久）
ヒヨドリノミ	高崎町③
マンジュウ	延岡市（安井）
メンタブ	日向市（幸脇⑨）
ヤマギシン	都城市（御池町）

シロダモ（実は赤い）

【コメント】①イネの害虫を殺す：実からとった油はオダクサ油といい、竹筒に入れ下からポトポト落として田んぼに膜を張り、その後、稲の虫を棒で払い落とす。虫は油で飛べず死ぬ。②実を蒸して、圧搾機で搾る。田の虫殺し。③鳥ワナに使う。④シラミの毒にする。⑤実をたぎらかした汁で髪を洗う。⑥実をたぎらかした汁に麻の皮を漬け、柔らかくしてほぐすとよい。糸をよるときに使う。汁は紅くはならない。⑦1月4日の若木に使う。実は竹鉄砲の弾に使う。⑧タブはセンコタブという。⑨オンタブはタブにいう。⑩実はタブノミデッポウの弾にする。

【ノート】ニッケイやタブ等の仲間（ケシン類）であるが、似て非なりということから、インゲシン（イヌケシンが転訛）。葉裏が白いのでシロタブ。実がきれいなのでハナタブ等の名が付いている。オダクサ・タマガラの名の由来は分からない。実の油が殺虫剤に使われ、身近な木であった。

イヌガシ　*Neolitsea aciculata* Koidz.　【クスノキ科】

クソタブ	えびの市（白鳥）
ケイセン	日南市（小目井）
センコウタブ	東郷町（坪谷、西林山①）、野尻町
ハナコジラノキ	都城市（上安久）

【コメント】①線香の香りがする。シロダモも同名で区別せず。

シロツメクサ　*Trifolium repens* L.　【マメ科】

ミツバ	野尻町（今別府）

シロバイ　*Symplocos lancifolia* Siebold et Zucc.　【ハイノキ科】

シラフェ	都農町（木和田）
シラベノキ	日向市（田の原①）
シロフェーノキ	北川町（陸地）
シロヘー	北浦町（三川内大井）

【コメント】①先が硬くつぶれないので土によく挿さる。材はねばいのでヤマオコに良い。残り灰が真っ白なので、白（シラ）灰（ハイ→ヘ→ベ）になったと思われる（南谷）。

ジロボウエンゴサク　*Corydalis decumbens* Pers.　【ケシ科】

パッチコグサ	川南町（牧平①）
パッチンバナ	都農町（木和田②）

【コメント】①距（きょ）を使ってスミレ同様に花を引き合い相撲取り遊びをする。②花の口先をつまんで、押しつけると距に入った空気が破裂し、音を立てる遊びをする。

シロモジ　*Lindera triloba* Blume　【クスノキ科】

シロモジ	南郷村（鬼神野）、西都市（銀鏡）

タケツエギ	椎葉村（尾手納、日添）、諸塚村（飯干）
ツエギ	北方町（上鹿川③）、北川町（上祝子）、椎葉村（尾手納、日添①、小林）
ホンツエギ	椎葉村（日添①）
メクサレギ	北川町（上祝子②）

【コメント】①1月2日の若木にシロダモ・カシ・ツバキの代わりに使う。皮が食える。②煙が出ると目が痛くなる（※植物と民俗：倉田）。③杖にする。

シロヤマゼンマイ　　*Osmunda banksiifolia* Kuhn　　【ゼンマイ科】

イッポンシダ	日南市（鵜戸）
オニヘゴ	宮崎市（白浜）
アラヘゴ	高岡町（柞木橋）

ジンジャ　　*Hedychium coronarium* J.Koenig var. *chrysoleucum* Baker　　【ショウガ科】

ショウガバナ	えびの市（真幸内堅）

ジンチョウゲ　　*Daphne odora* Thunb.　　【アカネ科】

ギンチョウ	野尻町（今別府）
リンチョ	延岡市（島浦）

ス

スイカズラ　　*Lonicera japonica* Thunb.　　【スイカズラ科】

アマカズラ	三股町（長田①）
アマチャ	日南市（宮浦）
アマチャカズラ	延岡市（須美江）、南郷村（鬼神野）
アマチャバナ	北浦町（三川内歌糸）
ウノハナカズラ	日向市（田の原）
カズラバナ	高城町（有水②）
キンギッカ	串間市（真萱）
キンギンカ	西都市（三財（※内藤））、小林市（西小林②、木浦木②、山代）、須木村（九々瀬、夏木）、都城市（安久）、北郷町（宿野）、日南市（宮浦）
キンギンカズラ	高千穂町（向山秋元）、日之影町（七折一ノ水）、日南市（上白木俣）
ギンギンカズラ	日之影町（後梅）、えびの市（飯野）、都城市（御池）
キンセンカ	小林市（東方、西小林）
ギンナンカズラ	野尻町（今別府）
キンネッカ	都城市（夏尾①）
クチナシカズラ	椎葉村（尾前）
コガネカズラ	須木村（堂屋敷）
シシバナ	宮崎市（青島（※平田））
シャミセンイト	小林市（木浦木③）
ジンガラ	えびの市（京町）
スイカズラ	高千穂町（三田井）、五ヶ瀬町（桑野内①）、日之影町（中間畑）、北川町（瀬口多良田）、北浦町（市振、古江）、椎葉村（松尾）、北郷村（入下）、木城町（中之又、石河内）、えびの市（真幸）、小林市（西小林）、串間市（黒井）
スイクチカズラ	日之影町（新畑①）
スイスイ	北方町（槇峰）
スイスイカズラ	椎葉村（尾崎）
スイバナ	延岡市（島浦）、椎葉村（松尾）、北郷村（坂元、入下）、南郷村（上渡川門田）、東郷町（迫野内）、川南町（細）、西諸県郡（※鷹野氏）
スイバナカズラ	北川町（陸地）、北浦町延岡市（浦城、熊之江）、南郷村（水清谷）
スースーカズラ	椎葉村（栂尾）
ススバナ	宮崎市（江田）
スズメカズラ	椎葉村（小崎、不土野）、西米良村（田無瀬）、高原町（広原④）
ススリバナ	えびの市（真幸内堅①）
チチカズラ	田野町（内八重）、高原町（後川内、狭野）、都城市（荒襲）

チチクサ	串間市(黒井)
チチバナ	五ヶ瀬町(東光寺、広瀬)、諸塚村(飯干、七ツ山)、宮崎市(野島)、高崎町(前田)
バンチカズラ	西都市(銀鏡)
ミツクサ	日南市(宮浦)
ミッスイバナ	都農町(東都農)
ミツバナ	西都市(都於郡)、えびの市(飯野①)
ムクボカズラ	椎葉村(日添⑤)、諸塚村(飯干)
モクボカズラ	五ヶ瀬町(鞍岡波帰①)

スイカズラ(花は白から黄色に)

【コメント】①蜜を吸う。②この花の咲く頃、陸稲の播きごろ。③皮を削ぐと、芯はシャミセン糸そっくり。④柳の皮とこれを黒汁がでるまで煮詰めて、さらに汁だけを煮詰めて水飴状になったものを布にのばして打ち身に貼る。打ち身に良い。⑤セキショウとともに湯に入れると神経痛によい。

【ノート】野生植物の中の蜜吸い花の代表種。名前の多くは蜜吸いからの名だ。アマチャ、スイバナ、シシバナ、ミツバナ、ススリバナなど。チチバナやチチカズラもチュッチュッと蜜を吸う音からの名だろう。バンチカズラは、淡い甘味を乳母の乳にみたてて、「乳母ん乳カズラ」としたものがバンチカズラに転訛したものと思われる。キンギンカズラは花の咲き始めが白(銀)っぽく、後に黄色(金)になり、金と銀が混ざって咲くので金銀蔓となる。

スイバ　　　*Rumex acetosa* L.　　　【タデ科】

アゼサトガラ	日向市(※日向市史)
ウシノベロ	宮崎市(※日植方)、田野町(内八重)
ウマゴッポ	南郷村(鬼神野)、日向市(田の原)
ウマサトガラ	北郷町(大戸野)
ウマノベロ	野尻町(紙屋)
ウマンサトガラ	川南町(細)、山之口町(上五反田)、串間市(大矢取)
ウマンサトキビ	高城町(四家⑤)
ウマンベロ	野尻町(今別府)
ウメボシ	都城市(荒襲)
ウンマサトガラ	三股町(長田)
オンナギシ	延岡市(浦城)
オンナギシギシ	北川町(八戸)
カレカレ	高原町(後川内)、高崎町
カワサド	延岡市(※平田)
ギシギシ	高千穂町(上野、鬼切畑、河内、下野、田原)、北方町(下鹿川)、日之影町(八戸星山)、北川町(陸地、上赤、上祝子、葛葉、熊田、瀬口、俵野、松瀬)、北浦町(阿蘇、市振、古江、直海、三川内、直海)、延岡市(黒岩、宇和田、小野、松山)、延岡市(浦城①)、椎葉村(大河内)、北郷村(坂元、入下)、西郷村(山須原、小川)、南郷村(上渡川、水清谷)、東郷町(迫野内、坪谷②)、木城町(石河内、中之又)、川南町(白髭②、名貫、平田、細)
ギショギショ	須木村(田代ケ八重)
ゲシゲシ	えびの市(飯野末永)
ゲジゲジ	南郷村(鬼神野)
コシコク	串間市(黒井)
コッポ	日向市(飯谷)
サトガラ	えびの市(飯野)、小林市(全域)、高城町(有水)、山之口町(五反田)、日南市(吾田)
サドガラ	都城市(上安久)
サトギシギシ	高千穂町(田原(※内藤))、東臼杵郡(※日植方)
シイカンボ	えびの市(加久藤)
シイーグキ	椎葉村(不土野)、西米良村(小川)
シイカキ	椎葉村(大河内)、諸塚村(矢村、小原井)
シイカブ	えびの市(飯野)
シイキク	椎葉村(尾手納)、諸塚村(飯干)
シイギク	椎葉村(尾前、日添)
シイクキ	椎葉村(大河内)、諸塚村(七ツ山矢村・小原井)
シイグキ	西米良村(小川)
シイゴキ	西米良村(小川)
シイゴク	五ヶ瀬町(鞍岡波帰)
シイコケ	五ヶ瀬町(鞍岡)

シイシク	諸塚村（飯干）
シオガラ	えびの市（飯野）、小林市（全域）、高原町（広原）
シカシカ	えびの市（飯野）
シカンボ	えびの市（加久藤、京町）
シゴキ	西米良村（乙益氏収録）
シコク	日南市（鵜戸）、串間市（市木、真萱）
シッカンボ	えびの市（飯野・加久藤・京町）
シノハ	小林市②
シビキ	須木村（堂屋敷）
シフキ	須木村（内山・奈佐木）
シュイシュイガラ	えびの市（京町）、高原町（湯之元）、都城市（夏尾）
シュイシュイクキ	都城市（御池）、
シュウグキ	椎葉村（尾手納）
シュウビンキョー	椎葉村（十根川）
シュウフキ	椎葉村（十根川）
スイイコヤ	高千穂町（押方、三田井）、五ヶ瀬町（赤谷）、西米良村（田無瀬）
スイガラ	諸塚村（黒葛原）
スイカンボ	えびの市（真幸島之内）、野尻町
スイカンボウ	須木村（内山）、野尻町
スイクキ	日之影町（後梅、新畑、見立）、北方町（上鹿川③）、椎葉村（松尾）、諸塚村（古薗、矢村）、都城市（安久、石原）
スイグキ	西米良村（板谷、小川）
スイグサ	国富町（八代南俣）
スイコキ	高千穂町（岩戸、三田井）、日之影町（七折一ノ水、中間畑）、北方町（上鹿川）、
スイコギ	西米良村（田無瀬）
スイゴキ	高千穂町（向山秋元）、西米良村（小川）、西都市（銀鏡）
スイコク	串間市（市木）
スイコケ	五ヶ瀬町（東光寺、広瀬）
スイコッ	えびの市（真幸）
スイスイ	北方町、椎葉村（栂尾）、西都市（東米良、三納長谷）、綾町（竹野、上畑）、宮崎市（江田）、田野町（内八重④、片井野）、北郷町（広河原）
スイスイガラ	高岡町（法ケ代）、高原町（狭野）、都城市（牛の脛）、山田町（石風呂）
スイスイグサ	北方町、木城町（中之又）、宮崎市（江田）、田野町（内八重）
スイスイコンボ	新富町（鬼付女）
スイスイゴンボ	西都市（津々志、三財、中尾、瓢丹淵）、綾町（入野）
スイブキ	椎葉村（尾崎）
スイミットウ	高崎町（田中）
スウブキ	椎葉村（栂尾）
スカンポ	五ヶ瀬町（桑野内）、延岡市（島野浦）、えびの市（尾八重野）
スコク	串間市（羽ケ瀬）
スダカナ	高崎町（前田）
スッカンポ	えびの市（真幸内堅）
スッパ	小林市（山代）
スビキ	須木村（九々瀬）
デオ	都城市（志比田）、三股町（長田）
ベブトキ	都城市（志比田）
ミズクサ	小林市（三松⑤、山代）

【コメント】①牛がよく食う。食べ過ぎると牛にシラミがわく。②タムシやヒゼンガサに根をすって酢とまぜて使う。③根は肋膜のくすり。④イモのヤニが付いたときはこの葉で手を拭くとすぐとれる。⑤野良仕事や野遊びでのどが乾いたらこの茎をしゃぶって潤す。

【ノート】県内各地でイタドリをサトガラといい、スイバをその偽物扱いにし、イヌ、イン、ウシ、ウマ、ヘビの名を冠している。シュウ酸が全草に含まれ酸味がある。子供たちは野遊びで喉が渇いた時には、この茎をかじって水代わりにした。馴染みのある草ゆえに各地で面白い方言がつけられ、それが口頭伝承で広がるうちにさらに多様な名となっている。例えば「シコク」とは？これも茎が酸っぱいのでスイクキ→シイクキ→シイコキ→シコクとなったと考えられる。

スイバ（酸っぱい茎をしゃぶる）

| ギシギシ | *Rumex japonicus* Houtt. | 【タデ科】 |

イヌギシギシ	北川町（祝子（※平田））
イヌゲジゲシ	南郷村（鬼神野）
イヌスイゴキ	西米良村（田無瀬）　西都市（銀鏡）
イヌスウブキ	椎葉村（栂尾）
インギシギシ	北川町（上赤、瀬口多良田）、北浦町（阿蘇）
インシビキ	須木村（堂屋敷、原）
インスビキ	須木村（九々瀬）
ウシギシギシ	日之影町（八戸星山）、北川町（上祝子）、西郷村（山須原）
ウシシイグキ	椎葉村（尾前）
ウシスイコギ	高千穂町（岩戸、押方）、五ヶ瀬町（赤谷）
ウシデ	串間市（都井（※平田））
ウシノシタ	串間市（高松）
ウシノベラ	日南市（宮浦②）
ウシノベロ	国富町（八代南俣）、宮崎市（江田、塩鶴）
ウシベロ	宮崎市（産母）、日南市（大浦）
ウシンベロ	宮崎市（白浜）
ウマガラ	小林市（西小林）
ウマギシギシ	北浦町（三川内歌糸）
ウマゴッポ	日向市（田の原）
ウマサトガラ	北郷町（大戸野）
ウマシイカブ	えびの市（飯野、真幸）
ウマシイカンボ	えびの市（加久藤、真幸）
ウマシオガラ	小林市（市街地）
ウマシカンボ	えびの市（真幸）
ウマシフキ	須木村（奈佐木）
ウマシュイシュイガ	都城市（夏尾）
ウマスイグキ	西米良村（小川）
ウマスイスイ	北郷町（広河原）
ウマゼリ	須木村（内山）
ウマダカナ	須木村（内山）
ウマノサトガラ	都農町（東都農）
ウマンシッカンボ	えびの市（飯野、加久藤、真幸）
ウマンスイミットウ	高崎町（前田）
ウマンデコン	小林市（西小林）
ウマンベロ	高岡町（法ケ代）
ウンマジッ	えびの市（飯野）
ウンマンサトガラ	えびの市（飯野）
ウンマンシオガラ	小林市（細野、三松）
ウンマンシュイシュイクキ	都城市（御池町）
オトコギシ	延岡市（浦城）
オトコギシギシ	北川町（八戸）
カワスイガラ	諸塚村（黒葛原）
カワスイコキ	日之影町（七折一ノ水）
カワスイゴキ	高千穂町（向山秋元）
カワダカナ	高崎町（前田、蔵元）、都城市（牛の脛）、山田町
ギコギコグサ	宮崎市（生目柏原）
ギシギシ	五ヶ瀬町（桑野内）、日之影町（後梅、中間畑）、延岡市（赤水③、浦城①）、木城町（岩淵）、高鍋町（鬼ケ久保）、川南町（比田）
ギショギショ	須木村（田代ケ八重）
クマサトガラ	北郷町（大戸野）
ゲシゲシ	南郷村（鬼神野（※平田））
サトガラ	高原町
ダイオウ	椎葉村（大河内）、西都市（三財（※日植））、宮崎市、須木村（木花（※日植））
タカラナ	山之口町（麓、古大内）
デオ	都城市（安久）
ヘビギシギシ	高千穂町（田原）
ヘビゲジゲジ	南郷村（鬼神野）
ヘビサド	北方町

ヘビシーギク	椎葉村（尾前、日添）
ヘビシーゴキ	西米良村（小川）
ヘビシカンボ	えびの市（加久藤）
ヘビシッカンボ	えびの市（加久藤）
ヘビシュウグキ	椎葉村（尾手納）
ヘビスイグキ	西米良村（板谷）

【コメント】①牛がよく食う。食べ過ぎると牛にシラミがわく。②胃腸の薬。③根をすって水虫の薬。
【ノート】里の人々は、同属のスイバを基本種にしており、ギシギシにはイヌ・ウシ・ウマやヘビなどを冠し、区別している。

スオウ　　*Caesalpinia sappan* L.　　【マメ科】

スオウ	高千穂町（下野①）

【コメント】①餅を包む

スギ　　*Cryptomeria japonica* D.Don　　【ヒノキ科】

スギ	椎葉村（日添①）、北浦町（阿蘇②）
スッ	えびの市（真幸）

【コメント】①ネズミの出入り口にさし込み退治する。②アコヤガイの柴つけ漁に使った。

スギナ（ツクシ）　　*Equisetum arvense* L.　　【トクサ科】

エンピツケズイ	小林市（西小林）、高原町
エンピツケズリ	小林市（西小林）
ジゴクグサ	北浦町（三川内歌糸）、諸塚村（矢村）、川南町（名貫）、えびの市（真幸）、須木村（堂屋敷）
ジゴクノカマノシタ	椎葉村（日添）
ジゴクノヅゼカギ	三股町（長田）
スギクサ	椎葉村（尾前）
スギナ	高千穂町（岩戸、鬼切畑①、下野①、田原、三田井、向山）、五ヶ瀬町（広瀬）、日之影町（八戸星山、七折一ノ水）、北川町（上赤）、延岡市（島浦）、諸塚村、西郷村（山須原）、日向市（畑浦）、西米良村（八重）、木城町（川原）、小林市
スギナノコ	小林市（細野）
チクシ	椎葉村（大河内）
ツギキグサ	北浦町（三川内大井）
ツギマツ	西都市（尾八重、銀鏡横平①）
ツキボン	日南市（鵜戸）
ツキボンサン	北郷町（広河原）
ツクシ	高千穂町（岩戸、押方）、五ヶ瀬町（広瀬、桑野内）、日之影町（見立、八戸星山⑥、一ノ水）、椎葉村（不土野③、尾手納）、北方町（上鹿川）、西米良村（八重）、木城町（中之又）、田野町
ツクシボ	北浦町（三川内歌糸）
ツクシボーズ	日南市（※日植方）
ヅクシロ	西諸県郡（※日植方）
ツクシンボ	日向市（畑浦）
ツクシンボウ	高千穂町（三田井）、五ヶ瀬町（赤谷）、えびの市（各地、京町⑦）、綾町（竹野）
ツクシンボー	高千穂町（岩戸）、延岡市（※日植方）、南郷村（鬼神野）、西諸県郡、小林市、都城市
ツクツクボーズ	宮崎（※日植方）
ツクボーズ	宮崎市（※日植方）
ツクボンサン	日南市（飫肥、上白木俣）
トウナ	五ヶ瀬町（鞍岡、桑野内）、高千穂町（岩戸）、北川町（上赤④、葛葉②、瀬口）
トウナグサ	北川町（陸地）、延岡市（熊之江）
トナ	北方町（上鹿川）
ヒガンボイボイ	宮崎市（生目）
ヒガンボウズ	日向市（田の原）、宮崎市（野島⑧）
ブシ	五ヶ瀬町（波帰）
フデクサ	都城市（※平田）、都城地方（※都植方）
マツクサ	椎葉村（尾前、尾手納、日添⑤）
マツグサ	北浦町（三川内歌糸）、西米良村（田無瀬）、須木村（田代ケ八重）

マツナ	日之影町(見立)、諸塚村(飯干)、宮崎市(江田)
マツナグサ	高千穂町(向山秋元)、日之影町(後梅、中間畑)、北郷村(入下)、日向市(田の原)、木城町(中之又)、高鍋町(鬼ケ久保)、宮崎市(塩鶴、野島)、田野町(内八重)、日南市(飫肥)
マツバグサ	北方町(上鹿川)、北川町(八戸)、北浦町(阿蘇)、延岡市(浦城)、椎葉村(松尾)、南郷村(鬼神野)、綾町(竹野)、宮崎市(木花)、田野町、えびの市(加久藤、京町)、小林市、須木村(内山)、野尻町、都城市(上安久)、高崎町(笛水)、三股町(長田)、高城町(有水)、北郷町(宿野)、日南市(細田、吾田、鵜戸)、串間市(市木、大矢取)
マツボネグサ	椎葉村(栂尾、松尾)

スギナ(ツクシはスギナの胞子葉)

【コメント】①どこ継いだ遊びに使う。③地獄の底から生えてくる。②葉・根はガンの薬。④こいつは始末が悪い奴じゃ。根がアメリカまで行っちょる。⑤枝葉をテンプラにする。⑥塩をつけてあえものにてして食う。⑦実葉がツクシ、裸葉はマツバグサという。⑧「ヒガンボウズのインのくそながし」という。「彼岸になって雨が降り、犬の糞を流すころ、ツクシンボウが出てくる」の意味で、ツクシが出ると雨が降り始めるということ。
【ノート】九州にはトクサはないのでトクサの方言は聞いてない。トクサは研磨用に利用されるが、スギナもエンピツケズリと呼ぶ地方がある。スギナを丸めて鉛筆の芯を研いだのだろうか。ジゴクグサは採っても採っても地獄の底から湧いてくるからか。

スゲユリ (ノヒメユリ) *Lilium callosum* Siebold et Zucc. 【ユリ科】

サユリ	小林市(細野①)
ノユリ	小林市(細野)、野尻町(今別府)
ヒメユリ	高千穂町(下野)

【コメント】①盆花

スゲ類 *Carex* sp. 【カヤツリグサ科】

カワスゲ	須木村(奈佐木③)
サンカク	田野町(内八重)
サンカクスゲ	えびの市(加久藤)、小林市(木浦木①)、須木村(夏木)
スゲ	椎葉村(尾前②)
スゲクサ	小林市(西小林)、野尻町
スゲグサ	高崎町(笛水)
マスガイ	西都市(三財)
ヤマスゲ	須木村(奈佐木)

【コメント】①カンスゲで買物カゴ(スゲテゴ)をつくり糞もつくる。②ここではカンスゲ葉で夏に縄をつくるテゴもつくる。③ここではカサスゲを指している。他のスゲはヤマスゲという。

ススキ *Miscanthus sinensis* Andersson 【イネ科】

オニガヤ	延岡市(島浦⑨)
カヤ	五ヶ瀬町(波帰⑦)、五ヶ瀬町(広瀬②)、日之影町(一ノ水③⑤、後梅、見立①④⑦)、北浦町(三川内大井)、椎葉村(尾手納⑦)、日向市(田の原⑧)、えびの市(各地)、小林市(西小林⑤)、須木村(内山)、都城市(安久)、山之口町(五反田)
カヤゴ	北川町(陸地)
ススキ	北川町(上祝子⑧)、延岡市(島浦)、都農町(東都農⑥)、小林市(西小林)、串間市(大矢取)
ススッ	都城市(※平田)
ダッガヤ	川南町(※平田)
マガヤ	高千穂町(田原)

【コメント】①5月5日の節句に使う(※南谷:県内各地でヨモギ、ショウブとともに玄関や軒の上にあげる)。②茎の元を盆のショロサンバシにする。③荒神ボウキ(かまど箒)や神棚箒にする。④かしき草にする。⑤炭俵のオロに使う。⑥一升瓶にススキをきつめに挿し込み、砥石研ぎの水滴落としに使う。⑦葉の節の数で台風を占う。⑧天候占い:穂が赤いと寒が強く、白いと暖冬。⑨穂が出るとススキという。

スズタケ *Sasa borealis* Makino et Shibata 【イネ科】

クマザサ	五ヶ瀬町(鞍岡波帰)、北川町(上赤)
クマスズ	高千穂町(田原①(※内藤氏))
ササ	西米良村(田無瀬)

スズ	高千穂町（向山秋元）、椎葉村（尾手納②、日添）
スズタケ	日之影町（七折一ノ水⑤、新畑、見立④）
ヒチク	椎葉村（日添③）
マジ	高千穂町（※平田）

【コメント】①筍を「スズの子」といい食べる。②実を炒って食う。③筍は生で食える。④葉で笹舟をつくる。⑤茎を山で箸にする。

スズメノカタビラ　*Poa annua* L.　【イネ科】

？？	日之影町（中間畑①）、都城市（上安久②）
ムシトリグサ	日向市（権現崎③）

【コメント】①名は忘れたが、虫釣り遊びをする。②ハダカムシ（コニワハンミョウの幼虫）をこの芯で釣る。③コニワハンミョウの幼虫をこの花茎で釣り上げて遊ぶ。

スズメノテッポウ　*Alopecurus aequalis* Sobol. var. *amurensis* Ohwi　【イネ科】

アンコクサ	小林市（東方池ノ上、山代①）、須木村（九々瀬）
アンコグサ	小林市（東方）、野尻町
ウシノメゲ	椎葉村（日添④）
キカゼ	椎葉村（松尾）
スズメグサ	北方町（川水流、久保山）
スズメノメツキ	諸塚村（飯干、小原井）
タズーニ	高千穂町（鬼切畑）
タズーネ	高千穂町（岩戸⑤）
タスボ	西米良村（乙益氏収録）
ツボクサ	宮崎市（※平田）
ツンキリグサ	宮崎市（生目柏原①）
ニラグサ	北方町（上鹿川②）
ヒイヒイグサ	えびの市（京町、真幸）
ピッピグサ	椎葉村（栂尾）
ピーピー	北川町（上赤、上祝子）、北浦町（三川内大井）
ヒーヒーグサ	えびの市（京町）、須木村（堂屋敷①）
ビービグサ	えびの市
ビービーグサ	加久藤（小野）
ピーピーグサ	高千穂町（岩戸、上野、下野、田原）、五ヶ瀬町（鞍岡波帰、東光寺、広瀬）、北浦町（阿蘇）、日之影町（一ノ水①、後梅、中間畑、八戸）、北方町（川水流）、北川町（陸地、川内名、葛葉、八戸、松瀬③）、北浦町（三川内）、延岡市（浦城）、椎葉村（尾手納、尾前②、仲塔、日添）、諸塚村、南郷村（水清谷）、東郷町（坪谷）、西米良村（田無瀬、板谷、小川）、西都市（中尾）、木城町（岩渕）、川南町（白髭①）、高鍋町（鬼ケ久保①）、新富町（鬼付女）、綾町（竹野）、国富町（南俣）、宮崎市（生目柏原①）、田野町（内八重）、えびの市（加久藤）、小林市（西小林）、須木村、高原町（広原）
ヒエンコグサ	日南市（吾田）
ヒカゼ	日向市（田の原）
ヒトツバグサ	日南市（白木俣）
ヒヒーグサ	えびの市（加久藤）
ヒヒグサ	えびの市（加久藤、飯野）
ピピグサ	延岡市（須美江）、北郷村（坂元）、西都市（三財水喰）、木城町（石河内）、えびの市（加久藤）
ビビルグサ	延岡市（松山町）
ピリピリノキ	川南町（比田）
フエグサ	新富町（鬼付女）、綾町（上畑）、北郷町（宿野）
フエノコ	宮崎市（江田）
フエンコグサ	宮崎市（塩鶴⑥）
フケグサ	川南町（名貫、細）
ヘビオビ	南郷村（鬼神野）
ヘビノフエ	木城町（中之又①）
ヘビヨビグサ	北郷村（入下）
ミノクサ	小林市（三松、細野）、高原町（後川内①）、都城市（石原、五十市①、牛の脛、志比田、安久）、三股町（長田）

【コメント】①コニワハンミョウの幼虫（ツボムシ、アンコムシ等）を釣り上げて遊

スズメノテッポウ（花穂は笛にする）

ぶ：この幼虫は庭先の土の穴の中におり、この穴にスズメノテッポウの茎を挿しこみ釣り上げる。アンコムシを釣るのでアンコグサという。②草笛にする。③牛が食い過ぎると腹をこわす。④牛の「まつ毛」のこと。⑤ズーニ（ズーネ）は野生のカラスムギをいう。⑥この草の花穂でフエンコ（コニワハンミョウ）の幼虫を釣り上げる。
【ノート】コニワハンミョウの幼虫を釣り上げて遊ぶ：この幼虫は庭先の土の穴の中におり、アンコムシ、コゴムシ、ジゴクムシ、ツボムシ、ハダカムシなどと呼んでいる。この穴にスズメノテッポウの茎を挿しこみ、嚙みついたところで、釣り上げる。アンコ虫を釣る草なので、アンコグサというのであろう。草笛にして遊ぶのでピーピーグサ、ビビグサ、ビビルグサ、フエグサ、ヘビヨビグサなどと呼んでいる。

スズメノヤリ　*Luzula capitata* Miq. ex Kom.　【イグサ科】

スギノコ	南郷村（鬼神野）
メタタキ	椎葉村（尾前）

スブタ類　*Blyxa japonica* Maxim. ex Asch. et Gurke　【トチカガミ科】

カットグサ	高原町（後川内①）

【コメント】①名の由来は加久藤だという。
【ノート】スブタ類は宮崎県には4種あるが、ここではヤナギスブタをさしている。

スベリヒユ　*Portulaca oleracea* L.　【スベリヒユ科】

シリュウ	北川町（八戸）
ツンキイグサ	えびの市（飯野）
ヌメリヒーバ	北川町（葛葉）
ヒデリグサ	川南町（※平田）
ヒーバ	北川町（陸地、瀬口多良田①）、延岡市（浦城）、川南町（十文字）
ヒーバ（ヒイバ）	北郷村（入下）、南郷村（鬼神野）
ヒーバグサ	日之影町（後梅）
ヒバ	延岡市（須美江①）、高鍋町（鬼ヶ久保）
ヒヨリグサ	国富町（八代南俣②）
ブタクサ	綾町（竹野）、えびの市（加久藤、京町）、須木村（内山）、小林市（西小林）、野尻町、日南市（吾田）
ブタグサ	三股町（長田）
ホトケグサ	田野町（内八重）
ホトケミン	えびの市（京町）
ホトケンミミ	串間市（高松）
ホトケンミン	えびの市（加久藤榎田③）

【コメント】①盆のショロサマに供える和え物に使う。②陽に強いからいう。③昔はヨメ菜ともいって和え物にして食う。

スベリヒユ（真夏の炎天下にも強い）

スミレ　*Viola mandshurica* W.Becker　【スミレ科】

インコッコ	えびの市（飯野末永、尾八重野）
インビキグサ	椎葉村（松尾）
ウマカケ	東郷町（迫野内）
ウマカケコカケ	高城町（有水）
ウマカケバナ	諸塚村（小原井）、南郷村（上渡川門田）
ウマカチ	東郷町（寺迫）、日向市（高松）、木城町（石河内）、都農町（心見）、川南町（唐瀬原、細）、高鍋町（鬼ヶ久保、他各地）、日南市（白木俣）
ウマカチカチ	東郷町（寺迫）、高鍋町（上江）、新富町（上富田）、北郷町（広河原）
ウマカチグサ	日向市（田の原）
ウマカチバナ	川南町（白髭）
ウマカテ	高千穂町（向山秋元）
ウマカテグサ	日之影町（舟の尾）
ウマカテバナ	五ヶ瀬町（桑野内①）、日之影町（一ノ水、後梅、中間畑、見立）、北方町（久保山）、東臼杵郡（※日植）、諸塚村（古園）
ウマコウコ	都城市（安久）
ウマコチ	川南町（細②）

ウマコッコ	都城市(上安久)
ウマノキンタマ	山之口町(上五反田③)
ウマンコカチカチ	川南町(名貫)
ウマンコバナ	串間市(大矢取)
カケコッコグサ	諸塚村(七ツ山矢村)
カチウマ	西郷村(小川)
カチカチバナ	日向市(田の原)、川南町(平田)
カチバナ	南郷町(谷之口)
カテバナ	北方町(久保山)
ケンカグサ	川南町、宮崎市(生目柏原)
コッコグサ	諸塚村(矢村)
コマカケグサ	高千穂町(田原)
コマカケバナ	高千穂町(上野、下野)
コマカテグサ	五ヶ瀬町(鞍岡)
コマカテバナ	高千穂町(岩戸落立)、五ヶ瀬町(鞍岡波帰)
コマヒキグサ	諸塚村(小原井)
コマヨセバナ	東臼杵郡(※日植)
コマンヒッカッカ	高原町(狭野)
シージンビキ	椎葉村(尾崎)
シシンビキ	椎葉村(尾手納)
スミレ	高千穂町(岩戸、下野、三田井)、北方町(上鹿川)、北浦町(阿蘇、市振、古江、三川内)、延岡市(島浦、須美江)、椎葉村(大河内、尾崎、栂尾)、諸塚村(立岩)、北郷村、西郷村(山須原)、南郷村(鬼神野)、西郷村(山須原)、東郷町(坪谷、福瀬)、日向市(飯谷、高松、畑浦)、西米良村(板谷、小川、田無瀬)、西都市(三納、三財水喰、下津々志、銀鏡横平、中尾)、木城町(椎木、石河内、岩渕)、都農町(川北)、川南町(通山、細)、高鍋町(持田、上江)、綾町(竹野)、新富町(鬼付女、新田、日置、湯ノ宮)、国富町(八代)、高岡町(法ケ代④)、宮崎市(生目柏原、白浜、塩鶴⑤、曽山寺、野島)、田野町(内八重、堀口、片井野)、小林市(木浦木、真方)、須木村(内山)、野尻町(野尻)、高原町(狭野)、高城町(有水、四家、笛水)、都城市(志比田)、高崎町(笛水)、山之口町(上富吉、麓)、三股町(長田)、北郷町(宿野)、日南市(鵜戸、白木俣)、串間市(黒井、高松)
スミレバナ	北郷町(大戸野)
スモトイグサ	都城地方(※都盆)
スモトリグサ	北川町(陸地)、北浦町(三川内大井)、西米良村(田無瀬)
スモトリクサ	西臼杵郡(※日植方)、高千穂町(田原(※内藤氏))、北川町(上祝子)、延岡市(浦城、赤水)、西米良村(小川、田無瀬)、川南町(比田)
スモトリバナ	北方町(川水流、久保山、下鹿川)、北川町(上赤、葛葉、熊田、瀬口、八戸)、北浦町(直海、古江、三川内)、延岡市(浦城、小野)、諸塚村(荒谷、塚原)、東郷町(坪谷)、日向市(権現崎)、西米良村(小川)、西都市(三財(※内氏))、木城町(中之又⑩)、宮崎市(江田)、須木村(田代ケ八重)
タネウマカチカチ	串間市(市木藤)
ダンマンヒンカッカ	高原町(狭野)
トノサマグサ	北郷村(坂元)
ヒッカケバナ	南郷村(神門)
ヒンカカ	小林市(真方)
ヒンカカッ	都城市(夏尾)
ヒンカチ	都城市(安久、石原)
ヒンカチ(バナ)	南郷村(水清谷)、木城町(石河内)、須木村(堂屋敷⑥)
ヒンカチゴマ	日之影町(八戸星山)
ヒンカッカ	都城市(荒襲、牛の脛⑦、庄内)、山田町(石風呂)
ヒンカッカ(グサ)	えびの市(加久藤、真幸)、小林市(永久津、西小林、山代⑧)、須木村(内山)、野尻町(野尻⑧)、高原町(狭野⑨、広原)、高崎町(笛水⑧、前田)、都城市(夏尾)
ヒンカッカッカ	小林市(木浦木、東方)
ヒンカックサ	須木村(九々瀬)、高原町(後川内⑧)
ヒンカッコネ	須木村(堂屋敷⑩)
ヒンカッバナ	都城市(御池)
ヒンココ	えびの市(飯野)
ヒンコッコ	えびの市(飯野)
ホケチョバナ	東臼杵郡(※日植)
ミミバナ	椎葉村(尾八重)
ミミヒキ	椎葉村(尾手納、尾前、戸屋の尾、仲塔)
ミミヒキグサ	椎葉村(胡摩山、戸屋の尾)

ミミヒキバナ	椎葉村（日添、不土野）
ユビキリ	椎葉村（日当）
ユビヒキ	椎葉村（日当）
ヨメジョヒッパリ	宮崎市（塩鶴）
ンマカチカチ	日南市（※日植）

【コメント】①「殿馬勝て勝て、殿馬カチカチ」とはやしながら馬よせ草をした。②スミレで遊ぶから「ウマコチ」という。③今はスミレというが、昔は距をキンタマにみたてて「ウマノキンタマ」といいよった。④「ダンマが勝つか、コマが勝つか……」とはやして遊んだ。⑤花のひっかけ遊びを「ヨメジョヒッパリ」という。⑥雄にいい、雌はヒンカッコネという（※南谷：雄雌がどのスミレ類かは未確認）。⑦「どっちが勝つかひんかっか」とはやしながら遊んだ。ひっ切れた方が負けじゃ。⑧「ダンマが勝つか、コマが勝つかヒンカッカ！」とはやして遊んだ。⑨紫（スミレ）をコマンヒンカッカ、白（ツボスミレ）をダンマンヒッカという。⑩雌にいう。雄はヒンカチバナ。（※南谷：雄雌がどのスミレ類かは未確認）⑩花を引くときに「チャンチャンジョ」とはやす。

【ノート】スミレの方言には、「馬」「駒」が付いた名が多い。この訳に、民俗学者の柳田国男は「スミレの花の小さな距を大きな馬の頭に見立てたのは子供たちの豊かな想像力だったろう」としている。だとすれば、「ヒン」も馬（鳴き声）からつけられた名と思われる。

スモモ　　Prunus salicina Lindl.　　【バラ科】

ビンコ	椎葉村（※椎葉のことば）

セ

セイタカアワダチソウ　　Solidago altissima L.　　【キク科】

アワバナ	小林市（西小林）
オミナエシ	五ヶ瀬町（波帰）
オモナエシ	五ヶ瀬町（鞍岡波帰）
キリンソウ	小林市（細野）
ジュウゴヤバナ	えびの市（真幸内堅）

セキショウ　　Acorus gramineus Sol. ex Aiton　　【ショウブ科】

カワショウブ	高千穂町（岩戸①、鬼切畑④、向山③）、五ヶ瀬町（赤谷、鞍岡、桑野内、東光寺）、日之影町（七折一ノ水⑤、後梅、新畑①、見立①、八戸）、北方町（上鹿川）、北川町（上祝子）、椎葉村（尾前、尾手納、日添⑬）、諸塚村、北郷村（入下）、南郷村（鬼神野）、西米良村（板谷）、西都市（銀鏡）、木城町（中之又）、えびの市（飯野、真幸）、須木村（堂屋敷）、小林市（木浦木、西小林、山代②）、野尻町（今別府）、宮崎市（塩鶴⑩）、都城市（安久）、高城町（有水）、山田町（石風呂）、高崎町（前田）、串間市（大平）
カワススキ	串間市（大矢取）
ショウブ	椎葉村（大河内⑦）、高原町（狭野）、都城市（牛の脛⑮）
セキショ	高千穂町（下野⑫）、南郷村（鬼神野）
セキショウ	高千穂町（田原、三田井）、日之影町（見立煤市⑥）、北川町（陸地、上赤⑤、葛葉、瀬口多良田①⑪）、八戸⑨）、北浦町（三川内歌糸⑧）、延岡市（浦城⑤）、日向市（田の原①⑩）、川南町（牧平）、三股町（長田）、日南市（上白木俣⑩）
セキショウブ	南郷村（鬼神野）
セッショウ	都城市（上安久、志比田）
メツッパリ	延岡市（赤水）、椎葉村（大河内）、西都市（三財（※内藤氏））、川南町（込口⑭）、綾町（入野）、国富町（八代南俣）、宮崎市（生目）、北郷町（宿野）、日南市（大堂津、鵜戸）、南郷町（榎原）、串間市（市木、黒井）
メハリゴンボ	木城町（石河内、岩淵）、川南町（白髭）、高鍋町（上江、鬼ケ久保）

【コメント】①風呂に入れる。神経痛によい。②ワラウッゴロで叩いて傷つけ、汁が出るようになったら風呂に入れ、塩を少し入れる。腰痛によい。神経痛にもよい。③生の葉を頭の下に敷いて水枕の代わりにした。熱をとった。④かしき草に使う。⑤セキショウを敷いてミカンやカボスの保存をする。⑥サツマイモの伏せこみの下に敷く。ほめきやすい。⑦溝辺を固めるのに使う。⑧手洗いの下に植えて土どめにする。⑨小型品をツマゼキショウといい、軒だれの下に植える。⑩黄色い花序でメツッパリ遊びをする。⑪冬の牛のエサ、あまり食わん。⑫ホタルがよくつく。⑬打撲には、スイカズラとセキショウを風呂に入れて入ると良い。⑭ミカンの保存にこれを入れ、箱詰めする。軒下に、土止めに植える。⑮ショウブは、ホンショウブと言う。

セキショウ（風呂に入れる）

【ノート】利用価値の高い植物で入浴剤、ミカンの保存や子供のメツッパリ遊びに利用している。

セキショウモ	*Vallisneria natans* H.Hara	【トチカガミ科】
ウナギモ	宮崎市（※日植）	

セッコク	*Dendrobium moniliforme* Sw.	【ラン科】
ササラン	北川町（祝子（※平田））	
セコ	須木村（内山）	
セッコク	須木村（堂屋敷）	
タケラン	日之影町（中間畑）、木城町（石河内）、北川町（上赤、葛葉）、北浦町（三川内大井）、椎葉村（栂尾）、西都市（銀鏡）、高鍋町（鬼ケ久保）、えびの市（飯野、加久藤）、日向市（田の原）、小林市（西小林）、宮崎市（塩鶴）、都城市（安久）、高崎町（笛水）、山之口町（五反田）、串間市（大矢取）	

セトガヤ	*Alopecurus japonicus* Steud.	【イネ科】
カラスムギ	野尻町（今別府）	

セリ	*Oenanthe javanica* DC.	【セリ科】
セリ	西臼杵郡（全域）、須木村（堂屋敷）、小林市（東方）	
ホンゼリ	椎葉村（日添）、小林市（西小林）	

センダン	*Melia azedarach* L.	【センダン科】
センダン	綾町（入野）、えびの市（真幸内堅①）	

【コメント】①「実がたくさん生る年は遅稲の種子を採れ」と、昔から言う。

センダングサ	*Bidens biternata* Merr. et Sherff	【キク科】
ザンポ	えびの市（真幸）	
ノザンポ	えびの市（真幸）	

センナリホオズキ	*Physalis pubescens* L.	【ナス科】
アワフズキ	小林市（西小林）、都城市（夏尾）	
イヌフズキ	北郷村（入下）、えびの市（飯野）	
イヌホウズキ	諸塚村北郷村（入下）	
イモフズキ	延岡市（熊之江）	
インノフズキ	都城市（志比田）	
インフズキ	須木村（九々瀬）、木城町（石河内）	
インフズッ	都城地方（※都植方）	
インホウズキ	北川町（葛葉、瀬口多良田）	
エンフズキ	日向市（田の原）	
カラスフズキ	綾町（竹野）、田野町（内八重）	
クサフズキ	高鍋町（鬼ケ久保）	
ネコフズキ	川南町（牧平）、都城市（安久）	
ネコホウズキ	川南町（込口）	
ノフズキ	宮崎市（塩鶴）	
ハタケフズキ	日之影町（中間畑）、北川町（上赤）、延岡市（浦城）、えびの市（各地）、須木村（内山）、都城市（御池町）、三股町（長田）、串間市（大矢取）	
ハタケフズッ	高崎町（笛水）	
ハタケホウズキ	北浦町（三川内歌糸）、延岡市（島浦）、小林市（山代）、串間市（黒井）	
ヤマフウズキ	高千穂町（岩戸）、椎葉村（日添①）、木城町（中之又）	
ヤマフズキ	延岡市（浦城）	
ヤマホウズキ	高千穂町（向山秋元）、椎葉村（松尾、尾前）	

【コメント】①焼き畑によく生える。

【ノート】北・南アメリカ原産の帰化植物でヒロハフウリンホウズキともいう。日本には1800年代に入り込み、畑に繁殖するので、農家にとっては身近な植物であったため方言名が付いた。ホウズキ・フズキの前にハタケ、イヌ、ヤマを冠して呼んでいる。

センニンソウ　　*Clematis terniflora* DC.　　【キンポウゲ科】

アゼシバリ	北浦町（三川内歌糸①）
ウマノハモゲ	串間市（都井（※平田））
ウマンハモゲグサ	宮崎市（野島）、日南市（宮浦③）
タカタジェ	延岡市（浦城）
タカタゼ	北浦町（古江）
タカタズ	日向市（権現崎）
タカタデ	北川町（瀬口多良田）、北浦町（阿蘇④）、延岡市（熊之江⑤）
ドクカズラ	北浦町（市振、古江）
ハクズシ	日向市（田の原②）
ハモゲグサ	串間市（市木⑥）
ヤマタデ	串間市（黒井）

【コメント】①蔓草で、毒草。刈りとった草からこれを取って牛にやる。②牛が食うと流産し歯がくずれる。③馬が食うとクソかぶる。羊や山羊は食う。④カシキグサにするのに手で押し込む。虫よけにもなる。⑤アナマタ（水虫）の薬で、いっぱい使うと足が煮えてしまう。⑥歯が痛いとき、葉をもんでつけると、痛みは取れるが、歯がもげる。

センブリ　　*Swertia japonica* Makino　　【リンドウ科】

センフイ	えびの市（加久藤）
センプイ	須木村
センフリ	西諸県郡（各地）、須木村（内山）、都城市（安久）
センブリ	五ヶ瀬町（赤谷、鞍岡波帰、東光寺、広瀬）、高鍋町（鬼ケ久保）、宮崎市（塩鶴）
センプリ	日之影町（見立、後梅、八戸星山）、北川町（陸地、上赤、瀬口、八戸）、北浦町（三川内大井・歌糸）、日向市（田の原）、木城町（石河内）、田野町（内八重）、えびの市（各地）、小林市（西小林）、三股町（長田）、串間市（大矢取）

ゼンマイ　　*Osmunda japonica* Thunb.　　【ゼンマイ科】

カラスノツメ	小林市①、高原町（後川内①）
ゼリメ	日向市（田の原）
ゼルメ	日向市（※日向市史）、川南町（細）
ゼンマイ	五ヶ瀬町（東光寺②）、日之影町（見立②）、日之影町（後梅②）、延岡市（島浦）、延岡市（島浦）、椎葉村（日添）、西米良村（横野）、西都市（銀鏡）、木城町（石河内）、宮崎市（塩鶴）、高原町（後川内③）、都城市（安久）、串間市（高松）
ゼンメ	都農町（※町史）、川南町（※平田）、高鍋町（鬼ケ久保）、綾町（竹野）、宮崎市（木花（※平田））、田野町（内八重）、須木村（堂屋敷）、都城市（上安久）、高崎町（笛水）、日南市（飫肥（※平田））、串間市（大矢取）
タカンツメ	高千穂町（田原（※内藤氏））、日之影町（※町史）

【コメント】①成葉を引き抜けば葉柄のつけ根が取れる。これがカラスの爪に驚くほど似ている（南谷体験）。②ゼンマイに着いている綿毛を干して丸め、糸でしばりボールにする。③生のゼンマイの葉柄の芯を取ったものを、先の方から根元へゼンマイのように巻いて遊ぶ。

センリョウ　　*Sarcandra glabra* Nakai　　【センリョウ科】

アワガラブシ	えびの市（真幸内堅）
センリョウ	西臼杵郡（全域）、北川町（陸地、上祝子、瀬口、八戸）、北浦町（三川内）、延岡市（熊之江、島浦）、椎葉村、諸塚村、西郷村（山須原）、南郷村、日向市（畑浦）、木城町（中之又）、川南町（比田）、小林市（西小林）、須木村（内山）、都城市、三股町（長田）、北郷町（大戸野）
フシダカ	日向市（田の原）

ソ

ソクズ　　*Sambucus chinensis* Lindl.　　【レンプクソウ科】

| トベラグサ | 須木村（内山） |

ソバ　　*Fagopyrum esculentum* Moench　　【タデ科】

| ソバ | 日之影町（七折一ノ水①、後梅②、見立煤市③） |
| ソマ | 椎葉村（日添④） |

【コメント】①土用に植える。植えて75日経てばできる。手入れも何もせんでいい。ズソ（面倒くさがり屋）はソバを作れ。②土用が過ぎ、1週間後の1番しおはカラ作れ（枝しか取れない）、2番しおは花作れ（花で終わってしまう）、3番しおは実つくれ（3週間後に植えんと実はとれん）。③「1番じお（しおどき）カラづくり、2番じお実づくり、3番じお花づくり」という。④渋柿の「あおし」に使う。湯を沸かし、そば殻を上に張って二日ほどすると渋が抜ける。

ソテツ　　*Cycas revoluta* Thunb.　　【ソテツ科】

| ソテツ | 串間市（市木） |

【コメント】①金を食うので、庭には植えてはいかん。

ソヨゴ　　*Ilex pedunculosa* Miq.　　【モチノキ科】

ススメ	宮崎（※日植）
ススメチ	日向市（※倉田）
タニネタリ	日南市（飫肥（※日植））
フクラシバ	日之影町（見立）、北方町（上鹿川）、北川町（上祝子）
フユナナメ	五ヶ瀬町（鞍岡波帰）
モチノキ	小林市（西小林）
ヤマソメキ	宮崎（※日植）
ヤマソメノキ	日向市（※倉田）

【ノート】フクラシバについては、フクラはソヨゴの古名で広く使われている。

タ

ダイオウ類　　*Rheum* sp.　　【タデ科】

ウシノギシギシ	高千穂町（下野）
ウシノスイコキ	高千穂町（岩戸）
カワラジイギク	諸塚村（飯干）
ダイオウ	高千穂町（向山秋元）、五ヶ瀬町（鞍岡）、椎葉村（松尾）、木城町（中の又）
ヘビシイギク	椎葉村（尾手納）
ヘビズイコケ	五ヶ瀬町（広瀬）

タイミンタチバナ　　*Myrsine seguinii* H.Lev.　　【ヤブコウジ科】

コヅル	東郷町（坪谷）
シチガシ	延岡市（浦城）
シチギ	北浦町（古江）、東郷町（西林山）、日向市（幸脇）、北郷町（広河原④）
シツギ	宮崎市（野島）、田野町（内八重、片井野⑦、堀口）、日南市（宮浦）
シッチガシ	北川町（瀬口多良田①）
ツルノキ	西都市（東米良（※平田））
パチパチノキ	北浦町（市振、古江⑤）
ヒチガシ	延岡市（浦城①②）
ヒチギ	北浦町（阿蘇③）、延岡市（熊之江②）
ヒチゴ	北浦町（市振、古江）
ヒチノキ	日向市（田の原⑥）
ヤマオコノキ	日南市（鵜戸④）
ヤマヅル	延岡市（浦尻（※平田））

【コメント】①炭によい。②メグリボウの縦棒に使う。回転するところはカシ。③腐りにくく、硬いので杭に使う。④ヤマオコ（天秤棒）に使う。⑤葉2枚を両手で引き合いパチパチ音遊び。⑥シイタケが生える。⑦ヤマオコ（天秤棒）にして3年使うと槍になる。

タカノツメ	*Gamblea innovans* C.B.Shang, Lowry et Frodin	【ウコギ科】
イモギ	高千穂町（岩戸）	
イモグス	須木村（堂屋敷）	
イモクソ	北川町（上祝子①）、宮崎市（宮崎（※日植））	
イモゾウ	椎葉村（日添②）	
ヒメチョ	宮崎市（宮崎（※日植））	

【コメント】①コシアブラも同名でいう。材がやわいので軽蔑してイモクソという。②折れやすい。

タケ類	*Phyllostachys*	【イネ科】

ハチク	*Phyllostachys nigra var. henonis* Stapf ex Rendle	【イネ科】
ハチク	高千穂町（向山秋元）、日之影町（新畑）、延岡市（熊之江）、椎葉村（日添）、西米良村（田無瀬）	
ハッチッタケ	都城市（牛の脛）	

ホウライチク	*Bambusa multiplex* Raeusch. ex Schult. et Schult.f.	【イネ科】
キンチク	延岡市（熊之江）	
キンチクタケ	延岡市（須美江①）、高鍋町（鬼ケ久保）、宮崎市（浮の城②）	
キンチッタケ	都城市（牛の脛）	
ジッチク	椎葉村（日添）	
タカノタケ	日向市（長谷①）	
チンチクタケ	北浦町（三川内大井）	
ヤマイキダケ	延岡市（須美江①）	

ホウライチク（護岸で川岸に）

【コメント】①竹を割ったものを蔓代わりにして薪を縛る。②かつては川の護岸のために各地に植えてあった。竹をまとめて上に乗り櫓を作って遊んだ。
【ノート】秋になると竹の皮が黄色くなるので各地でキンチクタケという。山地では植林地の所有者の境界木として植えている。子供たちには細工しやすいので竹細工を作って遊ぶのに最適。

ホテイチク	*Phyllostachys aurea* Carriere ex A. et C.Riviere	【イネ科】
コサン	高鍋町（上江）、都城市（牛の脛）日南市（飫肥）	
コサンタケ	高鍋町（鬼ケ久保）、宮崎市（檍①）	
コサンダケ	都城市（庄内）	
コザンチク	北川町（上赤）、延岡市（熊之江）	
ゴザンチク	北川町（上赤、八戸②）、宮崎	
コサンチク	綾町（入野②）、宮崎市（各地）、高崎町（前田）	
コブコブダケ	日向市（※日向市史）	

【コメント】①生竹を火にあぶって油を取り釣竿にした。下の方がコブコブになったのがかっこいい。②釣竿にする。

マダケ	*Phyllostachys reticulata* K.Koch	【イネ科】
カラタケ	各地	
ガラタケ	都城市（庄内）等の各地	
ガラダケ	高鍋町（鬼ケ久保）	
クロタケ	高千穂町（向山秋元）、日之影町（新畑、中間畑）、北方町（上鹿川）、北浦町（三川内大井）	
クロダケ	北川町（上赤）	
ホンダケ	延岡市（熊之江）	
タバタ	日之影町（新畑①）	

マタケ	綾町（入野②）
マダケ	西米良村（田無瀬）

【コメント】①※南谷：ここではマダケでなくマダケに似た皮の薄いものにいう。会話の中でのことで実物がなく、マダケではないかもしれない。②カラタケともいう。竹鞘の外側の緑の部分で弓を作る。9節を使い、2本しかできない。3～5年経ったものを、一霜降りてから伐る。

メダケ　　*Pleioblastus simonii* Nakai　　【イネ科】

オナゴダケ	北川町（俵野①）、串間市（黒井）
カワラダケ	北川町（上赤②）
キヨメダケ	宮崎市（※平田）
ゴッダケ	えびの市（京町）、都城市（庄内）、山田町（石風呂）
ナエタケ	北郷町（広河原）、日南市（小目井（※平田））、串間市（黒井）、
ニガコ	綾町（入野）、高鍋町（上江）
ニガコタケ	北浦町（三川内大井）、高鍋町（鬼ケ久保）
ニガシタケ	日之影町（後梅③、新畑）
ニガタケ	高千穂町（向山秋元③）、日之影町（新畑）、北川町（瀬口多良田④）、延岡市（熊之江）、椎葉村（日添）、西米良村（田無瀬）、高崎町（前田⑥）
ハンヤダケ	高鍋町（全域⑤）
ヤマタケ	山田町（石風呂）

【コメント】①鮎のちょんかけに使う。②モグラ除け。③正月のカケグリをこの竹で作る。④この竹を組んでショロ棚をつくる。⑤ハンヤは御幣のこと。御幣の柄にこの竹をつかう。⑥これを編んで垣根にする。
【ノート】類似のキボウシノ（*Pleioblastus kodzumae* Makino）は宮崎県に多いがメダケとの区別が難しいので、ここでは区別していない。

モウソウチク　　*Phyllostachys edulis* Houz.　　【イネ科】

イッチク	椎葉村（日添①）
カライモソウ	都城市（牛の脛）
カラモウソウ	小林市（※平田）、都城市（牛の脛）、高崎町（前田）
カラモソウ	山田町（石風呂）
カラモソ	宮崎市（住吉（※平田））、都城市（庄内）
モウソウ	日之影町（新畑）、高鍋町（鬼ケ久保）、宮崎県（各地）

【コメント】①1イッチク（モウソウ）、2ニガタケ（メダケ）、3サンチク（コサンチク）、4シホウチク、5ゴクダケ（ゴキダケ）、6ロクチク（ダイミョウチク）、7ヒチク（スズタケ）、8ハチク（ハチク）、9クロチク（マダケ）、10ジッチク（ホウライタケ）とほとんどの竹類に名前を付け囃子遊びにも。

シノメダケ　　【イネ科】

シノメダケ	椎葉村（日添）
マジノメ	高千穂町（向山秋元）、日之影町（後梅①）

【コメント】①水中鉄砲の柄に使う。

シホウチク（シカクダケ）　　*Chimonobambusa quadrangularis* Makino　　【イネ科】

シカッタケ	都城市（牛の脛）
シホウチク	日之影町（新畑）

ヤダケ　　*Pseudosasa japonica* Makino ex Nakai　　【イネ科】

オコシダケ	日之影町（新畑①）
シノメダケ	綾町（入野）

【コメント】①麻の皮を剥ぐときに使う。2本を鋏のようにして水にさらした麻をしごく。

リュウキュウチク　　*Pleioblastus linearis* Nakai　　【イネ科】

ダイミョウタケ	都城市（牛の脛）、高崎町（前田）、山田町（石風呂）等県内各地

ダイミョウチク	高鍋町（鬼ケ久保）
デミョウ	都城市（庄内）
ロクチク	椎葉村（日添）

【コメント】県内の中部以南に植栽され、食用にする。生でも食べられる。

タケニグサ　　*Macleaya cordata*　R.Br.　　【ケシ科】

キツネノベニ	須木村（堂屋敷①）
コウラサド	西臼杵郡（※日植）
タケンボウ	高千穂町（下野）
タチバコ	北川町（瀬口多良田②）
タチホコ	北川町（八戸⑦）
タチボコ	北川町（上赤、葛葉）、北浦町（歌糸⑤、三川内大井）、延岡市（浦城⑥、須美江⑥）、南郷村（鬼神野）
タテバコ	高千穂町（岩戸、向山秋元⑦）、五ヶ瀬町（鞍岡波帰）、日之影町（見立、後梅⑦、中間畑⑧、七折一ノ水、見立煤市⑦）、北方町（上鹿川⑪）、北川町（上祝子⑥）、椎葉村（大河内③⑦、松尾、尾手納、不土野、日添⑧⑪、小林）、南郷村（鬼神野）、西米良村（田無瀬）、西都市（銀鏡⑦、津々志⑫、中尾）、須木村（堂屋敷、九々瀬）
タテボコ	北川町（陸地④⑥⑨⑩）、北郷村（入下）、木城町（中之又）、川南町（細）

【コメント】①茎から出る汁が「キツネノベニ」（塗り薬で市販）の色に似た紅色だからいう。②イボころりに使う。③汁をステッキにぬる。④アブ・ブユに刺されたときに汁を付けるとかゆみが取れる。⑤汁は服につくととれん。⑥アクが虫よけになり、苗代に敷きこむ。⑦実が風で揺れしゃらしゃら鳴りだすと秋小豆をまく。⑧実がしゃらしゃら鳴ると小豆蒔きの終わり。⑨実がしゃらしゃら鳴ると嫁の盆の里帰り。⑩カンの虫が根にいる。⑪刈敷草に使う。黄色汁が効果がある。⑫蜜蜂業者はこの花が咲くと、蜜が苦くなるのでいやがる。
【ノート】草丈が1mを超え、極めて目立つ草。この実も小さな鳴子をたわわに下げたよう。実の熟れ具合で時節を計った。

タケニグサ（今は鹿が食わないので大繁茂）

タチバナ　　*Citrus tachibana*　Tanaka　　【ミカン科】

タチバナ	串間市（高松①）

【コメント】①家の境に植える。

タデ類　　*Persicaria* sp.　　【タデ科】

アカタデ	椎葉村（栂尾③）、諸塚村（飯干）、えびの市（真幸）
アカノミグサ	諸塚村（飯干）
アカフシグサ	椎葉村（日添①）
カワゴショウ	高原町（狭野⑦）
カワタデ	日之影町（後梅）、須木村（九々瀬）
カワラタデ	木城町（石河内②）
タゼ	えびの市（京町②）、野尻町（今別府）
タデ	高千穂町（岩戸向山）、五ヶ瀬町（鞍岡波帰）、日之影町（後梅）、北川町（陸地）、椎葉村（大河内）、日向市（田の原）、西都市（銀鏡、中尾）、えびの市（京町）、小林市（木浦木）、野尻町（野尻）、綾町（竹野②）、日南市（上白木俣②）、串間市（黒井）
タデクサ	延岡市（赤水）、小林市（西小林）、野尻町（野尻）
タデグサ	えびの市（真幸内堅②）、串間市（高松⑤）
ニワインタデ	椎葉村（日添③）
ホンタデ	椎葉村（栂尾⑥）
ミズヒキグサ	西都市（尾八重）
ヤマインタデ	椎葉村（日添④）
ヤマタデ	北川町（上祝子）

【コメント】①ここではボントクタデをさす。②ヤナギタデをさし、柿の渋抜き。③ここではイヌタデをさす。庭に生える。④ここではオオイヌタデをさし、山に生え、焼き畑に多い。⑤タデ（ここではヤナギタデ）とサツマイモの蔓とワラをたぎらせて、その上に湯をかける。⑥湯に渋柿を入れ、ワラとワラビをかぶせ蓋をする。冷えたら火を入れ、3回ほど繰り返す。この時にホンタデとコショウを入れる。⑦ここではヤナギタデ。この葉とサンショウの皮と灰と塩を混ぜ、川に流し魚を捕る。
【ノート】辛いヤナギタデにタデといい、渋柿の渋ぬきに使う。他のタデ類にはアカタデとかカワタデと区別している地方が多い。

| タニワタリノキ | *Adina pilulifera* Franch. ex Drake | 【アカネ科】 |

タニフサギ	木城町(石河内)
タニワタリ	西都市(津々志①)、宮崎市(塩鶴、野島②、曽山寺①)、田野町(内八重)、北郷町(広河原②)、日南市(上白木俣②③、小吹毛井、宮浦①)
タニワタリノキ	西都市(三財⑤)、串間市(大矢取④)
メグリボウノキ	日南市(鵜戸(※ふかのき8号))

【コメント】①枝がねばいので石割用のゲンノウの柄に使う。②枝が真っ直ぐなのでメグリボウにつかう。タニワタリ5本を50cmに切って縛る。③枝が燃えにくいので炭のカキダシ棒の頭に使う。④ナタ、ヨキの柄に使う。⑤天秤棒を作る。焚きもんには一番下。

| タビラコ類 | *Youngia japonica* DC. | 【キク科】 |

タンポポ	えびの市(真幸内堅)
チチクサ	東郷町(西小林①)
チチグサ	都城市(牛の脛)

【コメント】①ノゲシ、ニガナ他全て区別せず

| タブノキ | *Machilus thunbergii* Siebold et Zucc. | 【クスノキ科】 |

アカタブ	北川町(陸地、葛葉①、八戸)、北浦町(三川内大井)、木城町(中之又)
オダクサ	高千穂町(高千穂(※日植))
オンタブ	日向市(幸脇)
クサダマ	高千穂町(高千穂(※日植))
サンタブ	串間市(黒井)
シロタブ	北川町(上祝子)、椎葉村(大河内)、諸塚村(飯干)、野尻町(野尻)
センコウタブ	木城町(川原)
センコタブ	日南市(鵜戸)
タッノキ	えびの市(京町)
タビ	北浦町(市振、古江)
タブ	北川町(上赤)、延岡市(赤水、島浦、安井③)、日向市(田の原)、西米良村(田無瀬)、都農町(東都農)、綾町(竹野)、えびの市(飯野、京町②)、小林市(西小林)、山之口町(五反田)、日南市(上白木俣)、串間市(市木、大矢取)
タマグス	宮崎市(宮崎(※日植))
タモ	宮崎市(宮崎(※日植))
ベニタブ	日之影町(新畑、中間畑)、北川町(上祝子、瀬口多良田①)、椎葉村(大河内)、諸塚村(飯干)、西米良村(小川)、都農町(木和田)、田野町(内八重)、えびの市(真幸内堅)、小林市(山代)、野尻町(野尻)、高城町(有水)、日南市(鵜戸)
ベンタブ	北方町(二股)、延岡市(熊之江)、東郷町(西林山)、門川町(庭谷)、西都市(銀鏡)、高原町(高原)、都城市(御池町)、高崎町(前田)
ホンタブ	日南市(小吹毛井)
マサタブ	日南市(小日井(※平田))

【コメント】①20年前にトラック数台分を線香の材として、村が出荷。②虫除けに、タブのホタ(腐れ)を使う。③船の艪のウデギにする。

| ホソバタブ(アオガシ) | *Machilus japonica* Siebold et Zucc. ex Blume | 【クスノキ科】 |

アオタブ	北川町(上赤)、小林市(山代)
イシタブ	高原町(西小林)
クソタブ	延岡市(熊之江)、西都市(三財)、えびの市(真幸内堅①)、小林市(西小林)、山之口町(五反田)、日南市(上白木俣)
シシクサタブ	都農町(木和田②)
シタッゴロ	高原町(狭野)
シラタブ	北方町(二股)、東郷町(坪谷)、西米良村(小川、田無瀬)、西都市(三財)、綾町(竹野)、田野町(内八重)、高城町(有水)、都城市(御池町)、高崎町(前田)、日南市(小吹毛井)
シロタブ	高千穂町(向山秋元)、日之影町(新畑、中間畑、見立)、北川町(瀬口多良田、葛葉)、北浦町(三川内大井)、日向市(田の原③)、門川町(庭谷)、日南市(鵜戸)、串間市(市木)

ズネッタブ	東郷町(西林山)
タブ	椎葉村(尾前)
ハナガタブ	日南市(上白木俣)

【コメント】①燃えにくい木。②炭に良い。切り傷に甘皮を貼るとよい。③線香ぐらいの穴をあけるセンコムシが入る。

タマミズキ　　*Ilex micrococca* Maxim.　　　　　　　　　　　　　　　　　　　　　　　　【モチノキ科】

ヒメチョー	日向市(田の原)、児湯郡(児湯(※倉田))、西米良村(板谷、田無瀬、横野①)、西都市(三財)、川南町(細)
ヒメチョ	木城町(石河内)、須木村(堂屋敷)

【コメント】①よく割れるので、焚き物には一等賞。下駄にもする。

タムシバ　　*Magnolia salicifolia* Maxim.　　　　　　　　　　　　　　　　　　　　　　　　【モクレン科】

コブシ	五ヶ瀬町(鞍岡波帰①)、椎葉村(大河内、栂尾)、西都市(上揚)
コーブシ	高千穂町(向山秋元①)
ショウガノキ	木城町(中之又)、川南町(細)
ジンタンノキ	諸塚村(飯干②)
ヤマコブシ	椎葉村(日添)

【コメント】①花弁を酢の物などにして食べる。②コーブシが咲いたらナバの終わり。③枝を折った時の臭いが仁丹に似る。
【ノート】宮崎県にはコブシの野生はないので、山間地でコブシと呼ぶのはタムシバである。

タラノキ　　*Aralia elata* Seem.　　　　　　　　　　　　　　　　　　　　　　　　　　　　【ウコギ科】

インダラ	日之影町(見立)、小林市(西小林)
オニノメツキ	延岡市(島浦)
オンダラ	西都市(津々志)
オンナダラ	北郷町(大戸野①)
シカ	西米良村(小川②)
タラ	高千穂町(向山秋元)、日向市(畑浦③)、西都市(上三財)、高鍋町(鬼ケ久保)、宮崎市(生目、野島⑤)、小林市(西小林)、野尻町(野尻)、山之口町(上富吉、五反田④)、都城市(安久)、三股町(長田④)、北郷町(宿野)、日南市(吾田、白木俣,鵜戸,大浦)、串間市(黒井、高松⑯)
ダラ(ノキ)	高千穂町(岩戸、鬼切畑、押方、上野、河内、田原、三田井、、向山)、五ヶ瀬町(赤谷、鞍岡、桑野内④、東光寺)、日之影町(後梅、八戸、見立)、北川町(陸地、上赤、上祝子、葛葉⑫、松瀬)、北方町(上鹿川⑥⑪)、北浦町(三川内大井⑦・歌糸、直海)、延岡市(赤水、野、土々呂⑧、松山町)、椎葉村(大河内⑨、尾崎④、尾手納⑩、日添、不土野、松尾④)、諸塚村(飯干、小原井、立岩⑧)、北郷村、西郷村(山須原④)、東郷町(坪谷、迫野内)、日向市(飯谷)、西米良村(田無瀬、横野⑱)、西都市(三納)、木城町(石河内⑰、中之又)、都農町(東都農)、川南町(細)、綾町(竹野⑧)、国富町(南股)、宮崎市(塩鶴④⑬、白浜④)、田野町(内八重)、えびの市(尾八重野、加久藤⑭、京町⑧)、小林市(木浦木④)、小林市(山代④)、須木村(内山、田代ケ八重、堂屋敷、奈佐木)、野尻町(野尻)、高原町(後川内⑮)、高崎町(笛水)、高城町(四家)、都城市(荒襲④、牛の脛、御池町)
ダランメ	北浦町(阿蘇、市振、古江)
ホンダラ	東郷町(西林山)、日向市(田の原④)

タラノキ(芽立ちは天ぷらに最高)

【コメント】①食える。カラスザンショウ→オトコダラ。②鹿が角を当ててポロリと落として食う。芽がポロリと落ちるのと鹿の角がポロリと落ちるのに関連してシカという。③1月7日に径3cmくらいのタラを長さ20cmくらいに切り、玄関口にさし魔除けにする。④六日年(七日正月)に使う。魔除け。⑤七日正月にタラを神社や墓にあげ、鬼に金棒とする。⑥六日年に墓・神棚に供える。シマクチナワ(アオダイショウ)を避ける。⑦七日正月に下を削って、焼き味噌と共に玄関口に供える。⑧イヌガヤと共に正月にあげる。⑨一日正月モロメギ(イヌガヤ)、の上にダラの枝15cmを4つ割にしたものをのせて供える。その後にダラの長いのをたてる。神様が一日正月に皆出雲に相撲に行く。ダラがないと相撲に負ける。⑩一尺ほどを下を削って大黒様に供えるとマムシを追ってくれる。⑪杵に使う。⑫大木になり、下駄、ウキにする。⑬ダラに気づかれんように近づき、黙ってコトッと叩くとポロリと落ちるが、気づかれたらなんぼ叩いてん落ちん。⑭牛馬のバイ菌には根を煎じてのませる。⑮牛の下痢止めに皮を煎じてのます。⑯胃の薬：根の皮をはいで陰干しし煎服する。⑰12月31日、タラノキを20cmほどに切り、シイの割木とユズリハ等と共に使い、墓・玄関などに立てかける。⑱ダラの花

盛りにソバを蒔く。
【ノート】各地で六日年（1月6日）にイヌガヤと共に門松の後に供えたり、墓や神棚にも供える。

タラヨウ　　*Ilex latifolia* Thunb.　　【モチノキ科】

アブリダシ	須木村（内山）、高原町（後川内）
イワモチ	日向市（長谷）
エカキ	高千穂町（三田井）
エカキシバ	高岡町（柞木橋）、田野町（内八重）
カワヤンボッ	都城市（上安久）
ギシギシバ	北川町（八戸①）
ノコギリ	高千穂町（岩戸、」向山秋元①）、五ヶ瀬町（赤谷①）、日之影町（新畑①②、中間畑④、舟の尾）、北方町（二股②）、北川町（陸地、上赤、上祝子、葛葉、瀬口、八戸）、北浦町（歌糸）、延岡市（浦城）、椎葉村（尾前、不土野①）、諸塚村（矢村、小原井）、南郷町（下渡川、水清谷①）、東郷町（坪谷）、西米良村（田無瀬）、西都市（尾八重、銀鏡②、中尾）、宮崎市（塩鶴、曽山寺②、野島）、田野町（内八重）、えびの市（飯野、加久藤）、小林市（木浦木）、須木村（尾股、田代八重、堂屋敷①）、山田町（石風呂）、北郷町（宿野、大戸野、広河原）、日南市（妖肥①、白木俣②、日南、宮浦）、串間市（大平、大矢取）
ノコギリシバ	東郷町（坪谷、西林山）
ノコギキリノキ	須木村（内山）
ノコギリノキ	日之影町（後梅）、西米良村（板谷）
ノコギリバ	椎葉村（大河内）、諸塚村（荒谷、塚原）
ノコギリモチ	北川町（陸地、上祝子）、北方町（二股）、椎葉村（大河内、尾崎）、北郷村（坂元）、南郷村（鬼神野、中山）、西米良村（小川①）、西都市（瓢単渕、津々志）、木城町（石河内、中之又）、川南町（細①）、高鍋町（上江）、綾町（竹野）、田野町（堀口）、小林市（木浦木、東方）、須木村（原）、高原町高城町（七瀬谷）、都城市（安久）、三股町（長田）
ノコギリヤマモチ	山之口町（五反田）、串間市（市木）
ノコギリヤンモチ	延岡市（浦城）、東郷町（坪谷、西林山）、日向市（田の原①）、西都市（三納長谷、三財水喰）、木城町（岩渕）、新富町（湯の宮）、都農町（東都農）、綾町（上畑）、国富町（八代）、高岡町（ユスの木橋）、宮崎市（生目）、えびの市（飯野）、小林市（西小林、山代）、須木村（内山）、高原町（後川内①②）、高崎町（笛水、前田）、高城町（有水、四家）
ノコノコシバ	須木村（九々瀬②）
ノコバ	延岡市（松山町①）
ノコヤン	小林市（東方）
ハブト	田野町（片井野⑤）
モチノキ	南郷村（上渡川）、須木村（田代ケ八重）、日南市（吾田）
モヨウバ	西米良村（※平田）
ヤマモチ	野尻町（野尻）
ヤマヤンモチ	小林市（西小林）
ヤンボキ	都城市（志比田）
ヤンモチ	えびの市（飯野）、小林市（木浦木）、須木村（堂屋敷）
ヤンモチノキ	北川町（松瀬①）、北郷村（入下）
ヤンモッノキ	えびの市（白鳥）、高原町（狭野③）

タラヨウ（葉に字を書く）

【コメント】①あぶりだし遊び：風呂のおき火や線香の火で葉に字や模様を描くとあぶり出して黒くなる。②皮からヤンモチ（鳥もち）を作る。③鳥もちができるヤマグルマ、モチノキも同名。④神楽の「弓将軍」に文句があり、「タラヨウの木とは申すなり」。弓をタラノキで作るという意味。⑤毒があるらしいといって、燃やすのを嫌う。
【ノート】良質ではないが鳥もち（ヤンモチ）が採れるのでヤンモチノキという。葉が大型で鋸歯が鋭いのでノコギリを付けている。葉は傷つけたり、熱を与えると黒くなるので、子供たちは葉に絵や字を書いて遊ぶ。

ダリア　　*Dahlia pinnata* Cav.　　【キク科】

イモボタン	木城町（石河内）
ポンポンバナ	北川町（八戸）

ダンチク　　*Arundo donax* L.　　【イネ科】

オオガヤ	日南市（宮浦）
ダケク	宮崎市（白浜②、野島⑤）、日南市（鵜戸①、宮浦②）、串間市（黒井）

ダチク	南郷町（大島③）、串間市（黒井、高松④）
ヨシ	川南町（比田）

【コメント】①ミカンが小さいうちの垣根。5月の節句にはこの葉でちまきを作る。②新芽の柔らかい葉を1枚取り、筒状に丸めて笛にする。③強いやつで、10cmの断片でも活着する。④この葉で団子を包む。⑤茎に裂け目をつけ、そこに葉を挟んだ竹笛を作る。節句のチマキをこの葉で作る。

タンナサワフタギ　　*Symplocos coreana* Ohwi　　【ハイノキ科】

カンコ	椎葉村（尾手納①、日添、小林）、川南町（細）
カンコノキ	五ヶ瀬町（鞍岡波帰）、北方町（上鹿川）、高原町（狭野）
ナツツゲ	椎葉村（尾手納）

【コメント】①ナタの柄にする。ねばり気がある。
【ノート】「カンコ」は、木材がかわくと、生木と異なった性質になる現象にいうと、国語大辞典にある。「ナツツゲ」も同意と思われる。体験していないが材が緻密で堅いのであろう。

チ

チガヤ　　*Imperata cylindrica* Raeusch. var. *koenigii* Pilg.　　【イネ科】

カヤ	都城市（五十市、志比田）、宮崎市（江田⑲）
カヤンバ	串間市（高松⑰）
ズバナ	日向市（田の原）、高鍋町（鬼ケ久保）
タタミグサ	高千穂町（三田井）
チガヤ	高千穂町（田原）
チゴガヤ	北川町（祝子（※平田））
ツバナ	高千穂町（押方、上野、向山、岩戸①）、五ヶ瀬町（東光寺）、日之影町（見立）、西都市（三財（※内藤））、えびの市（加久藤②）、小林市（東方④）
ツバナグサ	田野町（内八重）
マカヤ	西臼杵郡（全域）、高千穂町（岩戸、押方⑥、神殿、三田井、向山）、五ヶ瀬町（桑野内⑦、鞍岡波帰、東光寺⑦）、日之影町（後梅⑤、舟の尾⑨）、北方町（上鹿川⑯）、北川町（葛葉⑤、八戸③）、北浦町（三川内大井）、延岡市（赤水、島浦⑤）、椎葉村（尾手納、尾前、日添、松尾）、北郷村、西郷村（山須原）、南郷村（鬼神野）、日向市（田の原⑧、畑浦）、木城町（川原、中之又）、都農町（東都農）、綾町（竹野⑱）、宮崎市（木花⑨⑩⑪）、田野町、えびの市（加久藤⑫、京町⑤）、小林市（市街地⑫⑬⑭、西小林⑫）、須木村（堂屋敷、内山）、野尻町（石瀬戸）、都城市（中郷、夏尾）、三股町（長田）、北郷町（宿野）、日南市（鵜戸、吾田）、串間市（黒井、高松）
ミノガヤ	西臼杵郡（※日植）
ミノバ	椎葉村（日添⑮）、綾町（竹野）、小林市（西小林）
ミノバグサ	須木村（田代ケ八重⑫）

チガヤ（若い穂を食う）

【コメント】①葉を4つに編んで風車を作る。②ツバナトリッコ遊び：ツバナ（若い花穂）をパラっと撒くと交差して三角形ができる。その三角形にツバナを動かないように入れ、入れた数だけ相手からツバナをもらう。③ツバナヒネクリ遊び：ツバナを何本か持ちひねって広げる→交差して三角になっているところにそっと動かさないように自分のツバナをさしこめたら→最上のツバナをもらう→これを繰り返す。④若い花穂をツバナといい食べる。食えないのはオンジョツバナ。歌を歌いながら遊んだ。⑤根は甘くアマネと言い子供は咬んで汁を吸う。⑥かしき草。⑦蓑、畳を作る。⑧若いうちは牛が好き。⑨ミノは土用の頃に水にさらし、中軸を取って作る。⑩ゴザを作る。子供には痛い。⑪海岸近くのツバナは美味い。⑫お盆のショロサンの箸。⑬中肋を飛ばして遊ぶ。⑭ビー（ヒル）の止血に使う。⑮冬に寝かせたミノバは翌年に刈りとってミノにする。今年の長い若葉は畳（カヤダタミ）に使う。小さく短いものは蓑葉ガヤに使う。チガヤは雨や雪に合って柔らかくなる。⑯花穂をツバナといい、土に3本を組んで立て、これに別のツバナを当てて倒す遊びをする。⑰花穂をジュンゲ・ズンゲという。オンジョズンゲは固く食えん。カヤンネは甘い。⑱葉を水に浸けて芯を取り、干してミノを作った。芯は一握りを束ねて、松明代わりにした。強く握ると火が弱くなり、緩めると強くなり、かなり遠くまで歩けた。⑲江田神社の神事「茅の輪くぐり」の輪を作る。
【ノート】ツバナは、チガヤの花で万葉集にも登場する古名。

チカラシバ　　*Pennisetum alopecuroides* Spreng.　　【イネ科】

イヌノシッポ	小林市（北西方）
インノコシバ	えびの市（飯野）

ウカゼグサ	高城町(四家②)
ウマツナギ	西都市(下三財)
ウマツナックサ	須木村(九々瀬①)
ウンマツナッ	都城地方(※都盆)
オンジョゴロシ	木城町(岩淵③)
カザキリグサ	えびの市(飯野)
カザクサ	串間市(市木)
カザグサ	西都市(上三財①)、えびの市(京町①)、高崎町(前田)、串間市(市木)
カザダメシ	都農町(東都農)
カゼクサ	えびの市(各地)、小林市(山代、大久津他全域)、須木村(内山①、原)、高原町(後川内、高原)、高城町(四家)、都城市(安久)、串間市(大矢取①)
カゼグサ	高崎町(笛水①)、都城市(安久)、三股町(長田)
ガニツリグサ	北浦町(市振⑦)
ガマノホ	椎葉村(不土野)
コマツナギグサ	須木村(堂屋敷)、高城町(四家)
コマツナッグサ	日向市(田の原)、高城町(有水)
ザシ(グサ)	西米良村(板谷)、西都市(銀鏡)
サシグサ	日南市(松永)
シケクサ	宮崎市(木花①)、小林市(西小林)
シケグサ	五ヶ瀬町(垢谷)、延岡市(宇和田町①、小野)、北郷村(宇納間)、東郷町(福瀬)、日向市(権現崎、田の原①、畑浦)、木城町(石河内)、都農町(東都農)、川南町(十文字)、高鍋町(鬼ケ久保)、宮崎市(生目)、田野町(内八重)
シケダメシ	木城町(中之又)
ショヤドンノボボンケグサ	日南市(宮浦)
タイフウグサ	綾町(入野)、えびの市(京町)、串間市(黒井)
チカラグサ	北郷村(入下)、川南町(川南)、国富町(南俣)、えびの市(加久藤)、小林市(真方)、高城町(四家)、都城市(夏尾、御池内)
チカラシバ	日之影町(後梅①)、北浦町(市振)、木城町(川原)、野尻町(野尻)、高原町、北郷町(宿野)
チチクリグサ	北浦町(市振④)
ツナグサ	小林市(永久津①)
ババコロシ	木城町(川原⑤)、川南町(川南)
ヒゲムシグサ	椎葉村(尾前)
ベンケイシバ	延岡市(熊之江)
ボボゲグサ	日南市(飫肥)
ホボヒゲ	諸塚村(葛の原)
ボボンケグサ	南郷村(鬼神野)、田野町(内八重)、串間市(高松)
マンジュゲグサ	西都市(三納)
ミチクサ	椎葉村(日添)、都城市(安久①⑧)
ミチグサ	高千穂町(岩戸、押方、鬼切畑、下野①⑥、神殿、向山①)、五ヶ瀬町(桑野内①、鞍岡①)、日之影町(七折一ノ水①)、北川町(上祝子①⑥)、北浦町(三川内①)、椎葉村(尾手納、十根川)、南郷村(水清谷)、都城市(牛の脛)
ミチシバ	高千穂町(岩戸)、五ヶ瀬町(鞍岡①、広瀬①)、日之影町(見立)、北方町、北浦町(阿蘇①、市振、古江)、延岡市(浦城、須美江①)、都城市(荒襲、夏尾⑥)
ンマツナッ	都城地方(※都植方)

チカラシバ(葉のシワで台風占い)

【コメント】①台風占い:葉の途中にできる皺(コブ・シギシ・チダ・フシ・ベンなどという)の数で台風の襲来数を占う。ペン(節)は、1つは当たり前で、2つ目から数える。経験してみない、よう当たるわ。3つの時もある。節が上ほど、台風が来るのが遅い。②イネのシラハ枯病菌はこれに越冬する。③ひっかけ遊び(田舎道に両側から被うチカラシバの葉を結び、歩く人をひっかける):オンジョ(爺さん)は足が弱いのですぐかかってひっくり返る。④穂のことを言う。穂を叩きあって折る。⑤抜くのに婆さんは苦労する。⑥葉を干して草履をつくる。⑦磯辺のカニの穴に、この葉を近づけ釣り上げる。⑧穂の出る前の葉で草履を作っていた。

【ノート】葉にできる横皺で台風(カゼ、シケ、ツナ)を占うのでシケグサ等という。ウマツナギは葉が丈夫で切れないので馬を繋ぐことから。ボボンケグサは花穂を陰部(ボボ)の毛に見立てていう。踏みつけに強く、道沿いによく生えるのでミチグサ・ミチシバという。

チシャノキ　*Ehretia acuminata* R.Br. var. *obovata* I.M.Johnst.　【ムラサキ科】

チシャ	北浦町(三川内大井①)、西米良村(板谷、田無瀬②)、都農町(木和田④)、綾町(入野)、須木村(九々瀬、堂屋敷)、野尻町(今別府②)、高原町(狭野)

| チシャノキ | 日之影町(後梅③)、西都市(津々志⑤)、小林市(西小林)、高岡町(柞木橋) |

【コメント】①柄木によい。②タンスの前板に使う。③天秤棒によい。④芽立ちが最も遅い。芽を食う。⑤折れやすい木じゃ。

チヂミザサ　*Oplismenus undulatifolius* Roem. et Schult.　【イネ科】

アブラザシ	日之影町(中間畑、後梅)、日向市(田の原①)、木城町(中之又)
アブラダシ	北川町(八戸)
アゼカラゲ	日之影町(後梅)

【コメント】①くっついた種は火にあぶって乾燥するととれる。
【ノート】衣服にくっつく「ひっつきむし」をサシ・ザシといい、チヂミザサでは粘液（アブラ）でくっつけるのでアブラザシという。

チドメグサ　*Hydrocotyle sibthorpioides* Lam.　【セリ科】

コンペイトウグサ	都城市(御池町)
シラネグサ	北郷町(大戸野①)
シロヂシバリ	高原町(高原)
ゼニクサ	日南市(宮浦)
ゼンクサ	都城市(牛の脛)
ゼンソウ	日向市(権現崎)
タンカズラ	須木村(堂屋敷②)
ヂゴケ	椎葉村(尾前)
ヂシバリ	北浦町(歌糸)、延岡市(赤水)、小林市(大久津、西小林、細野)、野尻町(今別府)
チドメグサ	諸塚村(諸塚③)、南郷村③、高鍋町(鬼ケ久保④)、須木村(内山)、宮崎市(江田)、都城市(志比田③)、三股町(長田)

【コメント】①地下茎が真っ白いのでシラネグサという。②皮膚のタンの薬。③止血用。④川でヒルに食われると、川べりにあるチドメグサをつけて血を止めた。

チドリノキ　*Acer carpinifolium* Siebold et Zucc.　【カエデ科】

コウハル	椎葉村(松尾)
タニガシ	五ヶ瀬町(鞍岡波帰)、北川町(上祝子)、椎葉村(尾手納、小林十根川①、不土野、松尾)
フヨウモミジ	五ヶ瀬町(桑野内)

【コメント】①発光キノコが着く。

チャノキ　*Camellia sinensis* Kuntze　【ツバキ科】

チャ	東郷町(坪谷)
ハタチャエン	東郷町(西林山)
ヤマチャ	椎葉村(日添)

チョウセンアサガオ　*Datura metel* L.　【ナス科】

| イガナシ | 小林市(西小林①) |
| バカアサガオ | 川南町(※平田) |

【コメント】①「昔、博打好きの男がいて、いつも負けていた。その日、奥さんはこの実の汁をいれた団子をつくり、入れていない団子に楊枝を立て主人には目印をつけて博打場に出した。皆が眠ったところで、その男は全部金を持ち逃げした」という。

ツ

ツガ　*Tsuga sieboldii* Carriere　【マツ科】

| ツガ | 高千穂町(下野)、五ヶ瀬町(波帰)、日之影町(見立)、北川町(上鹿川①)、椎葉村(大河内)、木城町(石河内) |
| トガ | 高千穂町(岩戸)、日之影町(新畑)、北方町(上鹿川)、北川町(上祝子)、椎葉村(尾手納)、東郷町 |

（坪谷、西林山）、日向市（田の原）、西米良村（田無瀬）、西都市（銀鏡）、綾町（竹野）、えびの市（白鳥、京町）、須木村（堂屋敷）、都城市（安久）、高城町（有水）

【コメント】①メグリボウに若木の幹を使う

ツキミソウ　　*Oenothera tetraptera* Cav.　　【アカバナ科】

ミソツキバナ	椎葉村（日添）

ツクシアザミ　　*Cirsium suffultum* Matsum. et Koidz.　　【キク科】

ウシアザミ	高千穂町（向山秋元）、五ヶ瀬町（鞍岡波帰①）
ホンアザミ	椎葉村（日添）

【コメント】①食えない。

ツクシイヌツゲ　　*Ilex crenata* Thunb. var. *fukasawana* Makino　　【モチノキ科】

ホンツゲ	日之影町（戸川①）

【コメント】①石工の柄によい。

ツクシシャクナゲ　　*Rhododendron japonoheptamerum* var. *japonoheptamerum*　　【ツツジ科】

シャクナン	西米良村（田無瀬）、川南町（細）

ツクシゼリ　　*Angelica longiradiata* Kitag.　　【セリ科】

キリシマニンジン	高原町（※日植）
セタオニンジン	高原町（※日植）
センキョ	西諸県郡（※日植）

【ノート】セタオは霧島山麓の「瀬田尾」（地区名）で、そこに多かったのであろう（南谷）。

ツクシドウダン　　*Enkianthus campanulatus* G.Nicholson var. *longilobus* Makino　　【ツツジ科】

ドウダンツツジ	五ヶ瀬町（鞍岡波帰）

ツクシハギ　　*Lespedeza homoloba* Nakai　　【マメ科】

ハギ	延岡市（島浦①）

【コメント】①箒を作る。

ツクシミカエリソウ（オオマルバノテンニンソウ）
　　Leucosceptrum stellipilum var. *radicans* T.Yamaz. et Murata　　【シソ科】

ゴマガラ	椎葉村（日添、小林）

ツクシヤブウツギ　　*Weigela japonica* Thunb.　　【スイカズラ科】

アカウツギ	須木村（九々瀬①）
アメフラシ	西都市（津々志②）
ウシノチチ	高崎町（笛水④）
ウツキ	都農町（木和田）、須木村（内山）、都城市（石原）、山之口町（五反田）
ウツギ	高千穂町（岩戸①、下野、向山秋元❶）、五ヶ瀬町（広瀬）、日之影町（新畑、中間畑、見立❶）、北方町（上鹿川①、二股❶）、北川町（陸地①、上祝子①③、葛葉、瀬口）、椎葉村（大河内❶、尾崎①、尾前、仲塔③、不土野①）、諸塚村（飯干③、矢村⑤）、北郷村（宇納間、入下）、南郷村（上渡川❶、鬼神野、神門）、西米良村（小川③、板谷③、田無瀬①）、西都市（銀鏡、中尾、瓢単渕❶）、木城町（石河内❶、川原、中之又）、宮崎市（塩鶴）、田野町（田野）、えびの市（真幸内竪⑥）、小林市（木浦木⑦、西小林）、須木村（田代ケ八重、堂屋敷①）、野尻町（石瀬戸）、高崎町（前田①）、都城市（都城、荒襲）、北郷町（大戸野、広河原）

ウノハナ	日之影町（七折一ノ水❶⑧、後梅①）、北方町（上鹿川❶）、南郷村（上渡川❶）
エッタバナ	高崎町（笛水）
オシャカサンバナ	北川町（八戸⑨）
カッパバナ	都城市（夏尾）
カワラヒサゲ	東郷町（坪谷、西林山）
カンジンバナ	日之影町（新畑）
シロウツギ	椎葉村（日添⑪、小林）、諸塚村（小原井①③）、三股町（長田）
スイスイ	高岡町（柞木橋）、田野町（内八重①③）
スイスイバナ	延岡市（小野）
タズ	東郷町（迫の内）
タデノキ	須木村（尾股①）
ダンダンバナ	北方町（※平田）
チチバナ	五ヶ瀬町（波帰）、諸塚村（葛の原）、五ヶ瀬町（鞍岡波帰❶）
ツキツキ	椎葉村（松尾）
ツッテンポウ	小林市（西小林）
ナガシバナ	都城市（夏尾）、日南市（上白木俣）
ニタリ	西都市（三財⑩）
バカバナ	高城町（四家）
ハナウツギ	東郷町（坪谷）、日向市（田の原）、川南町（細）
ヒヨリバナ	北浦町（三川内❶）
ヘソバナ	北郷町（大戸野）
ペソペソバナ	高原町（高原⑪）
ベブンチチ	都城市（御池町④）
ヤボウツキ	都農町（今別府）
ヤマウツギ	小林市（山代）
ラッパバナ	高岡町（法ケ代）

【コメント】①田のノリ（アオミドロ？）とりに使う。ウツギ類（ガクウツギ、ノリウツギ、ツクシヤブウツギ）の枝を田の水口に挿しておく。②天気占い：赤花が多いと雨年、白花が多いと晴年（日年）。※南谷：ツクシヤブウツギは花が咲き始めは白花が次第に赤花に変わるようである。したがって赤と白が一つの枝に混ざっている。地方により、全く逆で白が雨年、赤が晴年となる。ここでは前者を①、後者は❶とした。③花の蜜を吸う。④蕾の頃に牛の乳に似る。⑤赤い花が多い時は、よく陽が照り、ヤボが焼けるからソバがいい。⑥牛が死に、これで叩くと続いて死ぬという。⑦この花の咲く時、陸稲を播く。⑧４月８日に仏さんや墓に供える。⑨４月８日の花祭りに使う。咲いたらおしゃかさんが来る。水浴びの始まりで、どんなに寒くても泳いだ。稚鮎が群れて上る。⑩ノリギ（ノリウツギ）に似るのでニタリという。⑪枝の芯（髄）を竹の棒で突くと、ペソーッと出てくる。⑪シロウツギとミズシが咲く頃が一番雨が多い。

【ノート】花の蜜を吸うのでスイスイ。お乳のように蜜がほのかに甘いのでチチバナというのであろう。ベブンチチは蕾の形がベブ（牛）の乳首に似ているのでいうのであろう。ツキツキやツッテポウは髄を突きだし遊びに使うからであろう。

ツクシヤブウツギ（花色で天候占い）

ツゲ　　*Buxus microphylla* var. *japonica* Rehder et E.H.Wilson　　【ツゲ科】

ホンツゲ	高千穂町（向山秋元）
マメツゲ	日之影町（戸川）

ツタ（ナツヅタ）　　*Parthenocissus tricuspidata* Planch.　　【ブドウ科】

アマカズラ	高千穂町（三田井①）、日向市（田の原②）、えびの市（飯野）、三股町（長田④）、串間市（市木）
イワカズラ	須木村（田代ケ八重）
ツタ	日之影町（見立）、西都市（尾八重③）、小林市（小林、西小林）、須木村（内山）
ツタカズラ	日之影町（新畑、見立）、椎葉村（大河内、日添）、えびの市（加久藤）、小林市（永久津、西小林）、野尻町（野尻）
ミズカズラ	野尻町（野尻）

【コメント】①蔓を切ると汁が出てくる。野山の水代わり。②甘いけど、喉がいらいらしよった。③果柄で目つっぱり遊びをする。④蔓を切って出てくる汁を、ビンに貯めて飲みよった。

ツタウルシ　　*Toxicodendron radicans* Kuntze subsp. *orientale* Gillis　　【ウルシ科】

ウルシ	日之影町（見立）、小林市（細野）

ウルシカズラ	日之影町（見立）、えびの市（白鳥）
カズラウルシ	椎葉村（日添）
カズラハゼ	椎葉村（日添）
ツタ	北川町（上祝子）、椎葉村（日添）
ハゼカズラ	高原町（狭野）

ツチアケビ　　*Cyrtosia septentrionalis*　Garay　　【ラン科】

ウシビソウ	椎葉村（※平田）
ウマタデ	須木村（九々瀬①）
キツネマメ	須木村（九々瀬）
キツネンカライモ	須木村（九々瀬）
サルサクジョウ	高千穂町（向山秋元）
サルノシャクジョウ	椎葉村（日添②）、高千穂町（下野）、高千穂町（岩戸）、日之影町（中間畑）、椎葉村（尾手納）、西都市（銀鏡②）、小林市（木浦木①）
サルノチンポ	五ヶ瀬町（鞍岡波帰、広瀬）
サンノシャクジョウ	西米良村（板谷、横野）
シャクジョウ	木城町（石河内）
ヤマゴシュ	都城市（御池町）
ヤマナシ	日南市（上白木俣）
ヤマナス	須木村（堂屋敷）、小林市（木浦木）、北郷町（広河原③）
ヤマナスビ	田野町（内八重、片井野）
ヤマニンジン	北郷町（大戸野）

【コメント】①赤がらいものようで馬のネラ（風邪）に食わせる。②人にも淋病の薬に。ミズカサ（皮膚病）に効く。③種の入りようがナスに似ている。
【ノート】果実を数個ぶら下げる花茎の形状が、僧が山野遊行の際に使う杖（錫杖）に似ているので、サルノシャクジョウというのであろう。

ツチグリ　　*Potentilla discolor* Bunge　　【バラ科】

ノガライモ	串間市（笠祇①）

【コメント】①着物で泥をとり、かじった。甘くてうまい。

ツチトリモチ　　*Balanophora japonica* Makino　　【ツチトリモチ科】

アカチョンボ	えびの市（飯野）
アカチンポ	北川町（上祝子①）、えびの市（飯野、加久藤、京町、白鳥）
アカモチ	北浦町（三川内①）、延岡市（浦城、島浦①②）
アカヤマモチ	延岡市（熊之江）
アカヤンモチ	延岡市（須美江①③、安井）、えびの市（加久藤）
アカンボ	日向市（※日向市史）
イワヤンモチ	小林市（東方、山代）
ガグレドンノボッ	都城市（上安久④）
クワガネ	えびの市（長江①）
サルノチンポ	小林市（※平田）
ヂダヤンモチ	えびの市（真幸）、都城市（御池町）
ヂモチ	西都市（三財）、都城市（安久）、日南市（飫肥（※平田））
ヂヤンモチ	延岡市（浦城）、日向市（田の原③）、都農町（木和田）、木城町（中之又）、川南町（細）、えびの市（飯野）、小林市（西小林）
チンポグサ	北川町（瀬口多良田①）
ネヤンモチ	小林市（※平田）
モチナバ	北川町（陸地①）、綾町（竹野①）
ヤマニンギョウ	田野町（内八重）
ヤンネモチ	えびの市（京町、真幸）
ヤンモチ	小林市（真方）

【コメント】①地下のコブを叩いて、洗うと鳥モチができる。②できたモチは、モチノキよりこしがあってねばりが強い。③フエノキ（クロキ）につく。④カッパのトリモチのことをいう。

ツチトリモチ（地下のコブから鳥もち）

【ノート】ヂヤンモチ・ヂダヤンモチは、地下にある塊根（こぶ）から鳥もち（ヤンモチ）が採れるのでいうのであろう。真っ赤な花序の様子から「赤ちんぽ」の名がある。

ツチビノキ　　*Daphnimorpha capitellata* Nakai　　【ジンチョウゲ科】

ツチビノ	北川町（上祝子）

【ノート】岩上に生えるシマサクラガンピをヒノといい、それに似て土に生えるのをツチビノと呼んだのだろう。和名も方言名をそのまま使ったと思われる。大分県側の藤河内ではキガンピ（土に生える）にツチビノという。

ツヅラフジ　　*Sinomenium acutum*　Rehder et E.H.Wilson　　【ツヅラフジ科】

シズラカズラ	串間市（黒井）
ツヅラ	高千穂町（向山秋元）、五ヶ瀬町（鞍岡波帰）、日之影町（後梅）、西都市（尾八重）、木城町（石河内）
ヅヅラ	日之影町（見立）、北方町（上鹿川）、椎葉村（尾前、大河内）、高鍋町（鬼ケ久保）、綾町（竹野）、田野町（田野）、小林市（西小林、木浦木）、須木村（内山）、野尻町（野尻）
ツヅラカズラ	北浦町（三川内大井）、木城町（中之又）、須木村（内山）
ハトクビイカズラ	都城地方（※都盆）

【コメント】①蔓を乾燥させ、荒物屋等で竹細工を結ぶ紐として売られた。

ツボクサ　　*Centella asiatica*　Urb.　　【セリ科】

オダイシソウ	西米良村（田無瀬）
ビキタンカゴクサ	川南町（細①）

【コメント】①この茎でビキタン（カエル）のカゴを作る。

ツメクサ　　*Sagina japonica* Ohwi　　【ナデシコ科】

ギングサ	小林市

ツユクサ　　*Commelina communis* L.　　【ツユクサ科】

インクバナ	高原町（高原）
ギッチョングサ	川南町（川南）
コオロギグサ	川南町（川南）
サンネンボトクリ	えびの市（真幸）
スズムシグサ	高原町（後川内）、都城市（中郷、夏尾）
センネンホトクイ	小林市（西小林①②）
チョンチョングサ	都城市（志比田）
チンチログサ	西都市（三財）、木城町（川原）、都農町（内野田）、国富町（八代南俣）、宮崎市（瓜生野、曽山寺、清武町（清武）、田野町（内八重）、えびの市（加久藤）、小林市（東方、細野）、高城町（有水）、日南市（鵜戸）
チンチロチリン（グサ）	東郷町（寺迫）、日向市（権現崎、田の原）、木城町（石河内）、都農町（川北、心見）、川南町（川南）、高鍋町（鬼ケ久保⑨、持田）、新富町（富田、日置、新田）、綾町（上畑）、宮崎市（江田、白浜）、須木村（内山）、小林市（細野、市街地、山代）、野尻町（今別府、紙屋）、都城市（荒襲）、高城町（有水）、三股町（長田）、山之口町（富吉）、串間市（高松）
チンチロリンバナ	川南町（平田）
ツユクサ	高千穂町（鬼切畑、下野、三田井）、日之影町（星山）、北方町⑥、北川町（陸地）、諸塚村（諸塚）、北郷村、南郷村（鬼神野）、小林市（小林）、須木村（九々瀬）、三股町（長田）
ツユグサ	北川町（葛葉、瀬口多良田）、えびの市（加久藤）、須木村（堂屋敷）
ツユバナ	西都市（都於郡）
ニネンボトクリ	えびの市（真幸内堅）
ハナガラ	高千穂町（岩戸、鬼切畑、押方、河内、神殿、田原、三田井、向山）、五ヶ瀬町（鞍岡、桑野内、東光寺）、日之影町（一ノ水、中間畑、見立）、北川町（上赤③、八戸）、北浦町（三川内④）、延岡市（宇和田町、浦城）、椎葉村（飯干、大河内、尾手納、尾前、栂尾⑦、日添⑤、松尾）、諸塚村（飯干）、南郷村（鬼神野⑧）、西郷村（山須原）、西米良村（田無瀬）、西都市（銀鏡、中尾）、木城町（中之又）、須木村（九々瀬、堂屋敷）、串間市（黒井）
ビッキョグサ	えびの市（京町）
ホウタイコバナ	小林市（木浦木、東方、細野）

ホタイコグサ	高原町（後川内）
ホタイコバナ	小林市（山代⑩）
ホタルグサ（クサ）	北郷村（北郷村）、えびの市（飯野、加久藤、京町）、須木村（原）、小林市（小林）、野尻町（野尻）、高城町（四家）、北郷町（広河原）、日南市（吾田、飫肥、宮浦）
ホタルコグサ	北郷町（大戸野、宿野）、日南市（飫肥、細田）
マツムシグサ	都城地方（※都盆）
ミズクサ	小林市
ムラサキグサ	高鍋町（高鍋）
チョウチョバナ	延岡市（島浦）

ツユクサ（青い花で染物遊び）

【コメント】①紙等を染めて遊ぶ。②茎が生きとれば、湿分さえあればなんぼでも芽を出す。③石の頭に置いちょっても一緒じゃ。生命力が強い。④乾燥に強い。枝が枯れて、日なたに置かれても、7年ぶりに水に戻したらハナガラは喜んだ。⑤焼いても土にいけても死なん。土に埋めても地滑りが来たら生き戻る。⑥ニワトリの餌にする。乾燥したものを膀胱炎の薬にする。⑦枯れにくい草じゃ。農家ん人が、枯らそうと木の枝に掛けても「台風が来て落としてくれるじゃろ」とハナガラは言いよったそうな。⑧茶の木の上に置いちょっても、風が吹くまで待っちょる。枯れん草じゃわ。⑨抜かれて、木の枝に掛けられても「3年たったら雨が降っどかい」といって、悠々と雨を待っており、ジョウコンズイー奴じゃな。⑩ホタルの出る頃に咲く。

【ノート】コバルトブルーの花びらで染物遊びをするのでハナガラ、葉が萎れずに適度な湿気を与えるのでスズムシ等の虫かごに入れるのでチンチロリングサという。はびこる雑草（宮崎ではホトクリという）の中でも抜いても枯れないので2年ボトクリ、千年ボトクリというのであろう。蛍が出そうな場所に生えるので蛍草というのであろう。

ツリガネニンジン
サイヨウシャジンの項へ

ツリバナ　　*Euonymus oxyphyllus* Miq.　【ニシキギ科】

メアミ	椎葉村（日添、小林）
メッノキ	高原町（後川内）
メノキ	野尻町（石瀬戸①）

【コメント】①マユミ、コマユミも区別せず同名。

ツリフネソウ　　*Impatiens textorii* Miq.　【ツリフネソウ科】

カッケロ	椎葉村（日添①、小林）
カッケロウグサ	椎葉村（尾前②）
カッケログサ	椎葉村（尾手納）、椎葉村（日添③）
カワタデ	小林市（西小林）
カワトビシャゴ	西都市（三財）
ブタクサ	えびの市（加久藤④）
ミズクサ	須木村（堂屋敷）
ユビズキン	五ヶ瀬町（広瀬⑤）
ユビズキングサ	五ヶ瀬町（東光寺）
ミズバナ	五ヶ瀬町（鞍岡波帰）

【コメント】①キツリフネもハガクレツリフネも同じように呼ぶ。②※南谷：ぶら下がった赤い花がニワトリ（方言：かっけろ）を思わせるのであろう。③食える。3種あり。④豚は好きだが、牛馬は食わん。⑤花を摘み、指先に挿しこんで、指先に頭巾をかぶせる。五本指に被せ悪魔の手のように見せて遊ぶ。

【ノート】カッケロはニワトリのこと。花の形状が鶏のトサカに似るのでカッケログサというのであろう。この花を指先に頭巾のように被せて遊ぶので、指挿し・指頭巾の名がある。

ツリフネソウ（花を指先にかぶせる遊び）

ハガクレツリフネ　　*Impatiens hypophylla* Makino　【ツリフネソウ科】

カッキョロコウグサ	椎葉村（日添①）
ニワトリグサ	五ヶ瀬町（鞍岡（※平田））

【コメント】①ニワトリはカッキョロコーと鳴く。

ツルアジサイ　　*Hydrangea petiolaris* Siebold et Zucc.　　【アジサイ科】

アカカズラ	五ヶ瀬町（波帰①）
チクゼンカズラ	三股町（長田）
ツタカズラ	椎葉村（小林）、北川町（上祝子）

【コメント】①イワガラミかもしれない。麻を蒸す時、輪にしてテコの棒の支点に使う。テコの先に麻を束ねて蒸桶に吊るす。

ツルウメモドキ　　*Celastrus orbiculatus* Thunb.　　【ニシキギ科】

アカカズラ	椎葉村（日添）
ウメモドキ	北川町（葛葉、八戸）、川南町（細）、高鍋町（鬼ケ久保）、小林市（西小林）
カッチュガラメ	延岡市（須美江①）
キミカズラ	小林市（山代）
ジャクロバナ	えびの市（真幸内竪②）
ツルウメモドシ	北浦町（三川内大井）
ナツメモドキ	山之口町（五反田）
ハトグサ	野尻町（今別府③）
ヒッテンカズラ	高原町（後川内⑥）
ヒヨドリジョウゴ	日之影町（後梅）
ヒワレジョウゴ	日之影町（後梅④）
マンジュノミ	小林市（西小林）
メジロバナ	川南町（細）
メジロミカン	北川町（陸地）、日向市（田の原）、宮崎市（生目、浮城、江田、木花）、田野町（内八重）、北郷町（大戸野）、日南市（宮浦）
メジロンミ	高城町（四家）
ヤドカリ	日南市（大浦⑤）
ワライジョウゴ	五ヶ瀬町（広瀬）、諸塚村（飯干④）

【コメント】①シロハラ（かっちゅ）という鳥が実をよく食う。②実がザクロのように割れる。③この実を鳩が好んで食う。④実が口を開け笑う。ヒヨドリのワナかけに実を使う。⑤木に付いているけんど、別に生えている宿をかりている。⑥小指くらいの蔓の芯を取り、２本を寄せ合わせて引き手（ヒッテ）にし、牛とマンガ（農機具）をつなぐ。雨に濡れてもよく、軽くて強い。

ツルウメモドキ（実が割れ紅い種が）

ツルキジムシロ　　*Potentilla stolonifera* Lehm. ex Ledeb.　　【バラ科】

イチゴグサ	小林市（西小林）

ツルソバ　　*Persicaria chinensis* H.Gross　　【タデ科】

アマタレ	宮崎市（白浜）
インサド	北浦町（市振、古江）、延岡市（島浦①）
サド	北浦町（阿蘇）
ネコンメ	宮崎市（白浜）
？	串間市（黒井②）

【コメント】①塩をつけて食う。②実は生のまま食う。

ツルナ　　*Tetragonia tetragonoides* Kuntze　　【ハマミズナ科】

イソチシャ	日南市（宮浦①）
ハマチシャ	串間市（市木石波②、高松）、日南市（鵜戸②）
ハマヂシャ	延岡市（赤水）

【コメント】①鹿児島からじょうさん採りにきて、なくなった。②食べる。

ツルニンジン　　*Codonopsis lanceolata* Trautv.　　【キキョウ科】

チョチングサ	須木村（堂屋敷）

？？	高原町（後川内①）

【コメント】①名は知らんが、根をすって、タイ（タン）につけると一発で効く。

ツルボ　*Barnardia japonica* Schult. et Schult.f.　【ヒアシンス科】

イビラ	北浦町（三川内）
スビラ	高千穂町（鬼切畑①、押方⑦、下野①③、田原）、日之影町（七折一ノ水）、北方町（上鹿川⑩）
スミラ	高千穂町（押方）、五ヶ瀬町（鞍岡②）、日之影町（星山、後梅②）、椎葉村（尾前、尾手納③、、日添⑨、松尾）、諸塚村（諸塚）、北郷村（北郷村）、南郷村（鬼神野）、日向市（田の原⑥）、西米良村（小川）、木城町（中之又④）、高鍋町（鬼ケ久保）、綾町（上畑）、宮崎市（江田）、田野町（内八重）、えびの市（飯野、加久藤、京町、鍋倉⑤、真幸）、小林市（西小林）、都城市（夏尾）、三股町（長田）
スミレ	北川町（八戸②）、延岡市（浦城）、椎葉村（日添⑧）、小林市（東方）、野尻町（今別府）、都城市（上安久、志比田）、串間市（高松）
スメラ	えびの市（加久藤）
ニレ	新富町（湯の宮）

【コメント】①ギメカゴ（虫かご）をつくる。②飢饉時食う。③昔は食った。２～３晩煮るが口の中が真っ黒くなりよった。④昔、煮てきな粉をつけて食った。⑤この根を壺に入れオコシ火（チリや落葉の火）の中に入れ、焼いて食った。⑥美々津の百町原の人たちはたくさん採って美々津方面に売りにいきよった。海藻を入れて煮ると紫の濃ゆい色になる。⑦花をスビラボウズという。⑧根茎を弓の弦にあて、中身を蔓に塗ると弦は強くなるし、的に当たるようになる。⑨スミレともいう。エビ（ナルコユリ）の根と一緒に大釜で３日くらい焚いて食う。⑩昔は、お歯黒に使った。

ツルヨシ　*Phragmites japonicus* Steud.　【イネ科】

ヨシ	北川町（上赤①）
ヨシガラ	北川町（八戸）

【コメント】①地下茎に魚をさして持ち帰った。

ツルリンドウ　*Tripterospermum trinervium* H.Ohashi et H.Nakai　【リンドウ科】

ホタルカゴ	北川町（上祝子）
ヤマフウズキ	椎葉村（日添）
ヤマホウズキ	椎葉村（尾手納）
ヤマリンドウ	椎葉村（日添）

ツワブキ　*Farfugium japonicum* Kitam.　【キク科】

ツワ	日之影町（舟の尾）、北浦町（阿蘇①、市振、古江）、延岡市（赤水②、熊之江③、島浦④、安井④）、日向市（権現崎⑧、田の原）、都農町（東都農）、宮崎市（浮の城）、えびの市（真幸）、小林市（西小林）、須木村（内山）、高原町（高原）、日南市（鵜戸⑩、日南）、串間市（笠祇⑧、高松⑨）
ツワブキ	小林市（細野、東方）、須木村（須木）、高崎町（高崎）
フキ	田野町（内八重⑪）
ホンブキ	日之影町（見立⑦）
ヤマブキ	西臼杵郡（西臼杵地方⑥）

ツワブキ（葉柄は珍味）

【コメント】①熱灰にくべて、生のまま貼ると腫物の吸い出しになる。②ヨウやチョウの吸い出しに使う。ドクダミをツワでくるみ、熱灰にくべたものを患部に貼る。③切り傷の血止め。③葉柄の若いものを食べる。④葉をロート状に丸め、端を竹棒で止め、コップ代わりにし水を飲む。⑤この花の咲く時が稲刈りの適期（内藤氏）。⑥オタカラコウ→トウブキ、フキ→ヤマブキ。⑦魚中毒の時には、葉柄の汁を飲み、解毒した。⑧ツワの根をすって、メリケン粉と練り合わせ、しんしん（皮膚病）の薬にする。⑨葉を熱灰に入れ、揉んで４枚に折って、デキモンに貼ると、口を開いて膿が出る。魚の中毒には、根茎を刻んで、煎服するとガンガン吐き、治る。ツワの花の盛りにはスボタ（ソウダガツオ）の盛り。⑩この花の盛りに麦を植える。⑪赤ん坊の体内の毒気を出すためにねぶらせる。

【ノート】生まれたばかりの新生児の口元をツワブキの葉柄を擦った汁で拭く、という人生儀礼があったと各地で聞いた。昔は女性が子供を産む時は、家の外に設えた産室で産んだり、仮に家の中で産んでもその部屋を後から塩で清めるなどして、とにかく出産を穢れたものとして扱っていたようである。この汁で口元を拭くことにより不浄を清めたのであろう。また、漁師は漁に出る時に持参し、胃腸をこわしたらこの汁を飲んで治したとも聞く。

テ

テイカズラ *Trachelospermum asiaticum* Nakai 【キョウチクトウ科】

カネヅタ	日向市（※日向市史）
ゼニカズラ	北川町（俵野）、木城町（岩淵）
ゼンカズラ	綾町（竹野）、宮崎市（木花（※平田））、串間市（市木、高松①）
ゼンゼンカズラ	綾町（上畑）
ツタカズラ	北浦町（三川内大井）
ハナグリカズラ	小林市（東方）
ムカジュカズラ	高城町（有水）
ヤドカリカズラ	山之口町（五反田）

【コメント】①葉をままごと遊びのゼニ（お金）にする。

ト

トキワガキ *Diospyros morrisiana* Hance 【カキノキ科】

クロガキ	日之影町（後梅、新畑、中間畑）、北川町（陸地、上赤、葛葉、瀬口）、北浦町（大井、古江、三川内）、延岡市（浦城）、日向市（権現崎、田の原④）、西米良村（田無瀬）、西都市（銀鏡）、綾町（竹野）、宮崎市（野島⑥）、小林市（山代）、高城町（有水）、串間市（市木、黒井）
コガキ	川南町（※平田）
モッコク	東郷町（西林山⑤）
ヤマガキ	北浦町（阿蘇①、三川内歌糸）、延岡市（島浦②③）、木城町（石河内）、須木村（内山）、野尻町（今別府④）、田野町（内八重）、串間市（羽ヶ瀬）

【コメント】①実で網染め。②船のミダイ棒（みざお：突っ張り棒）にする。粘り強く折れない。③実の柿渋は釣り糸を染める。④リュウキュウマメガキはガラガキかヤマガキという。⑤モッコクはボップユス。⑥ヤマオコに使う。

トキワススキ *Miscanthus floridulus* Warb. ex K.Schum. et Lauterb. 【イネ科】

トキワ	田野町（内八重）

ドクダミ *Houttuynia cordata* Thunb. 【ドクダミ科】

アカドクダン	延岡市（小野①）
ガーロンヘ	宮崎市（生目）
ガオロンヘ	田野町（内八重⑧）
カッパノヘ	高城町（四家）
ガニクサ	西郷村
ガラッパグサ	西諸県郡（西諸（※日植））、えびの市（飯野）、須木村（原）、都城市（御池町、荒襲）、山之口町（五反田）、串間市（大矢取）
カワフズキ	東郷町（福瀬）
カンジングサ	椎葉村（栂尾）
ジャコロシ	高千穂町（岩戸、鬼切畑、押方、河内②、下野、三田井、向山）
ジュウヤク	北浦町（市振、古江）、延岡市（島浦）、日向市（権現崎）、川南町（川南）
ジュウヤクシ	北方町（北方）
ジロヘ（グサ）	東郷町（寺迫）、日向市（高松、田の原）、都農町（心見③）、川南町（白髭、込口）
ドクダニ	高鍋町（鬼ケ久保）
ドクダミ	日之影町（七折一ノ水、新畑）、北川町（八戸）、綾町（竹野）、都城市（安久）
ドクダミ（ソウ）	五ヶ瀬町（鞍岡）、日之影町（見立、後梅）、椎葉村（十根川、不土野、大河内）、諸塚村（諸塚、飯干）、北郷村（宇納間、入下）、西郷村（坂元④）、南郷村（水清谷）、東郷町（福瀬）、日向市（畑浦、飯谷）、西都市（津々志）、木城町（中之又）、川南町（平田、通山、比田、名貫）、高鍋町（持田、上江、高鍋）、新富町（新田、日置、富田）、小林市（真方）、北郷町（大戸野）、日南市（白木俣）、串間市（高松）
ドクダミソウ	日之影町（中間畑）、北川町（葛葉）
ドクダム	東諸県郡（東諸（※日植））
ドクダン	高鍋町（高鍋）、北郷町（宿野、広河原）、日南市（細田、飫肥）

— 159 —

ドクダンソウ	高千穂町（押方、三田井、鬼切畑）、五ヶ瀬町（鞍岡波帰）、日之影町（見立、星山）、北川町（上赤、瀬口多良田）、延岡市（浦城、熊之江⑤）、椎葉村（尾手納、尾崎、尾前、不土野⑥、松尾）、諸塚村（小原井）、北郷村（入下）、南郷村（鬼神野、上渡川）、東郷町（迫野内）、西米良村（小川、村所）、西都市（尾八重、上三財、銀鏡、中尾、三納）、木城町（中之又、石河内、岩渕）、川南町（川南）、高鍋町（上江）、綾町（上畑）、国富町（八代南俣）、宮崎市（瓜生野、白浜）、須木村（田代ケ八重）、日南市（鵜戸）、串間市（市木）
トベラ（グサ）	えびの市（加久藤、京町⑨）、小林市（市街地、西小林⑦、東方、真方）、須木村（内山、堂屋敷）、野尻町（今別府）、高原町（高原、後川内、広原②）、高崎町（前田、笛水）、高城町（有水、四家）、都城市（夏尾、安久、牛の脛）、山之口町（上五反田）、三股町（長田）
ハッチョウグサ	延岡市（※平田）
ババノシリヌグイ	北浦町（三川内大井）
ババンシンノグイ	北川町（陸地）、北浦町（三川内歌糸）
ヤシノジュ	日向市（※日向市史）
ロクダンソウ	北方町（上鹿川）、国富町（南俣）、宮崎市（江田、柏原）、須木村（堂屋敷）

ドクダミ（臭いが良薬）

【コメント】①馬が食う。シロドクダン（ハンゲショウ）は食わない。②ブト等の虫除けに使う。汁をつける。③都農方面はほとんどの地域でジロヘという。これを中心にいう。鼻汁の出るときはこれを揉んで詰めるとたくさん出る。④ドクダミが繁茂するとシイタケが出ない。⑤トイレの蛆殺しに使う。⑥キャベツの葉にくるんでネブイチにつける。⑦血圧には陰干しし煎服。⑧ガオロは河童のこと。⑨干していろりの灰に入れ、とかしてできものにつける。

【ノート】葉に触れると独特の臭いがし、多くの人は悪臭（人によっては爽快な臭い）と感ずるので、ガオロ・ガラッパ（河童のこと）や臭いのきつかったオナラをしたジロさんの「ヘ」にたとえたのであろう。都城・小林市や西・北諸地方では悪臭の代表といえるトベラにたとえている。

トコロ（ヤマノイモ以外）　*Dioscorea tokoro* Makino　【ヤマノイモ科】

ヤマノイモの項を参照

トチノキ　*Aesculus turbinata* Blume　【ムクロジ科】

トチ	諸塚村（七ツ山飯干・小原井①）
トチノキ	高千穂町（押方）
モチモチノキ	椎葉村（※平田）

【コメント】①飯干神社や小原井神社には大木がある。宮崎県には野生はないので植えたものである。したがって、食べるなどの文化はない。

トチバニンジン　*Panax japonicus* C.A.Mey.　【ウコギ科】

ウマンニンジン	野尻町（今別府）
コバニジン	小林市（山代）
セタオニンジン	高原町（高原①）
タケフシニンジン	えびの市（飯野）
チクセツニンジン	高千穂町（岩戸②）
ニンジン	椎葉村（尾手納、日添③、小林）
ヒゲニンジン	高千穂町（岩戸）、椎葉村（日添）、小林市（木浦木）、須木村（堂屋敷）、都城市（夏尾）
ヤマニジン	五ヶ瀬町（桑野内）、小林市（山代）、三股町（長田）
ヤマニンジン	高千穂町（下野、三田井）、日之影町（一ノ水、後梅、見立）、北川町（陸地、瀬口多良田）、北浦町（三川内大井）、椎葉村（尾前、大河内）、南郷村（鬼神野）、西米良村（田無瀬）、小林市（西小林）、須木村（内山）、高原町（後川内）、田野町（内八重）、都城市（安久）、北郷町（宿野）、日南市（上白木俣）

【コメント】①セタオは霧島山麓の「瀬田尾」地区名で、そこに多かったのであろう（南谷）。②胃の薬。③熱さまし。

トネリコ類　*Fraxinus* sp.　【ムクロジ科】

アオドネリ	椎葉村（日添④、小林）
アオニガキ	五ヶ瀬町（鞍岡（※平田））、五ヶ瀬町（鞍岡波帰）
イヌドネリ	椎葉村（日添⑥）
イロノキ	日之影町（新畑①）

シロニガキ	高千穂町（向山秋元②）
トーネリコ	北川町（上祝子）
トネコ	野尻町（今別府②）
トネリ	椎葉村（大河内）、西米良村（小川、田無瀬②）、西都市（三財、銀鏡⑥）、木城町（石河内）
トネリコ	日之影町（見立、舟の尾④）、北川町（上祝子）、小林市（山代）
トネル	椎葉村（尾手納）、綾町（綾北）
トネルコ	小林市（木浦木②）
ニガキ	高千穂町（岩戸）、五ヶ瀬町（波帰）、椎葉村（日添）、宮崎市（宮崎③）
バットノキ	野尻町（今別府）
ホンドネリ	椎葉村（日添⑤）

【コメント】①木の枝をたたきしびって水につけると、川の水が紫色になる。②バットを作る材となる。④バット材。昭和15年くらいに径30cmの材は1本が10円しよった。③ここではアオダモ（※倉田）。④ニガキともいう。⑤ここではヤマトアオダモを指した。バットの材に使う。アオドネリはバット材にならない。⑥ホンドネリとイヌドネリの両者を使っている。前者がヤマトアオダモで後者はコバノトネリコをさしているようである。
【ノート】コバノトネリコやヤマトアオダモ等区別が難しいので、ここでは一括してトネリコ類とした。

トベラ　　　*Pittosporum tobira* W.T.Aiton　　【トベラ科】

イヌノヘ	日南市（飫肥（※平田））
トベラ	北川町（八戸）、北浦町（阿蘇、市振、古江）、延岡市（赤水①、浦城②③④、熊之江⑦、島浦、須美江④）、日向市（幸脇④、細島⑤）、木城町（川原）、都農町（東都農⑥）、川南町（比田）、宮崎市（白浜、野島⑧）、日南市（鵜戸）、串間市（市木、大納、金谷、黒井）
トベラギ	日南市（宮浦）
トベラボウ	北浦町（古江）

【コメント】①枝をモグラ道に挿し、モグラ除けにする。枝をウナギの柴つけ漁に使う。②これで飯を炊くと腐らん。③大型のマツイカのイカガタにする。④畑のモグラ道に枝を挿し、モグラ除け。⑤イモつぼの周りに枝を置くと、カザ（臭い）がするので野鼠が逃げる。⑥何にもならん。火にくべると火の神様が嫌うのでタキモンにもできん。⑦皮だけ剥いで鹿が食う。⑧流行病の時の悪病神除け。枝を切ってアワビの殻と一緒に針金でつって、軒に下げる。これに「ササラサンパチの店」と書く。

トベラ(悪病神を追い払う)

トリカブト類　　　*Aconitum japonicum* subsp. *napiforme* Kadota　　【キンポウゲ科】

チンダイボシグサ	都城市（御池町①）
マンジュバナ	小林市（山代）

【コメント】①ここではタンナトリカブトを指している。宮崎県の低所にはタンナトリカブトしかない。

ナ

ナガバモミジイチゴ　　　*Rubus palmatus* Thunb.　　【バラ科】

キイチゴ類の項へ

ナガミノツルキケマン　　　*Corydalis raddeana* Regel　　【ケシ科】

ミズクサ	椎葉村（日添①）

【コメント】水気が多い。フウロケマンにはショウベングサと言い区別している。

ナギ　　　*Nageia nagi* Kuntze　　【マキ科】

チカラシバ	北川町（俵野）、北浦町（阿蘇、市振、古江①）、延岡市（赤水②、浦城③）、都農町（都農④、木和田⑦）、高鍋町⑤（全域）、宮崎市⑤（生目、江田）、清武町（今泉⑥）、えびの市（真幸）、高城町（四家）、日南市（飫肥）、串間市（黒井）
チカラシバノキ	川南町（※平田）、西都市（三納（※平田）
ベンケイシバ	延岡市（須美江）

【コメント】①神楽の「シバヒキメン」の舞台にチカラシバの1.5mほどの枝を引く。②男はこの葉を片手に持ち親

ナギ(宮崎神宮参道の並木に)

指で引っ張ってちぎれるようになると一人前とされた。③天神様の神事に使う。④運動会ではこの葉を唾で額に貼って走ると速くなる。⑤嫁入りの際には、タンスの底にチカラシバの葉を隠しいれて嫁に出した。この葉のように嫁ぎ先で縁がきれないようにという意味があった。(※南谷:高鍋町には神社仏閣や庭木としてあちこちに植えこまれている。舞鶴神社の大木は見事)。上瞼に葉をつけて変身遊びをする。⑥地区の人は、6月に今泉神社境内で千日詣をする。境内のナギの葉をちぎり、社に上がって竹串にさすことを千回繰り返す。参列者の合計で千としている。家族と地域住民の無病息災を祈願するとのこと。70年以上の歴史がある。⑦運動会の時に、この葉を口にくわえて走ると速い。
【ノート】近海地の照葉樹林に自生はあるが少ない。屋敷や神社に植えてあり、ご神木にしている神社もある。葉の繊維が丈夫で縦に引きちぎるのは容易でない。それでチカラシバの名がある。呪力を感じて各地で災い除けに使っていた。

ナギナタコウジュ　　*Elsholtzia ciliata* Hyl.　　【シソ科】

アレゴ	椎葉村(日添①)

【コメント】①焼き畑に出てくる。一番臭い奴じゃ。

ナギラン　　*Cymbidium nagifolium* Masam.　　【ラン科】

イモラン	日向市(田の原①)
ツバキラン	えびの市(飯野)

【コメント】①これがあると、カンランもあり。

ナゴラン　　*Sedirea japonica* Garay et H.R.Sweet　　【ラン科】

オオバラン	高千穂町(三田井)、日之影町(後梅)、諸塚村(諸塚)、南郷村(鬼神野)、日向市(田の原)、西米良村(田無瀬)、木城町(中之又)、小林市(木浦木)、須木村(堂屋敷、内山)、宮崎市(野島)、田野町(内八重)、都城市(御池町)、北郷町(宿野)、日南市(吾田、宮浦)、串間市(市木)
オオラン	北川町(上祝子)、北郷村(入下)、北郷町(大戸野)
コウラン	小林市(西小林①)
ホヤ	五ヶ瀬町(赤谷)
メゲラン	えびの市(京町、真幸内竪)

【コメント】①葉の幅が広いことからいう。

ナシ　　*Pyrus pyrifolia* Nakai　var. *culta* Nakai　　【バラ科】

ナシ	日之影町(中間畑①、見立煤市①)
ヤマナシ	椎葉村(日添②)

【コメント】①梨の花が咲いたらトイモ(サツマイモ)を床にふせる。②囲炉裏の縁に使う。

ナズナ　　*Capsella bursa-pastoris* Medik.　　【アブラナ科】

ガランガラン	北川町(八戸①)
グンバイウチワ	西都市(東米良)
ジャラジャラグサ	延岡市(須美江)
ダイズバカリ	椎葉村(日添③)
チャラチャラグサ	西都市(三納(※平田))
チラチラグサ	西都市(三納(※平田))
ナズナ	高千穂町(岩戸)、椎葉村(松尾)、北郷村(入下)、南郷村(鬼神野)
ヒヨコグサ	椎葉村(尾前)
ピンピングサ	宮崎市(青島(※平田))
ペンペングサ	高千穂町(下野、押方、鬼切畑、三田井②、向山)、五ヶ瀬町(桑野内、東光寺)、日之影町(七折一ノ水)、北川町(上赤)、椎葉村(尾手納、栂尾)、北郷村(入下)、木城町(中之又)、えびの市(飯野、加久藤)、小林市(木浦木)、野尻町(今別府)、都城市(都城全域、夏尾)、三股町(長田)、串間市(高松)

【コメント】①幼児のおもちゃ(ガランガラン=デンデンダイコ)に似る。②実を下に折り曲げて鳴らす。③これが多いと大豆がよく獲れる。

【ノート】ハート形の実が枝先に穂になって付き、実の部分を切れない程度に下に引っ張り、ブラブラ状態に。これを耳もとに持ち、振ると実がぶつかり合って音がする。子供たちは、この音をガランガラン・チャラチャラ・ペンペンと表現した。

ナツフジ　　　　*Wisteria japonica* Siebold et Zucc.　　　　【マメ科】

カラスノコガタン	田野町（内八重）
シロフジ	小林市（木浦木）、野尻町（今別府）
ナツフジ	野尻町（今別府）

ナナカマド　　　　*Sorbus commixta* Hedl.　　　　【バラ科】

ナナカマド	五ヶ瀬町（波帰）
ヤマエンジュ	宮崎市（※樹方）

ナナメノキ（ナナミノキ）　　　　*Ilex chinensis* Sims　　　　【モチノキ科】

イモグシ	高原町（高原）
イモグス	高崎町（笛水）
イモクソ	野尻町（今別府）
クロキノキ	高崎町（前田）
ナナメノキ	木城町（石河内、川原）、綾町（北俣①）、宮崎市（江田）
ナラメノキ	えびの市（真幸内堅）、都城市（上安久）、山田町（石風呂）、山之口町（富吉）
ハトンミンモチ	えびの市（白鳥②）
メガシ	日南市（宮浦③）
モチノキ	小林市（西小林）

【コメント】①モチノキ類はナタで縦に割ると、中心をはずれ斜めに割れる。②トリモチ取りに使わぬ。③カシに似ているが材が柔いのでいう。
【ノート】モチノキ類はナタで縦に割ると、中心をはずれ斜めに割れるのでナナメノキと呼んでいる。標準和名のナナメノキの語源も同じであろう。

ナラガシワ　　　　*Quercus aliena* Blume　　　　【ブナ科】

クロバサコ	五ヶ瀬町（波帰①）
ナラ	野尻町（今別府）

【コメント】①シイタケのホダにはよくない。

ナルコユリ　　　　*Polygonatum falcatum* A.Gray　　　　【ナギイカダ科】

ウシエビ	椎葉村（日添⑦）
エビ	高千穂町（向山秋元①）、五ヶ瀬町（鞍岡波帰）、日之影町（中間畑①）、椎葉村（尾前③、小崎、松尾②、日添①）
エベ	高千穂町（岩戸①、下野）、日之影町（七折一ノ水）
コエビ	椎葉村（日添）
コメユリ	椎葉村（尾前）
チョウチンバナ	北方町（八戸）、北川町（八戸）、西米良村（鬼神野）、都城市（御池町）
ツリガネソウ（グサ）	須木村（堂屋敷）
ナルコユリ	北川町（陸地）
ホタルノチョウチン	西米良村（田無瀬）
メグスリユリ	北川町（上祝子）
ヤマウリ	北方町（上鹿川）
ヤマギウリ	えびの市（飯野、加久藤、鍋倉④）
ヤマギュウリ	えびの市（京町⑤）
ヤマショウガ	椎葉村（大河内⑥）
ヤマスズラン	五ヶ瀬町（桑野内）
ヤマユイ	都城市（志比田）
ヤマユリ	えびの市（飯野）

【コメント】①出たばかりの柔らかい茎を焼いて食う。花の蜜を吸う。②根を煮て食す。③根をエビという。④キ

ュウリのにおいがする。⑤皮をむいて食べる。⑥肝臓で吐き気がある時は、根を生で食う。⑦ここではオオナルコユリをさす。ナルコユリはコエビといい区別している。
【ノート】地下にある根茎の形が海老に似るのでいうのであろう。この根や新芽は甘みがあって美味い。

ナワシロイチゴ　*Rubus parvifolius* L.　【バラ科】

キイチゴ類の項へ

ナワシログミ　*Elaeagnus pungens* Thunb.　【グミ科】

グミの項へ

ナンテン　*Nandina domestica* Thunb.　【メギ科】

ナンチョンノミ	高原町（高原）
ナンテン	高千穂町（向山秋元③）、五ヶ瀬町（波帰①）、日之影町（星山③、新畑②、中間畑③）、北方町（上鹿川⑭）、北川町（上赤⑨⑭⑮、瀬口多良田⑥⑲、八戸②⑩、陸地）、北浦町（阿蘇⑯、市振、古江②、三川内大井）、延岡市（赤水⑬、小野⑳、浦城③⑦、熊之江③、島浦③、須美江③、安井㉖）、諸塚村（飯干⑭）、南郷村（上渡川③⑭）、南郷村（水清谷③）、東郷町（坪谷・迫野内㉗）、日向市（田の原、畑浦㉑）、西米良村（小川㉒）、西都市（三財㉛）、銀鏡横平⑰、下津々志⑧）、木城町（岩渕③、中之又㉙）、高鍋町（鬼ケ久保③）、綾町（川中④）、竹野④）、国富町（南俣④）、宮崎市（内海、江田⑤、塩鶴④、野島④⑫）、田野町（内八重④、堀口④⑫）、えびの市（大河平⑪）、小林市（東方⑭⑱）、須木村（須木村、堂屋敷⑫）、高原町（後川内⑭㉓㉔）、高崎町（日向前田㉓）、北郷町（広河原㉘）、日南市（上白木俣㉗、宮浦⑱）、串間市（市木㉕）
ナンデン	田野町（片井野㉚）

【コメント】①枝で臼と杵をつくり、ヒイラギの葉とともに子供の背につるす。ハシカを防ぐ。②たぐり（百日咳）にかからんようにナンテンで杵・臼をつくり、軒下に１つ、子供の襟に１つを凧ヨマで下げる。③臼と杵をつくり襟首に縫い付ける。④ヨコヅツ（ワラウチゴロ）を作り、インフルエンザ流行時にはみな学校に行く子はかけよった。⑤百日咳にかからんようにナンテンでワラウチゴロを作り肩にかける。60代の婆ちゃんは子供の頃やってた。トイレでこけてもナンでもない。⑥ツツロコの形にして紐でくくり軒下に下げ、百日咳を除ける。⑦草履とナンテンと臼杵を軒にもさげた。魔除けのため。⑧杵の形にして軒に下げる。⑨百日咳にかからんように、臼・杵を作り昭和30年ごろまで軒下に下げていた。⑩正月は皮付きの枝を箸にして、魔除けにする。⑪トイレ脇に植える：ボッタンカケタカ（ホトトギス）の声の初声をトイレで聞くと難がくる。だから着物を脱いでナンテンにかけると難が去り、ナンテンは枯れることもある。寝ていて初声を聞いても良くない。⑫トイレ脇に植える：トイレの戸口で倒れたらこの枝を摑んで立てば治る。⑬実を台所の竈にさげよった。わけはわからん。⑭杖にする。中風によい。⑮白南天の実を白内障（シロソコヒ）に煎服。⑯風邪薬に煎服。⑰白い実はかむと扁桃腺によい。⑱葉に塩をつつみ歯でかみ痛みをとる。目のソコヒによい。⑲食あたりの際に、葉をもんで匂いを嗅ぐか、汁を一滴飲むと、吐く。⑳毒消し：おつかいものにそえる。もし、あたった時はこれで消してくださいというわけ。㉑赤飯に葉を添える。毒を消す。これには毒はいっちょらんというしるしになる。㉒実は鳥罠、つき鉄砲の弾につかう。㉓目つっぱりにする。㉔いっぱい茂ったら病人が絶えない。㉕鉄砲の弾にする。㉖ミズイカの竿にする。ねばい木で折れない。㉗メジロの止まり木。㉘腹下しの薬。葉を塩でもんで飲むと、吐いて治る。㉙魔除けに実の付いた枝をドげる。㉚流行病の時にはヤッデとナンデンを門口に下げる。「ヤッテン、ナンデンね」（罹ってもどうってことない）。㉛流行病の時にはナンテンでヨコヅツを作り、首にかける。

ナンバンギセル　*Aeginetia indica* L.　【ハマウツボ科】

ウシノヨダレ	野尻町（今別府）
キツネタバコ	えびの市（加久藤）
キツネノキセル	えびの市（加久藤）、小林市（西小林）、日南市（細田）
キツネノタバコ	小林市（西小林、真方）、高原町（後川内）、田野町（内八重）
スズムシクサ	三股町（長田①）
ヂザクラ	都城市（安久）、北郷町（宿野、広河原②）、日南市（吾田、上白木俣、宮浦②）
ナンバンギセリ	木城町（中之又）
ナンバンギセル	北川町（八戸）
ユダイクイバナ	都城地方（※都盆）
ユダレクイ	えびの市（飯野）、須木村（堂屋敷）、小林市（細野、真方、山代）、高原町（後川内）
ユダレクイバナ	えびの市（真幸）
ユダレグサ	北郷町（大戸野②）
ヨダイクイ	都城市（安久、夏尾）
ヨダレクイ	えびの市（飯野、加久藤、京町）、野尻町（野尻）、高崎町（前田）

ヨダレクイバナ	えびの市（真幸内堅）
ヨダレグサ	えびの市（飯野、加久藤）、小林市（西小林）、須木村（原）
ヨダレクリバナ	えびの市（飯野）
ヨダレタレ	小林市（西小林）

【コメント】①花をスズムシの餌にする。②陸稲につくと枯れる。
【ノート】花筒を抜くと、粘液がまるで涎のように落ちてくるのでヨダレの名が付いている。全草がタバコを吸うキセルに似ているのでキセルの名を入れている。花が地面から抜き出て咲き、美しいので地桜というのであろう。

ナンバンギセル（花を抜くとヨダレが）

ニ

ニガキ　*Picrasma quassioides* Benn.　【ニガキ科】

ニガキ	高千穂町（向山秋元）、日之影町（後梅、新畑）、西都市（銀鏡）、都農町（東都農）、小林市（西小林、木浦木）、須木村（内山、九々瀬）、宮崎市（塩鶴①）、高城町（有水）
ニガッノキ	高崎町（前田）

【コメント】①鞍の材料に使う。

ニシキソウ　*Chamaesyce humifusa* Prokh.　【トウダイグサ科】

ヂザクラ	高原町（後川内）
チチクサ	小林市（小林）

ニワゼキショウ　*Sisyrinchium rosulatum* E.P.Bicknell　【アヤメ科】

イッスンアヤメ	延岡市（※平田）
ヒヨリバナ	児湯郡（児湯（※日植））、西都市（三財（※内藤））

ニワトコ　*Sambucus racemosa* L. subsp. *sieboldiana* H.Hara　【レンプクソウ科】

カシキタッ	高崎町（前田）
カシッタッ	都城市（御池町⑮）
クソサタッ	高原町（後川内①）、高崎町（前田）
コブレギ	延岡市（浦城⑯）
コヤシノキ	田野町（内八重⑬）
ザシ	日之影町（見立飯干①）
タズ	高千穂町（岩戸⑨、下野、三田井①、向山秋元②）、五ヶ瀬町（桑野内）、日之影町（後梅、新畑、中間畑、見立煤市①③）、北方町（上鹿川）、北川町（上赤、上祝子①、葛葉⑤、八戸）、北浦町（歌糸）、椎葉村（栂尾①）、南郷村（鬼神野）、日向市（田の原）、西米良村（田無瀬①③⑭）、西都市（三財①）、木城町（中之又①）、綾町（竹野）、宮崎市（野島）、えびの市（加久藤⑥）、須木村（堂屋敷①）、小林市（木浦木①）、田野町（内八重）、山之口町（五反田①）、北郷町（大戸野）、日南市（宮浦、小吹毛井）
タズノキ	北川町（陸地①④）、西米良村（小川）、西都市（尾八重）
タツ	小林市（山代）、都城市（上安久、安久①）、高城町（四家）、串間市（黒井、高松⑫）
タッ	須木村（内山）、高原町（狭野）、都城市（荒襲）
タッノキ	須木村（九々瀬③）、高城町（有水）、三股町（長田）
タッノハ	えびの市（真幸内堅⑦）
タデ	須木村（堂屋敷①）、日南市（鵜戸）
タデノキ	須木村（田代ケ八重）
タブ	五ヶ瀬町（鞍岡波帰⑧）、椎葉村（尾手納⑩、日添⑪）、高崎町（笛水①）
トマリギ	日之影町（※町史）
ナエシロギ	宮崎市（江田）
ヒエギアワギ	高千穂町（高千穂（※日植））
フッダシバナ	高原町（蒲牟田、狭野）
ホダラ	高千穂町（高千穂（※日植））

【コメント】①カシキグサにする。②1月14日の餅正月に、輪切（径5cm、長さ20cmほど）にして、二本を竹にさして飾る。「アワンドリ、ヒエンドリ、ヒエもアワもうち食うな」（モグラうち）。ニワトコは芽吹きが早いので祝いものにする。③春一番に咲く。

ニワトコ（若芽は緑肥に）

④温かくなったら、春が来たかどうか山に行って尋ねて来るから、お前たちゃ待っとけ。俺が霜に打たれて枯れたらお前たちゃ出るな。と先がけて芽を出す。⑤アマ皮（樹皮と材の間）を手でむしり、陰干しし煎服。腎臓にいい。⑥骨折、打ち身、うるしかぶれ→枝葉の煮汁で湿布。⑦トイレの臭い消しに使う。⑧耳ナバ（キクラゲ）がよくつく。⑨利尿剤。⑩燃えにくい木じゃとのこと。⑪春一番に咲く。神社の行事などにしか使わない。⑫ヒヨコの足の骨が折れたときには、タツの葉を塩で揉んで巻いて副木をしてやれば直ぐに治る。⑬メジロが実を食う。実が熟れる頃メジロの子がかえる。⑭打ち身の熱にこの葉を揉んでつけて冷やす。⑮カシキグサにする。カシキタズのこと。⑯春一番に咲き、春を知らせることからいう。知らせる人（ことふれる人）をコブレという。

【ノート】狭野神社で行われる、春の農耕神事「ベブガハホ」で苗代田に緑肥をすき込むシーンがある。その緑肥に、芽吹いたばかりのニワトコが使われている。春一番に芽を出し、この芽生えで一気に春が噴き出すので、フキダシバナ→フッダシバナという。タズは古名で広く使われてきた名と日本国語大辞典にある。田に緑肥としてすき込むので「タス」が転じたのか。

ニッケイ　　*Cinnamomum sieboldii* Meisn.　　【クスノキ科】

キシン	都城市（上安久）
ケセン	椎葉村（日添）

ニワホコリ　　*Eragrostis multicaulis* Steud.　　【イネ科】

ニワクサ	椎葉村（日添）

ヌ

ヌカボ　　*Agrostis clavata* var. *nukabo* Ohwi　　【イネ科】

キカゼ	椎葉村（日添）

ヌスビトハギ　　*Desmodium podocarpum* DC. subsp. *oxyphyllum* H.Ohashi　　【マメ科】

イヤシンゴロ	高千穂町（下野①）
クンショウダシ	北川町（八戸）
サシ	日向市（田の原）、木城町（石河内）清武町（清武）、えびの市（飯野、京町）、都城市（都城）
ザシ	椎葉村（松尾、大河内、尾前）、諸塚村（飯干）、北郷村（入下）、西郷村（西郷村）、南郷村（鬼神野）、西米良村（板谷）、木城町（中之又）
サス	田野町（内八重）、三股町（長田）
ザス	延岡市（恒富）
ダシ	北川町（上祝子①）
バカ	五ヶ瀬町（波帰、広瀬、鞍岡波帰）
マメグサ	小林市（西小林②）
ミカヅキザシ	諸塚村（葛原）
モノグリ	高鍋町（鬼ケ久保）
モノグリイ	川南町（※平田）

【コメント】①ノブキ、キンミズヒキなど総称、イノコヅチを除く。②牛が好む。
【ノート】サシ・ザシはひっつき虫（オナモミ、キンミズヒキ等）のどれにも共通する。

ヌルデ　　*Rhus javanica* L. var. *chinensis* T.Yamaz.　　【ウルシ科】

ウルシ	椎葉村（松尾）、えびの市（白鳥①）、山之口町（五反田②）
オハグロ	延岡市（島浦②）、宮崎市（曽山寺）、都城市（御池町）
オハグロノキ	五ヶ瀬町（赤谷②）、北郷町（宿野②）、日南市（鵜戸）、串間市（高松）
キタス	高千穂町（岩戸②、向山秋元③）
キタスノキ	高千穂町（田原）
キブシ	五ヶ瀬町（赤谷）、日之影町（七折一ノ水②、後梅、新畑、中間畑、見立）、北郷村（入下）、宮崎市（宮崎（※日植））
クシ	宮崎市（野島⑨）
コロガネ	北方町
コブシ	高千穂町（下野）
シオカラ	日之影町（七折一ノ水）、都農町（東都農）
シオカラノキ	都城地方（※都盆）
シオデ	椎葉村（日添、小林）

シモフリ	日向市（権現崎⑦）
ヌッデノキ	都城市（牛の脛②）
ハグロ	日南市（吾田）
ハグロガネ	高崎町（笛水）
ハグロノキ	宮崎市（生目⑧）
ハゼ	小林市（西小林）、野尻町（今別府①）、高崎町（前田）
フシ	五ヶ瀬町（鞍岡波帰）、北川町（上祝子）、椎葉村（尾前、戸屋の尾⑤、日添、松尾）、日向市（田の原③）、西都市（銀鏡）、木城町（中之又⑦）、綾町（竹野）、田野町（内八重）、えびの市（飯野）、須木村（堂屋敷）、小林市（木浦木②）、都城市（安久）、三股町（長田）、北郷町（大戸野、広河原）、串間市（市木、黒井、金谷）
フシギ	須木村（田代ケ八重）
フシノキ	五ヶ瀬町（桑野内③）、北方町（上鹿川）、北川町（陸地、上赤①、葛葉③、八戸）、北浦町（三川内大井）、延岡市（浦城、熊之江、須美江）、椎葉村（日添④⑤、小林,栂尾）、西米良村（田無瀬）、西都市（尾八重）、木城町（石河内）、高岡町（柞木橋）、高原町（後川内）、高城町（有水）、山之口町（富吉）、日南市（上白木俣）
フシノッ	都城地方（※都盆⑥）

【コメント】①人によってはかぶれる。②お歯黒染めに使った。③実は霜が降りる頃に塩のような白い粉をふく。舐めるとぴりぴりしてしょっぱい。③フシとスミラ（ツルボ）でお歯黒にした。④実に塩がふき、舐めた。塩がないときには料理に使ったことがある。⑤シイタケが出る。⑤小正月のコノミヤにはフシは使わず、ヤマウルシを使う。⑥子供たちはシオカラノキといって実の白い粉をしゃぶっていた。⑦実は塩っ辛いが口にする。⑧昔はこの材を漁師町（折生迫）に持って行くと、タコやカツオをぎょうさんくれた。⑨材はイカガタの木になる。穴また（水虫）には実をつぶした汁をつける。
【ノート】葉にヌルデノフシムシが寄生し、付子（ふし）という「虫こぶ」ができるのでフシという。この付子がお歯黒を作るのに必要なので歯黒の名がある。果実が熟れるとから味のある白い粉（NaClではない）で被われるのでシオカラの名がある。

ヌルデのフシ（お歯黒に使った）

ネ

ネコノチチ　*Rhamnella franguloides* Weberb.　【クロウメモドキ科】

？？	高原町（高原①）
ネコンチチ	えびの市（加久藤）

【コメント】①山羊が好む。

ネコヤナギ　*Salix gracilistyla* Miq.　【ヤナギ科】

イヌコボッ	えびの市（真幸）
インコロ	野尻町、高原町（狭野）
インノコサイサイ	木城町（石河内）
インノコヤナギ	えびの市（加久藤）
インノシイボ	須木村（内山）、小林市（山代）
カワヤナギ	日之影町（見立、後梅①、星山①）、北方町（上鹿川）、椎葉村（尾前）、西都市（津々志）、木城町（中之又）、須木村（堂屋敷）、田野町（内八重）、北郷町（広河原⑬）
ナコヤナギ	北川町（八戸④）
ネココイコイ	高千穂町（岩戸）
ネコネコ	北川町（上赤⑥）
ネコネコサイサイ	延岡市（※平田）
ネコノキ	日之影町（見立）
ネコミャーミャー	椎葉村（日添①）
ネコヤナギ	高千穂町（岩戸）、北川町（八戸⑦）、北浦町（三川内）、西米良村（小川⑭、田無瀬）、須木村（堂屋敷）、小林市（西小林忠臣田、大出水⑮）
ネコネコヤンボシ	日向市（権現崎）
ネコンコ	日之影町（見立煤市）
ホンヤナギ	椎葉村（日添）
ムムジョ	高千穂町（向山秋元②）
メアジョー	椎葉村（尾前）
メージョ	高千穂町（河内、田原）
メージョー	椎葉村（栂尾）

メーメージョ	日之影町（中間畑）
メメジョ	日之影町（七折一ノ水）
ミャーノキ	椎葉村（日添）
ヤナギ	五ヶ瀬町（桑野内③、鞍岡波帰）、北方町（二股⑧）、北川町（陸地⑨⑩、葛葉①⑥）、北浦町（阿蘇⑦、市振、古江⑫、三川内大井①）、延岡市（浦城①、安井⑫）、東郷町（坪谷）、日向市（田の原⑤）、北川町（上赤⑥）、西米良村（小川⑪）

ネコヤナギ（小正月の餅飾りに）

【コメント】①小正月に餅飾り（柳もち、成らし餅、メメジョ、モモジョなどという）をつくる。②クマノミズキとネコヤナギに餅をつけて2本を縛り、大黒さん等に供える。③餅正月14日の餅飾りにする。作始めはこれにソバや穀物を挿して飾る。④地蔵祭り（小正月）に、柳もちを供える。ヤナギは1mくらいの子がやっと担げるくらいの枝にさす。川の護岸にヤナギの枝をさした。⑤小正月の柳餅にする。ヤナギで刀をつくり〝餅やらにゃまいけっどまいけっど〟といって餅をもらう。⑥花穂をゴザの上にたくさん置いて、叩いて運動会ごっこ。⑦モグラ除け。ヤナギを畑に5〜6本差す。モグラがヤナギに当たると体が流れる（腐る）。⑧炭俵のオロにする。⑨痒の虫が取れる。⑩昭和10年ごろまで天気占い。⑪六日正月に囲炉裏の火の周りに花穂を12個置き、焦げ具合で天気占いをした。作占いもしていた。⑫船霊さんのサイコロにする。一文銭と共に供える。⑬小正月の朝に「かせどろ打ち」（成木責め）をする。松の煙で模様をつけたカワヤナギの枝で「なれなれ柿の木、成らぬは早く成りさめ」と唱え、柿の木を打つ。⑭天気占い：小正月に柳餅を作った後のネコヤナギのネコ（花穂）12個を囲炉裏の火の周りに並べ、焦げ具合で占う。黒く焼けたら雨月、白く焼けたら晴月とした。⑮ジャヤナギはヤボヤナギという。

ヤマヤナギ　　*Salix sieboldiana* Blume　　【ヤナギ科】

ノヤナギ	椎葉村（日添）
ミャーノキ	椎葉村（日添）
ヤナギ	北方町（上鹿川）

ネジキ　　*Lyonia ovalifolia* Drude　var. *elliptica* Hand.-Mazz.　　【ツツジ科】

アカギ	高千穂町（下野①）
アカサセブ	須木村（田代ケ八重）
アカボウリョウ	西米良村（板谷）
アカミソッチュ	えびの市（真幸）
アカメ	南郷村（鬼神野）、都農町（東都農）、綾町（竹野）、国富町（籾木）、佐土原町（上田島⑦）宮崎市（野島）、田野町（堀口）、えびの市（白鳥②）、須木村（堂屋敷）
アカメノキ	小林市（西小林）
カシオシミ	日之影町（七折一ノ水、新畑）、北方町（二股）、、北川町（陸地④、上赤、葛葉③、八戸②）、北浦町（三川内大井③）、西都市（三財⑤）、都農町（児湯）
カシオシメ	西都市（西都（※樹方））、都農町（木和田）、川南町（細）
カシワシミ	北川町（上祝子）
キツネノハシ	日之影町（見立）
コジバナ	小林市（西小林）
ナツエナバ	諸塚村（小原井）
ヒグラシ	西都市（中尾⑦）
ベントバシ	木城町（石河内）
ボチュナノキ	日向市（幸脇）
ミソウシナイ	日之影町（見立煤市⑥）
ミソウシネ	北方町（上鹿川）、諸塚村（飯干）

【コメント】①小正月の餅枝に使う。②正月に枝を仏さんに飾る。③炭にいい。④お前もカシになれるとカシに言われた。⑤カシまがいの灰ができる。⑥材の芯が味噌の色に似る。⑦年末に、ネジキとササ（ミアケザサ？）を束ねたものを墓に供えた（荒川氏）。⑦日が暮れると、夕日で枝が真っ赤になる。「赤くなったから仕事をやめるぞ」と言ってた。
【ノート】冬場には枝が赤くなるのでアカをつけている。材が堅くカシに似るので、カシオシミ。灰が味噌そっくりの色をしており、囲炉裏で味噌を落としたら見つからなくなるのでミソウシネというのであろう。

ネジバナ　　*Spiranthes sinensis* Ames var. *amoena* H.Hara　　【ラン科】

コヨリグサ	北川町（祝子（※平田））
ナワナイバナ	宮崎市（木花（※平田））

ネジリバナ	日南市(飫肥(※平田))
ヒダリバナ	北川町(八戸)
ヒダリマキ	北川町(八戸)

ネズミサシ　*Juniperus rigida* Siebold et Zucc.　【ヒノキ科】

アスナロ	日之影町(見立①)
タケヒムロ	日之影町(※町史)
タケヒモロ	日之影町(見立)、北川町(祝子)
ダケヒモロ	北方町(上鹿川)
ネズ	日之影町(見立)

【コメント】①スギに似る。「明日はスギになろう」という意味でアスナロという。

ネズミノオ　*Sporobolus fertilis* Clayton　【イネ科】

カゼクサ	高原町(高原①)

【コメント】①イネ科の多くを同名でいう。

ネズミモチ　*Ligustrum japonicum* Thunb.　【モクセイ科】

イボタ	田野町(内八重)、えびの市(飯野、加久藤①、京町⑫)、小林市(木浦木②、西小林、東方)、須木村(内山⑲)、野尻町(各地)、高原町(後川内③)、都城市(御池町)、高城町(有水)、山田町(石風呂)、高崎町(前田)、三股町(長田⑱)
イボタ(ンキ)	都城市(夏尾、安久)
クロガネモチ	宮崎市(木花⑬)
コウジンサン	熊本県(天草)
タニワタリ	宮崎市(宮崎(※日植方))、都城地方(※都盆)
ナナカマド	都農町(木和田⑰)
ネジモチ	宮崎市(白浜、曽山寺)
ネズミギ	北浦町(歌糸)
ネズミクソ	日南市(宮浦)
ネズミシバ	川南町(比田)
ネズミノキ	北川町(上赤、八戸⑥)、北浦町(阿蘇④⑤、市振、古江⑦)、延岡市(浦城)、日向市(権現崎⑭)、木城町(岩淵)、日南市(大浦)、串間市(大納、黒井、高松⑮)
ネズミノクソ	高千穂町(三田井、向山秋元④)、日之影町(星山、新畑)、北川町(上祝子)、西米良村(田無瀬)、高鍋町(上江、鬼ケ久保)、新富町(鬼付女)、日南市(吾田)
ネズミノクソキ	日向市(幸脇)、日南市(小吹毛井)
ネズミノクソノキ	高千穂町(田原)、西都市(三財)、綾町(上畑)、川南町(細)、国富町(八代南俣)、田野町(内八重)
ネズミノクソノモチ	西都市(津々志)
ネズミノクソモチ	北川町(上祝子⑥)
ネズミノフンギ	北浦町(三川内大井)
ネズミマクラ	日向市(畑浦⑧)
ネズミモチ	高千穂町(押方)、日之影町(見立)、北川町(葛葉⑨)、椎葉村(尾前)、木城町(中之又)、都農町(東都農)、宮崎市(野島⑯)、北郷町(宿野)、串間市(市木)
ネズンモチ	北川町(陸地⑩)、高城町(四家)、日南市(鵜戸)
ネリモチ	宮崎市(木花)、清武町(清武⑪)
モチトリノキ	高千穂町(三田井)
？？	日之影町(戸川⑩)

【コメント】①デフツジョ様にあげる。1年あげ通すと家が栄える。②皮、葉は陰干し、煎じると神経痛によい。③傷のバイキン殺し。煎服する。④実の青い時に煎服すると精力がつく。⑤若い実をつぶし、カスを塩水で洗うと鳥もちができる。口で噛んで青い汁が出るので吐き出す。苦い。⑥皮からやんもち(鳥モチ)が取れる。⑦実を焼酎に漬け、精力剤。⑧役に立たん木で垣根に使うくらいしかない。⑨燃えんかい焚きもんに一番悪い。1年経っても枯れん。重い。燃やすとネズミが暴れ食い荒らす。⑩ヨキ、ハンマーの柄。粘りと耐久性がある。⑪旧の1月11日作始めにユズリハと共に背丈くらいに切り苗田に立て虫よけ、豊作を祈願する。⑫鳥ワナの実にする。⑬クロガネモチ→イモグス。⑭炭俵の底当てに使う。⑮実を干して煎服すると、熱冷まし、破傷風に効く。⑯水神様のお花に使う。各家庭ではどこかに植えておく。⑰生の時は材が堅く燃えにくい。⑱皮に飯粒をつけたものをイボの上に貼り、上をなでる。⑲初矢で猪を仕留めた時の行事。初矢人は猪の心臓をゆがいて7つに切り、山の神に供える。初矢人はネズミモチの箸で、この猪を食う。

ネナシカズラ	*Cuscuta japonica* Choisy	【ヒルガオ科】
ネナシカズラ	五ヶ瀬町（広瀬）、北川町（上祝子）、西米良村（田無瀬）、小林市（西小林、山代）	
モトナシカズラ	西臼杵郡（西臼杵地方（※日植））、椎葉村（日添）	

ネムノキ	*Albizia julibrissin* Durazz.	【マメ科】
アサネゴロ	えびの市（各地）、小林市（西小林、永久津①他各地）、高原町（高原、後川内）、高崎町（前田）	
コウカ	高千穂町（下野、岩戸）、日之影町（見立飯干）、北川町（上祝子③）、北浦町（三川内大井）、椎葉村（松尾、尾崎）、諸塚村（飯干、小原井、立岩、矢村④）、南郷村（水清谷）、西米良村（小川）、木城町（中之又④）、田野町（片井野）	
コウカノキ	高千穂町（河内、鬼切畑⑪、押方③⑰、田原、向山秋元⑤）、五ヶ瀬町（赤谷、桑野内③、鞍岡波帰、東光寺）、日之影町（後梅③⑭、新畑、中間畑、星山）、北方町（上鹿川③）、北川町（陸地、松瀬）、北浦町（三川内）、延岡市（浦城）、椎葉村（大河内、尾向、日添、小林）、諸塚村（荒谷、飯干、小原井、黒原）、南郷村（中山）、西米良村（小川、八重）、西都市（三納）	
コウカンソウ	椎葉村（十根川）	
コウカンボウ	五ヶ瀬町（広瀬④）、北川町（上赤）、椎葉村（尾手納、尾前、小崎、日添、松尾）、須木村（堂屋敷、田代八重）	
コカ	西郷村（小川）、南郷村（上渡川）、東郷町（坪谷）、川南町（細）、田野町（田野）、えびの市（加久藤、白鳥⑮）、須木村（九々瀬）、高原町（後川内、狭野）	
コガ	西都市（尾八重）、小林市（山代）	
コカノキ	高千穂町（鬼切畑、神殿、田原⑥）、五ヶ瀬町（鞍岡）、日之影町（七折一ノ水⑦⑯、見立煤市④）、北方町（上鹿川、下鹿川）、北郷村（入下）、西郷村（和田）、東郷町（坪谷、西林山）、西都市（銀鏡）、木城町（中之又、石河内⑧）、綾町（竹野）、えびの市（飯野、加久藤、京町）、小林市（木浦木、小林各地）、須木村（尾股、九々瀬⑨）、高原町、高崎町（笛水）、高城町（四家）、都城市（都城、牛の脛）、山之口町（上富吉）、三股町（長田）、日南市（上白木俣）	
コクヮ	日之影町（見立④）、山之口町（上五反田⑱）	
ナツゴカ	高原町（狭野）	
ネブイコカ	都城市（荒襲）	
ネブイコノキ	都城市（荒襲）	
ネブイノキ	えびの市（飯野）	
ネムイギ	えびの市（京町）	
ネムイゴカ	須木村（内山）	
ネムイコカノキ	西諸県郡（西諸（※樹力））	
ネムコ	野尻町（今別府）	
ネムノキ	北川町（葛葉）、延岡市（赤水）、延岡市（赤水）、椎葉村（大河内、栩尾）、川南町（細）、高鍋町（鬼ヶ久保）、小林市（木浦木）、須木村（原）、都城市（都城）	
ネムノハナ	北川町（八戸②）	
ネムリ	日向市（田の原）	
ネムリキ	椎葉村（松尾）、えびの市（加久藤）、北浦町（三川内大井）	
ネムリギ	日之影町（見立飯干、見立）、北川町（陸地⑫、上赤、上祝子⑩）、北浦町（阿蘇、直海）、延岡市（島浦、須美江）、木城町（岩淵）、都農町（川北）、川南町（比田、新茶屋）、新富町（新田）、えびの市（加久藤、京町、飯野）	
ネムリグサ	東郷町（寺迫）、日向市（高松）、都農町（川北）、川南町（通山）	
ネムリコ	北川町（八戸②）、延岡市（南方（※内藤））、東郷町（寺迫）、綾町（入野）、宮崎市（宮崎（※樹方））、田野町（田野）	
ネムリコウカ	北川町（葛葉）、西都市（三財）、宮崎市（生目）	
ネムリコカ	西都市（津々志）、木城町（川原）、川南町（細）、小林市（永久津）、北郷町（広河原宿野）、えびの市（飯野）、都城市（安久）	
ネムリゴカ	西米良村（横野④）、西都市（尾八重）、田野町（内八重）、高原町（狭野）、都城市（御池町）	
ネムリコノキ	東郷町（福瀬）、西都市（銀鏡）、綾町（上畑）	
ネムリジョウ	西郷村（山須原）	
ネムリノキ	日之影町（見立）、北浦町（市振）、椎葉村（十根川）、南郷村（上渡川）、東郷町（坪谷）、日向市（権現崎⑲）,都農町（東都農、内野田）、川南町（平田）、高鍋町（高鍋（各地）、宮崎市（曽山寺）、高岡町（柞木橋）、高城町（有水）、都城市（御池町）、日南市（鵜戸⑳）	
ネムリバナ	川南町（川南）、高鍋町（持田）	
ネムルノキ	都農町（川北）	
ネムンノキ	北方町（下鹿川）、北川町（八戸②）、北浦町（古江）、延岡市（浦城、小野）、椎葉村（尾崎）、北郷村（坂元）、南郷村（水清谷）、日向市（畑浦、田の原）、木城町（岩淵）、国富町（籾木、八代南俣）、宮崎	

	市（野島）、北郷町（大戸野）、日南市（細田）、串間市（黒井）
ノグワ	都城市（安久）

ネムノキ（夕方に葉をたたんで眠る）

【コメント】①寝るときに枕元においで寝ると朝寝をする。②葉を手に挟んでおくと葉が眠るのでネムリコという。③葉や皮を釜でゆで、だし汁で髪を洗うとよくおちる。④花盛りが小豆の蒔き時。⑤花が咲いとる間は小豆・蕎麦を蒔いてもよい。⑥花盛りに小豆、大豆を蒔く。⑦咲いたら大豆の蒔き時。⑧花が咲いたら粟、小豆を蒔く。⑨ここでは花は6月下旬～7月上旬に咲き、花盛りに粟や秋小豆を蒔く。⑩一番咲きに小豆、二番咲きに大豆、3晩咲きにソバを蒔く。年に3回花は咲く。⑪花期にカライモを伏せる。⑫この花が咲くまでは、クサギの芽が食える。⑬コウカノキの花が咲くと雨が多くなる。梅雨の兆し。⑭メンパ・オヒツを作る。⑮馬の鞍にする。⑯山でのメッシャクシ（めしげ）によい。⑰燃えにくい木じゃ。⑱桑と材質が似る。⑲葉の煮汁で髪洗い。花盛りに小豆を蒔く。花盛りはウナギのつけ針漁がよい。⑳この葉が眠ると仕事を終えよった。

【ノート】夕方になると、葉は垂れ下がり、向かいあう小葉も閉じるように寄り添い、眠りにつく。葉枕という特殊な構造のなせる技。この様子から中国ではネムノキを「合歓木」と呼ぶ。夜、葉が眠りに就くと交代するように花が開く。合歓→コウカンノキ→コウカノキとなったと思われる。ネムリギやアサネゴロもこの現象にもとづく。

ノ

ノアザミ　　*Cirsium japonicum* Fisch. ex DC.　　【キク科】

アザミ	高千穂町（向山秋元）
ウシアザミ	日之影町（中間畑①）
オニアザミ	日之影町（後梅）、北川町（八戸）
タカソウアザミ	椎葉村（日添）

【コメント】①ウシアザミは食えない。

ノアズキ　　*Dunbaria villosa* Makino　　【マメ科】

ウシマメ	小林市（西小林①）

【コメント】①牛が好む。ヤブマメ、ヒメツルアズキ等も同じ。

ノイバラ　　*Rosa multiflora* Thunb.　　【バラ科】

アオイゲ	西米良村（板谷）
アカイゲ	須木村（堂屋敷）
イガバナ	南郷村（鬼神野）
イゲ	高千穂町（岩戸）、五ヶ瀬町（鞍岡波帰、広瀬）、日之影町（見立）、延岡市（須美江、恒富）、椎葉村（大河内、尾手納）、西米良村（小川）、西都市（大椎葉）、えびの市（加久藤）
イゲゾロ	五ヶ瀬町（桑野内①）、木城町（石河内、岩淵）、高鍋町（上江、鬼ヶ久保）えびの市（飯野、尾八重野）
イゲドライ	延岡市（赤水）
イゲドロ	高千穂町（岩戸、下野、神殿、田原、三田井、向山秋元）、日之影町（七折一ノ水）、北川町（葛葉、八戸④）
イゲバナ	延岡市（島浦③）
イゲバラ	椎葉村（栂尾）、木城町（中之又）、えびの市（各地）、小林市（木浦木）
イゲンピ	えびの市（加久藤、白鳥）
イゲボタン	日之影町（※町史）
イゾロ	西米良村（小川）、木城町（川原）、綾町（竹野）、国富町（八代南俣）、高岡町（法ケ代、和石）、宮崎市（生目）、小林市（各地）、須木村（夏木）、野尻町（野尻、今village府）、高原町（後川内）、都城市（安久、志比田、夏尾④）、高城町（有水）、山田町（石風呂）、高崎町（笛水⑨、前田）、山之口町（五反田）、三股町（長田）
イゾロイゲ	南郷村（鬼神野）、西都市（津々志）
イゾロギ	都城地方（※都植方）
イゾロギイ	綾町（上畑）、宮崎市（江田）
イゾログ	日向市（権現崎）、日南市（吾田）、串間市（市木）
イゾログイ	日向市（権現崎、田の原）、西米良村（米良、横野）、西都市（三納）、川南町（細）、新富町（鬼付女）、清武町（清武）、田野町（内八重⑧、田野）、須木村（九々瀬）、宮崎市（瓜生野、白浜、野島）、北郷町（大戸野、広河原、宿野）、日南市（上白木俣、宮浦）

イゾロバナ	都城市（御池町）
イゾロボタン	綾町（上畑）、小林市（真方）
イゾロヤボ	小林市（西小林）
イッゴガラ	須木村（小野、内山）
イバラ	小林市（東方、細野）、高原町
オバナイゲ	椎葉村（日添②）
キィー	北浦町（市振、古江⑥）
キツネイバラ	須木村（内山）
ク	串間市（高松）
クイ	都農町（東都農）
グイ	延岡市（熊之江）
グイタロウ	延岡市（熊之江）
コウライゾロ	西米良村（板谷、田無瀬）、西都市（銀鏡、中尾）
コライゾロ	木城町（中之又）
コラエゾロ	西米良村（小川）
ザシ	北郷村（入下）
サルカキ	須木村（原）
ジョウゴ	諸塚村（つづらの原）
ジョング	西郷村
ナガグイ	北浦町（直海⑦）
ネバザシ	北郷村（入下）
ノイバラ	北川町（陸地）、須木村（奈佐木）
ノバラ	小林市（各地）
ピゾロ	高原町
ムギイゲ	日之影町（後梅⑤、中間畑）
ムギイドロ	椎葉村（松尾）
ヤボイゾロ	小林市（西小林）
ヤマイゲ	五ヶ瀬町（鞍岡）
ヨバイグイ	北浦町（三川内歌糸）

【コメント】①花が咲くとノイネ（陸稲）を播く。②この花が咲くと雨が降り出す。③実はイゲノミといい食う。新芽は塩漬けにして食卓へ。④実も新芽も食う。⑤麦の出る頃咲く。⑥トゲのことをキィーという。⑦ここではテリハノイバラを指している。⑧赤い実を煎服すると腎炎によい。⑨子供は若枝の皮をむいて食う。
【ノート】イゲ・クイやピはトゲの意でノイバラの茎の棘にちなむのであろう。イゾロやイドロ、ましてやジョングやジョウゴの語源はどこからきているのか分からない。ヨバイは繁茂するを意味する古語である。

ノイバラ（トゲがあるが花は目立つ）

テリハノイバラ　　*Rosa luciae* Rochebr. et Franch. ex Crep.　　【バラ科】

クイ	宮崎市（白浜①）

【コメント】①ノイバラはイゾログイで、本種にはクイという。

ノガリヤス　　*Calamagrostis brachytricha* Steud.　　【イネ科】

カルカヤ	高千穂町（岩戸）、五ヶ瀬町（鞍岡波帰）

ノカンゾウ　　Hemerocallis fulva L. var. disticha M.Hotta　　【ワスレグサ科】

イソユリ	日向市（美々津⑤）
オオバ	北川町（八戸①②）
オニユリ	日之影町（後梅）
ガンソ	五ヶ瀬町（東光寺②）
カンゾウ	小林市（西小林）
カンノミソウ	南郷村（上渡川、鬼神野）
カンノングサ	田野町（内八重）、えびの市（飯野）
カンノンソウ	高千穂町（岩戸②、上野⑦、下野、田原②）、北方町（二股）、椎葉村（日添⑧、尾手納、尾前、大河内）、北郷村（入下）、日向市（九々瀬⑥）、西米良村（小川）、木城町（中之又）、綾町（上畑、竹野）、国富町（八代南俣）、えびの市（真幸、京町）、小林市（西小林）、須木村（内山）、都城市（上安久、御池町⑩）、高城町（有水）、山之口町（五反田）、三股町（長田）

ギシギシ	延岡市（浦城）
クヮンノンソウ	西都市（三財）
グヮンソウ	五ヶ瀬町（鞍岡波帰）
スッパッパ	椎葉村（大河内③）
タケナ	北浦町（三川内歌糸）
ダンマイユイ	都城市（志比田）
チイチイバナ	高千穂町（鬼切畑）
ノカンゾウ	椎葉村（松尾）、木城町（中之又）
ハッパッピー	西米良村（田無瀬）
ハモゲ	延岡市（浦城）
ヒシテバナ	えびの市（飯野）、小林市（各地）、高原町（高原④）
ピッピタカ	椎葉村（栂尾⑨）
モトジロ	西郷村
ヤマユリ	小林市（西小林⑥）

ノカンゾウ（花は一日花）

【コメント】①オオバの花が咲き、３つ目の花でノイネ（陸稲）を植える。②葉の小さいころの新芽を食う。③若い葉の元の部分を吸って、音を出す。④ヒシテとは一日限りのことで、花が一日で萎れることから。⑤ここではハマカンゾウをさしている。⑥ここではヤブカンゾウをさしている。⑦味噌汁、おひたしにする。⑧ゆがいて、油炒めにして食う。⑨葉の笛の音から付いた名という。⑩ここではユウスゲを指している。
【ノート】宮崎県にはこの仲間にノカンゾウ、ヤブカンゾウ、ユウスゲやハマカンゾウがあるが、ここでは区別していない。

ノキシノブ　　*Lepisorus thunbergianus* Ching　　【ウラボシ科】

イワラン	南郷村（鬼神野）
キノショウブ	北郷町（広河原）
シノブ	椎葉村（尾手納）、北郷村（入下）
ノキシノブ	小林市（西小林）、北郷町（大戸野）
ヒトツバ	北郷村（入下）
ヤドカリ	南郷村（鬼神野）、小林市（西小林）

ノグルミ　　*Platycarya strobilacea* Siebold et Zucc.　　【クルミ科】

カワグリ	門川町（庭谷）

ノゲシ　　*Sonchus oleraceus* L.　　【キク科】

ウシアザミ	北方町（八戸）
ウマコヤシ	串間市（黒井）
ウマゴヤシ	宮崎市（青島（※平田））
タンポポ	高千穂町（鬼切畑）
チグサ	椎葉村（尾手納、尾前、松尾）
チゴナ	諸塚村（飯干）、西米良村（田無瀬）、須木村（田代ケ八重）
チチグサ	高千穂町（三田井）、五ヶ瀬町（鞍岡波帰、広瀬、桑野内、東光寺）、日之影町（見立、後梅、七折一ノ水）、延岡市（浦城）、北郷村（北郷村）、南郷村（鬼神野）、日向市（田の原）、木城町（中之又）、綾町（上畑）、えびの市（加久藤、京町）、小林市（木浦木、西小林）、須木村（堂屋敷）、野尻町（野尻①、今別府）、田野町（内八重）、都城市（都城）、三股町（長田①）、北郷町（宿野）、日南市（細田、吾田）
ニガクサ	日南市（吾田）
メアザミ	高千穂町（田原（※内藤））

【コメント】①ウサギの餌。ウサギがよろこぶ。アキノノゲシも同じ。ムラサキニガナも同名。
【ノート】アキノノゲシやムラサキニガナ等も乳液が出るので、同名で呼んでいる地方が多い。

ノコンギク　　*Aster microcephalus* var. *ovatus* Soejima et Mot.Ito　　【キク科】

ノギク	小林市（西小林①）

【コメント】①ヤマジノギク等も同名。

ノジギク	*Chrysanthemum japonense* Nakai	【キク科】
ノギク	日南市 (宮浦)	

ノシラン	*Ophiopogon jaburan* Lodd.	【ナギイカダ科】
イッガネグサ	高崎町 (笛水⑦)	
イヌマタ	田野町 (内八重⑥)	
オモト	北浦町 (阿蘇②)	
セキショウ	日向市 (畑浦①③)、清武町 (清武)、北郷町 (黒山①)、日南市 (鵜戸①)、串間市 (市木)	
ヒメジョウ	西都市 (三納)	
モンドリグサ	延岡市 (阿蘇、島浦①④)	
ヤブラン	延岡市 (赤水③)	
ヤマショウブ	野尻町 (野尻)	
ユビガネグサ	綾町 (上畑)、清武町 (清武⑤)、田野町 (内八重)、串間市 (高松)	
ユビガネソウ	宮崎市 (江田)	
ユビワグサ	野尻町 (野尻⑤)	

【コメント】①牛馬のエサ。②牛馬が好む。舟で島浦に取りに行きよった。③大根を干す時にこれで吊るす。④葉をカツラにして遊ぶ。⑤葉を折り曲げて指輪を作って遊んだ。⑥犬の金玉のこと。イヌマタの実をオジャミに入れるとポンポンはじく。⑦ユビガネ (イッガネ) を作って遊ぶ。

ノハナショウブ	*Iris ensata* var. *spontanea* Nakai ex Makino et Nemoto	【アヤメ科】
アヤメ	小林市 (西小林)	
ショブ	須木村 (内山)	
ハナショッ	高原町 (高原)	

ノヒメユリ	*Lilium callosum* Siebold et Zucc.	【ユリ科】
コユリ	串間市 (黒井)	
ノユリ	須木村 (堂屋敷)、小林市 (山代①②)、高原町 (後川内)、都城市 (御池町①)、高崎町 (笛水①)	
ヒメユリ	高崎町 (前田)	
ヤマユリ	高岡町 (法ケ代①)	

【コメント】①盆花にする。②「夏草の茂みの中に混じれどもなお品高きヒメユリの花」という明治天皇の歌のとおりじゃわ。見つけたときには競い合って取りよった。

ノビル	*Allium macrostemon* Bunge	【ネギ科】
ノビ	えびの市 (各地)、小林市 (西小林、真方)、野尻町 (野尻)、高原町	
ノビー(ィ)	えびの市 (飯野、京町)、小林市 (西小林、東方、細野)、須木村 (内山)、高原町 (後川内)、都城市 (夏尾、中郷)、高城町 (有水)、高崎町 (前田)	
ノービ	えびの市 (真幸)	
ノービイ	小林市 (東方)	
ノビッショ	えびの市 (真幸)	
ノビッチョ	えびの市 (京町、加久藤)	
ノビリ	椎葉村 (尾手納、尾前)、綾町 (竹野)、小林市 (真方)、高崎町 (笛水)、三股町 (長田②)、日南市 (吾田)	
ノビル	高千穂町 (岩戸、河内、田原、下野、上野、鬼切畑、押方、神殿、三田井①、向山)、五ヶ瀬町 (桑野内、東光寺、赤谷)、日之影町 (見立、後梅、星山)、北川町 (上赤、葛葉、八戸)、北浦町 (歌糸、三川内大井)、延岡市 (赤水、熊之江、須美江)、椎葉村 (不土野、松尾)、諸塚村 (諸塚)、南郷村 (鬼神野)、日向市 (田の原)、田野町 (内八重②)、えびの市 (京町)、小林市 (東方、真方)、須木村 (田代ケ八重、原)、野尻町 (各地)、山之口町 (五反田)、北郷町 (宿野、大戸野)、日南市 (上白木俣)	
ノビロ	北郷村 (入下)、木城町 (中之又)、日南市 (細田)	
ノブロ	北郷村 (入下)	
ノベリ	延岡市 (島浦)	
ノラッキョ	小林市 (細野、東方)	

【コメント】①球をつぶして肩こり神経痛に塗布。②土の中のコニワハンミョウの幼虫を釣り上げるのに使う。

ノブキ　*Adenocaulon himalaicum* Edgew.　【キク科】

クマオコシ	日之影町（見立奥村①）
サシ	小林市（木浦木）
サシクサ	須木村（内山）
ネバネバダシ	北川町（八戸）
ヤマオンバク	椎葉村（日添②）

【コメント】①熊が冬眠の頃に芽立つ。②葉を揉んで表皮を膨らませ、パチンと鳴らす。

ノリウツギ　*Hydrangea paniculata* Siebold　【アジサイ科】

ウツキ	須木村（内山）
ウツギ	高千穂町（岩戸）、五ヶ瀬町（東光寺）、小林市（西小林）
オニウツギ	椎葉村（大河内）
クロウツギ	椎葉村（日添①、小林）、須木村（九々瀬⑤）
ジゴクバナ	小林市（西小林③）、えびの市（霧島③）
ノリウツギ	高千穂町（岩戸、向山秋元②）、五ヶ瀬町（鞍岡波帰）、日之影町（後梅、新畑）、北川町（陸地、上祝子）、椎葉村（栂尾）、諸塚村（飯干）、南郷村（鬼神野）、木城町（中之又）
ノリギ	日之影町（飯干、後梅、中間畑）、北方町（上鹿川⑥）、北川町（上祝子、葛葉、八戸）、北浦町（三川内大井）、延岡市（浦城⑦）、椎葉村（尾手納、日添、松尾、小林）、諸塚村（諸塚）、北郷村（入下）、東郷町（坪谷、西林山）、日向市（田の原⑧）、西米良村（田無瀬）、西都市（三財）、木城町（川原）、都農町（東都農）、綾町（竹野）、小林市（木浦木）、三股町（長田）
ノリノキ	えびの市（京町）、小林市（西小林）
ヤマウツギ	小林市（山代）
ロッカンバナ	小林市（西小林④）

【コメント】①薄皮を剥ぎ、緑のノリを包丁でこさいでとる。こさいだものをそのまま一斗缶に貯めておいて売りよった（終戦前まで）。芯は乾かして薪にする。煙が出ないで良く燃えるのでヒエを乾かすのに使う。メシゲにもする。②ナイフで皮をこさぎ、袋に入れて、水中で絞ると水がドローとなるので、ホンカジに混ぜる。③霧島山系のえびの高原の地獄の流れ沿いに多い。農閑期に地獄の露天風呂入りをするが、そん時満開じゃわ。④えびの高原の六観音御池周辺によく生える。⑤ツクシヤブウツギに比べ葉が黒っぽい。⑥正月にはこれでヒロを作り、神々に供える。⑦船玉にする。⑧燃えにくい

ハ

バアソブ　*Codonopsis ussuriensis* Hemsl.　【キキョウ科】

ホタイブクロ	都城市（御池町）、高崎町（前田）

バイカアマチャ　*Platycrater arguta* Siebold et Zucc.　【アジサイ科】

ナタウシネ	須木村（堂屋敷）
ナタハジキ	木城町（中之又）、宮崎市（塩鶴、野島）、日南市（鵜戸①、小吹毛井）

【コメント】①下払いの時にこれが生えてると鉈がはじかれて厄介じゃわ。硬い木じゃ。

バイケイソウ　*Veratrum album* L. subsp. *oxysepalum* Hulten　【シュロソウ科】

サキソウ	椎葉村（尾手納①、尾前②、日添③、小林）
ハイコロシ	椎葉村（日添）

【コメント】①米1升が17〜18円の頃、サキソウの根を火であぶり乾燥したものを八代や尾道から1貫1円で買いに来よった。②山で一番先に芽を出す。根は蛆殺し。③オトコサキソウとオンナサキソウがある。オンナサキソウが値が良い。根をコトコト煮て、煮汁を冷や飯にかけ、ハッタイコ（におい付けのため）をかける。ハエが舐めるとすぐに死ぬ。根を割って、火ですべて（乾かす）出来上がる。毒草だから他の薬草を乾かした最後にする。手でせせくる（ボロを取る）と、ものすごく咳が出た。

ハイチゴザサ　*Isachne nipponensis* Ohwi　【イネ科】

ウシボトクイ	野尻町（今別府①）

【コメント】①コブナグサも同名

ハイネズ	*Juniperus conferta* Parl.	【ヒノキ科】
ハイスギ	椎葉村（大河内）	

ハイノキ	*Symplocos myrtacea* Siebold et Zucc.	【ハイノキ科】
イノコシバ	高千穂町（向山秋元①）、日之影町（新畑①、中間畑①、見立煤市①）、北方町（上鹿川、二股①）、北川町（上祝子）、椎葉村（栂尾）、木城町（石河内）、えびの市（飯野、白鳥、真幸内堅）、須木村②、小林市（山代）	
エノコシバ	小林市（西小林）	
エノコボ	西米良村（小川③）	
タデ	西米良村（小川）	
ハイギ	西米良村（小川①）	
ハイシバ	東郷町（坪谷、西林山）	
ハイノキ	東郷町（坪谷、西林山）	
フェーギ	西米良村（田無瀬）	
フエシバ	東郷町（坪谷、西林山）	
フェノキ	日之影町（後梅）	
フクラシバ	高千穂町（岩戸）	
ヘノキ	日南市（飫肥（※日植））	
ヨネコ	都農町（木和田③）	

【コメント】①炭俵の口当て・底当てに使う。ねべえして折れんかい使いがってがいい。②小正月のメノモチに添える。③炭俵のクチマキ（口しばり）によい。

ハイビャクシン	*Juniperus chinensis* L. var. *procumbens* Siebold ex Endl.	【ヒノキ科】
ハイスギ	小林市（西小林）	
ハイビャクジン	北川町（上祝子①）	
ヘスギ	小林市（西小林）	

【コメント】①他の盆栽や果樹と植えない。葉の先に虫が入って越冬し、虫が多く集まる。ミカン畑にこれを植え虫を寄せ集めてやっつける。

ハエドクソウ	*Phryma oblongitolia* Koidz.	【ハエドクソウ科】
サシクサ	都城市（上安久①）	
ハイノドク	五ヶ瀬町（桑野内）	
ハイコロシ	高原町	
ハエゴロシ	綾町（竹野）、須木村（九々瀬①）、えびの市（飯野）、野尻町（紙屋、野尻）、都城市（安久）	
ハエゴロシグサ	小林市（西小林②、東方、細野）、都城市（安久）	
ハエドク	北浦町（三川内③）	
ハエトリクサ	北郷町（大戸野）	
ハエトリグサ	日之影町（七折一ノ水、見立）、木城町（川原、中之又）、綾町（上畑）、国富町（八代南俣）、田野町（内八重）、えびの市（加久藤④）、小林市（木浦木①、西小林、東方）	
ハエトリビナグサ	須木村（内山）	
ヘゴロシ	えびの市（真幸内堅⑤、加久藤）、須木村（堂屋敷）、小林市（永久津、細野）、高原町（後川内）、高崎町（笛水）、山之口町（富吉）	
ヘゴロシグサ	綾町（入野②）、小林市（西小林）、都城市（牛の脛④⑤）	
ヘテグサ	えびの市（京町⑥）	
ヘトイグサ	えびの市（飯野）、小林市（東方）	
ヘドッグサ	えびの市（真幸）	
ヘトリグサ	宮崎市（瓜生野）、小林市（西小林、山代⑦）、須木村（内山）	
ヤマサシ	小林市（細野）	

【コメント】①ハエ殺し：ハエゴロシの根をすりつぶしご飯と油で練って、砂糖を混ぜたものを皿にのせて置いておけば、ハエが舐めて死ぬ。②サツマイモに全草をすりつぶし合わせて皿においておく。③根を叩いて、麦ごはんと種油を入れる。④ご飯や砂糖に根をすりつぶし混ぜたものでハエを殺す。⑤ハエのことを「ヘ」という。⑥ハエトリ→ヘトリ→ヘテにかわったものと思われる（※南谷）。⑦今の薬品より効く。よく土を洗って、根を金槌で叩いて、焼いたカライモとよう練り合わせ、種油をサッとかけ、混ぜくって置いておくと、20〜30分でハエが死によったですよ。

【ノート】九州のものは正式にはナガバハエドクソウとなる。学名はナガバハエドクソウのもの。

ハカマカズラ	*Bauhinia japonica* Maxim.	【マメ科】
ワンズ	延岡市（島浦①）	
ジュズカズラ	串間市（市木）	
ワンジュズ	串間市（市木）	

【コメント】①この実で百万遍の数珠をつくる。祭りには数珠を20～30人で回す。

ハギ	*Lespedeza homoloba* Nakai	【マメ科】
ノハギ	北川町（陸地①）、えびの市（京町）	
ハギ	高千穂町（岩戸②、向山秋元③）、日之影町（新畑④）、北方町（上鹿川⑥）、椎葉村（大河内、不土野）、西米良村（田無瀬、板谷⑤）、木城町（石河内④）、川南町（比田⑦）、綾町（竹野）、須木村（堂屋敷）、野尻町（野尻⑤）、高崎町（笛水、有水）	
ハギノコ	延岡市（小野⑦）、日向市（田の原④）、綾町（川中）、宮崎市（野島⑦）、都城市（御池⑧）、北郷町（大戸野）	

【コメント】①お盆のご先祖様に上げるショロサマの箸にする。②この枝先に餅をつける。餅正月。③等を作る。④歯が痛くなるので箸にするな。⑤精霊様の箸にする。⑥秋の彼岸の墓にあげる。⑦刈敷草に使う。⑧炭俵の底当てに使う。
【ノート】宮崎県では人里で最も目に触れるのはツクシハギかヤマハギである。学名はツクシハギで代表した。

ハクウンボク	*Styrax obassia* Siebold et Zucc.	【エゴノキ科】
クロッノキ	高原町（後川内①）	
コヤシ	野尻町（今別府）	
ニセゴヤシ	小林市（山代）	
ヒロバ	高崎町（笛水①）	
ロクロ	野尻町（今別府）	

【コメント】①葉で団子を包む。

ハクサンボク	*Viburnum japonicum* Spreng.	【レンプクソウ科】
エビノミ	日南市（小吹毛井）	
カシワノキ	串間市（市木（※平田））	
ジミノキ	串間市（大矢取）	
セビラギ	日南市（小目井（※平田））	
トンボノミ	宮崎市（※平田）	
ナベツシ	串間市（市木、大矢取）	
ナベツージ	串間市（黒井）	
ナベトウシ	延岡市（熊之江、須美江①）	
ナベトオシ	北浦町（阿蘇、市振、古江）、延岡市（浦城）、宮崎市（野島②）	
ハクソー	日南市（宮浦）	

【コメント】①実を食う。②若芽を牛が食う。芽立ちが一番早い。

バクチノキ	*Laurocerasus zippeliana* Browicz	【バラ科】
アカタ	日南市（宮浦）	
アカタン	日南市（上白木俣）	
アコウノキ	串間市（黒井①）	
オオハノトベラ	田野町（内八重②）	
サルスベリ	串間市（市木）	
バクチノキ	宮崎市（曽山寺）	

【コメント】①昔は、大阪の業者がバクチノキから咳の薬を作っていた。②臭い。

ハコベ	*Stellaria media*	【ナデシコ科】
オシエグサ	野尻町（野尻①）	

オツレグサ	えびの市(飯野)
コトリグサ	えびの市(真幸)
ハコベ	高千穂町(鬼切畑、押方、田原)、五ヶ瀬町(鞍岡波帰、東光寺)、日之影町(一ノ水、中間畑、八戸星山)、北川町(陸地、上赤、葛葉、八戸)、北浦町(三川内大井)、延岡市(島浦、延岡)、椎葉村(大河内)、南郷村(鬼神野)、日向市(日向市③)、西都市(銀鏡)、木城町(中之又)、綾町(竹野)、田野町(内八重)、小林市(小林)、須木村(内山)、都城市(安久)、山之口町(五反田)、三股町(長田)、北郷町(宿野)、日南市(鵜戸)
ハコベグサ	国富町(八代南俣)、須木村(堂屋敷)、野尻町(野尻)、都城市(牛の脛)、串間市(今町)
ハコベラ	高千穂町(岩戸、押方、三田井②)、日之影町(後梅、星山) 北方町(上鹿川)、椎葉村(尾前、松尾、尾手納、日添)、諸塚村(諸塚)、北郷村(北郷村)、西郷村(山須原)、西都市(中尾)、木城町(中之又)、小林市(細野)、野尻町(今別府)
ハナシグサ	小林市(西小林⑤)
ヒヨコグサ	五ヶ瀬町(桑野内)、北方町(上鹿川)、日向市(田の原)、宮崎市(宮崎市)、えびの市(飯野)、小林市(木浦木、小林、西小林)、須木村(堂屋敷)、高原町(高原)、都城市(都城)、高城町(四家)、串間市(金谷)
ピヨピヨグサ	高千穂町(上野)、宮崎市(生目)
フケクサ	都城市(上安久④)
メジログサ	延岡市(須美江)、綾町(上畑)、宮崎市(憶)、高崎町(前田)

【コメント】①メジロにオシエグサと卵黄をまぜて与えると鳴き声がよくなる。鳴き声を教えるようになる。②母乳が出ない人には煎服。③青汁が体によい。④茂ることを「ふける」という。⑤ハナシはメジロのことで、メジログサと同意。
【ノート】葉が柔らかいのでメジロのすり餌に使ったり、ヒヨコの餌にも入れていた(南谷体験談)。

ハダカホウズキ　　*Tubocapsicum anomalum* Makino　　【ナス科】

イヌホウズキ	北川町(上祝子)
インフズキ	北郷町(大戸野)
インホウズキ	小林市(木浦木)
ウマフズキ	都城市(御池町)
トリノミジョウゴ	北郷村(入下)
ネコホウズキ	えびの市(飯野)
ヒヨドリジョウゴ	高千穂町(向山秋元)
ヘビホウズキ	西都市(銀鏡)
ヤマトウガラシ	延岡市(浦城)
ヤマフーズキ	北郷村(入下)
ヤマフズキ	高千穂町(下野)、北川町(陸地①)、南郷村(鬼神野)、木城町(中之又)、田野町(内八重)、えびの市(飯野、京町)、都城市(安久)、高崎町(前田)、三股町(長田)
ヤマホウズキ	諸塚村(諸塚)

【コメント】①霜腫れに付けるとかゆみがとれる。

ハドノキ　　*Oreocnide pedunculata* Masam.　　【イラクサ科】

アカハドギ	串間市(黒井①)
タニワタリノキ	延岡市(須美江)
ハドキ	日南市(小吹毛井)
ハドギ	日南市(鵜戸②、宮浦)、串間市(黒井)
ハドノキ	宮崎市(野島)

【コメント】①イワガネがシロハドギとなる。②牛の冬の餌。

ハナイカダ　　*Helwingia japonica* F.Dietr.　　【ハナイカダ科】

エツバナ	北郷町(大戸野①)
オトコジン	都城市(安久)
ジミ(ノキ)	木城町(川原②、中之又)、北郷町(広河原)、串間市(大矢取⑧)
ジンノキ	都城市(上安久)
ツキデ	高千穂町(岩戸、向山秋元)、五ヶ瀬町(鞍岡波帰)、日之影町(新畑)、綾町(上畑、竹野)、国富町(八代南俣)、宮崎市(生目)、田野町(内八重)、小林市(木浦木)、須木村(九々瀬)、日南市(上白木俣、宮浦)

ツキデノキ	日南市（飫肥（※日植））
ツキネ	高千穂町（岩戸）、五ヶ瀬町（波帰）、小林市（木浦木）、須木村（九々瀬）、日南市（宮浦）
ツッデ	えびの市（加久藤、白鳥、真幸④）、小林市（小林全域、西小林⑤）、須木村（内山）、野尻町（紙屋、野尻⑤）、高原町（後川内）、都城市（牛の脛、都城⑤）、高城町（有水）、高崎町（前田）、山之口町（五反田）、三股町（長田）
ツッデノキ	須木村（内山）、高崎町（笛水）
ツッデンハ	えびの市（加久藤）、高原町
トウシミノキ	日之影町（※町史）
ママコ	椎葉村（尾前）
ママコギ	西米良村（横野）
ママコグサ	日之影町（後梅）、えびの市（京町）
ママコシバ	西米良村（田無瀬）
ママコナ	椎葉村（大河内、尾手納、日添⑦、小林）、北郷村（入下）、日向市（田の原）、西都市（三財）、木城町（石河内）、えびの市（内堅⑤⑥）、須木村（田代ケ八重、堂屋敷）、田野町（内八重）、都城地方（※都盆）
ママコノキ	椎葉村（尾手納）
ママコノテ	宮崎市（塩鶴①）

【コメント】①継子に灸（エツ）をすえた跡に黒い実が着く。②ガクウツギ、キブシも同名。③子供遊びで実を染物に使った。④継母が自分の子には冷えた煎り豆を与えたが、旦那の子には熱いうちに煎り豆を与えた。娘はこの葉を手のひらに載せてもらったら葉の真ん中にひっついてしまった。⑤葉を食べる：ゆがいて味噌汁にいれる。⑤葉を食べる：ふかして油いため。⑤塩でふかして、きざんでご飯に入れる。⑥継子がほしがるので豆を熱いうちにやって手に載せたら、黒い豆が手の平にできた。⑦天ぷらにして食べる。⑧実をメジロが好む。

ハナイカダ（葉に黒い実が着く）

ハナウド　　*Heracleum sphondylium* L. var. *nipponicum*　H.Ohba　【セリ科】

ソラデ	高岡町（和石①）

【コメント】①若芽をオヒタシ、テンプラにして食べる。

ハナズオウ　　*Cercis chinensis* Bunge　【マメ科】

ゴテザクラ	都城市（上安久①）
フッダシバナ	高崎町（前田）

【コメント】①花が植物体いっぱい（五体）に着くので。

ハナトラノオ（カクトラノオ）　　*Physostegia virginiana* Benth.　【シソ科】

フジノボリ	高千穂町（下野）

ハナミョウガ　　*Alpinia japonica* Miq.　【ショウガ科】

ダキミョウガ	延岡市（浦城）
ハナミョウガ	小林市（西小林）、須木村（内山）、野尻町（今別府）
ヤマショウガ	日之影町（後梅）、北川町（上赤）、北川町（陸地）、北浦町（歌糸）、延岡市（浦城）、延岡市（須美江）、西郷村（山須原）、日向市（田の原）、木城町（川原）、綾町（竹野）、宮崎市（塩鶴②）、都城市（上安久③）、三股町（長田）、田野町（内八重、片井野④）、高城町（有水）、高崎町（前田）、山之口町（五反田）、北郷町（黒山、広河原）、日南市（小吹毛井①、宮浦）、串間市（大矢取）
ヤマミョウガ	西都市（三財（※内藤））、小林市（木浦木）

【コメント】①アオノクマタケランも同名で区別せず。②根を煎服すると肝臓によい。③喘息の薬。④冬の牛馬の餌に使う。

ハハコグサ　　*Gnaphalium affine* D.Don　【キク科】

アワグサ	えびの市（加久藤、京町）、えびの市（京町）
キツネノタバコ	西諸県郡（西諸県地方（※鷹野））
ネバブツ	椎葉村（日添）
ハハコグサ	北川町（八戸）

ハハゴグサ	日之影町(後梅)、北郷村(入下)、南郷村(鬼神野)、木城町(中之又)
ヒヨコグサ	宮崎市(江田)
モチフツ	椎葉村(尾手納①)
ワタグサ	椎葉村(尾前)

【コメント】①餅につく。花が食用。

ハハコグサ(春の七草)

ハバヤマボクチ　　*Synurus excelsus* Kitam.　　【キク科】

オトコボンバナ	都城市(御池町)
ベンケイノヤトリ	日之影町(※町史)
ヤマゴボウ	日之影町(見立①)

【コメント】①根が腎臓の薬

ハマアザミ　　*Cirsium maritimum* Makino　　【キク科】

アザミ	日南市(鵜戸①)
イソアザミ	日南市(鵜戸)
イソゴボウ	日南市(鵜戸)
イソゴンボ	串間市(市木②)

【コメント】①アザミの根をゴボウ代わりに使う。寿司にも入れる。②根をキンピラにして食う

ハマウド　　*Angelica japonica* A.Gray　　【セリ科】

ウド	串間市(市木①)

【コメント】①刈敷草に使う。

ハマエンドウ　　*Lathyrus japonicus* Willd.　　【マメ科】

イソエンドウ	延岡市(赤水、浦城)、日向市(畑浦①)、宮崎市(江田)
イソマメ	延岡市(赤水)、日南市(鵜戸)
ハマエンズ	串間市(市木(※平田))
ハマエンド	延岡市(島浦②)
ハマエンドウ	都農町(東都農③)、新富町(鬼付女)、宮崎市(曽山寺、野島)
マメグサ	北浦町(阿蘇)

【コメント】①食べない。②腎臓病に全草を煎服する。③牛馬がよく食う。昔はとりにいきよった。

ハマオモト (ハマユウ)　　*Crinum asiaticum* L. var. *japonicum* Baker　　【ヒガンバナ科】

イソオモト	日向市(畑浦)、北浦町(阿蘇、市振、古江)、延岡市(島浦)、宮崎市(白浜)
ハマオモト	延岡市(島浦①)、宮崎市(白浜)
ハマガミ	串間市(高松②)
ハマユウ	延岡市(浦城、須美江、安井)
ハマユー	北浦町(市振)、宮崎市(宮崎)、日南市(宮浦⑤) 串間市(黒井)
ハマユリ	宮崎市(曽山寺)
モトジロ	北浦町(直海③)
ユウレイバナ	延岡市(赤水④)

【コメント】①皮(葉鞘)をはいで衣に着けて遊ぶ。種を投げて遊ぶ。②昔は紙がなかったので、皮に竹棒で字を書いて遊んだ。③シシ脅し:葉鞘を何枚も剥いで、竹に串刺ししたものを畑の土手やカライモ(サツマイモ)畑に刺しておくと猪が来ない。④夕方、夜に、よく花にカマキリがとまっていた。⑤「かしきぐさ」に使う。

ハマユウ(宮崎県花)

ハマカンゾウ　　*Hemerocallis fulva* L. var. *littorea* M.Hotta　　【ワスレグサ科】

イソユリ	日向市(権現崎)

ハマカンゾウ	延岡市（赤水）
ピンピングサ	延岡市（島浦①）

【コメント】①若葉を焼いて味噌をつけて食う。

ハマクサギ　　*Premna microphylla* Turcz.　　【シソ科】

イヌノクソ	宮崎市（宮崎（※樹方））
イヌノヘ	宮崎市（宮崎（※樹方））
オニノヘ	日之影町（見立）
オンノヘ	日之影町（新畑）
カオイギ	西米良村（小川、横野）
カスベノキ	日向市（長谷①）
カスボノキ	日向市（※日向市史）
カツボウ	日向市（長谷）
クワンジンノキ	日之影町（後梅）
トベラ	綾町（竹野）、宮崎市（塩鶴）、田野町（内八重）、三股町（長田）、串間市（大矢取）
トベラギ	北浦町（歌糸）、諸塚村（飯干）、都城市（御池町）、北郷町（広河原）
トベラノキ	木城町（石河内）、小林市（山代）、山之口町（五反田）
ニベ	高城町（四家）
ブトヨケグサ	東郷町（坪谷②）
ヘカラ	都城地方（※都盆）
ヘガラ	須木村（堂屋敷）、野尻町（野尻）、高原町（後川内、狭野⑦）、都城市（都城（※樹方））、高城町（有水⑤）、高崎町（前田⑥）
ヘガラノキ	えびの市（霧島）、須木村（内山）
ヘグサノキ	諸塚村（葛の原）
ヘクソ	都城市（安久）
ヘクソノキ	高千穂町（向山秋元）
ヘゴロシ	えびの市（白鳥③）
ヘノキ	日之影町（七折一ノ水）、日向市（田の原）、須木村（堂屋敷）、日南市（上白木俣）
ヘボギ	西米良村（村所（※平田））
ムショケグサ	小林市（西小林）
ヤマグワ	北川町（陸地④）
ワキガノキ	北浦町（三川内大井）

【コメント】①生葉を焼いて蚊スベ（蚊追い）に使う。②牛のブトやハエ除けに鞍に枝を下げる。③牛馬にこの枝を4、5本背に下げると、臭いのでウシバエが来ないので蝿殺しの意。③桑と同じくらい切株が腐りにくい。20～30年はへっちゃら。⑤この木で、打ちごまを作る。⑥実を食いよった。⑦この木で打ち駒を作る。棒の先の紐で叩いて回すと、ウォーンと音を立てて回る。
【ノート】葉に悪臭があるので、ヘ（オナラ）をつけたりトベラ・ワキガと呼んでいる。この悪臭で虫除けにしているのでカオイ、カスベや、ヘ（蝿）ゴロシという。

ハマゴウ　　*Vitex rotundifolia* L.f.　　【シソ科】

アマメノキ	宮崎市（江田④）
イソホウ	延岡市（浦城①）
カフスメ	宮崎市（白浜⑤）
ホウノキ	北浦町（阿蘇）、北浦町（市振、古江）、延岡市（熊之江①、須美江①）
ボウレン	延岡市（方財）、延岡市（安井①）
？	延岡市（赤水②）
？	串間市（市木③）

【コメント】①実を乾かし枕に入れる。香りがよく頭の病に効く。②「のうもち」（頭痛）の人はこの実を枕に入れて治した。③燃やして、牛舎の蚊をすぶる。④押し入れや戸棚に枝葉を置き、アマメ（ゴキブリ）を除ける。⑤生の枝葉をいぶして、蚊を追い払う。

ハマサジ　　*Limonium tetragonum* A.A.Bullock　　【イソマツ科】

？？	延岡市（島浦①）

【コメント】①花序を箒にする。名前は忘れた。

ハマスゲ	*Cyperus rotundus* L.	【カヤツリグサ科】
コブシ	高千穂町（鬼切畑、上野、田原）、五ヶ瀬町（桑野内）、日之影町（一ノ水、後梅、中間畑、八戸星山）、北方町、北川町（上赤、八戸）、北郷村（入下）、南郷村（南郷村）、西米良村（横野）、木城町（石河内）、高鍋町（鬼ケ久保）、綾町（上畑）、宮崎市（野島）、えびの市（加久藤、真幸）、小林市（細野）、野尻町（今別府）、田野町（内八重）、都城市（夏尾）、三股町（長田）、日南市（吾田）	
コブシコ	北浦町	
コボシ	小林市（小林、永久津、西小林）	
スガヤ	都城市（志比田）	
スゲ	北郷村（入下）	
ツツロコ	宮崎市（塩鶴、城ケ崎）	
ホンコウブシ	北川町（葛葉）	

ハマセンダン	*Tetradium glabrifolium* var. *glaucum* T.Yamaz.	【ミカン科】
ゲタギ	日向市（幸脇）	
シマクロ	北郷町（広河原①）	
ヤマセンダン	日向市（幸脇②）	

【コメント】①材が軽く、下駄に良い。②カマドに入れるとバチがあたる。

ハマナタマメ	*Canavalia lineata* DC.	【マメ科】
イソタチワケ	串間市（高松）	
イソナタマメ	北浦町（阿蘇）	
イソマメ	日向市（畑浦）、日南市（宮浦）	
キツネマメ	宮崎市（野島）	
シオフジカズラ	串間市（市木）	
ハマタチワケ	都農町（東都農）	
ブタマメ	延岡市（島浦①）	
？	延岡市（赤水②）	

【コメント】①実に４本の棒をさし豚にして遊ぶ。②食うと中毒する。腹痛で救急車を呼んだ。

ハマヒサカキ	*Eurya emarginata* Makino	【モッコク科】

サカキの項へ

ハマヒルガオ	*Calystegia soldanella* R.Br.	【ヒルガオ科】
イソアサガオ	延岡市（浦城）、日南市（宮浦）	
チントングヮンバナ	宮崎市（白浜）	
ハマアサガオ	北浦町（市振、古江）、延岡市（島浦）、新富町（鬼付女）	
ハマヒルガオ	延岡市（赤水）	
ヒルガオ	延岡市（須美江）	
ミミクサ	串間市（高松①）	
ユウガオ	北浦町（阿蘇）	
？	日南市（鵜戸②）	

【コメント】①葉の形が耳に似ている。新芽の茎をスヌタにして食う。②名は忘れた。冬の牛の餌。

ハマビワ	*Litsea japonica* Juss.	【クスノキ科】
イソジラキ	串間市（都井（※平田））	
イソビワ	日南市（鵜戸）	
イソマテ	串間市（市木、大納、黒井）	
セキダ	宮崎市（白浜）	
セッタノキ	宮崎市（白浜（※平田））	

ハマボウ　*Hibiscus hamabo* Siebold et Zucc.　【アオイ科】

イソツバキ	延岡市（浦尻（※平田））
ガラッポ	日南市（大堂津）
ホウノキ	日南市（大堂津①）
ミミダレバナ	場所不明

【コメント】①水を吸っちょるかい、たきもんにもならん。

ハマボウフウ　*Glehnia littoralis* F.Schmidt ex Miq.　【セリ科】

ハマギリ	東諸県郡（東諸）、宮崎市（江田、宮崎、木花）、高鍋町（蚊口①）
ボウフウ	北浦町（阿蘇）
ミツバ	延岡市（島浦）

【コメント】①近くの料理屋では、正月料理に採っていた。

バラ（園芸用）　*Rosa*　【バラ科】

イゲボタン	諸塚村（七つ山）、えびの市（内堅）
キボタン	高千穂町（押方）

ハリイ　*Eleocharis congesta* D.Don var. *japonica* T.Koyama　【カヤツリグサ科】

ユガヤ	清武町（清武）

ハリギリ　*Kalopanax septemlobus* Koidz.　【ウコギ科】

アキダラ	日之影町（後梅）、椎葉村（松尾）、宮崎市（宮崎（※内藤））
イヌダラ	宮崎市（宮崎（※樹方））
インギリ	高千穂町（下野）
インダラ	東郷町（西林山）、えびの市（白鳥）、野尻町（今別府）、都城市（夏尾）
オオダラ	高千穂町（三田井①）
オダラ	延岡市（延岡（※樹方））、椎葉村（日添）、諸塚村（葛の原）、児湯郡（児湯（※樹方））
オニダラ	五ヶ瀬町（鞍岡波帰②）、日之影町（見立）、南郷村（鬼神野）、木城町（中之又）、綾町（入野、竹野③）、山之口町（五反田）、三股町（長田）
オンダラ	椎葉村（栂尾）、西都市（三財）、西都市（銀鏡、中尾）、木城町（中之又）、宮崎市（塩鶴、宮崎）、須木村（内山）、田野町（内八重）、高原町（狭野）、都城市（安久）、高城町（前田）、三股町（長田）、北郷町（広河原③）、日南市（上白木俣）、串間市（大矢取③）
クソダラ	小林市（山代）
クマダラ	西臼杵郡（西臼杵地方（※内藤））、高千穂町（岩戸）、日之影町（見立②）、北川町（祝子）
シマダラ	児湯郡（児湯（※樹方））
ダラ	椎葉村（小崎）、宮崎市（宮崎（※樹方））
ミヤコダラ	日向市（田の原）、宮崎市（宮崎（※樹方））
ヤツデダラ	北川町（陸地）
ヤマダラ	えびの市（真幸内堅）、須木村（堂屋敷）、小林市（西小林）

【コメント】①タンスの前板にいい。②バット材にしたという。③下駄の材になる。

バリバリノキ　*Actinodaphne acuminata* Meisn.　【クスノキ科】

キンロクタブ	都農町（木和田）、川南町（細）
クソタブ	高原町（後川内）、高城町（有水）、山之口町（五反田）
クソタッ	都城市（御池町）
シロタブ	須木村（内山④）
センタブ	木城町（中之又）
バリバリ	綾町（北俣①）
メシゲシタキ	小林市（山代②）、高原町（狭野）
メシゲタブ	都城地方（※都盆）
メシゲタッ	都城市（御池町③）
メヒゲノキ	高原町（狭野）

【コメント】①割れにくくバリバリ割れない。葉を火にくべるとすごい音を立てて燃えるので「バリバリ」という。②山では幹を割ってメシゲを作った。ホソバタブがシタキ。③炭俵の表札にしていた。④伐採するとき、半分まで切り込むと、バリバリと音を立てて倒れる。

ハリモミ	*Picea torano* Koehne	【マツ科】
アラモミ	小林市（西小林①）、えびの市（霧島）	
ナロウ	五ヶ瀬町（鞍岡波帰）	
バラモミ	高原町（狭野）	
マツモミ	えびの市（白鳥②）	
モミナロウ	椎葉村（※平田）	

【コメント】①北霧島有料道路にあったものを天井板に使った。②板肌が松肌のよう。

ハルニレ	*Ulmus davidiana* Planch. var. *japonica* Nakai	【ニレ科】
カワラクニギ	木城町（石河内）	
クロニレ	野尻町（今別府①）	
シチゲヤキ	西都市（中尾⑤）	
ニレ	西臼杵郡（西臼杵地方）、高千穂町（押方②、向山秋元）、五ヶ瀬町（鞍岡波帰）、日之影町（新畑）、日向市（田の原）、田野町（内八重）、小林市（木浦木）、高原町（後川内）	
ニレゲヤキ	日之影町（※町史）	
ネレ	野尻町（野尻）	
ネン	椎葉村（大河内③）	
ムギニレ	椎葉村（日添、小林④）	
ムギネレ	椎葉村（尾前）	

【コメント】①ムクノキがシロニレ。②燃えにくい木。③根が張り、山崩れを防ぐ。④オヒョウにニレという。⑤電柱の腕木に使う。

ハルリンドウ	*Gentiana thunbergii* Griseb.	【リンドウ科】
キキョウ	えびの市（真幸）	
チョクバナ	小林市（西小林）	
チョッバナ	小林市（忠臣田）	
ハルリンドウ	北川町（八戸）、都城市（御池町）	

ハンカイソウ	*Ligularia japonica* DC.	【キク科】
ヤブレガサ	都城市（御池町）	

ハンゲショウ	*Saururus chinensis* Baill.	【ドクダミ科】
ウラジロ	えびの市（真幸内竪①）	
ガオロンヘ	宮崎市（江田、塩鶴）	
ガラッパグサ	えびの市（京町）、都城地方（※都植方）	
ガーロンヘ	宮崎市（江田）	
カンジングサ	延岡市（※平田）	
ケショウグサ	田野町（内八重）	
シロドクダン	＋延岡市（小野③）	
ナガシグサ	えびの市（加久藤②）	
ビックサ	椎葉村（日添）	

【コメント】①葉が白くなると流し（梅雨）が終わる。②上の３枚の葉が白く化粧する頃、ちょうど半夏生（夏至の11日後）になる。③馬はドクダミは食うがシロドクダンは食わない。

ヒ

ヒイラギ	*Osmanthus heterophyllus* P.S.Green	【モクセイ科】
ツバメガシ	北浦町（市振、古江①）	
ヒイラギ	五ヶ瀬町（波帰②）、日向市（畑浦②）	

【コメント】①葉がツバメに似る。②葉は魔除け。

ヒエ 【イネ科】

ヒエ	椎葉村（日添①）、西米良村②（乙益氏）

【コメント】①土用のの終わりがヒエの蒔き時。②ヒエガラ（茎）で笛を作る。

ヒカゲツツジ　*Rhododendron keiskei* Miq. 【ツツジ科】

イワシャクナン	北川町（上祝子）
キリシマシロツツシ	都城市（御池町①）
ヒメシャクナン	高千穂町（河内（※平田））

【コメント】①霧島山にはヒカゲツツジが多かったが、今は鹿の食害で消えている。花が白っぽい淡黄色なので、この名が付けられたのでは（南谷）。

ヒカゲノカズラ　*Lycopodium clavatum* L. 【ヒカゲノカズラ科】

イワゴケ	えびの市（京町）
キツネカズラ	須木村
キツネノクビマキ	椎葉村（日添）
キツネノシリホ	日向市（田の原①）
コケ	野尻町（今別府）、高崎町（前田）
サルノシッポ	えびの市（真幸）
サルノタスキ	椎葉村（※平田）
サンゴ	えびの市（真幸）
シメカズラ	高千穂町（向山秋元）
スギクサ	五ヶ瀬町（赤谷）
スギシダ	えびの市（飯野、加久藤）、小林市（西小林）
ヤマドリゴケ	西都市（尾八重）
ヨバイグサ	五ヶ瀬町（鞍岡）、西米良村（田無瀬、横野）
ヨベカズラ	木城町（石河内、中之又）

【コメント】①昔はイスのクッションにした。体にはおって役者の真似。
【ノート】ヨバイグサは這い広がる（古語で這い広がることを古語でヨバイ）草の意。ヨベカズラのヨベもヨバイから転訛したものであろう。

ヒガンバナ　*Lycoris radiata* Herb. 【ヒガンバナ科】

アキバナ	北郷町（広河原）
アワセ	北方町（上鹿川①）
アワセグサ	日之影町（後梅⑧）
イビラ	北浦町（市振）
インノクソバナ	須木村（九々瀬）
エビラ	北川町（上祝子⑦）
オオシ	椎葉村（尾手納、日当、日添）
オオセ	日之影町（一ノ水、中間畑⑦、見立煤市）
オセ	日之影町（見立）
オニオセ	高千穂町（岩戸）、日之影町（見立）
カネンハナ	小林市（山代）
カンジンバナ	北郷町（広河原、宿野④）、日南市（吾田、鵜戸、上白木俣、宮浦）
クワンジンバナ	日南市（細田）
ケサカケバナ	小林市（小林、細野、三松）
ケサバナ	えびの市（加久藤、京町②、鍋倉）、小林市（西小林②、真方）
ジゴクバナ	西都市（三財、都於郡）、三納）、木城町（石河内）、川南町（白髭）、高鍋町（上江）、新富町（上新田）、綾町（上畑）、国富町（八代南俣）、宮崎市（江田、塩鶴）、田野町（内八重⑪）、高岡町（柞木橋）、高原町（高原）、都城市（庄内、夏尾、安久）、高城町（有水、四家）、高崎町（前田）、山之口町（五反田）、三股町（長田）
ジゴッバナ	高原町（狭野、高原）、都城市（上安久、中郷）、高崎町（前田）

ジュクリッショ(バナ)	小林市(木浦木、東方、真方)
ショウロウバナ	高鍋町(※平田)
ズクリショ	小林市(市街地⑨)
チョウチンバナ	木城町(石河内⑩)、串間市(大矢取⑩)
ドウキビラ	延岡市(熊之江⑦)
トウズミラ	椎葉村(戸屋の尾)、諸塚村(葛の原)、西米良村(小川)、西都市(大椎葉、尾八重⑫、銀鏡)
ドウズミラ	須木村(堂屋敷)
ドクジミラ	川南町(細)
ドクジュルマ	日向市(高松)
ドクジラメ	都農町(川北)、川南町(牧平)
ドクズミラ	東郷町(寺迫)、日向市(田の原③)、川南町(名貫)、川南町(細)
ドクズルマ	日向市(美々津高松)
ドクバナ	高千穂町(田原(※内藤))、東郷町(寺迫)、都農町(川北⑤)、川南町(平田)、高鍋町(上江)、新富町(新田)、小林市(北西方)
トズミラ	木城町(石河内)
トドメラ	綾町(上畑)
ニラズミ	東郷町(西林山③)
ハミズバナ	北郷村(入下)
ヒガンバナ	高千穂町(鬼切畑、押方②、下野、田原、三田井③、向山秋元)、五ヶ瀬町(赤谷、鞍岡波帰、東光寺)、日之影町(一ノ水、後梅、中間畑、舟の尾、八戸星山、見立)、北川町(陸地、上赤、上祝子、葛葉、瀬口、八戸)、北浦町(阿蘇、古江、三川内)、延岡市(赤水、浦城⑥、熊之江、島浦、須美江、延岡)、椎葉村(大河内、尾前、尾手納、戸屋の尾)、北郷村(宇納間)、西郷村(山須原)、南郷村(鬼神野)、東郷町(西林山)、日向市(畑浦)、西米良村(小川、板谷)、西都市(中尾)、木城町(中之又)、川南町(川南)、高鍋町(上江)、新富町(日置)、綾町(竹野⑪)、須木村(内山、田代ケ八重)、小林市(山代)、野尻町(野尻)、宮崎市(塩鶴⑪、白浜)、都城市(都城、御池町)、高原町(後川内)、高崎町(笛水)、日南市(細田)、南郷町(榎原)、串間市(市木、黒井、高松)
ボンバナ	高千穂町(押方)、小林市(市街地)
マンジュシャゲ	高千穂町(河内、上野)、五ヶ瀬町(桑野内)、北川町(瀬口多良田)、諸塚村(諸塚)、木城町(石河内、中之又)、都農町(川北)、川南町(比田)、高鍋町(持田)、新富町(富田、日置)、宮崎市(生目)、小林市(西小林、三松)、須木村(須木)、野尻町(野尻)、高原町高原)、高崎町(高崎)、串間市(市木)

【コメント】①打ち身の熱とりには、根をすって卵・麦の粉と混ぜて貼る。②根をすりつぶし、湿布薬として腫物の熱をとる。③冬の牛の餌。③トウゴマの種とこの根をつき砕き、盆のくぼに貼ると、腎炎のむくみがとれる。④球根を煎服。⑤根をネズミの通路に置くと来なくなる。⑥モグラ除けに植える。⑦葉だけの時をいう。花の時はヒガンバナという。⑧収穫したミカンに葉をいれる。⑨蝉(ツクツクボウシ)が「ズクズクリッショ」と鳴く頃花が咲く。⑩花茎を交互に折って首飾りにし、その先にぶら下がった花が提灯に見える。⑪ヒガンバナの花の盛りにソバを植える。⑫花の時期にはヒガンバナという。葉の時期をトウズミラといい、葉を牛の餌に混ぜて与えると、シラミ退治になる。

ヒガンバナ(秋の彼岸に開花)

【ノート】西臼杵や椎葉地方でいうアワセ・オシ・オセの由来については地元の方もよく分からないと言うが、アワセは「合わせ混ぜえて食べるもの」(日本国語大辞典)から来た名と考えられる。オシは、「食べること」(日本国語大辞典)とある。すなわち鱗茎が食べられることによると思われる。オセはその転訛か。彼岸に咲くので「勧進」や「袈裟」も仏教用語で「彼岸」同様の発想での名であろうか。根茎には澱粉が含まれ救荒食物として食されてきたが、リコリンという毒素があり毒抜きする必要があった。よほどのことがない限り食べなかったと思われる。日南地方でいうカンジンは単に物乞いをする者の食べ物と差別的な意味合いがあったのかもしれない。ジゴクはヒガンバナを地獄の底から抜き出てくる不気味な花とみたのであろう。小林地方のジュクリッショ、ズクリッショはセミの仲間のツクツクボウシのことをさしており、花の咲く時期がツクツクボウシが鳴きはじめる頃と重なるからであろう。ドクズミラは毒がなく安心して食べられるスミラ(ユリ科のツルボ)と区別して「毒のあるスミラ=ドクズミラ」と呼んだものであろう。ドクズルマ・ドクジュルマ・ドクジラメもこの転訛であろう。ハミズバナは「葉を見ることができない花」という文学的な名であるが、聞き込んだのは若い女性であったので県外から嫁いでこられた方だったのかもしれない。

ヒゴタイ　　　*Echinops setifer* Iljin　　　【キク科】

ボウズバナ	高原町(蒲牟田)、高崎町(前田)
ボシバナ	都城市(荒襲①)
ボスバナ	高原町(後川内、狭野①)
ボンバナ	高原町(後川内)、都城市(牛ノ脛②、御池町)、高崎町(前田)
ヤンボシバナ	都城市(※平田)、三股町(長田)

【コメント】①盆花にする。②盆花として切り、町に売りに行きよった。
【ノート】ヒゴタイは霧島山麓の都城西岳町や高原町の草原にかつては広く分布しており、盆花に使われていたようである。今は野生絶滅している。

ヒサカキ　　　　　*Eurya japonica* Thunb.　　　　　　　　　　　　　　　　　　　　　　　　　　　　【モッコク科】
サカキの項へ

ヒシ　　　　　*Trapa japonica* Flerow　　　　　　　　　　　　　　　　　　　　　　　　　　　　【ミソハギ科】

ウキグサ	えびの市（真幸）、須木村（内山）
オニノカオ	えびの市（京町）
ヒシ	高鍋町（鬼ケ久保、上江①）、綾町（上畑）、宮崎市（生目）、えびの市（飯野）、高崎町（前田）、日南市（吾田、細田）、串間市（黒井）
ヒシノミ	都城市（志比田）

【コメント】①あまり食べると、デキモノができるから食うな、と言いよった。

ビックリグミ（ダイオウグミ）　　　*Elaeagnus multiflora* Thunb. var. *gigantea* Araki　　　　　　　【グミ科】

サツキグミ	延岡市（浦城）
タイワングミ	北川町（上祝子）

ヒトツバ　　　　　*Pyrrosia lingua* Farw.　　　　　　　　　　　　　　　　　　　　　　　　　　　【ウラボシ科】

ヒトツバ	日向市（田の原①）、西米良村（板谷②）、須木村③北郷町（大戸野④）

【コメント】①サザンカの実の油とヒトツバの黒焼きを練ってデキモン（おでき）につける。②鹿の角とこれを混ぜ、煎服するとタン毒によい。③黒焼きにして種油と練ってつかう。④できものの薬

ヒトモトススキ　　　*Cladium jamaicense* subsp. *chinense* T.Koyama　　　　　　　　　　　　【カヤツリグサ科】

ホネトオシ	延岡市（熊之江①）

【コメント】①葉で手が切れる。納屋の屋根や壁に使う。

ヒナウチワカエデ　　　　　*Acer tenuifolium* Koidz.　　　　　　　　　　　　　　　　　　　　　　【カエデ科】

ホンモミジ	椎葉村（日添）

ビナンカズラ（サネカズラ）　　　*Kadsura japonica* Dunal　　　　　　　　　　　　　　　　　　　【マツブサ科】

アカフジカズラ	北郷町（大戸野）
アメンキ	延岡市（島浦①）
オメゴメシ	川南町（※平田）
ゴメゴメカズラ	西都市（白髭）
ゴミシカズラ	川南町（比田）
ゴメシカズラ	川南町（※平田）
テングノミ	串間市（高松）
ノリカズラ	日之影町（一ノ水、新畑）
ビンカズラ	西臼杵地方（※日植）、高千穂町（岩戸）、西米良村（小川、田無瀬）、西都市（尾八重）
ビンツケ	北川町（上赤②）、北浦町（市振、古江、三川内大井③）、延岡市（赤水）、木城町（川原）、小林市（細野）
ビンヅケ	小林市（東方、細野）
ビンツケカズラ	高千穂町（鬼切畑、押方④、向山秋元）、日之影町（後梅、中間畑、見立）、北方町（上鹿川）、北川町（陸地、上祝子、葛葉、瀬口多良田⑤、八戸⑥）、北浦町（三川内）、延岡市（浦城、須美江②）、椎葉村（大河内、尾手納、尾前、日添、松尾）、諸塚村（諸塚）、北郷村（入下）、南郷村（鬼神野⑨）、東郷町（坪谷、西林山）、日向市（権現崎、田の原）、西都市（津々志）、木城町（中之又）、小林市（西小林、細野）、須木村（田代ケ八重）、野尻町（今別府）
フノイ	小林市（東方、細野）
フノイカズラ	小林市（真方）、須木村（原）、三股町（長田）

フノリ	綾町(入野⑧)、えびの市(各地)、小林市(西小林、東方、真方)、須木村(内山)、野尻町(今別府)、高原町(高原)、高城町(四家)、高崎町(高崎町)、日南市(小吹毛井)
フノリカズラ	国富町(八代南俣)、宮崎市(木花、野島、宮崎⑦)、田野町(田野)、えびの市(各地)、小林市(各地)、須木村(内山、九々瀬)、野尻町(全域)、高原町(全域)、田野町(内八重)、高原町(後川内⑩)、都城市(安久)、高城町(有水)、高崎町(前田)、山之口町(五反田)、三股町(長田)、北郷町(宿野)、日南市(鵜戸)、串間市(大矢取、黒井)
ヘビノミ	えびの市(真幸)
ヤマシナカセ	北川町(祝子(※平田))

ビナンカズラ(茎から粘液が出る)

【コメント】①茎を叩いて水につけるとドローッとなるのでこれを髪のリンス代わりに使った。汁が飴のようだから。②太いものを縛るロープ代わり。一番よい。③ねじくって柔らかくすると、きびり用になる。そのままでは堅くて折れる。④実を鳥わなに使う。⑤実の中の黒い種子をおしつぶして汁を出し、この油をびんつけに。⑥「たきぎゆわえ(薪を縛る)」に使う。シロビンツケはポキッと折れる。ベニビンツケはねばくて縛れる。(※南谷:シロ・ベニが何をさすのか未確認)。⑦練炭づくり:石炭屑をつぶしたものにビナンカズラを混ぜ固めて練炭をつくる。⑧古い蔓を叩いて、たぎり湯につけて、牛の毛をぬぐう。⑨流れ田に蔓を浸けておくと、ドロンとしたものがで出てくるので、女の子はこれを髪につけていた。⑩この蔓の汁で牛馬の毛を洗って品評会に出す。
【ノート】若い茎(蔓)を叩いて水につけておくと粘液が出てきてヌルヌルした糊状の液になる。この液で整髪できるのでビンツケ(鬢付け)という。フノリ(フノイ)はこの糊状の液からきている。

ヒノキ　　*Chamaecyparis obtusa* Endl.　　【ヒノキ科】

ヒ	日向市(田の原①)

【コメント】①かるいにしたり、炭の掻き出しに使う。

ヒノキバヤドリギ　　*Korthalsella japonica* Engl.　　【ビャクダン科】

ヤドカリ	北川町(陸地)、東郷町(西林山)、日南市(小吹毛井)

ヒメウワバミソウ　　*Elatostema japonicum* Wedd.　　【イラクサ科】

ソウメングサ	椎葉村(日添、小林)
ミズクサ	椎葉村(日添、小林)

ヒメシャラ　　*Stewartia monadelpha* Siebold et Zucc.　　【ツバキ科】

アカギ	高千穂町(下野)、椎葉村(小崎、栂尾、松尾)
アカタ	高千穂町(岩戸)、五ヶ瀬町(鞍岡波帰)、日之影町(見立①)、北川町(上祝子)、延岡市(熊之江)、椎葉村(尾手納、日添、小林)、日向市(田の原)、西都市(銀鏡)、木城町(中之又)、綾町(竹野)、小林市(木浦木)、北郷町(河原谷)
アカラギ	都城地方(※都盆)
サイスベリ	都城市(牛の脛)
サルスベイ	えびの市(加久藤)、都城地方(※都盆)
サルスベリ	高千穂町(岩戸)、五ヶ瀬町(波帰)、日之影町(後梅、新畑、見立)、北方町(上鹿川③)、北川町(陸地、上祝子)、北浦町(三川内大井)、椎葉村(大河内①、尾手納、尾前、松尾)、諸塚村(諸塚)、北郷村(北郷村)、南郷村(中山)、東郷町(坪谷、西林山②)、日向市(田の原)、西米良村(小川)、西都市(三財④)、都農町(木和田)、木城町(中之又)、えびの市(霧島)、須木村(堂屋敷)、小林市(木浦木、西小林)、高原町(狭野)、都城市(都城)、山之口町(五反田)、三股町(長田)、北郷町(河原谷)、日南市(上白木俣)
サルタ	五ヶ瀬町(鞍岡波帰)、北川町(上祝子)、延岡市(熊之江)
サルタノキ	川南町(細⑤)

【コメント】①杖にする。②猿も上れないようなツルツルした肌をしている。③庭に植えるといかん。④餅つきの杵を作る。餅が付かない。⑤猿がすべるから言いよったのだろう。

ヒメジョオン　　*Erigeron annuus* Pers.　　【キク科】

アメリカグサ	高千穂町(岩戸)
アメリカバナ	五ヶ瀬町(鞍岡波帰・広瀬①)

エドギク	高岡町（柞木橋）
オヤフコウグサ	椎葉村（日添②）
ドクソウ	高原町（狭野）
ヨネフツ	えびの市（京町）

【コメント】①アレチノギクなども区別せずに同名。②チョッペンに咲く花は早く枯れ、外に伸びる小枝が盛んに伸び、親が先に枯れるので。

ヒメドコロ　　*Dioscorea tenuipes* Franch. et Sav.　　【ヤマノイモ科】

ヒメケドコロ	椎葉村（日添）

ヒメバライチゴ　*Rubus minusculus* H.Lev. et Vaniot　　【バラ科】

ゼンキュウイチゴ	椎葉村（日添）

ヒメヒオウギズイセン　*Tritonia crocosmiflora*　G.Nicholson　　【アヤメ科】

キジノオ	小林市（細野）、高原町（狭野）
キンギョソウ	木城町（中之又）、宮崎市（阿波岐原）
キンギョバナ	南郷村（鬼神野）、川南町（細）、須木村（堂屋敷）
ショウブバナ	えびの市（真幸内堅）
トンボバナ	西都市（三納）
ヤマショウブ	小林市（西小林）

ヒモラン　　*Huperzia sieboldii* Holub　　【ヒカゲノカズラ科】

イトラン	南郷村（鬼神野）、小林市（松尾）
サルノヒモ	えびの市（飯野）
サルノモトユイ	高千穂町（※平田）
ヒモラン	日之影町（中間畑）、椎葉村（尾手納）、南郷村（鬼神野）、西都市（三財）、木城町（中之又）、小林市（山代）、野尻町（今別府）、田野町（内八重、堀口）、都城市（夏尾）、三股町（長田）、串間市（大矢取）

ビャクシン（ミヤマビャクシン）　*Juniperus chinensis* L. var. *sargentii* A.Henry　　【ヒノキ科】

ビャクシ	日之影町（見立）

ヒャクニチソウ　　*Zinnia elegans* Jacq.　　【キク科】

ウラシマ	西都市（三納）、小林市（小林）
エドキク	須木村（内山）
オニワバナ	都城市（安久）
チョクバナ	都城市（志比田）
チョッバナ	えびの市（飯野）、小林市（西小林①）、都城市（夏尾）
トウキョウバナ	小林市（小林）
ナナイロバナ	三股町（長田）
ナナバケ	高千穂町（下野）
ヒャクニチソウ	椎葉村（尾手納、尾前、松尾）、諸塚村（諸塚）、北郷村（北郷村）、南郷村（南郷村）、木城町（中之又）

【コメント】①一重咲きがチョコ（杯）に似るので。チョコ→チョク→チョッに変化。

ヒユ　　*Amaranthus tricolor* L. var. *mangostanus* Aellen　　【ヒユ科】

ヒイナ	宮崎市（※平田）
ヒーバ	北川町（八戸①）
ヒバ	高千穂町（向山秋元）

【コメント】①旧暦の7月15日にヒーバの白和えを仏壇に供える。7月16日早朝にヒーバも添えて精霊流し。

ヒュウガアジサイ　*Hydrangea serrata* var. *minamitanii* H.Ohba　　【アジサイ科】

ニガチャ	川南町（細①）

【コメント】少し苦い。咬んでも甘くならない。

ヒュウガトウキ　　　*Angelica tenuisecta* Makino var. *furcijuga* H.Ohba　　　【セリ科】

ウズ	北方町（上鹿川①）
ウマゼリ	西都市（津々志）

【コメント】①炭俵の口ぶたにする。

ヒュウガミツバツツジ　　　*Rhododendron hyugaense* T.Yamaz.　　　【ツツジ科】

イワツツジ	高千穂町（向山秋元）、日之影町（一ノ水②、新畑①、中間畑、舟の尾）、北川町（陸地③、上赤、葛葉、瀬口）、北浦町（市振、古江、三川内大井）、延岡市（熊之江）
カンツツジ	延岡市（熊之江）
テンキンツツジ	北川町（上赤④）

【コメント】①咲くとシイタケの春子の始まり。②ずっぱり（岩の飛び出し）に生える。咲くとナバの春子が終わる。③イワツツジが秋に狂い咲きすると、なば木も水をやって刺激すると秋に春子が穫れる。④この花が咲くときは転勤時期。

ヒヨドリジョウゴ　　　*Solanum lyratum* Thunb.　　　【ナス科】

ヒヨドリジョウゴ	五ヶ瀬町（赤谷①）、日之影町（見立①）
ヤマフズキ	五ヶ瀬町（鞍岡波帰（※平田））

【コメント】①実を鳥わな。

ヒヨドリバナ　　　*Eupatorium makinoi* T.Kawahara et Yahara　　　【キク科】

シロボシ	えびの市（真幸）
フジバカマ	小林市（西小林）
ボンバナ	えびの市（真幸内堅）、須木村（内山）

ヒルガオ　　　*Calystegia pubescens* Lindl. f. *major* Yonek.　　　【ヒルガオ科】

アサガオ	須木村（九々瀬）、高崎町（笛水）、串間市（黒井）
アサガオグサ	須木村（内山）
イオジノツル	五ヶ瀬町（鞍岡）
イオズリ	北川町（葛葉）
イオヅラ	高千穂町（岩戸③、下野④）
イオヅル	日之影町（七折一ノ水①）、北川町（上赤、瀬口多良田②）
イモカズラ	五ヶ瀬町（桑野内）
イモヅイ	三股町（長田）
イモヅル	綾町（上畑）
チョウセンアサガオ	宮崎市（江田）
ハタケアサガオ	北浦町（三川内）
ヒルアサガオ	五ヶ瀬町（波帰）
ヒルガオ	高千穂町（押方）、日之影町（後梅、星山）、北川町（八戸）、椎葉村（松尾）、諸塚村（諸塚）、北郷村（入下）、南郷村（鬼神野）、木城町（中之又）、高鍋町（鬼ケ久保）、小林市（西小林）、須木村（内山）、田野町（内八重）、都城市（都城）、三股町（長田）、北郷町（宿野）
ムギエラ	椎葉村（不土野⑥）
ユズル	須木村（田代ケ八重）
ヨヅラ	高千穂町（鬼切畑）

【コメント】①いみったら（繁茂したら）、始末がつかん。②根はうどんのよう。③根を梅と一緒に漬物にして食う。④ノイネにまかる、たちの悪い畑の雑草。⑤チョク→杯のこと。花の形から。⑥麦にまとわりつく。

ヒルムシロ　　　*Potamogeton distinctus* A.Benn.　　　【ヒルムシロ科】

ウキグサ	須木村（堂屋敷）
ビイゴザ	えびの市（真幸内堅）、野尻町（今別府）

ビイムシト	須木村（内山）
ビキノゴザ	日之影町（中間畑）
ヒゴザ	高崎町（笛水）
ビゴザ	えびの市（加久藤）、串間市（大矢取）
ビーゴザ	高崎町（前田）
ビノネドコ	えびの市（京町、真幸）
ビルグサ	綾町（竹野）、田野町（内八重）
ビルゴザ	北郷村（入下）、南郷村（鬼神野）、日向市（田の原）、木城町（石河内）、高鍋町（鬼ケ久保）、国富町（八代南俣）、宮崎市（江田、塩鶴）、日南市（上白木俣）
ヒルノヤド	山之口町（五反田）
ビロゴザ	西郷村（山須原）
ビンノゴザ	北郷町（大戸野①）
ヒンノゼゴザ	三股町（長田）
ミズグサ	都城市（志比田）
ミズセキ	西米良村（板谷②）

【コメント】①「あそこん嫁は寝ちしばかりおるから田んぼにヒルノゴザができっとじゃ」という。（※南谷：嫁いびり：嫁が寝てばっかりいるので、田にヒルムシロが広がるという意味）。②牟田（ぬかり田）の水の中に生える。

【ノート】ビ・ビイ・ビル・ビロ、ビンはヒル（昔はどこの田んぼににもいた）のこと。ヒルがこの葉をゴザにして休むの意味。

ビロウ　　*Livistona chinensis* R.Br. ex Mart. var. *subglobosa* Becc.　　【ヤシ科】

クバ	串間市（市木）
ビロウ	北浦町（市振、古江）、延岡市（島浦）、宮崎市（白浜）、日南市（宮浦）、串間市（市木①、黒井、築島②、高松）

【コメント】①井野被義さんが今でも傘を作る。丈夫で傘は1年、ミノは5〜6年は使う。青島付近のビロウは京都の祭りの牛車の屋根に使う（石崎今朝義談）。②葉でミノやバッチョガサを作る。展葉する前の若い葉の裂辺の芯をとり（2片になる）、さらに裂けた2片より芯をとる。これを10日間干し、一晩水につけやわらかくしてミノを編む。取った芯は傘にする（磯崎今朝義談）。

ビワ　　*Eriobotrya japonica* Lindl.　　【バラ科】

ヒワ	北方町（上鹿川①）
ビワ	えびの市（真幸内竪）

【コメント】①庭に植えてはけない。

フ

フウラン　　*Neofinetia falcata* Hu　　【ラン科】

ウマバリラン	北郷村（入下①）
キラン	西米良村（田無瀬③）
ササラン	北川町（上赤）、須木村（内山）、田野町（内八重）、都城市（夏尾）、串間市（黒井）
ツノラン	西都市（中尾）
ヒトツバラン	宮崎市（野島）
フウラン	高千穂町（下野、岩戸）、南郷村（鬼神野）、小林市（西小林）、日南市（吾田）
ミゾラン	西都市（三財）、宮崎市（塩鶴）、田野町（堀口）、高城町（有水）、北郷町（広河原、大戸野②、宿野）、日南市（上白木俣、宮浦）

【コメント】①ウマバリは水田雑草のウリカワのことで葉の形状がフウランに似ているからいうのであろう（※南谷）。②葉の溝よりこのようにいう。③木に付くので木ラン。

フウロケマン　　*Corydalis pallida* Pers.　　【ケシ科】

ジャグサ	日之影町（後梅①）
ジャコロシ	日之影町（中間畑②）
ショウベングサ	椎葉村（日添）
ショウベンバナ	椎葉村（不土野③）

セッチングサ	高千穂町（向山秋元）

【コメント】①昔は根ごとひいてトイレに入れて蛆殺し。②全体が臭い。③立小便をするような路傍に生えているからいうのであろう（※南谷）。

フキ　　*Petasites japonicus* Maxim.　　【キク科】

フキ	高千穂町（岩戸、向山秋元）、五ヶ瀬町（鞍岡波帰）、日之影町（後梅①、見立①、八戸星山、北浦町（市振、古江③、三川内大井）、椎葉村（尾前）、日向市（田の原②）、西都市（三財④）都農町（東都農）、綾町（竹野）、須木村（内山）、小林市（山代）、野尻町（野尻）、宮崎市（塩鶴）、都城市（安久）、三股町（長田⑤）
フッノッ	えびの市（加久藤）
ミズブキ	宮崎市（浮の城、産母④）
ヤマブキ	日之影町（中間畑、見立）、北川町（上祝子）

【コメント】①新生児の儀礼：根をすって富山の売薬のカンゾウと一緒に、新生児に与えた。②新生児儀礼：新生児に葉柄の汁を吹きだして飲ます。解毒に根をすって飲ます。③ウジ殺しに使う。④根を煎服すると流産する。初期に内緒で下ろしよった。⑤ミサキドンに米の餅2つをフキの葉にのせ供える。⑤根の汁を赤ちゃんに吸わせる。母の悪い血を呑んでるから根っこから取り出す。するとモノもできん。

フクジュソウ類

ミチノクフクジュソウ　　*Adonis multiflora* Nishikawa et Koji Ito　　【キンポウゲ科】

ガンジツソウ	西諸県郡（西諸（※鷹野氏））
フクジュソウ	野尻町（今別府）

【ノート】宮崎県のフクジュソウの仲間には2種がある。北部山地の高千穂町と諸塚村のものはシコクフクジュソウで、県指定天然記念物になっている。西諸のものはミチノクフクジュソウとなる。

シコクフクジュソウ　　*Adonis shikokuensis* Nishikawa et Koji Ito　　【キンポウゲ科】

ガンジツソウ	西臼杵郡（西臼杵地方（※日植））、日之影町（※町史）
カンジンバナ	高千穂町（向山秋元①）
ユキワリソウ	高千穂町（向山秋元）

【コメント】①昔は別の場所に、平らな広大な自生地があった。
【ノート】カンジンバナの由来はわからない。

フサザクラ　　*Euptelea polyandra* Siebold et Zucc.　　【フサザクラ科】

アメフラシ	椎葉村（日添、小林）
イモウシナイ	五ヶ瀬町（波帰①②③）
イモクソ	五ヶ瀬町（波帰）
カバザクラ	日之影町（後梅）
クワノハギ	五ヶ瀬町（鞍岡波帰（※平田））
タニアサ	高千穂町（向山秋元）、五ヶ瀬町（鞍岡波帰）、椎葉村（大河内、尾手納④、小崎）
タニハリ	日之影町（新畑、見立）、北方町（上鹿川）
タニバリ	日之影町（中間畑⑤、後梅）、諸塚村（飯干）
タニハル	北方町（上鹿川）、北川町（上祝子③）
タニヤス	日之影町（見立）
タニワタシ	諸塚村（飯干）、日之影町（※町史）
タニワタリ	西米良村（小川、田無瀬）
タニワタル	北川町（上祝子）
ヒョイゴロ	西都市（銀鏡⑥）
ヒョイタゴロ	西都市（中尾）
ヨモゴロ	都農町（木和田）、木城町（石河内）

【コメント】①イモクソともいう。灰がイモの色に似る。ヤキイモの時イモを失う。②枕木にする。③燃えにくい木。④堅い木でたきもんによい。⑤根が張っちょる。⑥最近はタニワタリとかタニバリというようになった。

フジ（ヤマフジ）　*Wisteria floribunda* DC.　【マメ科】

イトフジ	北川町（上祝子①）
カラスコゲ	小林市（西小林②）
フジ	日之影町（新畑③、七折一ノ水④⑤）、北川町（葛葉⑥）
フジ（カズラ）	高千穂町（岩戸、押方、河内）、五ヶ瀬町（鞍岡）、日之影町（見立）、椎葉村（大河内）、日向市（田の原）、西米良村（小川⑬）、川南町（川南）、木城町（中之又⑪）、綾町（竹野）、小林市（西小林⑦）、須木村（内山⑧）、野尻町（今別府⑨、野尻各地）
フジカズラ	高千穂町（向山秋元）、日之影町（後梅）、北方町（上鹿川）、北川町（上赤⑩、八戸）、北浦町（三川内大井）、西都市（銀鏡⑫）、須木村（堂屋敷）、小林市（山代）、宮崎市（塩鶴⑫）、都城市（安久）、高崎町（笛水）、山之口町（五反田）
フチカズラ	須木村（田代ケ八重）、高原町（後川内⑭）、北郷町（広河原）
フッカズラ	えびの市（京町）、高原町（狭野）、都城市（御池町）、高崎町（前田）

【コメント】①ここではノダフジをいい、ヤマフジはフジという。②フジの実をさす。コゲは頭にさすもの（コウガイ）。③花の終わりころシイタケのフジコができる。④川魚のフジイダが藤の咲くころふす。⑤藤の花が咲くと「藤子（ふじこ）ナバ」の本当の最後。⑥花が咲くとイダの終わり。⑦ヤマフジもノダフジも区別せずいう。しかしノダフジは川づたいにある。⑧正月遊びで、男子は蔓を輪にしてハマナゲをした。⑨ヤマフジもノダフジも区別せずいう。カヤ家のむすびに使う。⑩筏の連結に使う。⑪花が咲く頃に出るシイタケをフジコといい、冬シイタケのおまけ。⑫家のしばりに使う。⑬フジの花が咲く頃に、苗代に種を蒔くと、芽がよく出る。お大師様にはフジの花を飾る。⑭昔は針金がなかったので、ダシゴロ（荷車）の引き手にフチカズラの蔓を使った。
【ノート】宮崎県にはフジ（ノダフジ）とヤマフジがあるが、ノダフジは少ないので、フジといえばヤマフジをさしている。両者が分布する地方でも区別していないようなのでここでは分けていない。

フシグロセンノウ　*Silene miqueliana* H.Ohashi et H.Nakai　【ナデシコ科】

オシキバナ	椎葉村（日添①）
オゼンバナ	高千穂町（岩戸①）
チョクバナ	椎葉村（尾手納②）
チョコバナ	椎葉村（日添③）

【コメント】①草花遊び：花びらを抜き取り4枚を立ててツバで組み合わせるとお膳の形ができる。花弁がそねっている（しおれている）と水につけてしゃんとさせてする。②チョクは、膳（一人前の食器と食物を載せる台）のこと。③花弁をはずした萼筒が杯（ちょこ）に似ている。子供はチョコ代わりに水を飲む。

フジツツジ　*Rhododendron tosaense* Makino　【ツツジ科】

アワツツジ	日之影町（七折一ノ水）
イモウエツツジ	五ヶ瀬町（鞍岡波帰①）
イワツツジ	北浦町（歌糸）、西都市（三納）、木城町（石河内）、都農町（東都農）、川南町（細）
コツツジ	北川町（陸地、上赤、上祝子、葛葉、瀬口、二股、八戸②）、北浦町（古江）
コメツツジ	日之影町（新畑、見立煤市）、北浦町（阿蘇）、延岡市（熊之江、島浦）、木城町（中之又）
シャリツツジ	北浦町（市振③）
センコツツジ	北川町（上祝子）、延岡市（赤水）
ノツツジ	延岡市（須美江）
バカツツジ	木城町（石河内⑤）、高鍋町（高鍋）
ヒガンツツジ	日向市（田の原④）
ボケツツジ	延岡市（浦城）、日向市（長谷）
マメツツジ	北浦町（三川内大井）
ヤマツツジ	西都市（尾八重、銀鏡）

【コメント】①3月下旬～4月上旬の早い時期に咲く。花期に芋の床伏せをする。ヤマツツジはツツジという。②立春に咲く。「コツツジが咲いた春じゃ」というて薄着をする。③生育地が砂利の多い斜面。④彼岸の頃咲く。⑤いつ咲くかわからない。1月に咲くこともある。
【ノート】県中北部の近海地に多く、花が小さいのでコツツジ・コメツツジという。早咲きで2月ごろに咲くこともあるので、ボケて咲くとか馬鹿咲きというのであろう。センコは線香で枝が細いことから。各地で園芸名をヒュウガコメツツジと呼び、盆栽仕立てにして鑑賞する。

フタリシズカ　*Chloranthus serratus* Roem. et Schult.　【センリョウ科】

サンニンシズカ	椎葉村（日添）
ノリクサ	椎葉村（日添①）

【コメント】根を乾燥し保存しておき、

| ブナ | *Fagus crenata* Blume | 【ブナ科】 |

クマイ	椎葉村（尾手納）
クマエ	五ヶ瀬町（鞍岡波帰）、椎葉村（松尾、大河内①②）
グミャー	椎葉村（日添⑥）
クメア	椎葉村（尾手納）
シロブナ	北川町（上祝子①③）
ブナ	高千穂町（下野、岩戸）、五ヶ瀬町（鞍岡波帰⑤）北方町（上鹿川）、北川町（上祝子）、椎葉村（大河内、尾手納④、小林）、諸塚村（諸塚）、南郷村（南郷村）、西米良村（田無瀬）、西都市（銀鏡）、木城町（中之又）、川南町（細）、須木村（田代ヶ八重）、綾町（竹野）、小林市（木浦木）

【コメント】①下駄の歯にする。②猪が実を好む。実が多いと猪が太るという。③トラックの下敷板に使う。④奥山のブナの芽が出る頃ヒエを播く。⑤実が多い年は猪の肉が苦い。⑥新芽が出たてのものをワサグミャーという。「ワサグミャーのタオ（山の尾根）越し始めたけー、ヒエ蒔きゃにゃー」という。ブナの新芽が尾根を越えようとする頃がヒエの蒔き時。

ヘ

| ヘイケモリアザミ | *Cirsium lucens* Kitam. var. *bracteosum* Imae et S.Watan. | 【キク科】 |

アザミ	五ヶ瀬町（鞍岡波帰①）
ヤマシタアザミ	椎葉村（日添②）

【コメント】①食べる。②ヘイケモリアザミは九州中央山地の北部の主に石灰岩地帯に固有なアザミ類。葉は柔らかくブナ林内に生えるので、山下薊というのであろう。（※南谷）

| ヘクソカズラ | *Paederia scandens* Merr. | 【アカネ科】 |

グンカンバナ	椎葉村（日添①）
サイゴウカズラ	宮崎市（城ヶ崎）
テンググサ	高原町（高原②）
テングサンノハナ	西諸県郡（西諸（※日植方））
テングバナ	野尻町（栗須（※内藤））
トベカズラ	小林市（西小林③）
ヘカズラ	小林市（小林）
ヘクソカズラ	西臼杵郡（西臼杵全域）、高千穂町（押方）、五ヶ瀬町（鞍岡波帰）、日之影町（後梅、新畑、見立④）、北川町（陸地、上赤、上祝子、葛葉、瀬口、八戸）、北浦町（市振、古江、三川内）、延岡市（熊之江、島浦、須美江）、椎葉村（大河内⑤、日添⑥、尾前）、南郷村（鬼神野⑧）、日向市（田の原）、高鍋町（鬼ケ久保）、綾町（上畑）、宮崎市（塩鶴）、清武町（清武）、田野町（田野④）、えびの市（各地）、小林市（永久津）、須木村（九々瀬⑦、堂屋敷）、野尻町（今別府）、高原町（高原）、北郷町（大戸野）、串間市（大矢取）
ヘッソカズラ	都城市（上安久）、高崎町（笛水、前田）

ヘクソカズラ（臭いがハチ刺されに効く）

【コメント】①花を下向きに水に浮かべると軍艦のように見える。②花を逆さにして唾をつけ、鼻にくっつけて鼻高天狗遊びをする。③トベは臭いのでトベラに同じという。④蜂刺されの毒消し。⑤止血用。⑥万能の薬草。⑦鳥ワナの餌に使う。⑧花を逆さにして水につけると、踊りまくる。

| ヘチマ | *Luffa cylindrica* M.Roem. | 【ウリ科】 |

イトウリ	えびの市（加久藤、真幸）

| ベニドウダン | *Enkianthus cernuus* Makino f. *rubens* Ohwi | 【ツツジ科】 |

ツリガネツツジ	北川町（祝子（※平田））
ドウザンツツジ	五ヶ瀬町（鞍岡波帰）、日之影町（見立煤市）、北川町（上祝子）

ベニバナインゲン　　*Phaseolus coccineus* L.　　【マメ科】

ソボサンマメ	高千穂町（五カ所高原）

ベニバナボロギク　　*Crassocephalum crepidioides* S.Moore　　【キク科】

アカダ	北川町（上赤①）
アキラジグサ	日向市（田の原②）
カメノグサ	日向市（田の原②）
サイパングサ	西都市（尾八重）
シュウセングサ	椎葉村（※平田）、西米良村（板谷）、西都市（銀鏡）、木城町（中之又）
シュウセンナ	椎葉村（日添）
シュンギク	須木村（堂屋敷）
シンギク	日之影町（見立③）
タバコグサ	日之影町（後梅④）
ナンポウグサ	北浦町（三川内大井）
ナンポウシュンギク	西都市（三財）、木城町（石河内）、北郷町（北郷町）
ニガクサ	北郷町（広河原）
ヒコウキグサ	須木村（堂屋敷）
ミズクサ	五ヶ瀬町（鞍岡波帰⑤）
ヤマシュンギク	北川町（陸地⑥）、西米良村（田無瀬）
ヨメナ	宮崎市（塩鶴）
ワゾーグサ	椎葉村（日添）

【コメント】①はびこって、始末がつかん。②田の原で初めて食った夫婦はアキラさんとカメノさん。アキラジの「ジ」は男をさす。種は飛んできて鼻をさす。③スギ林の指標。④昔のキセルに似る。⑤伐った跡にしか生えん。⑥芽生えをゆがいて、油いため・おひたしにしてうまい。
【ノート】原産地はアフリカで、南洋方面に帰化している。日本では第二次大戦後の帰化植物として知られるが、意外に山間部に多く、特に森林が伐採された際などに一斉に出現する。シュウセングサは終戦草でそれを指している。サイパングサやナンポウシュンギク等の名は戦時中に南洋に居た方が持ち帰った名であろう。

ベニバナボロギク（戦後に入り込んだ帰化植物）

ヘビイチゴ　　*Potentilla hebiichigo* Yonek. et H.Ohashi　　【バラ科】

イチゴグサ	小林市（西小林）
イヌイチゴ	延岡市（赤水）
ドクイチゴ	北浦町（市振、古江）、延岡市（赤水）
ヘッノイチゴ	えびの市（霧島）、小林市（小林各地）
ヘビイチゴ	西臼杵郡（全域）、日之影町（後梅、新畑、見立）、北川町（上赤、瀬口多良田、八戸）、北浦町（三川内大井）、延岡市（赤水、島浦）、椎葉村（大河内、日添①）、日向市（田の原）、小林市（西小林）、須木村（内山）
ヘビイッゴ	小林市（東方）

【コメント】①5月5日のショウブ酒の時に、ヘビイチゴを1つ食べると、流行病（はしか、おたふくかぜ、赤痢、疫痢）がつかん（かからん）。実の周りのぶつぶつした赤いところは毒なので、はいで捨て、ピンクのところだけ食べる。甘い。

ヘラノキ　　*Tilia kiusiana* Makino et Shiras.　　【アオイ科】

ヘラ	高千穂町（岩戸、下野①）、五ヶ瀬町（鞍岡）、日之影町（見立煤市②）、北川町（陸地⑤、瀬口多良田③）、椎葉村（日添）、日向市（田の原）、西米良村（横野）、西都市（銀鏡）、綾町（竹野）、須木村（九々瀬③、堂屋敷⑦）
ヘラノキ	日之影町（後梅③）、北川町（上祝子③）、東臼杵郡（東臼杵）、椎葉村（尾手納③）、諸塚村（諸塚）、南郷村（鬼神野③）、児湯郡（児湯）、木城町（中之又）、高城町（有水）、高崎町（笛水）
モチベラ	五ヶ瀬町（鞍岡波帰④⑥）

【コメント】①障子のさん、杵をつくる。②ミノを作る。水をはじき軽い。燃えにくい。③皮をはぎ、水にさらし、繊維をとり、縄をつくる。④昔はこれで3本まず小縄をつくり、それをまとめて1本の大網にする。⑤軽い木。太鼓のばちに喜ばれる。⑥木に粘りがある。⑦木が活動し始めた4月、皮を剥いで、むた田（ぬかり田）に30～40日浸けておくと、皮にも年輪層があって、繊維が取れる。20年生くらいの若い木がよい。ロープや牛馬のオモテ（口周りを縛る紐）に使う。燃え難い木じゃ。

ホ

ホウキギ（ホウキグサ）　　　*Bassia scoparia* A.J.Scott　　　【ヒユ科】

ホウキグサ	延岡市（浦城）

【ノート】箒にする。※昭和初期には、宮崎市にもよく植えているのを見た。乾燥した枝葉から箒を作っていたので、各地でホウキグサといっていた。今は陸のキャビアとして食用や園芸用に植えている（南谷）。

ホウセンカ　　　*Impatiens balsamina* L.　　　【ツリフネソウ科】

チョイサゴ	日南市（上白木俣）
ツバババナ	五ヶ瀬町（桑野内）
ツマグレ	日之影町（見立①）、椎葉村（尾前①、日添）
ツメソメバナ	高千穂町（上野）
トッサゴ	都城市（志比田）、えびの市（真幸②③④）
トッシャゴ	えびの市（飯野、加久藤、京町①⑤）、須木村（堂屋敷）、小林市（西小林）、野尻町（野尻）、都城市（安久、夏尾）、高崎町（笛水）、三股町（長田）
トビシャク	椎葉村（尾手納、日添、松尾）
トビシャコ	西郷村（山須原）、南郷村（鬼神野）
トビシャゴ	日之影町（後梅、見立）、北川町（八戸）、北浦町（市振、古江、三川内大井）、椎葉村（大河内②）、諸塚村（諸塚）、北郷村（北郷村）、西郷村（西郷村）、日向市（田の原）、木城町（中之又）、綾町（竹野）、宮崎市（椿）、田野町（内八重）、小林市（小林）
フーセンクァ	北郷村（入下）
ホウセンカ	五ヶ瀬町（広瀬①）

【コメント】①葉をもみ塩を入れて爪を染める。②カタバミとホウセンカの花を混ぜ合わせ、爪を染める。③ニワトリが弱った時には、種子を食わす。④マムシに咬まれると茎葉の汁をつける。⑤マムシ除けに使う。

ボウラン　　　*Luisia teres* Blume　　　【ラン科】

ツノラン	西米良村（田無瀬）、田野町（堀口）、高城町（有水）、北郷町（広河原）、日南市（上白木俣、宮浦）

ホオズキ　　　*Physalis alkekengi* L. var. *franchetii* Makino　　　【ナス科】

フウズキ	日之影町（後梅①）、椎葉村（尾手納、尾前）、北郷村（入下）
フズキ	五ヶ瀬町（鞍岡波帰）、南郷村（鬼神野）、木城町（中之又）、えびの市（各地）
フズッ	えびの市（加久藤）
ホオズキ	北川町（上祝子）、椎葉村（松尾）、諸塚村（諸塚）

ホオノキ　　　*Magnolia obovata* Thunb.　　　【モクレン科】

キツネノカラカサ	東郷町（坪谷）
タヌキノカラカサ	東郷町（坪谷）
フウ	高千穂町（向山秋元）
フウノキ	高千穂町（岩戸）、日之影町（後梅②、中間畑①）、椎葉村（尾前、日添⑦）、東郷町（坪谷、西林山）
フデノキ	高城町（四家⑱）
フノキ	木城町（石河内④、⑥）、川南町（細）、北諸県郡（北諸（※樹方））
フノッ	都城地方（※都植方）
ホウ	日之影町（見立③④⑦）、北方町（上鹿川③）、都城市（御池町⑰）、高崎町（笛水）、三股町（長田）
ホオ	椎葉村（尾手納①⑦）、小林市（木浦木）
ホオガシワ	椎葉村（小林）
ホウノキ	高千穂町（田原⑨）、五ヶ瀬町（鞍岡波帰）、日之影町（一の水④、後梅⑩⑪、新畑、戸川⑤、見立煤市⑥）、北方町（上鹿川）、北川町（陸地、上赤①④、上祝子⑧、瀬口多良田④⑤、八戸）、北浦町（三川内大井・歌糸）、北方町（二股③④）、椎葉村（大河内④、栂尾⑤）、南郷村（鬼神野⑬）日向市（田の原⑥）、西米良村（小川⑭）、西都市（三財⑮、銀鏡⑯）、木城町（石河内）、綾町（竹野）、えびの市（霧島）、小林市（西小林）、宮崎市（塩鶴）、高原町（後川内⑲）、都城市（安久）、高城町（有水）、高崎町（前田）、北郷町（大戸野、広河原⑫）、日南市（上白木俣）
ホホノキ	高千穂町（三田井⑦）、日之影町（見立）、椎葉村（日添）、小林市（西小林）

ホオノキ(大きな葉に団子を包む)

【コメント】①障子の骨木（サン）に使う。②ガラス障子に使う。材がつらん。③ナタや鋸の鞘に使う。④まな板にする。⑤トロッコのブレーキに使う。トロッコ1台に犬2匹で曳く。⑤葉が4、5枚着いた枝を用意し、葉にホウ団子を包んだものを下げて飾る。団子はモチ米とキビ粉を混ぜて作り、ホウノキの葉をシュロの葉の糸で縛る。室内に保存し、必要な際に焼いたり蒸したりして食う。⑥背にかけるキカル（かるい）に一番良い。⑥炭で刀を研いだ。刀の鞘には湿気がこないのでよい。⑦葉はホウダンゴ（団子）を包む。⑧この炭で名刀のつや出しをする。⑨飯を盛る。⑩くせらん（反らない）ので洗濯の張り板によい。⑪実は最近脾臓の薬。⑫くじら団子を載せる。アンを米粉で包み、箸で模様を付け、ホウノキの葉に載せ、蒸す。河野オチエさんが考えたので「おちえ団子」ともいう。⑬障子のサンや張り板にする。⑭御幣を切るときはホウノキのまな板を使う。⑮葉をタバコの代わりにした。⑯血を好むから、家材にはしない。しかし、刀の鞘や腰鋸の鞘、まな板には使う。⑰面を作る。⑱芽立ちが筆に似ている。⑲碁盤や下駄の材料にする。

ボケ	*Chaenomeles speciosa* Nakai	【バラ科】
チョウジャウメ	北川町（上祝子）	

ホシクサ類	*Eriocaulon* sp.	【ホシクサ科】
トベ	五ヶ瀬町（鞍岡波帰）	
トボエグサ	五ヶ瀬町（鞍岡波帰①）	
ヤンボシ	南郷村（鬼神野）	
ヤンボシグサ	えびの市（真幸内竪②）、高崎町（笛水）	

【コメント】①稲の束をたてたものをトボエという。野の刈り干しを立てたものはカリボシトモエという。ホシクサを抜いたものを逆さにするとトボエに似る。②草の生え方がヤンボシ（山伏のように髪が伸びているさま）に似る。取りやすい草だ。

ホソバカナワラビ	*Arachniodes aristata* Tindale	【オシダ科】
ヒメシダ	延岡市（須美江①）	

【コメント】①静岡の業者が買いに来よった。ドライフラワーにする。

ホソバヒメトラノオ	*Veronica linariifolia* Pall. ex Link	【オオバコ科】
イヌノシイボ	野尻町（栗須（※内藤））	
インノコシイボ	小林市（忠臣田）	
インノコンシイボ	高崎町（前田①）	
インノシイボ	高小林市（山代①）、原町（狭野）、都城市（御池町①）	
チョカンギイ	山之口町（富吉①）	
トカゲノシイボ	えびの市（長江①、真幸①）、野尻町（野尻①）	
トカゲノシッポ	えびの市（飯野）	
トカゲンシイボ	えびの市（京町、白鳥）、高原町（狭野）	
トッカゲンシッポ	須木村（堂屋敷）	
ネコンシイボ	須木村（九々瀬）、都城市（牛の脛①）、高崎町（笛水①）	
ミツスイ	串間市（笠祇②）	

【コメント】①盆花にする。②花を抜いて蜜を吸っていた。

ホタルブクロ	*Campanula punctata* Lam.	【キキョウ科】
チョウチングサ	西臼杵郡（西臼杵（※日植方））	
ツリガネソウ	椎葉村（日添）、小林市（西小林）	
ホタルグサ	田野町（田野）、高崎町（高崎）	

ボタンヅル	*Clematis apiifolia* DC.	【キンポウゲ科】
ムギマキコブロ	西都市（銀鏡①）	

【コメント】①コブロは蔓のこと。葉を兎が好む。麦に絡んで伸びるのでいう。

ボタンボウフウ　*Peucedanum japonicum* Thunb.　【セリ科】

イソゼリ	串間市（黒井）
ハマギリ	串間市（市木）
ハマボウフウ	日南市（鵜戸（※平田））
ボウフラ	延岡市（赤水、浦城）
マツナグサ	延岡市（島浦①）

【コメント】①新芽を食う。セリの香りがする。白和えが美味い。

ホテイアオイ　*Eichhornia crassipes* Solms　【ミズアオイ科】

イケグサ	須木村（内山）
ウキクサ	日向市（田の原）、日南市（吾田）
ウキグサ	高千穂町（岩戸）、日之影町（七折一ノ水）、北方町、北川町（八戸）、綾町（上畑、竹野）、えびの市（京町）、須木村（堂屋敷）、田野町（内八重）、都城市（都城）、高城町（有水）、山之口町（五反田）、三股町（長田）、串間市（黒井）
キンギョグサ	都城市（夏尾）
グーエ	高千穂町（上押方）
ホウテイソウ	国富町（八代南俣）
ホテイアオイ	木城町（中之又）
ホテイソウ	北郷村（入下）、木城町（石河内）、高鍋町（上江、鬼ケ久保）宮崎市（江田、塩鶴）
ポンポングサ	日南市（吾田）
ミズクサ	北川町（葛葉）

ホドイモ　*Apios fortunei* Maxim.　【マメ科】

フド	五ヶ瀬町（鞍岡波帰①）

【コメント】①芋は食う。

ホトケノザ　*Lamium amplexicaule* L.　【シソ科】

ダンダンバナ	椎葉村（日添①）
プルプルグサ	日之影町（後梅②）
ブルブルグサ	延岡市（浦城②）

【コメント】①麦畑や菜園に多い。②一対の葉を切り、茎に細い竹を芯に入れて吹き、風車にしてプルプル回す。

ホラシノブ　*Sphenomeris chinensis* Maxon　【ホングウシダ科】

イワゴケ	高原町（高原）

ボロボロノキ　*Schoepfia jasminodora* Siebold et Zucc.　【ボロボロノキ科】

イモクソギ	東郷町（西林山）
ウバノリキ	延岡市（浦城①）
オンボーレ	えびの市（真幸内竪②）
ホットレ	門川町（松瀬）、新富町（上新田）
ヤマチャ	南郷村（鬼神野③）

【コメント】①カラスやトンビは枝が折れやすいのを知っているのか、巣作りにこの枝を折って使う。②カシキグサ（刈敷草）に最高。③炭にすると固く重い。

マ

マキエハギ　*Lespedeza virgata* DC.　【マメ科】

マメハギ	高原町（後川内）

マコモ　*Zizania latifolia* Turcz. ex Stapf　【イネ科】

ショロゴモ	宮崎市(生目、江田) など各地、田野町(内八重①)

【コメント】①葉でしょろさん（精霊様）の座敷になるコモを作る。

マサキ　*Euonymus japonicus* Thunb.　【ニシキギ科】

イソグルメ	宮崎市(曽山寺)、日南市(大堂津。鵜戸)、南郷町(大島)、串間市(市木、大納、黒井)
イソクロ	延岡市(浦城)
イソツバキ	延岡市(浦城、熊之江、島浦①、須美江)
カッチンミ	串間市(金谷⑤)
キノミ	宮崎市(野島)、日南市(宮浦)
キノミノキ	日南市(鵜戸)
クロキ	高千穂町(高千穂(※日植))
クロギバナ	椎葉村(日添④)
サガメ	串間市(高松)
サガリメ	串間市(高松)
シバシバ	延岡市(安井)
シビビー	延岡市(熊之江)
シビビノキ	延岡市(赤水②、須美江)
トリクモ	日南市(大浦③)
ハマヂャエン	日向市(権現崎)
ハマツバキ	北浦町(阿蘇、古江)、都農町(東都農)
ピーピーノキ	北浦町(市振、古江)
マサキ	宮崎市(白浜)
ミゾガキ	串間市(今町)
メッチョ	北浦町
メーナ	北浦町(阿蘇)

【コメント】①墓に供える。②葉を丸めて、笛にする。③実を鳥が食う。④シキミがないときには墓に供える。⑤ヒヨドリのことをカッチンといい、ヒヨドリがこの実を好むから。
【ノート】多くの地域で若い葉を筒状に丸めて、片端をつぶし、そこを口にくわえて吹くと音が出る。この音からシビビ（→シバシバ）やピーピーと呼んだと思われる。

マサキ(葉を丸めて笛に)

マタタビ　*Actinidia polygama* Planch. ex Maxim.　【マタタビ科】

アカフジ	小林市(山代)
イノカ	西諸県郡(西諸地方(※鷹野))
シロクチ	日之影町(見立①)
ジンガラノキ	小林市(西小林②)
ネコジャラシ	都城市(御池町)
マタタッ	都城市(夏尾)
マタタッカズラ	都城市(御池町)
マタタビ	高千穂町(向山秋元③)、五ヶ瀬町(鞍岡波帰)、日之影町(後梅)、北方町(上鹿川)、北川町(陸地、上赤④、瀬口多良田)、北浦町(三川内大井)、西都市(尾八重)、綾町(竹野)、田野町(内八重)
マタタビ(カズラ)	高千穂町(下野、岩戸)、五ヶ瀬町(鞍岡波帰⑤)、日之影町(後梅⑥、見立⑦、飯干⑧)、北川町(上祝子④)、椎葉村(大河内、日添、小林、松尾)、諸塚村(諸塚)、北郷村(入下)、南郷村(鬼神野)、日向市(田の原)、木城町(中之又)、田野町(田野)、小林市(木浦木)、須木村(九々瀬)、野尻町(今別府)、都城市(都城)、三股町(長田)、北郷町(大戸野)
ママタブ	椎葉村(尾手納、尾前)、西米良村(田無瀬)、西都市(尾八重)、須木村(堂屋敷)
ヤマナシ	えびの市(白鳥⑨)

【コメント】①アカクチはサルナシ、クロクチはクマヤナギをさす。②中の芯はランプの芯にする。③ポキッと折れるので、縛りに使えない。④葉に白が多いとその年は雨が少ない（晴年）で、白が少ないと雨が多い（雨年）。⑤実を梅漬の中につけて食う。⑥「弘法大師が病で山に倒れた。そこにこの実が落ち、拾って食べたら元気になりまた旅（またたび）、をした」という。⑦実を飢饉の時食った。⑧病気の猫に新芽を食わす。⑨「昔、侍が旅の途中で腹痛にあったが、拾ったマタタビの実を食ったら治り、また旅を続け、その後も実を持ち歩いた」という。

マタタビ(葉の白さで天候占い)

マツバイ　　*Eleocharis acicularis* var. *longiseta* Svenson　　【カヤツリグサ科】

ウシゲ	五ヶ瀬町（鞍岡波帰①）
ウシヒゲ	椎葉村（栂尾）
ダンナグサ	野尻町（今別府②）
マツバグサ	日之影町（後梅）
モウセングサ	日之影町（七折一ノ水）
ヨメイト	えびの市（真幸内堅③）

【コメント】①生えている様子が牛の毛に似る。田の雑草。②生え方が旦那様が座る座布団のように見える。③田の雑草。嫁が取れんので苦労する。

マツブサ　　*Schisandra repanda* Radlk.　　【マツブサ科】

アカガネカズラ	須木村（堂屋敷）
アカクチカズラ	西都市（銀鏡）
シシクビリカズラ	須木村（田代ケ八重）
ショウガフジ	日之影町（後梅）、北方町（上鹿川）
ショウモンコ	西米良村（田無瀬）
シロクチカズラ	日向市（田の原①）
ビンツケカズラ	日之影町（見立②）
マツフジ	日之影町（後梅①）
マツフジカズラ	高千穂町（河内）
ヤワラカズラ	五ヶ瀬町（鞍岡波帰①）、椎葉村（栂尾）
ヨウラカズラ	椎葉村（大河内③、日添）
ワタカズラ	川南町（細④）

【コメント】①萱家のしばりにする。②葉をもんで使う。③名前は忘れた。萱家のしばりに使う。生のうちは軟いから、縛りやすい。乾くとナタでも固くて切れん。④実が真っ黒くなり、ブドウごんしちょって、美味いわ。皮が厚くワタのようにやわらしい。芯は細いが萱家のしばりに使う。

マツヨイグサ類　　*Oenothera stricta* Ledeb. ex Link　　【アカバナ類】

ツキミソウ	田野町（内八重）、小林市（西小林）
ユウガオ	高千穂町（岩戸）、五ヶ瀬町（鞍岡波帰）、日之影町（後梅、見立）

マテバシイ　　*Lithocarpus edulis* Nakai　　【ブナ科】

カシの項へ

ママコノシリヌグイ　　*Persicaria senticosa* H.Gross　　【タデ科】

イゲグサ	延岡市（東海）
イヌノシリヌグイ	諸塚村（飯干）
イラクサ	児湯郡（児湯（※日植方））、宮崎市（瓜生野）、えびの市（岡松①）、都城市（御池町）、串間市（高松）
インノシリヌグイ	宮崎市（江田）
ウマムクラ	北川町（葛葉、松瀬）
ウマムクロ	北川町（松瀬）
オニムクラ	西都市（中尾②）
コンペイトウ	高千穂町（上野）、宮崎市（木花）
コンペイトウグサ	諸塚村（立岩）、宮崎市（江田）
サシクサ	高原町（後川内）
ビキノスネカキ	高鍋町（鬼ケ久保）
ビキノツラカキ	木城町（石河内、川原）
ママコイジメ	田野町（内八重）
ママコグサ	綾町（竹野）
ママコノシリヌグイ	高千穂町（岩戸）、日之影町（後梅、一ノ水）、綾町入野、（川中）
ママコノヒューヌグイグサ	西米良村（乙益氏収録）
ママコンシンニギイ	綾町（上畑）
ママコンシンノグイ	日之影町（中間畑）

ムクラ	椎葉村(尾手納③、日添)、諸塚村(飯干)、日向市(田の原)
ムクラグサ	川南町(牧平)
モクラグサ	川南町(細)
モグラグサ	須木村(内山、堂屋敷)
ヨメジョノシリヌグ	高千穂町(下野)
ヨメノシリコサギ	高千穂町(田原)
ヨメノシリヌグイ	高千穂町(押方、向山秋元)、五ヶ瀬町(桑野内、鞍岡)、日向市(権現崎、北郷町(宿野)、串間市(市木)
ヨメンシリヌグイ	五ヶ瀬町(広瀬)、延岡市(小野)

【コメント】①昔、大阪商人が日向に来て野原で大便をし、紙代わりに生えていた草を使った。その商人は日向は人も草も粗いと言うた。その草がこれだったという。②ムクラはミゾソバにいう。③ウナギツカミも同名。

【ノート】茎に鋭いトゲが密生しているので、イラクサやサシ。カナムグラ(古名：ムクラ)、に似て茎のトゲが痛いのでムクラ→転じてモクラグサ。野原で用足しの尻拭いにわざわざ痛いこの草を使って、継子や嫁いじめにでもという発想からの名か。花は金平糖に似る。ビキ(蛙)もこの草で脛や面(つら)をひっかくとのことであろう。

ママコノシリヌグイ(茎に鋭いトゲが)

マムシグサ類　*Arisaema japonicum* Blume　　【サトイモ科】

ウシノベロ	高千穂町(三田井)
ガラガラ	小林市(細野、三松)
ゲロゲロ	小林市(三松)
ドクゴンニャク	西都市(東米良)
ヘツジャクシ	えびの市(飯野)、小林市(西小林)、野尻町(野尻)
ヘッノシャクシ	えびの市(加久藤②、京町)、小林市(東方、ああ細野、三松)、高原町(後川内⑥、狭野)、高城町(四家)、都城市(荒襲、牛の脛①、安久)
ヘッノジャクシ	えびの市(飯野、真幸)
ヘビゴンニャク	日之影町(見立)、椎葉村(尾崎①、尾手納、尾前、十根川①、日添②、小林、不土野)、諸塚村(飯干①、小原井、葛の原、立岩、矢村)、北郷村(坂元)、西郷村(上揚)、南郷村(鬼神野、神門上渡川)、西都市(中尾、東米良)、木城町(中之又)
ヘビシャクシ	高千穂町(岩戸)、日之影町(見立③)、北川町(上祝子)、野尻町(野尻①)、都城市(志比田、夏尾)、北郷町(大戸野)
ヘビジャクシ	高千穂町(岩戸⑧、鬼切畑、上押方①⑦、上野、河内、下野①、神殿、田原①、三田井、向山秋元①)、五ヶ瀬町(赤谷、鞍岡波帰、桑野内⑨)、日之影町(見立①、一ノ水①、後梅①、新畑①、中間畑①、八戸星山①⑦)、北川町(陸地、上赤③、葛葉④、熊田、瀬口多良田⑤、松瀬①、八戸)、北浦町(阿蘇、市振、直海、古江、三川内)、延岡市(浦城①)、椎葉村(大河内⑩)、西郷村(小川)、東郷町(迫野内、福瀬)、日向市(田の原)、木城町(石河内①、岩渕)、川南町(比田⑪)、高鍋町(鬼ケ久保⑫)、綾町(竹野、上畑)、えびの市(全域)、小林市(全域)、須木村(全域)、野尻町(紙屋⑬、野尻)、日南市(鵜戸)
ヘビノカラカサ	延岡市(島野浦)
ヘビノシタ	西郷
ヘビノシャクシ	高千穂町(上押方)、日向市(飯谷)、西米良村(小川)、西都市(水喰、三納長谷)、川南町(細)、国富町(南俣)、高岡町(富吉)、宮崎市(塩鶴、白浜)、えびの市(真幸①)、小林市(木浦木⑭、細野、山代①)、須木村(内山、奈佐木)、野尻町(野尻)、田野町(内八重⑱) 高原町(高原、広原)、高崎町(前田)、高城町(有水)、都城市(御池町⑲、安久)、北郷町(広河原、宿野)、日南市(鵜戸、白木俣)、串間市(大矢取⑮、黒井)
ヘビノジャクシ	高千穂町(田原(※内藤))、小林市(西小林、東方)、須木村(須木)、野尻町(野尻)
ヘビノト	北方町(上鹿川)、東郷町(坪谷)、川南町(細①⑯)
ヘビノトウ	都農町(木和田⑱)
ヘビノハカマ	串間市(市木⑦)
ヘビノマクラ	串間市(高松)
ヘビバナ	北方町(北方町)
ヘビンシャクシ	西米良村(板谷①)
マルマゲ	串間市(高松⑰)
ヤマコンニャク	北方町(上鹿川)、北郷村(入下)
ヤマゴンニャク	諸塚村(飯干①)

【コメント】①トイレに入れ、蛆を退治した。②ボウフラにも蛆にも効く。③全草をたたきつぶしてトイレに入れる。④茎ごと切ってトイレに。蛆は全部死によった。いい薬じゃった。⑤芋をすって、神経痛の痛いところに当てる。⑥ムサシアブミも同名。昔、

マムシグサ(トイレに入れ蛆を殺した)

タマ（球根）を売りよった。⑦ここでは、ムサシアブミを指す。鳥ワナの餌に使う。⑧ヤギが実を食って舌がはれて、2～3寸ほどに伸びた。3日間食べ物をとらんかった。⑨トイレの臭い消し。⑩足の棘が抜けないときには根をすってしばらくつけておくと、ひとりで出てくる。⑪頭痛には、球茎をすって頭に載せ、乾くとつけて繰り返す。⑫庭の水かけ用の桶にボウフラがわくのでこのイモを砕いて入れておく。⑬この花を指でさしたら、さした指をもう一方の手で年の数だけ切らぬとばちが当たる。⑭腫れには、タマを2つに割って当てるとよい。⑮肝臓の薬：昔は根をおろして鍋で煎じて飲んだ。今は干して粉にしオブラートに包んで飲む。⑯すぐにトウが立つ。腫物に小さくちょっとつけると、そこがすぐに腐って膿が出る。⑰ここではムサシアブミを指しており、花の形が丸鐙に似ているから。⑱根を摺って腫れ物につけると、そこが腐って中の膿が出る。⑱中学生が実を食ったら、口がしびれて喋れんようになった。⑲ここでは、マイヅルテンナンショウを指している。

【ノート】マムシグサ類は宮崎県には10種以上があり大所帯である。里人にふれ、方言がつくのはマムシグサ・ヒトヨシテンナンショウ・ムサシアブミであろう。それぞれに面白い方言があったのかもしれないが、ここでは区別せずに聞き込んでいる。

マメダオシ	*Cuscuta australis* R.Br.	【ヒルガオ科】
ネナシカズラ	小林市（西小林）	

マメヅタ	*Lemmaphyllum microphyllum* C.Presl	【ウラボシ科】
イヌゴケ	高千穂町（向山秋元）	
コバングサ	川南町（細）	
サルノゼニ	日之影町（後梅、中間畑、見立）	
サルノゼン	北川町（上祝子①）	
ゼニガタカズラ	西都市（津々志）	
ゼニクサ	北郷町（大戸野、広河原②）	
ゼニグサ	川南町（細）	
ゼニゴケ	高千穂町（下野）、椎葉村（大河内、尾手納）、日向市（田の原）、木城町（中之又）、高原町（後川内）	
ゼンカズラ	須木村（堂屋敷）、高原町（狭野）	
ゼングサ	椎葉村（松尾）、都城市（夏尾）、三股町（長田）	
ゼンゴケ	三股町（長田）	
ツタカズラ	えびの市（加久藤）	
マメカズラ	えびの市（京町）	
ヤマドリゴケ	西都市（銀鏡③）	

【コメント】①遊びの時のお金に使う。②婦人病にはこの葉を煎服する。③山鳥を殺して、胃を開けるといっぱい入っている。

マユミ	*Euonymus sieboldianus* Blume	【ニシキギ科】
インネミ	北川町（上祝子）	
ウシメブ	小林市（山代）	
ウマメキ	高崎町（笛水）	
タズ	北川町（上祝子）	
ホンミャーミ	椎葉村（尾手納①、尾前）	
ホンメアミ	椎葉村（尾手納）	
ホンユミギ	椎葉村（大河内①）	
マユミ	高千穂町（下野②、向山秋元①）、日之影町（後梅）、川南町（比田④）、三股町（長田）	
マユミノキ	日之影町（新畑）	
ミャーミ	椎葉村（尾手納、日添）	
ムエム	高千穂町（岩戸）	
メアミ	五ヶ瀬町（鞍岡波帰）、北川町（上祝子）	
メキ	高城町（有水）	
メームノキ	高千穂町（田原）	
メギ	日南市（宮浦（※倉田））	
メッノキ	高原町（後川内）、都城市（夏尾②）	
メノキ	野尻町（石瀬戸）	
メブノキ	三股町（長田②）	
メミ	北川町（上祝子）、木城町（石河内）	
メム	北川町（上祝子）	
メヤーミノキ	椎葉村（日添）	
モエミ	北方町（上鹿川③）	

モエム	高千穂町（落立）
モユミノキ	日之影町（新畑）
ユミギ	椎葉村（松尾）、諸塚村（諸塚）

【コメント】①弓作り：太い茎は割って皮を外に肉を内にして使う。②炭俵の口当て・底当てに使う。③新芽をゆがいて食う。④新富町の成法寺では、1月11日の矢市に魔除けの矢を売りに来よった。その矢の矢筈はマユミの材で作っていた。また、この材はパイプにもし、磨くと角材のように光った。

マルバアサガオ　　*Ipomoea purpurea* Roth　　【ヒルガオ科】

ヘイケアサガオ	椎葉村（日添①）

【コメント】①昔からこの地に植えられているとのこと（椎葉クニ子）。マルバアサガオとみなした（南谷）。

マルバウツギ（ツクシウツギ）　　*Deutzia scabra* Thunb.　　【アジサイ科】

アカウツギ	日之影町（見立①）
アマノリギ	木城町（石河内）
ウツキ	高千穂町（高千穂）、須木村（内山）
ウツギ	北川町（上祝子）、椎葉村（尾手納）、諸塚村（諸塚）、北郷村（入下）、南郷村（鬼神野）、木城町（中之又）、えびの市（京町）、野尻町（石瀬戸）、宮崎市（塩鶴）
ウノハナ	日向市（田の原②）
ウメウツギ	三股町（長田）
コメゴメノキ	高原町（後川内）
ジミ	川南町（細）
シロウツギ	北川町（陸地）
スウツギ	椎葉村（尾前）
ハボロシ	椎葉村（日添③、松尾）

【コメント】①ガクウツギはシロウツギという。②4月8日（うのはな節句）に仏さん等にこの花を飾る。③枝は箸にすると歯が痛くなる。葉もいかん。
【ノート】九州にはマルバウツギは日豊海岸の沿海地にしかなく、ほとんどは変種のツクシウツギになる。

マルバチシャノキ　　*Ehretia dicksonii* Hance　　【ムラサキ科】

オタツガビワ	日南市（小目井（※平田））

マルミノヤマゴボウ　　*Phytolacca japonica* Makino　　【ヤマゴボウ科】

ヤマゴボウ	椎葉村（大河内）、小林市（木浦木、山代）、須木村（内山、堂屋敷）、野尻町（今別府）
ヤマゴンボ	西都市（三財①）

【コメント】①実の汁で白い布を染めていた。

マンリョウ　　*Ardisia crenata* Sims　　【ヤブコウジ科】

アカネソ	須木村（九々瀬）
オイチガマンジュウ	延岡市（松山町）
ギンチョ	北方町（八戸）
ギンチョンノミ	小林市（細野、三松）
ジュウノミ	北方町（下鹿川）
ジュゲンダマ	日南市（細田）
ジョンジョンノミ	高原町（後川内①）
ジンノミ	都城地方（※都盆）
センガン	日南市（上白木俣④）
センチョマンチョ	北浦町（直海、市振）
センリョウ	高千穂町（田原⑤）、西都市（水喰⑤）、えびの市（加久藤）
センリョマンリョ	延岡市（島野浦）
ダゴバナ	高崎町（笛水）
ツッテンポンタマノ	小林市（山代）
テッポンタマノキ	新富町（鬼付女）
テンジンサマ	北郷町（大戸野）

ニョウサンノミ	小林市(西小林⑥)
ハナミ	えびの市(真幸内堅⑦)
ホトケグサ	小林市(真方)
ホトケノミ	えびの市(飯野)
マゴミソ	須木村(原)
マンジュウ	延岡市(安井)、川南町(比田)、高鍋町(鬼ケ久保①)
マンジュウ(ノミ)	都城市(安久)
マンジュバナ	日向市(権現崎)
マンジュンタマ	延岡市(小野)
マンジュンミ	都城市(上安久)
マンチューブ	都農町(細①)、川南町(細)
マンチョウ	日向市(権現崎)
マンチョンミ	小林市(細野、三松)、須木村(堂屋敷)、高原町(広原)
マンリョー	小林市(細野、三松)
マンリョウ	高千穂町(岩戸②、鬼切畑②、押方、下野、田原、三田井、向山)、日之影町(後梅)、北川町(陸地、上赤、上祝子、葛葉、瀬口、三川内、八戸、北方町、延岡市(赤水、浦城、熊之江、島浦)、椎葉村(大河内)、諸塚村(諸塚)、北郷村(宇納間)、西郷村(山須原)、南郷村(水清谷)、東郷町(坪谷、迫野内、福瀬)、日向市(田の原、畑浦③)、西米良村(田無瀬)、西都市(銀鏡、津々志①、三納長谷①)、木城町(川原、中之又)、川南町(比田)、綾町(竹野)、高岡町(ゆすの木橋)、宮崎市(野島、宮崎)、田野町(内八重、片井野)、えびの市(各地)、小林市(西小林、東方、真方)、須木村(全域)、高原町(狭野)、三股町(長田)、串間市(市木藤①、大平、黒井)
ヨネマンジュウ	高原町(狭野)

【コメント】①実は鉄砲の弾。②墓にあげる。③鳥ワナの餌に使う。④センリョウにはマンリョウという。⑤マンリョウがセンリョウで、センリョウにマンリョウという。⑥ニョウサンは仏様のこと。⑤カラタチバナも同名、センリョウ→アワガラブシ。
【ノート】実を竹鉄砲の弾にしたのでテッポンタマノキや銃の実。仏様に供えるのでホトケノミやニョウサンノミ。というのは理解できるが他の名の由来はよくわからない。

マンリョウ(実は竹鉄砲の弾)

ミ

ミシマサイコ　*Bupleurum stenophyllum* Kitag.　【セリ科】

サイコ	小林市(山代①)
セコ	えびの市(霧島)、須木村(須木(※内藤))、都城市(御池町)

【コメント】①昔は多かった。
【ノート】平部嶠南(『日向地誌』)によると、明治期には霧島山麓の草原にたくさんあり、産物として採取していたという。

ミズオオバコ　*Ottelia alismoides* Pers.　【トチガガミ科】

サンポーソー	宮崎市(江田)
ミゾホウズキ	宮崎市(江田)

ミズキの仲間

ミズキ　*Cornus controversa* Hemsl. ex Prain　【ミズキ科】

ジッタミズシ	日之影町(中間畑)、北川町(上祝子①)
ジュクタミズシ	南郷村(鬼神野)
ジュッタミズシ	西米良村(田無瀬)
シラミズシ	日之影町(七折一ノ水②)、高城町(四家)
ジルタミズシ	北浦町(三川内大井)
シロミズキ	小林市(西小林)
シロミズシ	高千穂町(岩戸、三田井③、向山秋元)、五ヶ瀬町(鞍岡波帰)、日之影町(新畑、中間畑、見立煤市)、椎葉村(小崎、日添、小林)、北方町(上鹿川)、日向市(田の原)、西米良村(横野⑧)、西都市(大椎葉)、木城町(中之又)、綾町(竹野)、えびの市(白鳥)、須木村(堂屋敷)、小林市(木浦木)、田野町(内八重)、高岡町(柞木橋)、高原町(後川内)、高城町(有水)、高崎町(前田)、山之口町(五反田)、三股町(長田)
タナミズシ	日之影町(中間畑)、椎葉村(日添、小林)、西都市(中尾)
ダンミズシ	椎葉村(尾手納、日添)

トウジャアミズシ	椎葉村（尾前）
トウジャミズシ	五ヶ瀬町（鞍岡波帰）
トウダイミズシ	五ヶ瀬町（鞍岡波帰④）
ヒエミズシ	椎葉村（大河内⑤）
ベンガラ	都城地方（※都盆）
ミズキ	高千穂町（下野）、須木村（内山）
ミズシ	高千穂町（河内③、田原）、五ヶ瀬町（桑野内⑦、東光寺）、日之影町（後梅③、八戸星山）、諸塚村（諸塚）、西米良村（小川）、木城町（川原、中之又）、宮崎市（塩鶴、野島）、都城市（夏尾）、北郷町（宿野）、串間市（大矢取）

ミズキ（材に水気が多い）

【コメント】①水気を「ジュッタ」といいさらに「ジッタ」に変化した。②炭にひびが入る。③火災除けに新築の棟木に付ける。材が水を出すので火災除けになる。④松明を焚くとき時の台（とうだい）の形に枝振りが似る。⑤5月上旬に咲く。この頃ヒエを播く。⑥冬の間、若い枝は真っ赤になるのでいう。⑦小正月にミズシの枝に四角の餅をさす。柳には丸餅をさす。⑧シロミズシの花盛りにアワを蒔く。

【ノート】多くの地方でクマノミズキにアカミズシ、ミズキにシロミズシといい、区別している。材の色からきているのであろう。タナ（棚）、ダン（段）はミズキの方は枝が水平に広がり、棚や段状になることによると思われる。

クマノミズキ　　*Cornus macrophylla* Wall.　　【ミズキ科】

アカミズキ	小林市（西小林）
アカミズシ	高千穂町（岩戸、三田井①、向山②）、五ヶ瀬町（鞍岡波帰）、日之影町（一ノ水、飯干、新畑、中間畑、見立）、北方町（上鹿川）、椎葉村（小崎、日添）、南郷村（鬼神野）、日向市（田の原）、西米良村（田無瀬、横野③）、西都市（大椎葉）、木城町（中之又）、綾町（竹野）、田野町（内八重）、高岡町（柞木橋）、えびの市（白鳥）、須木村（堂屋敷）、小林市（木浦木）、高原町（後川内）、高城町（有水、四家）、高崎町（前田）、山之口町（五反田）、三股町（長田）
アワミズシ	椎葉村（大河内③）
カタミズシ	椎葉村（尾手納④、日添④）
タケミズシ	椎葉村（日添）
ミズシ	北浦町（三川内大井）

【コメント】①1月14日に小正月の花餅にこの枝をヤナギと使う。②クマノミズキとネコヤナギに餅をつけて3本を縛り、大黒さん等に供える。③5月下旬に咲く。この時、遅アワを播く。④材が赤く、乾くと堅い。

ミズスギ　　*Lycopodiella cernua* Pic.Serm.　　【ヒカゲノカズラ科】

スギバグサ	高崎町（前田）

ミズナラ　　*Quercus mongolica* var. *crispula* H.Ohashi　　【ブナ科】

オニハサコ	日之影町（見立）
オニバサコ	高千穂町（向山秋元）
シロナラ	北川町（上祝子①）
シロバサコ	日之影町（※町史）
ズウダ	五ヶ瀬町（鞍岡波帰）、椎葉村（日添、尾手納、小崎）
ツヅレバサコ	高千穂町（岩戸）
ナラ	北方町（上鹿川）
ナラガシワ	宮崎市（宮崎（※日植方））
ナラバサコ	日之影町（見立）
ハザコ	椎葉村（日添）
ホウサ	西都市（銀鏡）
ホサ	宮崎市（宮崎（※日植方））、高原町（狭野）

【コメント】①シイタケの原木、堅い。

ミズヒキ　　*Persicaria filiformis* Nakai ex W.T.Lee　　【タデ科】

ミズヒキ	高千穂町（下野）、野尻町（今別府）、高原町（高原）
ミズヒキグサ	日向市（田の原）、えびの市（加久藤）

ミズメ （ヨグソミネバリ） *Betula grossa* Siebold et Zucc. 【カバノキ科】

アズサ	西都市（銀鏡）
インザクラ	都城市（御池町）
オニカワモウカ	北川町（祝子（※平田））
カバザクラ	日之影町（見立）、椎葉村（尾手納、小崎）
ミズメ	須木村（九々瀬）、高原町（狭野）
ムカザクラ	えびの市（白鳥）
ムクワサクラ	小林市（西小林）
モウカ	五ヶ瀬町（波帰）、北川町（上祝子）、椎葉村（尾前）、西米良村（小川）、西都市（銀鏡）
モウカザクラ	高千穂町（岩戸、下野、向山秋元）、五ヶ瀬町（鞍岡波帰）、日之影町（新畑）、椎葉村（尾手納、小林、日添、松尾）、諸塚村（諸塚）、北郷村（入下）、南郷村（鬼神野）、日向市（田の原）、木城町（石河内、中之又）、須木村（堂屋敷）、都城地方（※都植方）、山之口町（五反田） 日南市（上白木俣）
モウカノキ	椎葉村（尾手納）、日之影町（中間畑①）、西都市（中尾）
モカザクラ	綾町（竹野）、都城市（御池町）

【コメント】①ハネカワモウカ（皮が縦に割れ、はねっている）とイトモウカ（肌がやさしい）があるというが何をさしているか分からない。

ミゾカクシ　*Lobelia chinensis* Lour.　【キキョウ科】

アゼクサ	椎葉村（日添）
タンボグサ	椎葉村（日添）
ヂシバリ	北川町（八戸）

ミゾソバ　*Persicaria thunbergii* H.Gross　【タデ科】

アカノミ	諸塚村（飯干）
イヌタデ	椎葉村（大河内）、北郷村（入下）、えびの市（加久藤）、小林市（真方、三松）
イラクサ	都城市（御池町）、串間市（大矢取、高松）
オモトバナ	北郷村（入下）
ガラッパグサ	えびの市（真幸）、高城町（有水）
カワタデ	小林市（木浦木、堂山）、高城町（有水、八久保）
コンペイト	日之影町（中間畑）、高崎町（笛水）
コンペイトウ	西都市（尾八重）、えびの市（真幸）、小林市（真方、三松）
コンペイトウグサ	五ヶ瀬町（広瀬）、北方町（上渡川）、北浦町（三川内）、諸塚村（矢村）、南郷村（鬼神野）、西米良村（田無瀬）、宮崎市（野島⑥）、都城市（上安久）
コンペイトウバナ	五ヶ瀬町（波帰）
コンペイトグサ	五ヶ瀬町（鞍岡波帰）、西米良村（田無瀬）、都城市（上安久）
コンペイトバナ	北川町（葛葉）、北郷村（宇納間）、えびの市（真幸内堅）
ソマクサ	都城市（安久）
ソマグサ	木城町（中之又）
タゼクサ	宮崎市（江田）、田野町（内八重①）、小林市（木浦木、東方①）
タデ	高千穂町（岩戸）、えびの市（加久藤①）、小林市（真方）、串間市（市木①、黒井①）
ドンクグサ	北浦町（直海⑤）、南郷村（鬼神野、神門）
ニワトリグサ	えびの市（真幸内堅）
ビキグサ	椎葉村（松尾）、南郷村（水清谷②、中山）、宮崎市（江田）、北郷町（広河原）、日南市（白木俣）
ビキタログサ	北浦町（市振、古江、三川内）、延岡市（赤水③）、新富町（鬼付女）
ビキタングサ	椎葉村（栂尾）、南郷村（上渡川）、北郷町（大戸野）
ビキタロンハカマ	国富町（本庄（※平田））
ビキノカマゲタ	椎葉村（不土野）
ビキノスネカキ	川南町（比田）、高鍋町（鬼ケ久保）
ビキノツラカキ	木城町（石河内、岩渕）、高鍋町（上江、持田）
ビキノノドコサギ	木城町（石河内）
ヒキノハカマ	日南市（飫肥）
ビキノハカマ	延岡市（浦城、小野、須美江）、東郷町（坪谷、福瀬）、日向市（権現崎、田の原）、西都市（上三財）、川南町（比田、牧平）、綾町（上畑、川中）、宮崎市（生目①、瓜生野、江田、塩鶴、城ヶ崎、曽山寺）、清武町（清武）、日南市（吾田）
ビキノマタ	北川町（祝子（※平田））
ビキマクラ	延岡市（熊之江）
ビッキョグサ	えびの市（真幸）

ビックサ	椎葉村（日添）
ビッグサ	綾町（竹野）
ヒヨコグサ	須木村（堂屋敷）
ミズクサ	須木村（堂屋敷）
ミゾソバ	西都市（銀鏡）
ムクラ	諸塚村（飯干）、西都市（中尾）
モグラグサ	西米良村（尾股）、えびの市（真幸内竪）、須木村（九々瀬）
ユダレクイ	えびの市（真幸内竪④）

【コメント】①タデ（ヤナギタデ）と共に渋柿のあおし（渋抜き）に使う。②葉の形からいう。③カエル釣り：葉を揉んで丸めて糸で縛り、それを虫にみたてカエルの前で動かすとカエルが食いつく。④葉の形が「よだれかけ」に似るから。⑤ドンクはカエルのこと。⑥牛は食わん。
【ノート】生えている場所が水辺でカエルが居そうなのでビキ・ビッ・ビッキョ・ドンク（カエルのこと）をつけている。コンペイトは金平糖のことで、花序の形状からきているのであろう。

ミゾソバ（溝辺に生える）

ミソナオシ　　*Ohwia caudata* H.Ohashi　　【マメ科】

サシ	宮崎市（生目）、高崎町（前田）

ミソハギ　　*Lythrum anceps* Makino　　【ミソハギ科】

カワハギ	北浦町（市振）
コンペイトバナ	北川町（八戸）
ショウロバナ	五ヶ瀬町（桑野内）、北川町（上祝子①）
ショハギ	日向市（飯谷）
ショロサンバシ	北方町（二股）、北郷村（宇納間）、南郷村（鬼神野）
ショロハギ	木城町（石河内）
ショロバナ	北方町（二股）、北郷村（入下）、南郷村（水清谷）、都農町（東都農）、川南町（白髭、比田、細）、綾町（竹野）、国富町（南俣）
センボンハナ	都城市（志比田②）
ソウハギ	高千穂町（三田井②）、五ヶ瀬町（赤谷）、日之影町（舟の尾②）、北川町（葛葉①②）、瀬口多良田）、北浦町（三川内、各地①）、西米良村（小川）、川南町（細）
ソハギ	延岡市（赤水、浦城①②、熊之江、島浦①②、松山町）、東臼杵郡（東臼杵地方（※日植））、東郷町（迫野内）、木城町（石河内）、高鍋町（鬼ケ久保）、宮崎市（江田、塩鶴、城ケ崎、野島、宮崎市各地）、須木村（堂屋敷）、北郷町（広河原）、串間市（市木、黒井）
ボンバナ	高千穂町（三田井）、五ヶ瀬町（鞍岡）、北方町（久保山）、延岡市（小野）、椎葉村（尾手納、尾前）、東郷町（迫野内）、日向市（田の原）、西都市（三財、三納長谷）、都農町（東都農）、川南町（名貫、細）、綾町（上畑）、宮崎市（生目、宮崎市）、田野町（内八重③）、えびの市（京町、真幸）、北郷町（広河原③）、日南市（吾田、鵜戸、白木俣③）、南郷町（榎原）、串間市（市木）
ミズバナ	南郷村（水清谷）
ミソハギ	木城町（中之又）

【コメント】①芯をショロサマの箸にする。②盆の供花にする。③盆花にする。オミナエシも同じ名でいう。
【ノート】宮崎県で広く盆の供花に使う。盆時期になるとスーパー等でも売られる。ボンバナという地方では他の供花に使うオミナエシやヒガンバナもボンバナと呼ぶ。ショロバナ（精霊様の花）も盆の供花から。ソハギは禊（みそぎ）萩だとの解説を見るが、宮崎県ではこの花で水をかける禊の行事は聞かない。水辺に生えるハギに似た草なので、川萩、沢（サワ→ソウ→ソ）萩や溝（ミソ）萩と呼ぶようになったのでは。

ミツバ　　*Cryptotaenia canadensis* subsp. *japonica* Hand.-Mazz.　　【セリ科】

ミツバ	小林市（西小林）
ミツバゼリ	日之影町（見立）、えびの市（加久藤）、須木村（堂屋敷）、野尻町（野尻）、高原町（高原）、都城市（御池町）

ミツバウツギ　　*Staphylea bumalda* DC.　　【ミツバウツギ科】

コメナ	椎葉村（日添、小林）

ミツバツツジ類　*Rhododendron hyugaense* T.Yamaz.　　【ツツジ科】

イモウエツツジ	五ヶ瀬町（鞍岡波帰①）
イワツシ	都城市（御池町）
イワツツジ	北方町（下鹿川）、北川町（上祝子、八戸）、延岡市（小野、須美江）、椎葉村（松尾、尾手納、胡麻山、十根川、日添）、諸塚村（飯干、立岩、矢村）、北郷村（入下）、南郷村（鬼神野）、西米良村（小川、田無瀬、横野）、西都市（銀鏡、津々志②、中尾）、木城町（中之又）、川南町（細②）、綾町（竹野）、田野町（内八重③）、えびの市（飯野）、小林市（木浦木、山代）、須木村（堂屋敷、奈佐木）、高原町（狭野）、都城市（上安久）、三股町（長田）
オオツツジ	北川町（上祝子④）
オダワラツツジ	木城町（石河内⑪）
カワツツジ	須木村（田代八重⑤）
カンコツツジ	日向市（権現崎⑧）、木城町（中之又⑩）
タキツツジ	西米良村（板谷）
ツツジ	北方町（上渡川）、北浦町（古江）、椎葉村（尾崎）、高崎町（有水⑦笛水⑥）、高城町（有水⑦）
ヒガンツツジ	西米良村（小川）
ミツバツツジ	椎葉村（松尾）、東郷町（坪谷）、西都市（水喰）、木城町（中之又）、都農町（東都農）、川南町（細）、宮崎市（塩鶴⑪）、日南市（上白木俣⑨）
ヤマツツジ	北浦町（古江）、椎葉村（尾前）、木城町（石河内⑫）、須木村（九々瀬、田代ケ八重）、田野町（内八重）、三股町（長田峡）

【コメント】①ここではツクシコバノミツバツツジ。この花が咲くとカライモの床伏せをする。②ここではヒュウガミツバツツジ。彼岸前に咲く。③ここではアラゲコバノミツバツツジ。宮崎大学演習林入口の岩場に3月下旬に咲く。④ナンゴクミツバツツジもオンツツジにも同名。周りのヤマツツジやフジツツジに対して、大きくなるからか（南谷）。⑤ここではヒュウガミツバツツジをさす。川岸の岩場に生えるからか。ナンゴクミツバツツジにはヤマツツジといい区別している（南谷）。⑥ここではナンゴクミツバツツジ。岩瀬ダムにたくさんあったが今は水没してない。⑦束岳の頂上にある。※ここではオオスミミツバツツジ（南谷）。⑧この花盛りがゼンマイの最盛期。ここではオンツツジを指す。⑨ここではオオスミミツバツツジをさし、割岩谷にある。⑩ここではヒュウガミツバツツジで、カンコツツジが咲くとシイタケのあがり。⑪ここではオンツツジをさす。⑫ここではヒュウガミツバツツジとアラゲコバノミツバツツジを指している。石河内ではオンツツジをオダワラツツジとして区別している。

【ノート】宮崎県にはミツバツツジ類が多く、里にはピンク系の花が咲くヒュウガミツバツツジ・ナンゴクミツバツツジ・アラゲコバノミツバツツジ等があるが区別せずに同名でいう。しかし、赤花で大型のオンツツジは区別して呼んでいる。学名は宮崎県で最も普通なヒュウガミツバツツジのもの。

ミツマタ　　*Edgeworthia chrysantha* Lindl.　　【ジンチョウゲ科】

ミツマタカジ	北川町（八戸）
ミツマタコウゾ	日之影町（新畑）
ミツマタジンチョウ	小林市（東方）

ミミズバイ　　*Symplocos glauca* Koidz.　　【ハイノキ科】

アメガタノキ	新富町（鬼付女）
ミミズノマクラ	延岡市（浦城）
メヅル	東郷町（西林山）
ヨダキノキ	日向市（岩脇①）、日向市（美々津①）

【コメント】①美々津の権現崎に多い。枝が広がって下がるのでだらしなく見えるので、ヨダキ（おっくう、めんどくさい、だらしない）の名を付けたと思われる（南谷）。

ミミナグサ　　*Cerastium fontanum* subsp. *vulgare* var. *angustifolium*　　【ナデシコ科】

チョウチングサ	北川町（上祝子①）

【コメント】①実が下がる。オランダミミナグサを含む。

ミヤマキリシマ　　*Rhododendron kiusianum* Makino　　【ツツジ科】

キリシマ	えびの市（霧島）
キリシマツツシ	高原町（狭野）、都城市（御池町）

ミヤマシキミ	*Skimmia japonica* Thunb. var. *japonica*	【ミカン科】
アカミ	えびの市（白鳥）	
アケミ	西米良村（小川）	
アシミ	西米良村（小川、田無瀬）、西都市（銀鏡）	
ギンチョノキ	西都市（津々志）	
コシキミ	川南町（※平田）	
シキビ	日之影町（見立煤市①）、北浦町（市振、古江、三川内大井）、延岡市（浦城②）、えびの市（真幸内堅）、須木村（堂屋敷、内山）	
シキブ	北浦町（市振）	
シキミ	北方町（上鹿川④、二股⑥）、北浦町（上祝子、瀬口多良田⑨、俵野、三川内歌糸⑦、八戸）、西都市（三財）、都農町（木和田）、川南町（細）、野尻町（今別府）、山之口町（五反田⑦）	
シシキビ	田野町（片井野）	
ニョウサンノミ	えびの市（加久藤）	
ニョウサンノミノキ	小林市（西小林⑧）	
ハナシキビ	田野町（内八重）	
ビンチョノキ	高千穂町（※平田）	
ホンシキビ	串間市（大矢取）	
ホンシキミ	北川町（上赤③、葛葉⑤）、宮崎市（曽山寺）	
ミヤマシキビ	東郷町（坪谷）、川南町（比田）、場所不明	
ヤマギンチョウ	都城市（上安久）	
ヤマシキッ	高原町（高原）	
ヤマシキビ	西都市（三財）、須木村（内山、九々瀬、田代ケ八重）、都城市（安久）	
ヤマシキブ	須木村（堂屋敷⑦）、小林市（山代）	
ヤマシキミ	日之影町（見立）、高城町（有水）、都城市（御池町）	
ヤマシチッ	都城市（荒襲）	
ヤマシチブ	小林市（山代①）、須木村（九々瀬⑦）、都城市（牛の脛）	
ヤマジンチョウ	えびの市（真幸内堅）、小林市（西小林）	
ヤマヒチブ	小林市（木浦木）	

【コメント】①墓にあげる。②墓の供花。ハナシバ（シキミ）1000本よりシキビ1枝という。③ハナシバ（シキミ）、100本よりホンシキミ1本の方がご先祖は喜ぶ。④ハナシバ（シキミ）100本よりこれ1本。供えすぎると仏さんが見ゆる（顔を出す）。⑤シキミ1000本よりホンシキミ1本をあげちくれと先祖は言う。⑥川で水死した方にのみ供える。⑦仏用の供花には最高。⑧仏さんの実の木。正月に実を飾る。⑨四季を通じて花・実があるので四季見という。

ミヤマトベラ	*Euchresta japonica* Hook.f. ex Maxim.	【マメ科】
タムシクサ	野尻町（今別府①）	

【コメント】①葉を塩でもんで2回ほどつけるとタムシが治る。

ミヤマハハソ	*Meliosma tenuis* Maxim.	【アワブキ科】
ヤマビワ	五ヶ瀬町（鞍岡波帰①）	

【コメント】①火にくべると、薪の切り口から泡をふく。

ミヤマビャクシン	*Juniperus chinensis* L. var. *sargentii* A.Henry	【ヒノキ科】
ビャクシン	北川町（上祝子）	

ミョウガ	*Zingiber mioga* Roscoe	【ショウガ科】
ミュウガ	木城町（中之又）	
ミョウガ	椎葉村（上椎葉、松尾）、諸塚村（諸塚）、北郷村（北郷村）、南郷村（鬼神野）、えびの市（京町）、須木村（内山）、高原町（後川内）、都城市（都城）、三股町（長田）	
ミョウガンコ	都城市（夏尾）	
ヤマミョウガ	小林市（西小林①）	

【コメント】①山に入った時これを食うと道がわからんごつなる。

ム

ムカゴイラクサ	*Laportea bulbifera* Wedd.	【イラクサ科】
イラクサ	野尻町（野尻）、高崎町（笛水）	

ムギラン	*Bulbophyllum inconspicuum* Maxim.	【ラン科】
マメラン	西都市（三財）	

ムクゲ	*Hibiscus syriacus* L.	【アオイ科】
ボンゼンカ	高千穂町（岩戸落立①）	
ボンテン	日向市（畑浦）	
ボンテンカ	五ヶ瀬町（波帰②）、小林市（小林）	
モンデンカ	えびの市（京町③）、	

【コメント】①盆の供花。②墓にあげたらいかん。③葉を髪洗いに使う。

ムクノキ	*Aphananthe aspera* Planch.	【アサ科】
クロエノミ	高千穂町（下野）	
サトンミ	小林市（西小林）	
シロニレ	野尻町（今別府）	
ムク	日之影町（新畑、七折一ノ水①、後梅）、北川町（上赤、葛葉②）、瀬口多良田、八戸、陸地、北浦町（三川内大井）、延岡市（赤水、浦城、須美江）、日向市（田の原）、西米良村（田無瀬）、木城町（川原）、綾町（入野）、宮崎市（江田、塩鶴）、高崎町（笛水）、田野町（内八重）、高城町（有水）	
ムクノキ	西都市（三財）、木城町（中之又）、綾町（竹野）、須木村（堂屋敷）、小林市（西小林、木浦木、山代③）、高崎町（前田）、山之口町（五反田）、日南市（上白木俣）	
ムクロ	延岡市（島浦）	
ムッギンミ	都城地方（※都盆）	
ムッノキ	須木村（内山）、小林市（西小林）、高原町（後川内）、都城市（御池町）	

【コメント】①実を食う。②熟れんうちにいっぺむしって、砂ん中に埋めちょくと、3日くらいでじゅうじゅう（柔らかくなること）熟れて、うめーわ。折れない木。③大正10年頃（飛行機が飛びだした頃）、飛行機の材料にするとかいって、営林署から奈佐木担当区経由で言うてきた。ねばい木で板はよう曲がる。竹のように薄く切るっですよ。1m20〜30cmの大木を、木挽きが10日くらいかけて10本ほどを出したですよ。ヒラタケがぎょうさん着く。

ムクノキ（葉で爪磨き）

ムクロジ	*Sapindus mukorossi* Gaertn.	【ムクロジ科】
ハゴ	延岡市（熊之江①）	
ハゴイタノキ	延岡市（浦城）	
ハゴンタマノキ	延岡市（島浦①）	
ムクノキ	北郷町（宿野）	
ムクユ	須木村（九々瀬②）、都城市（安久）	
ムクヨ	北浦町（市振、古江）、えびの市（京町）、須木村（九々瀬）、都城地方（※都盆）、高城町（四家）	
ムクヨノッ	小林市（山代⑪）	
ムクリュ	小林市（小林（※倉田））	
ムクリュー	延岡市（須美江）	
ムクリュウ	日之影町（後梅、中間畑②、八戸星山）、椎葉村（大河内、尾手納、日添）、南郷村（鬼神野）、西米良村（小川⑨）、西都市（銀鏡、中尾、三納①）	
ムクリョ	西都市（三財）、高崎町（前田）、串間市（大矢取⑧）	
ムクリョウ	椎葉村（松尾⑦）、北郷村（入下）、南郷村（鬼神野）、西米良村（田無瀬）、西都市（尾八重）、綾町（竹野）、国富町（八代南俣）	
ムクリョノキ	東臼杵郡（東臼杵（※倉田））、児湯郡（児湯地方（※倉田））	
ムクルー	高千穂町（向山秋元）、北浦町（三川内大井②③）	
ムクロ	高千穂町（岩戸、押方、下野②、神殿、田原、三田井、向山）、五ヶ瀬町（赤谷④、桑野内、東光寺）、日之影町（一ノ水②、新畑、見立②）、北川町（葛葉、八戸、瀬口多良田⑤）、北浦町（三川内）、椎葉村（栂尾）、諸塚村（飯干）、北郷村（入下）、日向市（田の原）、西都市（尾八重）、木城町（中之又）、	

	高鍋町（鬼ケ久保）、綾町（入野）、宮崎市（塩鶴）、田野町（内八重）、都城市（志比田、御池町⑩）、三股町（長田）、高城町（有水②）、山之口町（五反田）、日南市（上白木俣）
ムクロウ	諸塚村（諸塚）
モクヨ	都城地方（※都盆）、高崎町（笛水）
モクロ	えびの市（京町）、都城市（夏尾）
モクロノキ	木城町（中之又⑥）

ムクロジ（実は羽子板の玉に）

【コメント】①実に羽をさし、羽子板の羽根にする。②石けん代用に使う。③12月31日の年箸にする。④実を泡立て髪洗いをする。⑤材は割れやすく、黄色で美しい。水分が少ない。⑥実が笛になる。⑦「トイタにムクリョウごろりとせい」といいよった。⑧種の中身を食いよった。苦い。⑨「ボクトリ」遊び（種をばらっと広げ、それを「一つ」「二つ」「三つ」……とサッと拾う遊び）。⑩種子の中心からはロウがとれる。⑪実の皮をむいて、鍋で炊くと泡が出るので、戦時中はこれで洗濯をした。実は毎年は生らん。材はねばい木でよく割れる。

【ノート】ムクノキもムクロジも材がよく剥（む）けるのでムクが付いているのか（南谷）。

ムサシアブミ　　*Arisaema ringens* Schott　　【サトイモ科】

【ノート】マムシグサの項へ。両者は区別していないようなので、ここでは区別せず。

ムベ　　*Stauntonia hexaphylla* Decne.　　【アケビ科】

アケビの項へ

ムラサキ　　*Lithospermum erythrorhizon* Siebold et Zucc.　　【ムラサキ科】

ムラサキ	高原町（後川内①）、高崎町（前田）

【コメント】①頭のモノ（吹き出物）には、根を油で煮てつける。

ムラサキカタバミ　　*Oxalis debilis* subsp. *corymbosa* Lourteig　　【かたばみ科】

イワエバアサングサ	延岡市（浦城①）
オキチグサ	延岡市（赤水②）
カタバミ	須木村（堂屋敷）
スイスイ	延岡市（延岡（※日植））
スモトリグサ（バナ）	延岡市（赤水、延岡）
ゼンザブダオシ	宮崎市（野島③）
タネイチグサ	木城町（石河内⑧）
タマクサ	延岡市（※平田）
チョウセンレンゲ	宮崎市（江田）
ドンクジジグサ	高鍋町（道具小路（どんくじ）④）
ビビラグサ	日向市（※日向市史）
ヒャクショウゴロシ	延岡市
ヒンカチゴマ	日之影町（星山⑤）
ミツバ	北川町（瀬口多良田）、延岡市（熊之江⑤）、日向市（畑浦⑥）、川南町（名貫）、高鍋町（上江）、宮崎市（木花、野島⑦）、えびの市（加久藤）
ミツバグサ	延岡市（浦城）
ミツババナ	北郷町（大戸野）

ムラサキカタバミ（江戸時代に入った帰化植物）

【コメント】①もともとここら辺にはなかった。初めて渡辺イワエさんが持ち込んだ。②お吉さんが、支那事変の始まる頃に、島浦から嫁に来たときに持ってきたので、オキチグサ。③上に上った者が大金を持ち帰りよった。大金が狙われるので、宿の近くに咲いていたこの花に目をつけ、宿の主人に鉢をたのんだ。その鉢底に大金を入れ、上にこの花を植え、夜は窓の外に出した。またそれを持って次の宿に行きたして郷にもどった。その持ち帰った花が今ははびこってしまった。その者がゼンザブという（上川安夫さんの談）。④高鍋では最初に入ってきたのが道具小路（ドンクジ）、だったのだろう（南谷）。⑤花を引き合って遊ぶので、スミレと同名で呼ぶ。⑥球からいみって、どうもこうもならん奴じゃ。⑦最近入ってきた。昔は無（ね）かった。取ってん取ってん絶やしはならん。タバコのヤネがついて真っ黒になったもんをこん葉でぬぐうとようとるるわ（島野サツエさんの談）。⑧「金丸たねいち」さんが最初持ってきた。

【ノート】南アメリカ原産の帰化植物で江戸時代末期に観賞用として導入され、各地に広がった。突然入り込んだ

新植物の名前は、関わった人や場所の名が付いたことになる。

ムラサキシキブ　　　*Callicarpa japonica* Thunb.　　　【シソ科】

ゴメゴメ	延岡市（浦城）、都城市（安久）
ゴメゴメノキ	高原町（狭野）
テッポウノキ	延岡市（赤水①）
ハシギ	西米良村（横野）
ムラサキシキブ	北川町（陸地）

【コメント】①枝の芯（髄）を突き出して鉄砲遊びをする。キブシも同名。

メ

メガルカヤ　　　*Themeda japonica* Tanaka　　　【イネ科】

カイカヤ	えびの市（真幸内堅）
カルカヤ	小林市（木浦木）

メタカラコウ　　　*Ligularia stenocephala* Matsum. et Koidz.　　　【キク科】

イヌブキ	椎葉村（日添①）

【コメント】①オタカラコウはオッタゼンゴという。

メドハギ　　　*Lespedeza cuneata* G.Don　　　【マメ科】

クサハギ	木城町（中之又⑧）
コハギ	高原町（狭野）
コマツナギ	えびの市（白鳥、加久藤①、真幸内堅②③）
コマツナッ	えびの市（加久藤、京町）
ショロサマノハシ	野尻町（今別府④）
ショロサンノハシ	北方町（上鹿川）、高城町（四家）
ショロサンバシ	南郷村（鬼神野）、西米良村（小川）、宮崎市（江田）
ショロノハシ	高原町（後川内）
ショロハギ	宮崎市（塩鶴）、高崎町（前田）
ショロハシ	高鍋町（上江⑨）、鬼ケ久保
ショロバシ	延岡市（赤水）、日向市（権現崎、田の原）、西米良村（田無瀬）、西都市（津々志）、木城町（石河内、川原）、都農町（東都農⑤、都農⑦）、北郷町（広河原）
ショロバナ	日之影町（見立⑥）
ソハギ	川南町（白髭⑨）
ノハギ	えびの市（真幸）
ハッコ	高崎町（前田⑩）
ボンバナ	えびの市（加久藤）
メンドウブツ	椎葉村（松尾）

【コメント】①盆花に使う。②盆に帰ってくるショロサンはこの草に駒をつないだという。④昔は円札（紙幣）にするので根をずらーと供出したわ。④盆のショロサンバシ（精霊さんが使う箸）を作る。⑤ショロサマの箸は、葉をつんむしって芯を3寸くらいに切る。⑥ショロサンバシはショロバナを使う。骨ひろいは竹の箸を長短不揃いにしてとる。⑦暮の年末この枯枝をしばってほうきをつくる。⑧盆には、2本をセットにしてご先祖様の方に置く。盆が終わると子供たちは、これを束にしてクルッと回し、三角を作る。この三角にメドハギの箸を何本入れるかを競い、勝った方が敗者の箸を取るという遊びをする。⑨冬には、ホウキを作っていた。⑩ハギノコからハッコという。ショロサンの箸にする。

メドハギ（精霊様の箸にする）

メナモミ　　　*Sigesbeckia pubescens* Makino　　　【キク科】

ザシ	えびの市（加久藤）、
ネバザシ	西都市（銀鏡）

メハジキ	*Leonurus japonicus* Houtt.	【シソ科】
ツチフイ	都城地方(※都盆)	
ツチフリ	宮崎市(宮崎南部(※日植方))	
ツチブリ	宮崎市(宮崎南部(※日植方))	

メヒシバ	*Digitaria ciliaris* Koeler	【イネ科】
アカボトクリ	高千穂町(下野)	
シロボトクリ	椎葉村(日添)	
スモトリグサ	延岡市(島浦①)	
ドロボウ	日之影町(見立)	
ハタケボトクイ	えびの市(真幸内竪②)	
ホトクイ	えびの市(各地)、小林市(永久津、山代)、須木村(堂屋敷)、高原町(高原)、都城市(都城)、三股町(長田)	
ホトクリ	高千穂町(岩戸、押方、上野、河内、下野、神殿、田原、三田井、向山)、五ヶ瀬町(赤谷、桑野内、東光寺、日之影町(一の水、後梅、中間畑、八戸星山)、北川町(陸地、上赤、上祝子、葛葉、瀬口多良田、八戸)、北浦町(市振、三川内大井)、延岡市(熊之江、延岡各地)、椎葉村(尾手納、尾前、栂尾、松尾)、諸塚村(諸塚)、北郷村(北郷村)、西郷村(山須原)、南郷村(神門他各地)、日向市(権現崎、田の原)、西米良村(板谷、尾股)、西都市(銀鏡)、木城町(川原、中之又)、高鍋町(上江、鬼ケ久保)綾町(竹野)、国富町(八代南俣)、宮崎市(宮崎市内各地)、田野町(内八重)、都城市(安久)、高城町(有水)、北郷町(大戸野)、日南市(各地)	
ホトクレ	延岡市(浦城)	
ホトコリ	北浦町(阿蘇、古江)	
ホトコレ	北浦町、宮崎市(木花、野島)	
イトボトクリ	諸塚村(飯干)	

【コメント】①メヒシバの花序を3本縛って逆さに立て、2組で相撲取りをさせる。②コブナグサにはウシボトクイ、サヤヌカグサにはヤマボトクイといい区別する。
【ノート】アキメヒシバやコブナグサなど、この類には県内広く「ホトクリ」という。古語のホトコル(はびこる・繁殖する・広がる等の意)に由来するものと思われる。ホトコルがホトクリ、ホトコレ、ホトクイ等に転じたものであろう。

メヒシバ(ホトクリという雑草)

コメヒシバ	*Digitaria radicosa* Miq.	【イネ科】
イトボトクリ	西米良村(板谷)	
ケガラボトクリ	国富町(八代南俣)	
ハイボトクリ	南郷村(鬼神野)	
メハジキ	椎葉村(日添①)	
ヤマシタボトクリ	木城町(中之又)	

【コメント】①実が熟れると、種がはじいて目に入る。

モ

モウセンゴケ	*Drosera rotundifolia* L.	【モウセンゴケ科】
アリトリ	野尻町(今別府)	
ジゴクバナ	野尻町(今別府)	
ムシトリグサ	高千穂町(下野)、小林市(西小林)	
ムシトリソウ	西諸県郡(西諸県(※鷹野))	
モウセンソウ	日之影町(※町史)	

モクタチバナ	*Ardisia sieboldii* Miq.	【ヤブコウジ科】
ダイコンノキ	宮崎市(白浜(※平田))	
ヒバチロ	日南市(鵜戸①)	
ヤッテンタマ	宮崎市(白浜②)	
ヨワキ	宮崎市(野島)	

【コメント】①実を「杉の実鉄砲」の代わりに使う。材は生の時は重いが、乾くと軽い。②風除けに垣根に植える。

モクレン（シモクレン）　　Magnolia liliiflora Desr.　　【モクレン科】

アカコボシ	高原町（後川内）
ウシノベロ	五ヶ瀬町（鞍岡）
コボシ	高原町（高原）
モクレン	宮崎市（瓜生野①）

【コメント】①庭に植えると不幸がくる。

モチノキ　　Ilex integra Thunb.　　【モチノキ科】

イシモチ	北郷町（広河原）
イスモチ	宮崎市（宮崎（※倉田））
クロモチ	三股町（長田）
コガネモチ	北浦町（三河内）
スズメモチ	高千穂町（岩戸）、北方町（二股①）、須木村（内山）、高崎町（笛水）
トリモチノキ	川南町（※平田）、高鍋町（上江）
ネズミヤンモチ	日向市（田の原②）
ハナガモチ	須木村（田代ケ八重）
ホンモチ	日之影町（見立煤市）
ホンヤンモチ	串間市（大矢取）
モチギ	都城市（安久）
モチノキ	高千穂町（岩戸）、北方町（上鹿川）、延岡市（島浦③）、高城町（有水）
ヤマモチ（ノキ）	日之影町（後梅、見立、八戸星山）、日向市（幸脇）、山之口町（五反田）、北郷町（北郷）、日南市（鵜戸）
ヤンボッキ	都城市（上安久）
ヤンモチ	北川町（葛葉）、延岡市（浦城）、川南町（比田）、田野町（堀口）
ヤンモチ（ノキ）	高千穂町（下野）、延岡市（赤水）、東郷町（坪谷）、宮崎市（浮之城④、野島）、えびの市（京町）、須木村（堂屋敷）、小林市（小林、西小林）、野尻町（今別府）、都城市（御池町）
ヤンモチノキ	北川町（陸地、上赤、瀬口多良田、八戸）、北浦町（阿蘇、市振、古江）、綾町（竹野）
ヤンモチギ	山之口町（富吉）
ヤンモッノキ	高原町（狭野）、都城市（荒襲）、高崎町（前田）
ユスモチ	北川町（上祝子）、延岡市（浦城）、椎葉村（栂尾）、南郷村（鬼神野）、西米良村（田無瀬）、都農町（木和田）、木城町（石河内）、川南町（細）、須木村（九々瀬、田代ケ八重）、田野町（内八重）、三股町（長田）
ヨシヤンモチ	小林市（山代）

【コメント】①皮を小刀で剝いで、石で叩きつぶし、水に晒して、鬼皮などの糟成分以外を流しとるとヤンモチができる。②口で咬んでヤンモチをつくる。シイモチは皮が甘いので口で咬んでつくる。鬼皮（樹皮）をとってからヤンモチになる。③墓の供花にする。④皮からとったヤンモチは、何にでもくっつくので口に入れて運び、山に入ってから枝に巻きつけてメジロを捕った。長く保存するには、石油の中に漬けていたように記憶している（南谷）。

モチノキ（樹皮から鳥モチを作る）

モッコク　　Ternstroemia gymnanthera Bedd.　　【モッコク科】

アカギ	都城地方（※都盆）
アカッ	都城地方（※都植方）
チカラシバ	都農町（木和田）
ブップユス	小林市（山代）
ブッポウユシ	えびの市（加久藤）
ブッポウユス	須木村（九々瀬）、高原町（狭野）
ポップ	須木村（田代ケ八重）、串間市（高松）、三股町（長田）
ポップイス	都城地方（※都盆）
ボップユス	東郷町（西林山）、木城町（中之又）、綾町（竹野）、須木村（堂屋敷）、小林市（西小林）、野尻町（今別府）、宮崎市（塩鶴）、田野町（内八重、堀口）、都城市（上安久）、高城町（有水）、高崎町（前田）、山之口町（五反田）、北郷町（広河原）、日南市（鵜戸、飫肥）
モッコク	日之影町（一ノ水、後梅、舟の尾）、北川町（上祝子）、北川町（陸地④、上赤①、上祝子、葛葉②、瀬口多良田③、八戸）、北浦町（阿蘇⑤、市振、古江、三川内）、延岡市（赤水、熊之江⑥、島浦⑤、須美江）、椎葉村（松尾）、北郷村（北郷村）、西郷村（山須原）、南郷村（鬼神野）、日向市（幸脇、田の原）、西都市（銀鏡）、木城町（中之又）、高鍋町（上江⑥、鬼ケ久保）、川南町（比田）、えびの市（加久

藤)、小林市(西小林)

【コメント】①モッコクの尺指(しゃくざし:物差し)を作る。厚さ2~3㎜、幅2㎝で反らない。反物を裁つといかん日でも、この物差しでやれば、いつでもいい。②位が高いので屋敷に植えるな。③葉が3枚と5枚のあるものを探して植えると魔除けになる。④建材。敷居によい。⑤墓や仏様の供花。⑥庭に植えとくと、他に何を植えてもいい。⑥墓の供花。

モミ	*Abies firma* Siebold et Zucc.	【マツ科】
モミ	高千穂町(高千穂)、五ヶ瀬町(広瀬①)、日之影町(後梅、新畑、見立)、北浦町(阿蘇)、椎葉村(大河内、尾手納)、日向市(田の原)、西米良村(田無瀬)、西都市(銀鏡)、綾町(竹野)、都城市(安久)、高城町(有水)、日南市(上白木俣)、串間市(大矢取)	
モン(ノキ)	えびの市(白鳥、真幸内堅②)、須木村(堂屋敷)、小林市(山代)、高原町(狭野)、都城市(御池町)	

【コメント】①正月の門松に桧と共にいれる。②シイタケのホダ木にする。

モミジガサ	*Parasenecio delphiniifolius* H.Koyama	【キク科】
モミッガサ	須木村(内山)	

モモ(野生)	*Amygdalus persica* L.	【バラ科】
ケモモ	椎葉村(日添①)	
ヒゲモモ	西都市(銀鏡)	

【コメント】実が生ると飢饉が来る。「桃生り年は飢饉年」という。上方の小林地区には石灰岩があり、そこに野生のモモがある。

ヤ

ヤエムグラ	*Galium spurium* L. var. *echinospermon* Hayek	【アカネ科】
アカネ	椎葉村(大河内)	
フエノツブリ	日向市(田の原②)	
ホトケノツヅリ	椎葉村(尾前①、日添)	
ホトケノツヅレ	西都市(尾八重)、川南町(※平田)	

【コメント】①風車にして遊ぶ。②葉・茎を着物にくっつけて遊ぶ。フエはハエ、ツブリは頭。実がハエの頭に似る(黒木義男談)。

ヤクシソウ	*Crepidiastrum denticulatum* J.H.Pak et Kawano	【キク科】
ウマコヤシ	宮崎市(曽山寺)	
ウマゴヤシ	北郷町(大戸野)	
チゴナ	椎葉村(大河内①、尾手納、尾前、日添、松尾)、諸塚村(諸塚)、南郷村(鬼神野)、西米良村(小川、田無瀬)、木城町(中之又)、三股町(長田)	
チチクサ	都農町(東都農)、都城市(夏尾)、北郷町(広河原)	
チチグサ	五ヶ瀬町(広瀬)、南郷村(鬼神野)、日向市(田の原)、木城町(石河内)、小林市(西小林②)、野尻町(今別府)、高原町(高原)、宮崎市(塩鶴)、田野町(内八重)、高城町(有水)、北郷町(宿野)、日南市(上白木俣③)、串間市(大矢取)	
ツンボバナ	延岡市(島浦)	
ニガクサ	日南市(吾田)	
マゴヤシ	須木村(堂屋敷)、小林市(木浦木)	
マゴヨシ	三股町(長田)	

【コメント】①牛馬が好む。味噌汁に入れて食う。②山では蜂の蜜源。③ミツバチの蜜源。

ヤシャビシャク	*Ribes ambiguum* Maxim.	【スグリ科】
ケンノミ	椎葉村(不土野)	
テンノウメ	日之影町(新畑、中間畑)、北川町(上祝子)、椎葉村(大河内、尾手納、栂尾)、南郷村(鬼神野)、西米良村(田無瀬)、西都市(銀鏡)、木城町(石河内)、綾町(竹野)、須木村(田代ケ八重)	

テンバイ	五ヶ瀬町（鞍岡波帰）
テンノミ	北方町（上鹿川）

ヤシャブシ　*Alnus firma* Siebold et Zucc.　【カバノキ科】

ハイノキ	高原町（狭野④）、都城市（荒襲③）
マツカサブナ	日之影町（新畑、見立）、北川町（上祝子①）
ヤッサブシ	都城市（御池町②）

【コメント】①シイタケがつく。②炭俵の底当てに使う。③這うように生えるからいう。霧島山のお鉢には、大木があった。明治26～27年の噴火まではあった。兎もいた。炭俵の底当てに使う。④山仕事の時に切って燃やしたが、燃え難い。

野生化したアブラナ　*Brassica rapa* L. var. *oleifera* DC.　【アブラナ科】

ヤマカブ	高千穂町（向山秋元）

ヤツデ　*Fatsia japonica* Decne. et Planch.　【ウコギ科】

オニノテ	高千穂町（下野④）
テッポンタマノキ	串間市（市木藤）
テングノウチワ	高千穂町（押方）、延岡市（島野浦）
ハセダマノキ	串間市（黒井①⑥）
マンドトミノキ	高崎町（笛水）
マンドンミ	高原町（狭野③）
ヤッチェ	日南市（吾田、星倉⑤）
ヤッチェン	宮崎市（塩鶴）、北郷町（宿野③）、串間市（大矢取）
ヤッテ	北方町（二股）、北浦町（阿蘇、市振、古江）、延岡市（島浦①）、日南市（上白木俣）、串間市（高松①③⑧）
ヤツデ	高千穂町（鬼切畑④、押方④、上野⑥、田原④、三田井、向山秋元④）、五ヶ瀬町（赤谷④、桑野内④）、日之影町（後梅④、新畑④、八戸星山④）、北方町（北方、二股）、北川町（葛葉、瀬口多良田、松瀬）、北浦町（市振④、古江、三川内）、延岡市（赤水、浦城、小野、松山町⑩、安井⑪）、椎葉村（松尾）、諸塚村（諸塚）、北郷村（北郷村）、西郷村（山須原）、南郷村（南郷村）、東郷町（坪谷）、日向市（畑浦④、田の原①④）、西米良村（小川）、西都市（尾八重、銀鏡、津々志、穂北、三納長谷③）、木城町（石河内）、高鍋町（鬼ケ久保）、新富町（鬼付女④）、綾町（入野、上畑、川中⑨）、高岡町（上富吉④）、宮崎市（浮之城②、江田、白浜）、田野町（内八重①、片井野①⑨⑫）、えびの市（京町⑬）、小林市（山代）、野尻町（野尻④）、須木村（堂屋敷④）、高原町（後川内③）、高崎町（前田④）、高城町（有水③、四家⑭）、都城市（志比田⑤、御池町）、山之口町（麓⑨、五反田⑮）、三股町（長田③④）、日南市（鵜戸）、串間市（大平片野）
ヤッテン	宮崎市（曽山寺）、北郷町（広河原⑨）
ヤッテンバ	日南市（鵜戸①⑦、大浦）

ヤツデ（葉を戸口に下げ魔除けに）

【コメント】①実を竹鉄砲の弾に使う。②房から実をぶちぶちっとちぎって口に詰め、竹筒からぷっぷっと連発する。③お手玉遊び（おじゃみ、おつめ、おつみ、おひとつ、まんど等）に球状の房ごとお手玉にして使う。③マンド遊び（おじゃみ遊びで数え歌あり）。④葉を玄関口に下げ、魔除けや流行病除けにした。花は毒で、牛のシラミ採りに使った。⑤実を干しておいて、トイレにウジ虫が湧いたら入れてウジを殺す。⑥雷除け。庭に植える：なんでもかんでもやりて（やって）になるので、葉が8つに分かれたものを植える。⑦11月15日、山の氏神さまにこの葉を半紙を敷いて赤飯をのせて供える。⑧刈敷草：芽立ちも葉もカシキによい。⑨冬の牛のえさ。アオキと混ぜる。⑩汁は毒物といわれている。⑪人を招き込むので、庭に植える。⑫ヤツデとナンテンで魔除けにする。ヤッテンナンデンネというわけで。⑬庭に植える：葉が7つに分かれたものが縁起が良い。⑭魔除け。片方に5枚ほど両側につけ稲わらでしばり入口にかける。⑮葉と実をおねき（百日咳）のはやる頃軒に下げた。ナンテンは使わない。冬の牛の餌。

ヤドリギ　*Viscum album* L. subsp. *coloratum* Kom.　【ビャクダン科】

ゲズ	北川町（上祝子）
コジキノキ	日南市（上白木俣）
ホヤ	五ヶ瀬町（鞍岡波帰①②、桑野内）
ヤドカイ	須木村（堂屋敷）、小林市（山代）

ヤドカリ	北川町（陸地③、上赤、葛葉）、北浦町（三川内大井）、椎葉村（栂尾）、西米良村（田無瀬）、西都市（中尾）、木城町（中之又）、綾町（竹野）、宮崎市（塩鶴、野島⑤）、田野町（内八重）、都城市（安久）、高城町（有水）、高崎町（笛水）、山之口町（五反田）、串間市（大矢取、黒井）
ヤドカリ（ギ）	南郷村（鬼神野）、えびの市（各地）、小林市（木浦木）、野尻町（今別府）、都城市（夏尾）、三股町（長田）
ヤドギ	日之影町（星山）
ヤドリギ	高千穂町（上野、下野、岩戸、上野、下野、向山秋元）、日之影町（後梅、新畑、中間畑）、北浦町（三川内）、椎葉村（尾手納、日添）、諸塚村（諸塚）、日向市（田の原③）、西都市（銀鏡）、木城町（中之又④）
ヨドカリ	北川町（上祝子）、えびの市（加久藤）
ヨドリギ	椎葉村（大河内）

【コメント】①実がランプのガラスのように透ける。②実を山鳥の罠に使う。③実からヤンモチができる。④家に入れると縁起悪い。⑤実を噛んで、皮をはきすて粘り気だけが口に留まるので、鳥もちにした。

ヤナギ類　　*Salix gracilistyla* Miq.　　【ヤナギ科】

イノコ	北川町（俵野）
インノコボ	えびの市（内堅）
カワヤナギ	北郷村（入下）、須木村（内山）、野尻町（今別府①）
クサヤナギ	小林市（西小林②）
ネコヤナギ	西郷村（山須原）、小林市（西小林）、都城市（夏尾）
ノヤナギ	椎葉村（日添②）
ミヤーショウノキ	椎葉村（尾手納）
ヤナギ	西臼杵郡、北川町（上祝子③）、北浦町④、南郷村（鬼神野）、小林市（木浦木）、三股町（長田）
ヤナッ	都城市（志比田）
ヤマヤナギ	椎葉村（尾前）

【コメント】①イヌコリヤナギ、ネコヤナギも区別せず。②ここではヤマヤナギ。③ヤマヤナギは裁ち板、まな板によい。④炭俵の底当てに使う。
【ノート】ここでのヤナギはネコヤナギ以外のものを聞いている。イヌコリヤナギやヤマヤナギもネコヤナギと呼び方が同じ場合が多い。学名はネコヤナギ。

ヤナギイチゴ　　*Debregeasia orientalis* C.J.Chen　　【イラクサ科】

ハドギ	宮崎市（青島（※倉田樹方））

ヤナギタデ　　*Persicaria hydropiper* Delarbre　　【タデ科】

カワタデ	北川町（八戸①）
タゼ	北川町（上赤③、葛葉②③④）
タゼクサ	北川町（瀬口多良田③）
ホンタデ	日之影町（七折一ノ水④）

【コメント】①イワシと一緒に煮て食う。毒消しになるので、魚が少しくらいいたんでも大丈夫。②タゼとエビ・カワニナを塩漬けにして食う。③ゲラン（薬物を川に流す漁法）の代わりに用いる。④渋柿の渋抜きに使う。

ヤハズアジサイ　　*Hydrangea sikokiana* Maxim.　　【アジサイ科】

ウリギ	日之影町（後梅）、西米良村（小川）、小林市（木浦木①）
ウリシバ	椎葉村（大河内、小崎）、諸塚村（諸塚）、綾町（竹野）
ウリバ	椎葉村（尾手納②、日添、松尾）、西米良村（小川、田無瀬）、西都市（三財）、須木村（堂屋敷）
キウリギ	高千穂町（下野）
キウリバ	五ヶ瀬町（鞍岡波帰）
キュウリシバ	木城町（中之又）
キュウリナ	北川町（上祝子②③）
キュウリノキ	日之影町（新畑④）
キュウリバ	高千穂町（向山秋元③⑤）、日之影町（中間畑、見立②）、北方町（上鹿川②）、椎葉村（栂尾）、南郷村（鬼神野）、西都市（銀鏡）、木城町（石河内）、川南町（細⑥）、須木村（堂屋敷）
キュリノキ	日之影町（見立）

ヤハズアジサイ（葉をもむとキュウリのにおいが）

【コメント】①材堅く、腰ナタの柄によい。カシより堅く下払いの時はのさんわ。②昔は、葉を陰干しして小さく刻んでタバコ代わりにした。③葉を揉むとキュウリのかざ（香り）がする。④葉を食う。⑤杖にする。⑥山では、凹みのある石を焼いて、これに水をかけ、キュウリバ、イワタバコ、ギボウシの葉を入れてゆで、味噌味をつけて食べる。

【ノート】葉を揉むとウリ類のかおりがするので瓜木、胡瓜葉というのであろう。

ヤハズソウ　　*Kummerowia striata* Schindl.　　【マメ科】

ハサミグサ	高原町（高原①）
ミツバグサ	小林市（西小林）

【コメント】①小葉の先をつまんで引きちぎると、和鋏に見えるのでいうのであろう（※南谷）。

ヤブガラシ　　*Cayratia japonica* Gagnep.　　【ブドウ科】

インガラメカズラ	木城町（中之又①）

【コメント】①インガラメ（ノブドウ）に似ているので言うのであろう（※南谷）。

ヤブコウジ　　*Ardisia japonica* Blume　　【ヤブコウジ科】

イチリョウ	延岡市（熊之江）、日向市（田の原①）
エンジャ	椎葉村（栂尾）
ギンチョウ	高千穂町（岩戸）
コマンリョウ	北川町（陸地）
サンリョウ	日向市（田の原）
ジュウリョウ	高千穂町（三田井）、えびの市（京町）
ツユンシタ	高城町（四家）
ヒメリンゴ	小林市（西小林）
ヒャクリョウ	都農町（東都農②）
マンジュウ	日向市（田の原）
ヤブコウジ	高千穂町（下野）、北川町（上祝子）、小林市（西小林）
ヤマジャノミ	日之影町（後梅）、東臼杵郡（東臼杵（※日植））、北郷村（北郷村（※内藤））
ヤマチャノキ	椎葉村（松尾）
ヤマチャノミ	椎葉村（松尾）、西米良村（田無瀬）
ヤマナンテン	諸塚村（葛の原）
ヤママンジュウ	北川町（八戸）
ヤマミカン	椎葉村（大河内、日添）、えびの市（飯野、真幸内堅）、小林市（木浦木）
ヤマリンゴ	高千穂町（鬼切畑、押方、河内）、五ヶ瀬町（桑野内、東光寺）、日之影町（後梅、星山）、北川町（葛葉③）、椎葉村（尾手納）、諸塚村（諸塚）、北郷村（北郷村）、東郷町（西林山）、木城町（中之又）、高岡町（和石）、えびの市（京町）、小林市（西小林）、須木村（内山）、都城市（都城）、三股町（長田）
リンゴグサ	日之影町（見立）

【コメント】①実の数でサンリョウなどともいうし、マンジュウともいう。②普通はカラタチバナをヒャクリョウというが、ここではカラタチバナがない。③アリドウシの針にヤマリンゴの実をさして遊ぶ。

ヤブツバキ　　*Camellia japonica* L.　　【ツバキ科】

ウガタシ	都城市（上安久）
オオガタシ	延岡市（熊之江①）
オオガテシ	高鍋町（鬼ケ久保）
カタシ	高千穂町（岩戸、下野②、三田井②）、五ヶ瀬町（桑野内）、日之影町（一の水③、煤市、見立）、北浦町（阿蘇、市振、古江、三川内④）、延岡市（赤水、須美江）、椎葉村（大河内、日添）、南郷村（鬼神野）、東郷町（坪谷）、日向市（権現崎、田の原）、木城町（中之又）、綾町（上畑、竹野⑫）、小林市（東方）、須木村（内山）、野尻町（野尻）、高原町（高原）、宮崎市（江田⑬、塩鶴）、都城市（庄内⑩）、高城町（有水）、高崎町（前田）、山之口町（五反田）、日南市（上白木俣）
カテシ	延岡市（延岡市街地、安井⑤）、木城町（石河内）、川南町（比田、細⑮）、えびの市（加久藤、真幸）
ツバキ	高千穂町（岩戸、下野、向山秋元⑥）、五ヶ瀬町（鞍岡波帰⑦）、日之影町（後梅）、北方町（上鹿川⑪）、北川町（陸地、上赤、葛葉、瀬口多良田、俵野、八戸⑧）、北浦町（三川内大井⑥）、延岡市（島浦）、椎葉村（大河内）、日向市（畑浦）、宮崎市（野島⑭）、えびの市（西野⑨）、小林市（木浦木、西小林、東方）、高原町（狭野）、串間市（黒井）

ヤマガタシ	田野町（内八重）
ヤマツバキ	田野町（内八重）

【コメント】①歯でぐちゃぐちゃに嚙んで止血に使う。②髪洗い。③臼、炭によい。④葉で団子を包む。⑤実から油をとる。⑥炭俵の口当てによい。⑦1月14日の小正月に、この枝に餅をさし、麦畑にさす。これをムギトギという。⑧葉を指に巻いて縛るとばい菌が入らん。⑨小正月には、枝を2尺ほどに切り、皮をむいて「ハラメノキ」に使う。男の子が新婚さんの腹を「子持て子持て」とはやしながらこれで打つ。⑩餅つきの杵はツバキで作り、柄はカシを使う。⑪お金代わりとして遊んだ。⑫川中神社の仏像はカタシで作ってるから、一番先には伐らない。どうしても伐るときには他の木を切ってから、その後に伐る。⑬実を煮てつぶし、布に包んで髪を洗った。⑭餅の杵に使う。堅いし、餅が付かん。⑮葉数枚を竹の小枝で止めて皿状にし、カズラで下げ、ツバキのチキリを作った。そのチキリで砂糖の売り買い遊びをした。銭はマメヅタ。

ヤブツルアズキ　　*Vigna angularis* var. *nipponensis* Ohwi et H.Ohashi　　【マメ科】

カズラグサ	えびの市（真幸①）
ノマメ	宮崎市（木花①）
マメクサ	小林市（木浦木②）

【コメント】①牛馬が好んで食う。②マメ科の蔓植物の全てにいう。

ヤブニッケイ　　*Cinnamomum tenuifolium* Sugim. ex H.Hara　　【クスノキ科】

イヌタブ	日向市（権現崎）
インゲシン	えびの市（大河平、白鳥、真幸内堅）、小林市（西小林）、野尻町（野尻）、高原町（高原）、高城町（有水）
インゲセン	小林市（山代）、野尻町（今別府）、高原町（後川内）、都城地方（※都盆）、高城町（四家）
インタブ	諸塚村（飯干）
ウコギ	宮崎市（白浜）
オレコギ	高崎町（笛水）
キシン	都城市（御池町）
クスタブ	児湯郡（児湯（※倉田樹方））
クソタブ	三股町（長田）
ケイシン	日南市（小吹毛井）、串間市（市木）
ケイシンタブ	北郷町（広河原）、宮崎市（塩鶴）、田野町（内八重、堀口）、日南市（鵜戸、上白木俣）
ケイセンタブ	日南市（宮浦①）
ケシンタブ	須木村（堂屋敷）
ショウノ	日向市（幸脇）
ショウノウノキ	日向市（幸脇）
センコタブ	日之影町（後梅、新畑、中間畑、見立）、北方町（二股）、北川町（葛葉）、北浦町（阿蘇、市振、古江）、延岡市（浦城、熊之江）、東郷町（西林山）、日向市（田の原）、西米良村（小川）、西都市（三財）、木城町（中之又）、綾町（竹野）、えびの市（真幸）、須木村（九々瀬）、都城市（志比田）、日南市（鵜戸）、串間市（黒井）
センタブ	東臼杵郡（東臼杵（※倉田））、児湯郡（児湯（※倉田））
タブ	高千穂町（田原）、椎葉村（尾手納）
タマシシャ	串間市（金谷）
チャシバ	串間市（高松）
ニッケイタブ	高千穂町（向山秋元）、五ヶ瀬町（桑野内）、日之影町（見立煤市）、北川町（陸地、瀬口多良田、八戸）、川南町（細）
ニッケタブ	日向市（田の原）、西米良村（横野）
パチパチノキ	串間市（高松①）
ハナタブ	日之影町（中間畑）、諸塚村（葛の原）
パリパリタブ	都農町（東都農）
ヤブニッケイ	北郷町（宿野）、日南市（大浦）
ヤマゲシン	串間市（大矢取）
ヤマゲセン	山之口町（五反田）
ヤマニッケイ	北郷村（入下）

【コメント】①樹皮から油を採り、野菜炒めに一等品。②ミズイカの柴漬け漁に使う。4～5本を束ねて、重しを付けて沈めると、産卵に来るので刺し網で捕らえる。葉が落ちて骨だけになるので引き揚げて取り替える。

ヤブラン	*Liriope muscari* L.H.Bailey	【ナギイカダ科】
イッガネグサ	高崎町（笛水）	
ギメカゴグサ	高千穂町（田原（※内藤））	
セキショウ	北郷町（広河原①）	
テマリコ	延岡市（島浦②）	
ハクイ	えびの市（内堅）	
ヤブラン	高千穂町（岩戸）	
ヤボラン	都城地方（※都植方）	
ヤマラン	熊本県（山江村）	
ユビカネグサ	西都市（三財（※内藤））、木城町（川原①）、綾町（上畑）	
ユビキリグサ	国富町（籾木）	
ユビガネソウ	木城町（川原）	

【コメント】①葉を指に巻きつけ指輪のようにして遊ぶ。②実は弾く。

ヤマイバラ	*Rosa sambucina* Koidz.	【バラ科】
シシモドシ	小林市（木浦木）	

ヤマウグイスカグラ	*Lonicera gracilipes* Miq.	【スイカズラ科】
ウンバンチ	田野町（片井野）	
サガリイチゴ	綾町（上畑）	
サガリコ	田野町（内八重、椎屋形（※平田））	
ハトンリンゴ	都城市（上安久）	
ヒヨゴリ	須木村（田代ケ八重）	
ヒヨドリイチゴ	小林市（西小林、東方）、須木村（九々瀬①）、野尻町（今別府）、山田町（山田町）、山之口町（五反田）	
ヒヨドリイッゴ	新富町（湯の宮）、須木村（堂屋敷）、高原町（後川内）、山田町（山田町）、都城市（御池町、安久）、高城町（有水）、高崎町（前田）	
ヒヨドリノミ	えびの市（真幸）	

【コメント】①実を食う。乳母の乳ほどのほのかな甘みがある。
【ノート】ヤマウグイスカグラは、西・北諸県地方では屋敷林に生えるので、馴染みがあるので名前を付けているが、他の地域では稀な植物なので方言名もない。ミヤマウグイスカグラも区別しない。

ヤマウルシ	*Toxicodendron trichocarpum* Kuntze	【ウルシ科】
ウルシ	小林市（木浦木、西小林）、えびの市（霧島）、野尻町（今別府）、高城町（有水）	
ウルシノキ	綾町（竹野）	
コノミヤ	椎葉村（戸屋の尾①、日添①）	
ハシノッ	高原町（高原）	
ハゼ	田野町（田野）、えびの市（白鳥②）、高崎町（高崎）	
ハゼマケノキ	小林市（西小林）	

【コメント】①かぶれる。小正月の餅飾りに添えるコノミヤを作る木。②ヤマハゼも名前は同じで区別しない。ヌルデにウルシという。ヤマハゼも同じで区別せず。

ヤマガキ	*Diospyros kaki* Thunb. var. *sylvestris* Makino	【カキノキ科】
インノクソカキ	都城市（※平田）	
ガラガキ	日之影町（一ノ水、後梅①、新畑、中間畑）	
ガンガラガキ	日向市（田の原②）	

【コメント】①糖度高い。食う。天井に上げておくと、竈の煙にいぶされて甘くなる。②「ガンガラガキに種子多し、貧乏人に子だくさん」という。

ヤマグルマ	*Trochodendron aralioides* Siebold et Zucc.	【ヤマグルマ科】
イワモチ	高千穂町（岩戸、向山秋元）、日之影町（鹿川、新畑、見立）、北方町（上鹿川、二股①）、北川町（上祝子）、椎葉村（大河内、尾手納②）、南郷村（鬼神野）、東郷町（西林山）、日向市（田の原）、西米良村（小川）、西都市（銀鏡、中尾）、都農町（木和田③）、東都農）、木城町（石河内）、綾町（竹野） 宮崎	

	市(塩鶴)、三股町(長田)、北郷町(広河原)、日南市(上白木俣④)
イワヤンモチ	川南町(細)、都城市(荒襲、御池町)
トリモチ	宮崎(※倉田)
ネバモチ	椎葉村(尾手納)
ホンモチ	日之影町(見立)、椎葉村(日添)
モチノキ	五ヶ瀬町(鞍岡波帰)
ヤマモチ	日之影町(見立)
ヤンモチノキ	北方町(上鹿川)
ヤンモッノキ	高原町(狭野)

【コメント】①樹皮からヤンモチを作る。②半年くらい水につけ、皮をついて、カスを洗うとモチができる。これを竹の子の皮に広げてハエ取りにする。③昔はトリモチを作って売りよった。④小松山にあり、取りに行きよった。
【ノート】樹皮からモチが採れる。ヤマグルマは岩場にはえるのでイワモチというのであろう。

ヤマグワ　*Morus australis* Poir.　【クワ科】

クワ	椎葉村(大河内、日添)、日向市(田の原①)、西都市(銀鏡)
クワノキ	川南町(細②)
ヤボグワ	小林市(忠臣田)
ヤマグワ	日之影町(見立)、南郷村(鬼神野③)、高原町(後川内)

【コメント】①床柱、タンスの前板、チョウナ(大工道具)に使う。ねばいので柄によい。②昔は女の人の不浄物はクワノキの下に埋めた。クワノキは最も不浄な木と言われ、「くわばら」といって雷も嫌う。③雷が鳴ると枝葉を頭に乗せ「くわばら」「くわばら」といいよった。

ヤマザクラ　*Cerasus jamasakura* H.Ohba　【バラ科】

カバザクラ	高千穂町(向山秋元)、五ヶ瀬町(鞍岡波帰)、日之影町(一ノ水①②、中間畑)、椎葉村(尾手納、日添)、西米良村(小川、田無瀬)、西都市(銀鏡、中尾)、須木村(須木②、堂屋敷)
サクラ	北浦町(市振、古江)、日向市(田の原)、木城町(石河内)、野尻町(今別府)
ヒガンザクラ	山之口町(五反田③)
ホンザクラ	椎葉村(小崎②)
ヤマザクラ	高千穂町(岩戸)、北方町(上鹿川、二股)、北浦町(三川内)、西都市(津々志)、木城町(中之又④)、綾町(竹野)、宮崎市(塩鶴)、田野町(内八重)、小林市(木浦木、小林各地)、都城市(安久)、高城町(有水)、山之口町(五反田⑤)、日南市(上白木俣)

【コメント】①サクライダが、花が咲くころふす(集まって産卵)。②材は軽くて堅いので木馬のソリに使う。ミツバッタル(ハチウト)によい。②樹皮は鋸やナタの鞘に使う。③低所の春彼岸に咲くものをヒガンザクラといい、次第に高所に花が上がって5月ごろまで咲くものをヤマザクラという。④咲くとシイタケが終わる。⑤若葉は塩漬けにして食う。

ヤマジノギク　*Aster hispidus* Thunb.　【キク科】

ジュウゴヤバナ	小林市(細野)
ノギク	五ヶ瀬町(広瀬)

ヤマシャクヤク　*Paeonia japonica* Miyabe et Takeda　【ボタン科】

シャクヤク	五ヶ瀬町(鞍岡波帰)、椎葉村(日添①)
ヤマシャクヤク	椎葉村(尾前)

【コメント】①昔はシャクヤクの根を乾燥して保存したものを薬屋が買いにきよった。

ヤマツツジ　*Rhododendron kaempferi* Planch.　【ツツジ科】

アカツツシ	都城市(御池町)
イワツツジ	高千穂町(下野)、椎葉村(尾前)、日向市(田の原)、木城町(川原)、綾町(竹野)、高崎町(笛水)
オマキツツジ	須木村(奈佐木)
カワツツジ	西米良村(横野)、西都市(尾八重、津々志)
サツキ	北川町(八戸①)
ツツジ	五ヶ瀬町(鞍岡波帰)、北川町(上祝子)

ムギツツジ	高千穂町（下野②）、諸塚村（飯干）
ヤマツツジ	椎葉村（日添）、南郷村（鬼神野）、宮崎市（塩鶴）、田野町（内八重③）、日南市（上白木俣）

【コメント】①5月に咲くので。②6月に咲く。③ヤマツツジの盛りに陸稲を植える。
【ノート】宮崎県の渓流沿いにはヤマツツジの渓流型が見られ、サツキと見まがうことがある。それで、サツキやイワツツジ、カワツツジの名があるのであろう。

ヤマトアオダモ　　*Fraxinus longicuspis* Siebold et Zucc.　　【モクセイ科】

トネリコ	五ヶ瀬町（波帰）
ニガキ	五ヶ瀬町（波帰）
ホンドネリ	椎葉村（日添①）

【コメント】バットになる

ヤマナシ　　*Pyrus pyrifolia* Nakai　　【バラ科】

イシナシ	小林市（西小林）

ヤマノイモ　　*Dioscorea japonica* Thunb.　　【ヤマノイモ科】

テンググサ	野尻町（今別府）
トロロイモ	五ヶ瀬町（東光寺）
ヌカゴ	えびの市（加久藤）、都城市（夏尾）、
ハナタカテング	五ヶ瀬町（波帰）、南郷村（鬼神野）
ハナタカメン	延岡市（島浦）
ハナツマン	えびの市（真幸内堅）
ハナテング	えびの市（真幸内堅）
ハナペッサン	えびの市（真幸内堅）
ミカゴ	小林市（西小林）
ムカゴ	西郷村（山須原）
メカゴ	高原町（高原）
ヤマイモ	高千穂町（岩戸、押方、上野、河内、神殿、田原、三田井、向山）、五ヶ瀬町（鞍岡波帰、桑野内、東光寺）、日之影町（後梅、見立）、北方町（八戸①）、北川町（上赤②、上祝子、瀬口多良田、八戸②）、北浦町（三川内大井）、延岡市（赤水、島浦）、椎葉村（大河内、松尾）、諸塚村（諸塚）、北郷村（北郷村）、南郷村（鬼神野）、日向市（田の原）、西都市（尾八重）、木城町（中之又）、綾町（竹野）、高岡町（和石①）、清武町（清武）、田野町（田野）、えびの市（加久藤、京町）、小林市（西小林③）、須木村（内山）、野尻町（野尻）、高原町（高原）、宮崎市（塩鶴）、都城市（都城）、高城町（有水）、山之口町（五反田）、三股町（長田）、北郷町（大戸野）、日南市（吾田、細田）
ヤマノイモ	椎葉村（栂尾）
ヤミャーモ	椎葉村（日添）

【コメント】①ムカゴめしにする。②実はテングといい、鼻につけて遊ぶ。③ヤマイモの珠芽はミカゴといい、食べられないトコロ類の珠芽はヒメゴという。
【ノート】果実には3枚の翼があり、それを唾で鼻に着けて遊ぶ。この遊びからハナタカテングやハナツマンという。根やムカゴを食べるが、食べられないヒメドコロ等は各地でトコロという。

トコロ（ヤマノイモ以外）　　*Dioscorea tokoro* Makino　　【ヤマノイモ科】

イヌイモ	宮崎市（江田）
イヌドコロ	えびの市（京町）
キージンソウ	日之影町（見立①）
キズウソウ	北川町（上祝子）、椎葉村（大河内）、西米良村（小川、田無瀬）
キドス	西都市（銀鏡）
キンズーソ	北郷村（入下）
キンズソウ	北郷村（北郷村（※内藤）⑤）
キンソウ	北川町（上赤）
キンソウカズラ	北川町（八戸）
ケドコロ	椎葉村（日添⑤）
シダラ	西都市（津々志）
シマイモ	日南市（細田）

ジワクビ	高千穂町(岩戸②)
セエダラ	椎葉村(松尾)
タンコイモ	小林市(市街地)
テングイモ	小林市(西小林)
テングゴイ	高原町(高原)
トコロ(イモ)	高千穂町(押方、上野、三田井)、五ヶ瀬町(桑野内)、日之影町(見立)、北浦町(三川内)、諸塚村(諸塚)、南郷村(鬼神野)、木城町(川原)、えびの市(加久藤、京町)、小林市(永久津、西小林)、須木村(須木)、野尻町(野尻)、都城市(都城)、高崎町(笛水)、山之口町(五反田)、三股町(長田)
トコロオンジュ	小林市(細野)
トコロカズラ	えびの市(飯野)、小林市(市街地)、野尻町(今別府)
トコロテン	日之影町(後梅)、西都市(三財(※内藤))、木城町(中之又)、えびの市(白鳥)、野尻町(今別府③)、高城町(四家)、北郷町(大戸野)
トコロヤマイモ	都城市(御池町)
ニガヒメ	西都市(銀鏡⑥)
ヒメ	延岡市(浦城)、北郷村(北郷村(※内藤))、日向市(田の原)、西都市(尾八重)、木城町(川原)、都農町(東都農)、田野町(田野)、高城町(有水)
ヒメイモ	宮崎市(宮崎市)、清武町(清武)、北郷町(宿野)
ヒメカズラ	田野町(田野)
ヒメゴ	小林市(西小林)
ヒメゴロ	都城市(上安久)
ヒメチヨ	延岡市(宇和田)
ヒメド	高千穂町(三田井)
ヒメトコロ	日南市(吾田)
ヒメムカゴ	北郷村(北郷村(※内藤))、西郷村(山須原)
ヒメヤマイモ	宮崎市(瓜生野④)、都城市(安久)
ブクリュウ	五ヶ瀬町(赤谷)
ヘソカズラ	小林市(市街地)
マヒメ	西都市(銀鏡⑦)

【コメント】①猪も食わん。②シワが多く食えない。シワクビがジワクビになった。③カエデドコロ、オニドコロ、ヒメドコロを区別せず。④ヤマイモ以外はショウガ根で食えん。⑤ここではキクバドコロ。⑥苦いが食える。⑦食える。栽培もする。
【ノート】③のようにヤマノイモ以外は区別していない。キジンソウやキズウソウという地方は高所でキクバドコロを指している。学名はオニドコロのもの。

ヤマハゼ　　*Toxicodendron sylvestre* Kuntze　　【ウルシ科】

ハジノキ	宮崎市(白浜)、串間市(金谷)
ハゼノキ	椎葉村(戸屋の尾)

ヤマハッカ　　*Isodon inflexus* Kudo　　【シソ科】

ハッカグサ	えびの市(飯野)
ヤマジソ	えびの市(真幸)

ヤマビワ　　*Meliosma rigida* Siebold et Zucc.　　【アワブキ科】

ウシブライ	高千穂町(※平田)
ヤマビワ	北川町(陸地①、上赤、葛葉、瀬口多良田②、八戸)、北浦町(阿蘇③、市振、古江⑥、三川内大井)、延岡市(浦城、熊之江⑦、島浦④)、東郷町(坪谷)、日向市(幸脇、田の原⑤)、門川町(庭谷)、西都市(中尾⑩)、都農町(東都農)、新富町(鬼付女⑨)、綾町(入野⑨)、宮崎市(瓜生野、曽山寺)、小林市(山代)、野尻町(今別府⑧)、田野町(内八重)、都城市(御池町)、高城町(四家)、山之口町(五反田)、串間市(大矢取、堀口)

【コメント】①折れない。これで作った木剣を試合に使わん。これで傷を受けると治らん。②これで作った木刀で傷すると治らない。武蔵はこれを使った。③子供遊びのボッケン(木刀)にする。折れない。④木刀にしよった。軽くて素性がいいのでチャンバラに良い。⑤材にならんが木刀によい。これで叩かれ傷つくと治りにくい。⑥鎌・ヨキの柄に使う。手触りは柔らかく、ねばりがあり、ショックが少ない。⑦柄物に使う。腐りにくい。⑧造林鎌の柄。⑨天秤棒や水差しに一番よい。⑩ヨソリ(箕のこと)の骨枠の材料。

ヤマブキ　　*Kerria japonica* DC.　　【バラ科】

| ヤマブキ | 西臼杵郡（全域）、高千穂町（向山秋元①）、椎葉村（日添②）、諸塚村（諸塚） |

【コメント】①茎の芯をつきだして遊ぶ。②花が咲くと雨の時期に入る。普通はヒトエヤマブキだが、ヤエヤマブキもある。

ヤマボウシ　　*Cornus kousa* Buerger ex Hance　　【ミズキ科】

アズタ	えびの市（霧島①）、高原町（蒲牟田①、狭野②）
カナメ	都城地方（※都盆）
タニガシ	北川町（上祝子）

【コメント】①この花が咲くと、田植え。実を食う。②流し（梅雨）の頃には必ず咲く。この花が咲くと田植えが始まる。花はミツバチの蜜に最高。晩秋にはこの実を食う。甘い。

ヤマボウシ（今は庭木に）

ヤマホトトギス　　*Tricyrtis macropoda* Miq.　　【ユリ科】

| ヤマウリ | 椎葉村（日添①） |

【コメント】①花と実を食べる。

ヤマモガシ　　*Helicia cochinchinensis* Lour.　　【ヤマモガシ科】

| シャクシギ | 延岡市（浦城①） |
| ヒラギ | 日向市（幸脇②） |

【コメント】①よく割れるので、シャモジにする。②ヒラギはヒイラギで、幼樹の葉に鋭い鋸歯があることからか（※倉田談）。

ヤマモモ　　*Morella rubra* Lour.　　【ヤマモモ科】

| ヤマモモ | 高千穂町（三田井①）、北川町（陸地②、上赤、瀬口多良田③④、八戸）、北浦町（阿蘇、三川内大井）、延岡市（熊之江⑤、島浦、安井⑤）、日向市（幸脇、田の原）、都農町（東都農）、木城町（中之又）、綾町（竹野）、宮崎市（木花⑥、白浜）、田野町（内八重）、須木村（堂屋敷）、高城町（有水）、高崎町（笛水）、串間市（大矢取⑦） |

【コメント】①家の鬼門に植え、悪魔払いに。②樹皮を染色に使う。日露戦争の時は軍服は黒だったが、その後は国防色になり、このあたりのヤマモモは染色用に全部とって出した。だから今は大きなものはない。③のどの薬。④樹皮は黄色い染物に使い、軍服・ゲートルも染める。⑤樹皮で魚網を染める。⑥オンナ木とオトコ木がある。接木したのはノコギリ葉が多い。ノコギリのあるのは実がつかぬ。⑦樹皮と実は破傷風によい。

ヤマラッキョウ　　*Allium thunbergii* G.Don　　【ネギ科】

| ゾンダッキョ | えびの市（真幸内竪①） |
| ノニラ | 須木村（九々瀬） |

【コメント】①じめじめした原野をゾンという。ダッキョはラッキョウ。湿地に生えるラッキョウの仲間ということ。

ユ

ユキノシタ　　*Saxifraga stolonifera* Curtis　　【ユキノシダ科】

イシガキバナ	五ヶ瀬町（鞍岡波帰）
イシノキバナ	五ヶ瀬町（鞍岡波帰）
ウサギノミミ	北浦町（三川内①）
キギンソウ	高千穂町（下野、岩戸）、日之影町（見立）
キジンコ	須木村（九々瀬②）
キジンソウ	高千穂町（岩戸④⑤、鬼切原③、押方③⑤、下野③、田原、三田井、向山秋元）、五ヶ瀬町（桑野内、東

	光寺)、日之影町(七折一ノ水)、北方町(八戸③⑥)、椎葉村(尾手納、日添、松尾)、北郷村(入下)、日向市(田の原)、川南町(細)、須木村(堂屋敷)
キリンショ	北浦町
キリンソウ	北川町(葛葉、瀬口多良田)、北浦町(歌糸)、延岡市(島浦)
キンギンソウ	延岡市(熊之江)
コジ	児湯郡(児湯(※日植))、東諸県郡(東諸(※日植))
シシンソウ	川南町(牧平)
ゼニゴケ	西都市(尾八重)
チリリンソウ	北浦町(市振、古江)、延岡市(浦城⑤⑦)
テグスグサ	西都市(銀鏡⑨)
ハガタ	都城市(上安久)、三股町(長田⑧)
ヒチリンソウ	北浦町(市振、古江)
ミィグサ	高原町(高原)
ミミクサ	西都市(三財)、宮崎市(野島)、えびの市(飯野)
ミミグサ	北川町(八戸)、椎葉村(尾前)、えびの市(飯野、加久藤、京町)、小林市(西小林、東方、真方)、野尻町(野尻)、高原町(高原)、日南市(宮浦)、串間市(大矢取)
ミミダレグサ	北郷村(入下)、西都市(三財(※内藤))、川南町(白髭)、国富町(八代南俣)、小林市(細野、三松)、須木村(田代ケ八重)、野尻町(野尻)、高原町(高原)、宮崎市(塩鶴)、田野町(内八重)、北郷町(広河原)
ミングサ	えびの市(長江、真幸)、小林市(西小林、東方、真方)
ミンダレグサ	綾町(上畑)、えびの市(全域)、須木村(内山)、小林市(山代)、都城地方(※都植方)、高城町(有水)、山之口町(五反田)、北郷町(宿野)、日南市(吾田)
ミンダレハ	小林市(西小林)
ミンノクサ	えびの市(加久藤)
ミンヤングサ	都城市(御池町)
ユキグサ	川南町(比田)
ユキノシタ	日之影町(後梅③⑤、見立③⑤)、北川町(陸地、上赤、上祝子)、延岡市(赤水)、椎葉村(大河内)、諸塚村(諸塚)、西郷村(山須原)、南郷村(鬼神野)、木城町(中之又)、高鍋町(鬼ケ久保)、えびの市(真幸)、小林市(木浦木、細野、真方、三松)、野尻町(今別府)、北郷町(大戸野)、串間市(黒井)

【コメント】①花びらが兎の耳に似る。②葉裏を上にして服の上から貼り付けて、勲章代わりにする。③葉をテンプラにして食う。④葉を火にあぶり、もんで、できものの吸い出しにする。⑤生葉の汁は傷や耳だれの薬。⑥熱には塩もみして汁を飲む。⑦花の形がスズムシ(ちりりん)に似ている。⑧葉を噛んで、歯型を残す遊び。⑨地上を這うストロンがテグスに似ている。

【ノート】イシガキバナ・イシノキバナは石垣に好んで生えるからか。急性の中耳炎には、生のユキノシタを揉んだ汁を耳に垂らすとよいと各地でいう。ミミグサ・ミンダレグサの名のゆえんであろう。

ユキノシタ(天ぷらにうまい。耳の薬)

ユクノキ (ミヤマフジキ)　　*Cladrastis shikokiana* Makino　　【マメ科】

シロエンジ	各地

ユズ　　*Citrus junos* Siebold ex Tanaka　　【ミカン科】

イノス	日之影町(※町史)
エノス	西米良村(※平田)
ユウノス	日之影町(※町史)
ユノス	北川町(陸地)

【ノート】ユズの県内唯一の自生地が日之影町戸川岳にあるので、本来の方言は日之影町のものだろう。他は栽培されているので名前は他から持ち込まれたものと思われる

ユズリハ　　*Daphniphyllum macropodum* Miq.　　【ユズリハ科】

アカメ	日之影町(新畑)
アカメヅル	北郷村(入下)
アカメノキ	諸塚村(葛の原⑤)
イズリハ	宮崎市(青島(※日植))、田野町(掘口)、日南市(宮浦)
イズルハ	延岡市(島野浦)、都農町(東都農)、串間市(大矢取)

ウマユズリハ	串間市（串間）
オオヅル	北方町（二股）、北川町（上祝子）、南郷村（上渡川）、東郷町（福瀬）
オオユズリ	高原町（狭野）、日南市（上白木俣）
オヅル	東郷町（西林山）
オユズリ	三股町（長田）
オンヅル	日向市（畑浦①）
シロヅル	日之影町（見立）
ズソヅル	日向市（田の原②）
ツル	北川町（上祝子③、葛葉④）、北浦町（市振）、延岡市（赤水、小野）、東郷町（坪谷）
ツルシバ	北川町（上赤）、北浦町（三川内大井⑤）
ツルノキ	高千穂町（岩戸、河内）、北浦町（古江）、椎葉村（日添）、諸塚村（飯干）、東郷町（坪谷）、都農町（木和田、細）
ツルノハ	高千穂町（押方、下野、神殿、田原、三田井⑥、向山）、五ヶ瀬町（鞍岡波帰⑦⑨、桑野内⑧、広瀬⑧）、日之影町（鹿川、新畑、舟の尾③、見立）、北方町（上鹿川、下鹿川、松瀬⑩③）、北川町（瀬口多良田⑤、八戸⑪）、北浦町（直海）、延岡市（松山町）、椎葉村（大河内、尾崎、尾手納、尾前、戸屋の尾、仲塔、不土野、松尾）、諸塚村（飯干、小原井、矢村）、北郷村（入下⑤）、西郷村（山須原）、南郷村（鬼神野?、水清谷）、西都市（銀鏡）、木城町（中之又）、北川町（俵野）
ツルノメ	日之影町（新畑）
ツルメン	北方町（八戸）、日之影町（一ノ水、後梅、中間畑⑤）
ツンノキ	高千穂町（岩戸、河内）、北浦町（古江）、諸塚村（飯干、諸塚）、東郷町（坪谷）
ツンノハ	南郷村（上渡川、鬼神野、水清谷）、東郷町（坪谷）
ベニヅル	日之影町（見立）
ボタヅル	日向市（田の原）
ボタンヅル	東郷町（坪谷⑫）
ホンヅル	北川町（陸地⑬）、北浦町（阿蘇、市振、古江）、延岡市（浦城、須美江⑭）
ムギヅル	延岡市（浦城）、木城町（石河内）
メツッパリ	北方町（上鹿川㉑）、諸塚村（葛の原）
メツンバリ	北郷村（入下）
ユズイ	えびの市（京町）、高原町（高原⑭）
ユズイハ	都城地方（※都盆）、えびの市（加久藤、京町）、小林市（西小林）、都城市（都城）ユズリ 西都市（三納）、綾町（川中、竹野⑫）、国富町（八代南俣）、田野町（内八重⑫）
ユズリノハ	都城市（高野戸の口、御池町）
ユズリハ	高千穂町（下野）、延岡市（島浦）、木城町（川原、中之又）、宮崎市（塩鶴⑫、野島⑮、産母⑥）、田野町（片井野⑮）、小林市（木浦木、西小林、細野）、えびの市（霧島）、須木村（小野⑯、九々瀬、田代ケ八重、堂屋敷⑫）、野尻町（今別府⑰、野尻各地）、高崎町（笛水）、高城町（四家⑱）、都城市（御池町、荒襲）、山之口町（麓⑲）、高城町（有水）、日南市（細田）、串間市（市木藤、大平、高松）
ユズリハンキ	綾町（入野）
ユズル	綾町（上畑）、清武町（清武⑳）
ユズルハ	北浦町（三川内）、日向市（幸脇）、木城町（石河内）、川南町（細）、宮崎市（白浜）、山之口町（五反田）、北郷町（大戸野）、北郷町（広河原⑫）、日南市（吾田、小吹毛井）

ユズリハ（正月飾りに欠かせない）

【コメント】①正月の餅飾りの下にはヒメヅル（ヒメユズリハ）を使う。②ズソはダメなことをいう。正月用にはヒメユズリハを使う。ボタヅルともいう。③正月墓に供える。④牛が食うと死ぬ。シキミ・キョウチクトウも。⑤目ツッパリ遊びに葉柄を使う。⑥材はシャモジに使う。「二十日チャンコ」（歯固め）の日に、大豆と麦を煎って粉にしたものをユズリハの葉を半分に切ったものですくって食べる。⑦二日正月（1月2日）の仕事始めに使う。⑧正月の餅飾りの下に敷く。⑨成長が早く大きくなって自分の棺桶になるといって、近くに植えると縁起が悪い。仕事始めに使う。⑩餅つきに使う。この葉のついた枝で臼をしめらす。⑪ツルノハに風邪の神が宿るから風邪がはやるといい、六日年（1月6日）に門松からひく（取り払う）。⑫材に飯がくっ付かんので、メシゲやセイロに使う。⑬杵にする。餅がつかない。⑭門松に使う。⑮田打ち初めに使う。⑯年の暮れに取ってきた葉を花壇の一角に挿しておき、1月11日の朝に苗田に持って行って挿す。「田つくり」という。⑰昔、百姓が役人に追われ、逃げ場を失い、そこにあったユズリハの木に登った。葉が茂っていたので助かった。それ以来、ユズリハを飾るよになった（村上辰子談）。⑱鏡餅の上に葉裏を上にして2枚置く。⑲昔、肋膜の時に葉を煎服して治したという。⑳ネズミモチとともに、1月11日の作始めで豊作・虫除け祈願をする。㉑大人はツルノハというが、子供はメツッパリといい、葉柄でメツッパリ遊びをする。

【ノート】ヒメユズリハに対しオオヅル・ホンヅルと区別する地方もある。正月飾りは近海地ではヒメユズリハを使うがほとんどの地方ではユズリハとなる。剪定すると翌年には新枝がちょうど門松に適した長さに伸びるという、この木の特徴を利用して門松に使われるようになったと思われる（南谷）。

ヒメユズリハ　　*Daphniphyllum teijsmannii* Zoll. ex Kurz 　　【ユズリハ科】

インヅル	延岡市（須美江）、北浦町（市振）
コゴメヅル	北浦町（直海）
コヅル	北川町（陸地、上赤、上祝子、葛葉、瀬口、二股）、日向市（田の原①）
コメヅル	北浦町（阿蘇、市振、三川内大井）、延岡市（浦城、他各地）、都農町（木和田）、木城町（石河内）
コユズリ	西都市（三納）、小林市（西小林）、須木村（田代八重、堂屋敷）、高原町（狭野③）、都城市（御池町）、三股町（長田③）、北郷町（広河原）、日南市（上白木俣）
シロユズリハ	野尻町（今別府）
ツルノハ	延岡市（島野浦）
メンヅル	日向市（畑浦②）
ユズリハ	日南市（鵜戸③）、串間市（市木、黒井、高松③）

【コメント】①ユズリハはボタヅル・ヅソヅルという。コヅルがしゃもじによい。②正月の門松に使う。ユズリハはホンヅルといい鏡餅の下に敷く。③ユズリハがないので正月はこれを使う。
【ノート】県南部や近海地にはユズリハがないので、正月を迎える門松などにはヒメユズリハが使われている。

ヨ

ヨウシュヤマゴボウ　　*Phytolacca americana* L.　　【ヤマゴボウ科】

インクノキ	えびの市（加久藤）、高原町（高原）
インクノミノキ	えびの市（真幸）
インクミ	高原町（高原）
ヤマゴボウ	小林市（永久津）

ヨコグラノキ　　*Berchemiella berchemiifolia*　　Nakai　　【クロウメモドキ科】

カナメ	小林市（山代①）
サンチン	小林市（山代）

【コメント】①黄色い実が生る。材が良く堅い。昔、径1mくらいの伐採株があった。生えやすい木で全然ない所に生えてくる。鳥が運ぶんじゃろ。

ヨシ　　*Phragmites australis* Trin. ex Steud.　　【イネ科】

ヨシ	綾町（上畑①）、田野町（内八重）
ヨシガラ	高千穂町（岩戸）、五ヶ瀬町（鞍岡波帰）、日之影町（舟の尾③、見立③）、西米良村（田無瀬）、西都市（銀鏡）
ヨシグサ	日之影町（舟の尾③）、北方町（八戸②）
ヨシダケ	えびの市（加久藤）
ヨシノキ	木城町（石河内）
ヨシノコ	日向市（田の原）、えびの市（加久藤）、小林市（木浦木④）、須木村（内山、奈佐木）、都城市（牛の脛⑤）

【コメント】①葉の節で台風を占う。②5月節句に「チマキモチ」を軒下に下げる。病魔除けになる。餅を長く作り、そのまわりにヨシグサの葉を一枚一枚張り付ける。③旧暦の5月節句にヨシガラダゴを戸口に下げる。今でもやっている。魔除け。④ヨシノコン団子を作る。モチ米・シャク米を混ぜ長く餅にしたものを、ヨシノコの葉4枚くらいで包む。⑤家の中の壁はヨシガラを編んで作りよった。

ヨメナ　　*Aster yomena*　　Honda　　【キク科】

ノギッ	西諸県郡（西諸（※日植）①）
ハギナ	日向市（日向市（※日植））
モクサ	串間市（黒井）
ヨメナ	高千穂町（岩戸、高千穂）、五ヶ瀬町（鞍岡波帰、広瀬）、小林市（小林）、須木村（九々瀬）
ヨメナグサ	日之影町（見立）
ヨメナハギ	宮崎市（木花）

【コメント】①ノギクが薩摩言葉に転訛したもの（南谷）。

| ヨモギ | *Artemisia indica* Willd. var. *maximowiczii* H.Hara | 【キク科】 |

ダゴフキ	小林市（東方）
フキ	高鍋町（上江）、えびの市（飯野、内堅①、加久藤）、小林市（全域）、高原町（後川内）、都城市（牛の脛）、高城町（有水）、山田町（石風呂）
フチ	綾町（入野⑩）、野尻町（今別府）、高原町（高原）、都城市（上安久）
フッ	野尻町（野尻②③④）、都城市（夏尾）、山田町（石風呂）、三股町（長田）
フツ	高千穂町（岩戸、鬼切畑②③、押方②③④、上野②④、河内②④、神殿、下野、田原②④、三田井②④、向山②）、五ヶ瀬町（赤谷③、鞍岡波帰②③、桑野内、東光寺②③、広瀬）、日之影町（一ノ水、後梅②、中間畑、舟の尾⑨、見立③、八戸星山②③）、北川町（陸地、瀬口多良田）、北浦町（阿蘇、市振、瀬口多良田、古江、三川内）、延岡市（浦城、延岡）、椎葉村（尾手納③、尾前、不土野⑤）、諸塚村（諸塚①）、北郷村（北郷村）、西郷村（山須原）、南郷村（鬼神野⑥）、日向市（田の原②）、西都市（銀鏡、中尾）、木城町（中之又④）、都農町（東都農）、高鍋町（鬼ケ久保⑪）、えびの市（加久藤、京町）、小林市（木浦木、西小林、東方）、須木村（内山、九々瀬⑤、堂屋敷）、田野町（内八重）、高原町（高原）、都城市（中郷）、高崎町（笛水）、串間市（大矢取）
ブツ	西臼杵郡（西臼杵（※日植））
フッグサ	小林市（真方）
フツグサ	都城市（都城）
モクサ	綾町（上畑、竹野）日南市（細田③）
モグサ	東諸県郡（東諸（※日植））
モチクサ	西都市（三財）、児湯郡（児湯（※日植））、田野町（田野）、西諸県郡（西諸（※日植））、北郷町（大戸野③、宿野）、宮崎市（木花）、田野町（内八重）、日南市（鵜戸、飫肥、大浦、宮浦、吾田）
モチグサ	西米良村（尾股）、西都市（三財⑦）、野尻町（紙屋）、清武町（清武）、日南市（宮浦）
ヨモギ	椎葉村（日添⑧）、小林市（真方）、野尻町（紙屋）

【コメント】①タバコ代用にした。②5月の節句によもぎ団子（クサモチ、フツダゴ等という）をつくる。③外で怪我した時にはヨモギの葉で止血する。④葉から「モグサ」を作る。⑤トイレのウジ殺し。⑥子供のころ、川泳ぎではフツの葉を揉んで、水中メガネを拭き、その後耳栓にした。⑦マラリアに効く、止血、腹痛に葉を塩でもんで汁を飲む（※内藤）。⑧オオシダゴをつくる際、オオシ（ヒガンバナ）を摺ったものを桶に入れ、水に晒すとき、毒気が抜けたかどうかの判断に使う。ヨモギの汁を入れ、パッと散ると毒気が抜けてない。⑨5月の節句にショウブ・ススキ・フツをくびって、軒にかける。⑩根を煎じて胃の薬にする。⑪5月の節句にショウブと軒に3カ所下げる。ショウブが刀で、ヨモギが鞘になる。

リ

| リュウキュウマメガキ | *Diospyros japonica* Siebold et Zucc. | 【カキノキ科】 |

イモグス	延岡市（熊之江①）
ガキ	北郷町（大戸野②）
ガラカキ	高千穂町（岩戸）、野尻町（今別府）
ガラガキ	綾町（上畑、竹野）、西諸県郡（西諸（※鷹野））
クロガキ	高千穂町（下野）、北川町（上祝子）、北浦町（三川内②）、西米良村（尾股）、須木村（堂屋敷）、小林市（西小林③）、宮崎市（塩鶴）、田野町（内八重）、高原町（狭野）、都城市（御池町）、日南市（上白木俣）
ジンパチガキ	西米良村（田無瀬）
デンパチガキ	西米良村（尾股④）
トリノコガキ	延岡市（浦城）
ムクリュウガキ	西都市（中尾）
ムクロガキ	椎葉村（栂尾）
ヤマガキ	北川町（上赤、陸地）、日向市（田の原）、木城町（石河内）、宮崎市（宮崎（※倉田樹方））、小林市（山代①）、都城市（安久）、高城町（有水）、山之口町（五反田）
ヤマガラ	野尻町（今別府）

【コメント】①タンスや引き出しの前板によい。②霜の降るころに食える。普通のカキに対しガキという。③野生のカキはヤボガキという。④クロガキともいう。デンパチが食ったからか？

| リュウノウギク | *Chrysanthemum makinoi* Matsum. et Nakai | 【キク科】 |

ニガフツ	西臼杵郡（西臼杵（※日植方））

リュウビンタイ	*Angiopteris lygodiifolia* Rosenst.	【リュウビンタイ科】
ヘゴ	日南市（鵜戸）	

リョウブ	*Clethra barbinervis* Siebold et Zucc.	【リョウブ科】
アカジョウボ（一）	北方町（上鹿川）、北川町（上祝子①）	
アカボウリョウ	南郷村（鬼神野）	
オクヤマボウリョウ	西米良村（田無瀬②）	
シロサセブ	須木村（田代ケ八重）	
シロジョウボ（一）	北方町（上鹿川）、北川町（上祝子）	
シロボウリョウ	南郷村（鬼神野）、西米良村（板谷）	
ビョウブ	椎葉村（尾手納）	
ビョウロー	西都市（西都（※倉田））	
ブウリョウ	五ヶ瀬町（鞍岡波帰）、日之影町（後梅、中間畑③）	
ブリョウ	高千穂町（向山秋元③）、日向市（権現崎）	
ボウリョウ	椎葉村（小崎、松尾）、諸塚村（諸塚）、南郷村（鬼神野）、東郷町（坪谷）、日向市（田の原④）、西米良村（小川）、西都市（銀鏡、中尾）、木城町（中之又）、都農町（東都農）	
ボリョウ	椎葉村（大河内⑤、小崎）、木城町（石河内）	
ミヤマボーリョー	宮崎市（宮崎（※倉田））	
ヤマカレン	北川町（陸地⑥）	
リョーボー	宮崎市（宮崎（※倉田））	
リョーボノキ	宮崎市（宮崎（※倉田））	

【コメント】①赤肌のものをアカジョウボー、白肌のものをシロジョーボーという。②ボウリョウはイヌガヤ。③アカとシロがある。アカの方が大きく、炭によい。④赤、白あり炭俵のオロに使う。⑤葉で歯をくじると歯がボロボロになる。⑥床柱によい。

リンドウ	*Gentiana scabra* var. *buergeri* Maxim. ex Franch. et Sav.	【リンドウ科】
アキリンドウ	北川町（八戸）	
キツネグサ	宮崎市（※平田）	
フジバカマ	西諸県郡（西諸（※鷹野））	
リンドウ	高千穂町（岩戸）、五ヶ瀬町（赤谷①）、日之影町（中間畑②）、北方町（上鹿川②）北川町（上祝子）、南郷村（鬼神野②）日向市（田の原②）、綾町（上畑）、えびの市（真幸内堅）、須木村（堂屋敷）、小林市（西小林、山代②）、田野町（内八重）、都城市（安久）、高崎町（笛水、前田）、北郷町（大戸野）	

【コメント】①健胃剤になる。②実をほじくって種を食う。

リンボク	*Laurocerasus spinulosa* C.K.Schneid.	【バラ科】
タデノキ	宮崎市（塩鶴）	
ヤマザクラ	野尻町（今別府①）、都城地方（※都植方）、高崎町（笛水⑦）	
ヤマタジェ	北川町（瀬口多良田）	
ヤマタゼ	東郷町（坪谷）、日向市（田の原②）、	
ヤマタデ	日之影町（中間畑）、北方町（二股）、北川町（陸地②、上祝子③）、北浦町（三川内大井④）、東郷町（坪谷）、西米良村（小川）、西都市（三財、銀鏡⑥、中尾）、木城町（石河内）、都農町（東都農）、小林市（東方）、山之口町（五反田）、串間市（大矢取⑤）	

【コメント】①ヤマザクラは「サクラ」という。②役に立たん木。炭にも材にもだめ。製品にしても、板にしてもそったり変形したりする。③堅いので刃が折れる。④炭の掻き出し棒に使う。⑤鳩が実を食う。⑥まっすぐで弾力性があるので、炭の掻き出し棒の柄に使う（頭はシキミかサカキ）。

レ

レモンエゴマ	*Perilla citriodora* Nakai	【シソ科】
ヤマチソ	北浦町（三川内大井）	

レンゲソウ（ゲンゲ）	*Astragalus sinicus* L.	【マメ科】
ゲンゲ	日向市（田の原）、西都市（銀鏡）、木城町（石河内）、小林市（東方）、高原町（後川内）、都城市（都	

	城）、三股町（長田）
ゲンゲン	北川町（上赤、上祝子）、北浦町（三川内大井）、延岡市（熊之江）、北郷村（入下）、南郷村（鬼神野）、清武町（清武）、高崎町（高崎）、都城市（安久）、串間市（大矢取、黒井）
ゲンゲンソウ	都城市（牛の脛、夏尾）
フゾバナ	えびの市（飯野）
レンゲ	日之影町（後梅）、北川町（陸地）、椎葉村（栂手納、尾前、不土野、松尾）、諸塚村（諸塚）、西郷村（山須原）、木城町（中之又）、須木村（堂屋敷）、宮崎市（塩鶴）、都城市（安久）
レンゲソウ	西臼杵郡（西臼杵各地）、五ヶ瀬町（鞍岡波帰）、北方町（上鹿川）、野尻町（野尻）

レンゲツツジ	*Rhododendron molle* subsp. *japonicum*　K.Kron	【ツツジ科】
ツリガネツツジ	椎葉村（不土野①）	
ドウザンツツジ	椎葉村（大河内②③）	
レンゲツツジ	須木村（九々瀬④⑤）、小林市（山代）	

【コメント】①山羊にはいかん。②銅山が近くにあった。③椎葉村の大河内地区にはレンゲツツジの群生地がある。鹿は忌避すると思っていたが、近年は鹿の食害で絶滅寸前となっている（南谷）。④昔からレンゲツツジと呼んでいた、花にはミツバチがたからん。⑤この地区には南限の群生地があり小林市の天然記念物に指定されている（南谷）。

ワ

ワサビ	*Eutrema japonicum* Koidz.	【アブラナ科】
タニワサビ	えびの市（飯野①）	
ハタワサビ	えびの市（飯野）	

【コメント】①野生のものにタニワサビ、植えたものにハタワサビと区別している。

ワラビ	*Pteridium aquilinum* Kuhn	【コバノイシカグマ科】
ヘゴ	小林市（西小林①）	
ワラビ	高千穂町（向山秋元）、日之影町（後梅⑪⑯、見立②）、北川町（陸地③、上赤、葛葉、瀬口多良田、八戸⑪⑫）、北浦町（歌糸⑪、三川内大井）、延岡市（浦城）、椎葉村（栂尾⑥、不土野④、松尾③）、諸塚村（小原井）、南郷村（上渡川⑪）、東郷町（迫野内⑪、坪谷⑤⑪、福瀬⑪⑭⑮）、日向市（田の原⑥⑪）、西米良村（板谷、田無瀬⑪⑰）、西都市（銀鏡⑪）、木城町（石河内⑫）、川南町（細、白髭⑪）、高鍋町（鬼ケ久保）、綾町（竹野）、宮崎市（塩鶴）、田野町（内八重①）、野尻町（今別府①）、高原町（広原⑦）、都城市（石原）、北郷町（広河原）、日南市（白木俣）	
ワラビヘゴ	田野町（内八重③）	
ワラベ	高千穂町（三田井）、日之影町（七折一ノ水⑪）、延岡市（熊之江⑧、小野）、川南町（細）、須木村（九々瀬④、堂屋敷）、小林市（山代）、高原町（狭野、後河内）、高崎町（笛水）、都城市（牛の脛、上安久）、三股町（長田）、日南市（小吹毛井⑨）、串間市（大矢取⑪、高松⑨）	
ワラベヘゴ	野尻町（今別府⑩）、高原町（高原）	

ワラビ（芽立ちは旨い。マムシ除け）

【コメント】①葉が成長し広がり食えないのにはヘゴの名をつける。食えるものをワラビ（ワラベ）という。②かしき草に使う。③根から澱粉を採る。④ワラビ団子（餅）にする。⑤弘法大師が片田舎に立ち寄った際、貧しい様子に大師がワラに火をつけて野原に火をつけた。するとその原にワラビがでてくるようになった。⑥根の澱粉は障子張りの糊に使う。⑦渋柿のあおし：葉を刻んで、柿を入れた湯に混ぜ同じ方向にかき混ぜる。あげた柿を密封すると一昼夜で渋が抜ける。⑧根から澱粉（カネ）を作る。10キロほどで一升くらいできる。傘屋が買いに来よった。⑨和傘の油紙を貼るときにワラビ糊を使う。昔は根を買いに来よった。⑩全草でクワの土落としによい。シャビ（錆）がでなくてよく切れる。⑪マムシ除け：その日に初めて見たワラビの葉をもんで、手足に塗りつけると、マムシにかまれない。年の初めに見たワラビを塗りつけると１年中マムシにかまれない。⑫この際に呪文をとなえる。また、なぜマムシにかまれないのか、昔からのいわれや伝説がある。⑫その年の最初に見たワラビを足に塗ると、一年中マムシに食われない。⑬マムシ除け呪文：「そうわか、そうわか、マムシ、お前はワラビの恩を忘れたか」。⑭山に入ったら、初めて見たワラビを揉んで、手足につける。そして、マムシ除け呪文「こうだが滝の谷ワラビ、ワラビの恩を忘れたか！」「アブランケンサー、アブランケンサー、アブランケンサー」と３回となえる。お陰で家族皆がマムシに食われんわ。⑮マムシに出会ったら「マムシ！　この鎌で書いた輪から出たら、絶対お前を許さんぞ、殺すぞ」といってマムシの周りに鎌で輪を書く。すると、マムシはじっとして絶対にかかってこないわ。（長渡クマエさんの談）。⑯マムシ除け伝説：「マムシが牛の糞におさえられ脱出できなくなったのを、ワラビが糞を押し上げて助かった」。⑰マムシ除け伝説：「昼寝して枝から落下

したマムシにチガヤがつき刺さり、脱出できなくなったのを、ワラビが持ち上げて助かった」。
【ノート】ワラビがマムシ除けに使われることは各地で言われている。ワラビの新芽は成長期には1日に10センチほどの驚異の伸びをみせるのでこのような伝説が生まれたのだろう。ひょっとするとマムシが忌避する特異な化学成分があるのかもしれない。

ワルナスビ	*Solanum carolinense* L.	【ナス科】
イガナスビ	延岡市(浦城)	

ワレモコウ	*Sanguisorba officinalis* L.	【バラ科】
キュウリグサ	野尻町(今別府)	
スイカグサ	小林市(西小林①、各地①)、えびの市(各地①)、都城市(御池町)	
スイカナレ	えびの市(飯野)	
センイチゴ	日南市(飫肥)	
テコウツボ	都城市(上安久②)	
ヒガンボウズ	日南市(飫肥)	
ボウズバナ	えびの市(飯野)、須木村(堂屋敷)、小林市(山代)	

【コメント】①「スイカになれ、ウリになれ」とこの葉を叩きつけると、スイカやキュウリ等のウリ類の匂いがしてくる。②頭に布を巻いた「テコ(太鼓)打ち棒」に似る。

2. 農作物の方言

　花を愛でる園芸植物は野生種（前項）に加えたが、農作物はこの項にまとめた。どうしても野生種に眼が向き、農作物や園芸植物は積極的に聞き込まなかったので、収集した語彙が少ない。

アズキ	*Vigna angularis* Ohwi et H.Ohashi	【マメ科】
アズキ	北浦町（古江）、延岡市（島之浦）、椎葉村（松尾）、南郷村（上渡川）、高鍋町（持田）、宮崎市（塩鶴）、都城市（安久、日南市（白木俣）、串間市（大矢取）	
アズッ	都城市（※平田）	
アツキ	椎葉村（日添）、各地	
アドゥキ	木城町（石河内）	
ショウズ	高千穂町（河内、田原）	

インゲンマメ	*Phaseolus vulgaris* L.	【マメ科】
インゲンマメ	延岡市（島之浦）、南郷村（上渡川）	
キジマメ	北浦町（古江）、諸塚村（七つ山）	
サヤマメ	高千穂町（田原、三田井）、日之影町（後梅）	
シロマメ	椎葉村（松尾）	
テコッマメ	木城町（石河内）	
ヒトトブロ	五ヶ瀬町（桑野内、鞍岡）	
ニンギョウブロ	五ヶ瀬町（桑野内）	
ヤサイマメ	高千穂町（押方）	

エンドウ	*Pisum sativum* L.	【マメ科】
エンズ	日之影町（八戸、見立）、北方町、北浦町（古江）、南郷村（上渡川）、日向市（田の原）、西都市（三財）、木城町（石河内）、綾町（竹野）、宮崎市（塩鶴）、都城市（安久）、三股町（長田）、日南市（白木俣）	

オオムギ	*Hordeum vulgare* L.	【イネ科】
アラムギ	椎葉村（松尾）	
ウームギ	日之影町（八戸）	
ハダカムギ	椎葉村（松尾）、三股町（長田）	

オカボ（陸稲）	*Oryza sativa* L	【イネ科】
ノイネ	日之影町（七折一ノ水）	
ハタケイネ	川南町（※平田）	

オクラ	*Abelmoschus esculentus* Moench	【アオイ科】
オカレンコン	南郷村（上渡川）	

カボチャ	*Cucurbita moschata* Duchesne	【ウリ科】
カボチャ	都城市（安久）	
ナンカ	日南市（白木俣）、串間市（大矢取）	
ナンキン	高千穂町（三田井）、日之影町（見立）、北方町（松瀬）、北浦町（三川内）、延岡市（松山町）、椎葉村（松尾）、南郷村（上渡川）、西都市（銀鏡）、木城町（石河内）、高鍋町（持田）、串間市（高松）	
ナンバン	高千穂町（田原、三田井）、日之影町（見立）、五ヶ瀬町（鞍岡）、宮崎市（塩鶴）	
ユーゴ	日之影町（後梅）、諸塚村（七つ山）、西都市（銀鏡）	

キクイモ	*Helianthus tuberosus* L.	【キク科】
イモバナ	日之影町(八戸)	

キャベツ	*Brassica oleracea* var. *capitata* L.	【アブラナ科】
カンラン	高千穂町(押方、三田井)、日之影町(後梅)、五ヶ瀬町(桑野内)、北方町、北浦町、諸塚村(七つ山)、日向市(田の原)、西都市(三財)、木城町(石河内)、綾町(竹野)、三股町(長田)、日南市(白木俣)	
タマナ	高千穂町(岩戸)	

ササゲ	*Vigna unguiculata* var. *unguiculata*	【マメ科】
ササギ	延岡市(島之浦)	
ササギマメ	高千穂町(押方①)	
ササゲ	北浦町、日向市(田の原)、西都市(三財)、木城町(石河内)、高鍋町(持田)、綾町(竹野)、都城市(安久)、串間市(大矢取)	
サンジャクマメ	日南市(白木俣)	
ショロサマノツエ	高千穂町(押方①)	
ショロサマノハシ	高千穂町(押方①)	
タスキマメ	椎葉村(松尾)	
ナガブロ	宮崎市(塩鶴)	
ナガマメ	南郷村(上渡川)	
ヤサイマメ	五ヶ瀬町(桑野内)	

【コメント】①お盆に供える(ささげる)ので、ササギマメという。上押方では精霊様の杖といい、お盆のために植える。押方の五ケ村では精霊様の箸という。

サツマイモ	*Ipomoea batatas* Poir.	【ヒルガオ科】
カライモ	県内各地、高千穂町(三田井)、日之影町(見立)、五ヶ瀬町(鞍岡)、椎葉村(尾崎)、諸塚、村(七つ山) 南郷村(上渡川)、日向市(田の原)、西米良村(板谷)、高鍋町(持田)、綾町(竹野)、宮崎市(塩鶴)、田野町(片井野①)、都城市(安久)、三股町(長田)、日南市(白木俣) 串間市(大矢取)	
カンコ	高千穂町(※平田)	
カンポ	えびの市(加久藤、真幸)	
カンモ	都城市(※平田)	
サツマイモ	北浦町(古江)	
トイモ	高千穂町(田原)、日之影町(後梅、七折一ノ水②)、北方町(松瀬)、北浦町(三川内)、延岡市(松山町)	
トウイモ	川南町(※平田)	

【コメント】①葉が霜でしなびたものをホウズキのように膨らまして、パンと叩いて鳴らす。②「種イモ据え」は梨の花が咲くと早く植えよと言いよった。

サトイモ	*Colocasia esculenta* (L.) Schott	【サトイモ科】
イデイモ	五ヶ瀬町(桑野内)	
イモ	高千穂町(田原)、日之影町(後梅)、椎葉村(尾崎)、南郷村(上渡川)、綾町(竹野)	
イモンコ	県内各地	
イモガシラ	西臼杵(※平田)	
インキイモ	北方町	
ケイモ	日之影町(見立、八戸)、北方町(松瀬)、椎葉村(※平田)、西都市(三納(※平田))、宮崎市(瓜生野(※平田))	
サトイモ	日南市(白木俣)、串間市(大矢取)	
ダダイモ	川南町(※平田)、高鍋町(持田)、宮崎市(※平田)	
トイモ	五ヶ瀬町(桑野内)	
ナンキモ	北浦町(古江)、延岡市(島之浦)、宮崎市(塩鶴)、宮崎市(木花(※平田))	
マイモ	北浦町(三川内)、日向市(田の原)、川南町(※平田)、国富町(本庄(※平田))、宮崎市(※平田)	
ヒゲイモ	えびの市(真幸)	
ヤサイイモ	五ヶ瀬町(鞍岡)	
ヤサイモ	高千穂町(三田井)	

| ジャガイモ | *Solanum tuberosum* L. | 【ナス科】 |

ジャガイモ	北浦町、日向市（田の原）、高鍋町（持田）、宮崎市（塩鶴）、都城市（安久）、日南市（白木俣）串間市（大矢取）
ジャガタ	三股町（長田）
ニドイモ	高千穂町（岩戸、押方、田原）、西都市（銀鏡）
バレイショ	高千穂町（鬼切畑）、南郷村（上渡川）

| ソラマメ | *Vicia faba* L. | 【マメ科】 |

オタフクマメ	北方町、三股町（長田）
キタマメ	串間市（※平田）、（市木）
セバルマメ	串間市（高松）
ソラマメ	南郷村（上渡川）、日向市（田の原）、日南市（白木俣）
テンツキマメ	北浦町（古江）
トウマメ・トマメ	高千穂町（岩戸）、北浦町（三川内）、延岡市（島之浦）
トキマメ	都城市（安久）
トッマメ	都城地方（※都植方）
ナツマメ	高千穂町（押方、田原、三田井）、西都市（三財）、木城町（石河内）、高鍋町（持田）、綾町（竹野）、宮崎市（檍、塩鶴）、川南町（※平田）
ニドグロ	高千穂町（鬼切畑）
ブチマメ	高千穂町（鬼切畑）

| ダイコン | *Raphanus sativus* var. *hortensis* Backer | 【アブラナ科】 |

ダイコ	延岡市（島之浦）
デコン	椎葉村（松尾）、南郷村（上渡川）、日向市
デーコン	北浦町
デャーコン	西都市（銀鏡）

| ダイズ | *Glycine max* Merr. | 【マメ科】 |

ダイズ	椎葉村（松尾）
デズ	高千穂町（三田井）、南郷村（上渡川）、日向市（田の原）、木城町（石河内）、高鍋町（持田）、宮崎市（塩鶴）、都城市（安久）、串間市（大矢取）
デーズ	日之影町（見立）、北方町、北浦町、綾町（竹野）
デャーズ	西都市（銀鏡）

| トウガラシ | *Capsicum annuum* L. | 【ナス科】 |

コウシュウ	日之影町（後梅）、西都市（銀鏡）
コシュ	東郷町（福瀬①）、南郷村（上渡川）、串間市（大矢取）
コショ	宮崎市（塩鶴）
コーショ	五ヶ瀬町（桑野内）
コショウ	高千穂町（三田井）、椎葉村（尾崎）
トンガラシ	北方町、綾町（竹野）、宮崎市（木花）

【コメント】①門口に下げ病除け。

| トウモロコシ | *Zea mays* L. | 【イネ科】 |

トウキビ	高千穂町（三田井）、日之影町（後梅）、五ヶ瀬町（鞍岡）、北方町（松瀬）、椎葉村（尾崎）、諸塚村（七つ山）、高鍋町（持田）、都城市（安久）、日南市（白木俣）
トキビ	延岡市（松山町）、南郷村（上渡川）、西都市（銀鏡）、木城町（石河内）、宮崎市（塩鶴）、三股町（長田）、串間市（大矢取）

| ナス | *Solanum melongena* L. | 【ナス科】 |

ナスビ	高千穂町（三田井）、日之影町（後梅）、五ヶ瀬町（鞍岡）、北方町、北川町（八戸）、諸塚村（七つ山）、南郷村（上渡川）西都市（銀鏡）、高鍋町（持田）、宮崎市（塩鶴）、串間市（大矢取）

ナタマメ	*Canavalia gladiata* DC.	【マメ科】
タチバケ	木城町(石河内)	
タチワケ	南郷村(上渡川)、西都市(三財)、高鍋町(持田)、綾町(竹野)、宮崎市(塩鶴)、都城市(安久)、日南市(白木俣)	
タッパケ	えびの市(加久藤)	
ナタマメ	北浦町	

ニガウリ	*Momordica charantia* L.	【ウリ科】
ニガウリ	椎葉村(松尾)	
ニガゴリ	北方町、日向市(田の原)、南郷村(上渡川)、西都市(銀鏡)、高鍋町(持田)、綾町(竹野)、宮崎市(塩鶴)、三股町(長田)、日南市(白木俣)、串間市(大矢取、高松)	
ニガゴーリ	高千穂町(押方)	

ニンジン	*Daucus carota* subsp. *sativus* Arcang.	【セリ科】
ニイジン	北方町	
ニージン	延岡市(島之浦)	
ニジン	南郷村(上渡川)、木城町(石河内)、高鍋町(持田)、都城市(安久)、三股町(長田)	
ニンジン	宮崎市(塩鶴)	

ハクサイ	*Brassica rapa* var. *glabra* Regel 'Pe-tsai'	【アブラナ科】
ナッパ	高千穂町(田原)	
ハクサイ	南郷村(上渡川)	
マキナ	北浦町(古江)	

ハヤトウリ	*Sechium edule* Sw.	【ウリ科】
ゲンコツ	南郷村(上渡川)、西都市(銀鏡)	
ゲンコツウリ	県内各地、北浦町(三川内)	
センナリ	串間市(高松)	
チャヨテ	県内各地、高千穂町(田原、三田井)、日之影町(後梅)、五ヶ瀬町(鞍岡)	
チョウセンウリ	北方町、西米良村(田無瀬)	
テボウリ	木城町(石河内)①	
バカウリ	高千穂町(押方)、北方町、南郷村(水清谷)	
ハヤトウリ	椎葉村(尾崎)、高鍋町(持田)、綾町(竹野)、宮崎市(塩鶴)、都城市(安久)、日南市(白木俣)、串間市(大矢取)	
ベロクダシ	北方町	

【コメント】①手のない人をテボという。

ヒョウタン	*Lagenaria siceraria* Standl.	【ウリ科】
ヒサゴ	西都市(銀鏡)	
ヒュウタン	木城町(石河内)	
ベベウリ	南郷村(上渡川)	

フダンソウ	*Beta vulgaris* var. *cicla* L.	【ヒユ科】
トウジシャ	高千穂町(押方)	
トジシャ	高千穂町(三田井)	

ヘチマ	*Luffa aegyptica* Mill.	【ウリ科】
イトウリ	三股町(長田)	

ホオズキ	*Physalis alkekengi* var. *franchetii* Makino	【ナス科】
フウズキ	高千穂町(三田井)、日之影町(後梅)、五ヶ瀬町(桑野内)、北方町(松瀬) 北方町	

フズキ	綾町（竹野）

マクワウリ　*Cucumis melo* var. *makuwa* Makino　【ウリ科】

キンウリ	北方町
ナシウリ	高千穂町（岩戸）

ラッカセイ（ナンキンマメ）　*Arachis hypogaea* L.　【マメ科】

ジゴクマメ	高千穂町（岩戸）、日之影町（後梅、八戸）、北方町、北浦町（古江）、延岡市（島之浦）、南郷村（上渡川）
ジマメ	都城市（※平田）
ソコマメ	高千穂町（押方）
ダッキショ	都城地方（※都植方）
ナンキンマメ	高千穂町（押方）
ホウライマメ	西都市（銀鏡）、高鍋町（※平田）、国富町（本庄（※平田））、宮崎市（※平田）
ラッカショ	北方町、南郷村（上渡川）、日向市（田の原）、西都市（三財）、木城町（石河内）、高鍋町（持田）、えびの市（各地）、小林市（※平田）、宮崎市（塩鶴）、都城市（安久）、日南市（白木俣）、串間市（高松）
ラッキショ	えびの市（真幸）
ラッカセイ	椎葉村（松尾）

索　　　引

ア

アーチクターチク	88
アオアケビ	29
アオアケブ	29
アオイ	38
アオイゲ	171
アオイチゴ	87、89
アオウンベ	29
アオガシ	71、72
アオカズラ	78
アオガリ	110
アオキ	111
アオキバ	25
アオギリ	44
アオクチ	44
アオゴリ	81
アオゾヤ	26、27、34
アオダケ	25
アオタジイ	119
アオタブ	146
アオダマアケッポ	29
アオドネリ	25、120、160
アオニガキ	160
アオネャー	29
アオバ	25
アオベラ	25、44、45
アオマンリョウ	124
アオモミジ	43
アオンベ	29
アカアカブ	31
アカアケッポ	31
アカアケビ	31
アカアケブ	31
アカアザミ	35
アカイゲ	171
アカイチゴ	86、87、88、89
アカイッゴ	87、89
アカウツギ	69、152、203
アカウンベ	31
アカガシ	70、72、73
アカガシワ	27
アカカズラ	102、157
アカガネカズラ	117、200
アカギ	45、168、188、214
アカクチ	117
アカクチカズラ	103、117、200
アカグチカズラ	103
アカクッ	117
アカコボシ	214
アカゴリ	80
アカサ	45
アカザ	26
アカサセブ	168
アカシ	110
アカジミ	69
アカジョウボ（一）	229
アカジン	105
アカズ	77
アカソ	105
アカゾヤ	26、27
アカタ	177、188
アカダ	195
アカタデ	145
アカタブ	128、146
アカダマ	31、32
アカダマアケッポ	31
アカタン	177
アカチャ	105
アカヂャ	84
アカチョンボ	154
アカチンポ	154
アカッ	214
アカツツシ	221
アカツツジ	68
アカトウシ	106
アカドクダン	159
アカドッポ	31
アカトンシン	107
アカトンブ	31
アカトンボ	31
アカナシ	32
アカネ	103、215
アカネカズラ	103
アカネグサ	75
アカネソ	203
アカノミ	206
アカノミグサ	145
アカハドギ	178
アカフジ	117、199
アカフジカズラ	187
アガフジカズラ	43
アカフシグサ	145
アカボウリョウ	168、229
アカボトクリ	29、110、213
アカミ	83、209
アカミズキ	205
アカミズシ	205
アカミソッチュ	168
アカメ	168、225
アカメガシワ	27
アカメゾヤ	26
アカメヅル	225
アカメノキ	168、225
アカモチ	154
アカモミジ	44
アカモメジ	44
アカヤマモチ	154
アカヤンモチ	154
アカラギ	188
アガリダマ	124
アカンベ	31
アカンボ	154
アキアケビ	29
アキウンベ	29、31
アキグサ	111
アキグミ	99
アキシ	29、31
アキダラ	82、183
アギナガ	67
アギナガグサ	67
アキナシ	108
アギナシ	67、108
アキバナ	185
アキボトクリ	29
アキュ	29、31
アキュー	29、31、32
アキラジグサ	195
アキリンドウ	229
アキンベ	29、31
アクシバ	113
アクジャカキ	113

アクンベ	29, 31	
アケシ	29, 31	
アケズ	29, 32	
アケッ	29, 31	
アケップ	29, 31	
アケッポ	29, 31	
アケビ	29, 31, 32	
アケビトッポ	30	
アケブ	30, 31	
アケブカズラ	30	
アケポッポ	30	
アケボノツツジ	33	
アケミ	209	
アケンポ	30	
アコウ	34	
アコウノキ	34, 177	
アゴクサ	67	
アゴナシ	67	
アサ	34	
アサガオ	190	
アサガオグサ	190	
アサガラ	110, 119	
アサガラジイ	119	
アサネゴロ	84, 95, 170	
アザミ	35, 171, 180, 194	
アザミラ	35	
アザメ	35	
アザン	35	
アシクサシイチゴ	88	
アシクタシ	88	
アシクタシイチゴ	88	
アジサイ	36	
アシビ	36	
アシミ	209	
アズキ	232	
アズキバカリ	62, 112	
アズサ	206	
アズタ	224	
アズッ	232	
アスナロ	36, 169	
アゼカラゲ	151	
アゼクサ	206	
アゼサトガラ	131	
アゼシバリ	141	
アセビ	36	
アチクターチク	88	
アチクチャイチゴ	88	
アツキ	232	
アツキタイチゴ	88	
アッキュー	30	
アツケグサ	75	
アデク	38	
アドゥキ	232	
アブラガヤ	38
アブラキ	38
アブラギ	38
アブラザシ	151
アブラダシ	151
アブラノキ	38
アブラマキ	106
アブリダシ	148
アベ	32
アベノキ	123
アマガシ	71
アマカシ（ガシ）	72
アマカズラ	130, 153
アマギ	93
アマクキ	35
アマクサギ	95
アマタレ	157
アマチャ	36, 130
アマチャカズラ	130
アマチャノキ	36
アマチャバナ	130
アマノリギ	203
アマフラシ	34
アマメ	75
アマメノキ	181
アミゾヤ	26, 27
アメガタノキ	208
アメフラシ	34, 51, 92, 152, 192
アメリカグサ	39, 188
アメリカバナ	188
アメンキ	187
アヤメ	174
アラカシ	70, 71, 72, 73
アラガシ	71
アラヘゴ	130
アラムギ	232
アラモミ	184
アララギ	45, 105
アリトオシ	39
アリドオシ	39
アリトリ	213
アリノミカン	111
アレゴ	162
アワアケボ	30
アワイチゴ	87
アワイッゴ	87
アワカケボ	30
アワガラブシ	141
アワギ	40
アワクサ	56
アワグサ	179
アワグミ	99
アワセ	185
アワセグサ	185
アワダチソウ	39
アワツツジ	193
アワノハナ	67
アワバナ	64, 67, 139
アワブキ	40
アワフズキ	140
アワボトクリ	56
アワミズシ	205
アワユリ	66
アワンバナ	67
アワンホ	56
アンコクサ	136
アンコグサ	136
アンドクセン	86
アンポンタン	65, 94

イ

イアイノミ	111
イイボシ	25
イオジノツル	190
イオズイ	55
イオズイノキ	55
イオズリ	190
イオズルメ	55
イオゼ	55
イオヅラ	190
イオヅル	190
イガ	39
イガガシ	70
イカギ	93
イガナシ	151
イガナスビ	94, 231
イガバナ	35, 171
イガリバナ	28
イカンソウ	95
イグサ	40
イクサガサ	39
イクサボッ	39
イゲ	171
イケグサ	51, 198
イゲクサ	28
イゲグサ	200
イゲゾロ	171
イゲダラ	82
イゲドラ	171
イゲドロ	171
イゲバナ	35, 171
イゲバラ	171
イゲボタン	171, 183
イゲムラ	76
イゲンハ	116
イゲンバナ	35

イゲンピ……………………… 171	イソビワ……………………… 182	イトウリ………………… 194、235
イサキ………………………… 25	イソホウ……………………… 181	イトカズラ…………………… 78
イシアケビ………………… 31、32	イソボップ…………………… 125	イトフジ……………………… 193
イシガキバナ………………… 224	イソマツ……………………… 113	イトボトクリ……………… 29、213
イシタブ……………………… 146	イソマテ………………… 125、182	イトラン……………………… 189
イシトンボ…………………… 31	イソマメ………………… 180、182	イヌイチゴ…………………… 195
イシナシ……………………… 222	イソムラサキ………………… 113	イヌイモ……………………… 222
イシノキバナ………………… 224	イソモッコク………………… 125	イヌガネブ…………………… 118
イシブタ……………………… 48	イソユリ………………… 172、180	イヌガネブ（インガネブ）… 58
イシブテ……………………… 48	イゾロ………………………… 171	イヌガヤ……………………… 45
イシブテェ…………………… 48	イゾロイゲ…………………… 171	イヌガラミ…………………… 58
イシブト……………………… 48	イゾロギ……………………… 171	イヌガラメ…………………… 58
イシモチ……………………… 214	イゾロギイ…………………… 171	イヌガラン…………………… 58
イシャイラズ………………… 104	イゾログ………………… 116、171	イヌガレミ…………………… 58
イシャゴロシ……………… 52、93	イゾログイ…………………… 171	イヌギシギシ………………… 133
イシャタオシ………………… 93	イゾロバナ…………………… 172	イヌギリ………………… 41、107
イシャダオシ………………… 93	イゾロボタン………………… 172	イヌグサ………………… 47、56
イス…………………………… 41	イゾロヤボ…………………… 172	イヌゲジゲシ………………… 133
イスモチ……………………… 214	イタジ………………………… 119	イヌコウコ…………………… 56
イズリハ……………………… 225	イタジイ……………………… 119	イヌゴウリ…………………… 80
イズルハ……………………… 225	イタチアケビ………………… 31	イヌゴケ……………………… 202
イセエビ……………………… 127	イタチアケブ………………… 31	イヌコボッ…………………… 167
イセキ………………………… 77	イタドリ……………………… 42	イヌコログサ………………… 56
イセグミ……………………… 77	イタブ………………………… 48	イヌザクラ……………… 47、55
イセグン……………………… 77	イタヤカエデ………………… 43	イヌザンシュウ……………… 118
イセッ………………………… 77	イチ…………………………… 71	イヌザンショウ……………… 118
イセッガラン………………… 77	イチイ………………………… 71	イヌジャカキ………………… 113
イセッノキ…………………… 77	イチイガシ…………………… 71	イヌスイゴキ………………… 133
イセッノミ…………………… 78	イチイノキ…………………… 71	イヌスウブキ………………… 133
イセビ………………… 51、77、111	イチガシ……………………… 71	イヌゼリ……………………… 91
イセブ………………… 36、77、78	イチゴ…………………… 86、89	イヌゾヤ……………………… 27
イセブト……………………… 48	イチゴグサ……………… 157、195	イヌタデ……………………… 206
イソアサガオ………………… 182	イチコジ……………………… 119	イヌタブ………………… 43、219
イソアザミ…………………… 180	イチッ………………………… 34	イヌダラ………………… 82、183
イソウルメ…………………… 125	イチッペ……………………… 48	イヌツゲ……………………… 47
イソエンドウ………………… 180	イチノキ……………………… 71	イヌトゲ……………………… 39
イソオモト…………………… 180	イチブタ……………………… 48	イヌドコロ…………………… 222
イソグルメ……………… 125、199	イチブテ……………………… 48	イヌドネリ…………………… 160
イソクロ……………………… 199	イチョウ……………………… 45	イヌノクソ…………………… 181
イソゴボウ…………………… 180	イチリョウ…………………… 218	イヌノコ……………………… 56
イソゴンボ……………… 35、180	イッガネグサ…………… 174、220	イヌノコボ…………………… 56
イソサカキ…………………… 113	イッゴガラ…………………… 172	イヌノシイボ………………… 197
イソシャカキ………………… 113	イッサキ……………………… 25	イヌノシッポ…………… 56、149
イソジャカキ………………… 113	イッサクノキ………………… 25	イヌノシッポグサ…………… 56
イソジラキ……………… 125、182	イッサゲ……………………… 27	イヌノシリサシ………… 35、39
イソゼリ……………………… 198	イッサッ……………………… 25	イヌノシリッポ……………… 56
イソタチワケ………………… 182	イッショウビン……………… 94	イヌノシリヌグイ…………… 200
イソチシャ…………………… 157	イッスンアヤメ………… 59、165	イヌノヘ………………… 161、181
イソツゲ……………………… 113	イッスンショウブ…………… 59	イヌノメ……………………… 124
イソツバキ……………… 183、199	イッチク……………………… 144	イヌブキ………………… 64、212
イソナタマメ………………… 182	イップタ……………………… 48	イヌフズキ…………………… 140
イソハイ……………………… 85	イッポンシダ………………… 130	イヌホウズキ…………… 140、178
イソヒシャカキ……………… 113	イデイモ……………………… 233	イヌボトクリ………………… 56

イヌマタ	174	
イヌマユミ	111	
イヌミャーミ	60	
イヌメアミ	60	
イノウエサシ	65	
イノカ	199	
イノコ	217	
イノコグサ	49	
イノコシバ	176	
イノコズチ	49	
イノコドゥチ	49	
イノシシイゲ	122	
イノシシモドシ	69、122	
イノス	102、225	
イノチシラズ	93	
イバラ	172	
イバリバリイチゴ	89	
イビラ	158、185	
イブシ	25	
イボガラ	108	
イボコジイ	119	
イボシ	25	
イボシイ	119	
イボシダマ	25	
イボタ	169	
イボタ（ンキ）	169	
イモ	233	
イモアケビ	31、32	
イモウエツツジ	193、208	
イモウシナイ	192	
イモガシラ	233	
イモカズラ	190	
イモガラ	67、108	
イモガラクサ	67	
イモガラグサ（クサ）	108	
イモギ	34、107、143	
イモクサ	67	
イモグサ	67	
イモクサ（グサ）	108	
イモグシ	163	
イモグス	101、143、163、228	
イモクソ	62、101、107、127、143、163、192	
イモグソ	101	
イモクソギ	198	
イモクロ	101	
イモゾウ	34、107、143	
イモヅイ	190	
イモツツジ	33、68	
イモヅル	190	
イモドシ	122	
イモハクリ	112	
イモバクリ	112	
イモバナ	90、233	
イモフズキ	140	
イモボタン	148	
イモラン	162	
イモンコ	233	
イヤシ	49	
イヤシンゴロ	166	
イラ	50	
イライラグサ	50	
イラクサ	27、50、200、206、210	
イラグサ	28、50、76	
イロシロギ	101	
イロノキ	160	
イワイシブテ	34、43	
イワエバアサングサ	211	
イワカズラ	153	
イワグサ	93	
イワゴケ	185、198	
イワシノキ	110、118	
イワシャクナン	185	
イワジロ	53	
イワソバ	54	
イワタカナ	50	
イワダカナ	50、93	
イワタマ	124	
イワダマ	124	
イワダマグサ	124	
イワチャ	50	
イワヂャ	50	
イワチチャ	51	
イワツッシ	208	
イワツツジ	51、68、190、193、208、221	
イワナ	51、93	
イワニンニク	104	
イワフズキ	43	
イワブテ	43	
イワヘボ	51	
イワホウズキ	43	
イワマツ	51	
イワムク	43	
イワムジ	93	
イワモチ	148、220	
イワモモ	43	
イワヤンモチ	154、221	
イワラン	173	
インカジ	27	
インガラミ	58	
インガラメ	58	
インガラメカズラ	218	
インガラン	58、118	
インガランポ	58	
インガランメ	58	
インガレビ	58	
インギィ	41	
インキイモ	233	
インギシギシ	133	
インギリ	41、183	
インキンミ	113	
インクシバ	114	
インクノキ	114、227	
インクノミノキ	227	
インクバナ	155	
インクミ	227	
インゲシン	128、219	
インゲセン	128、219	
インゲンマメ	232	
インコーコ	56	
インココ	56	
インコッコ	137	
インゴッコ	80、81	
インコロ	167	
インコロシ	39	
インザクラ	206	
インサド	157	
インサンシュ	82	
インザンシュ	118	
インザンショウ	118	
インシビキ	133	
インジャカキ	114	
インスビキ	133	
インゼリ	91	
インダシ	49、53	
インタブ	219	
インダラ	82、147、183	
インツゲ	39、47、68	
インヅタ	43	
インツバ	43	
インヅル	227	
イントト	56	
インネミ	202	
インノクソ（キ）	111	
インノクソカキ	220	
インノクソノッ	111	
インノクソバナ	91、185	
インノコ	56	
インノコグサ	56	
インノコサイサイ	56、167	
インノコシイボ	56、197	
インノコシカケダマ	124	
インノコシバ	149	
インノコジョコジョ	56	
インノコヅチ	49	
インノコピッピ	63	
インノコピンピン	63	
インノコボ	56、217	

インノコヤナギ……………… 167	ウシデ……………………… 133	ウマカケ…………………… 137
インノコンシイボ………56、62、197	ウシノギシギシ…………… 142	ウマカケコカケ…………… 137
インノコンシッポ…………… 62	ウシノキン………………… 32	ウマカケバナ……………… 137
インノシイボ………56、62、167、197	ウシノキンゴロ…………… 32	ウマカチ…………………… 137
インノシッポ……………… 56	ウシノキンタマ…………… 32	ウマカチカチ……………… 137
インノシッポ（バナ）……… 62	ウシノキンタメ…………… 32	ウマカチグサ……………… 137
インノシリサシ……………35、39	ウシノシタ………………… 133	ウマカチバナ……………… 137
インノシリッポ…………… 56	ウシノスイコキ…………… 142	ウマカテ…………………… 137
インノシリヌグイ………… 200	ウシノチチ………………… 152	ウマカテグサ……………… 137
インノフズキ……………… 140	ウシノチチイチゴ………… 89	ウマカテバナ……………… 137
インノヘ…………………… 107	ウシノハコボレ…………… 91	ウマガネブ………………… 58
インノマラカキ…………… 28	ウシノベラ………………… 133	ウマガラ…………………… 133
インノメ…………………… 124	ウシノベロ………131、133、201、214	ウマギシギシ……………… 133
インノメダマ……………… 124	ウシノマンジュウ………… 98	ウマゴイ…………………… 80
インビキグサ……………… 137	ウシノマンジュバナ……… 98	ウマコウコ………………… 137
インフズキ………………140、178	ウシノメゲ………………… 136	ウマコチ…………………… 137
インフズッ………………… 140	ウシノヨダレ……………… 164	ウマコッコ………………… 138
インブノッ………………… 62	ウシバリ…………………… 54	ウマゴッポ………………131、133
インホウズキ……………140、178	ウシヒゲ…………………… 200	ウマコヤシ………………173、215
	ウシビソウ………………… 154	ウマゴヤシ……… 95、173、215
ウ	ウシブタ…………………… 48	ウマゴリ…………………… 81
ウーバコ…………………… 61	ウシブタイ………………… 48	ウマサトガラ……………131、133
ウームギ…………………… 232	ウシブテ…………………… 48	ウマシイカブ……………… 133
ウイマイセイ……………… 91	ウシブト…………………… 48	ウマシイカンボ…………… 133
ウカゼグサ…………… 66、150	ウシブドウ………………… 58	ウマシオガラ……………… 133
ウガタシ…………………… 218	ウシブライ………………… 223	ウマシカンボ……………… 133
ウキクサ………………26、51、198	ウシベロ…………………… 133	ウマシフキ………………… 133
ウキグサ………… 51、187、190、198	ウシボトクイ……………110、175	ウマシュイシュイガ……… 133
ウキグサ（クサ）………… 108	ウシホトクリ……………… 56	ウマショウガ……………… 26
ウグイスニンジン………… 112	ウシボトクリ…………… 56、110	ウマスイグキ……………… 133
ウコギ………………… 57、219	ウシマメ…………………… 171	ウマスイスイ……………… 133
ウサカキ…………………… 112	ウシメブ…………………… 202	ウマゼイ…………………… 128
ウサギグサ………………… 95	ウシンチイチゴ…………… 89	ウマゼリ………… 91、128、133、190
ウサギトカメ……………… 107	ウシンベロ………………… 133	ウマゼン…………………… 128
ウサギノキ………………… 111	ウズ………………………121、190	ウマダカナ………………… 133
ウサギノシリサシ………… 39	ウセブ……………………… 77	ウマタデ…………………… 154
ウサギノミミ……………… 224	ウソド……………………… 97	ウマツナギ………………… 150
ウサッゴロンクサ………… 83	ウソハクリ………………… 93	ウマツナックサ………… 74、150
ウシアケビ………………… 30	ウッキ…………… 92、152、175、203	ウマデコン………………… 35
ウシアケブ………………… 31	ウツギ…… 51、92、105、152、175、203	ウマニンジン……………… 128
ウシアザミ……… 35、152、171、173	ウツボグサ………………… 52	ウマノキンタマ…………… 138
ウシイチゴ………………… 87	ウド…………………… 52、180	ウマノサトガラ…………… 133
ウシエビ………………… 61、163	ウトギ……………………… 92	ウマノシッポグサ………… 56
ウシガネブ………………… 58	ウドゲノハナ……………… 127	ウマノタバキ……………… 63
ウシガラミ………………… 58	ウナギモ…………………… 140	ウマノハモゲ……………… 141
ウシガラメ………………… 58	ウナラ……………………… 74	ウマノベロ………………… 131
ウシギシギシ……………… 133	ウネコ……………………… 63	ウマノマンジュウ………… 98
ウシゲ……………………… 200	ウネリコ…………………… 63	ウマノメンチョウ………… 98
ウシゴリ…………………… 81	ウノハナ………… 51、107、153、203	ウマバイ…………………… 54
ウシシイグキ……………… 133	ウノハナカズラ…………… 130	ウマバリ…………………… 54、67
ウシスイコギ……………… 133	ウバノリキ………………… 198	ウマバリグサ…………… 54、108
ウシゼリ…………………… 91	ウバメガシ………………… 52	ウマバリラン……………… 191
ウシッテ…………………… 48	ウベ………………………… 32	ウマフズキ………………… 178

― 241 ―

ウマヘゴ	53	
ウマボトクリ	66	
ウマムクラ	200	
ウマムクロ	200	
ウマメキ	202	
ウマユズリハ	226	
ウマンクソゴウリ	80	
ウマンゴイ	81	
ウマンコカチカチ	138	
ウマンコゼリ	128	
ウマンコバナ	138	
ウマンサトガラ	131	
ウマンサトキビ	131	
ウマンシッカンボ	133	
ウマンスイミットゥ	133	
ウマンデコン	133	
ウマンニンジン	160	
ウマンハモゲグサ	141	
ウマンベロ	131、133	
ウマンマンジュウ	98	
ウメウツギ	203	
ウメセンダン	111	
ウメボシ	131	
ウメモドキ	53、157	
ウモレギ	34	
ウラシオ	53	
ウラジオ	53	
ウラシマ	189	
ウラシロ	36、53	
ウラジロ	45、53、72、93、128、184	
ウラシロカシ	72	
ウラジロガシ	71、72	
ウラジロヘゴ	53	
ウランジロ	53	
ウリギ	217	
ウリゴッコ	80	
ウリシバ	217	
ウリバ	217	
ウルシ	153、166、220	
ウルシカズラ	154	
ウルシノキ	220	
ウルシブテ	48	
ウワジロ	53	
ウンバンチ	220	
ウンベ	30、32	
ウンベトンボ	32	
ウンマサトガラ	131	
ウンマジッ	133	
ウンマゼー	91	
ウンマゼリ	91	
ウンマツナッ	150	
ウンマンサトガラ	133	
ウンマンシオガラ	133	
ウンマンシュイシュイクキ	133	
ウンマンマンジュウ	98	
ウンマンマンジュバナ	98	

エ

エカキ	148
エカキシバ	148
エキリイチゴ	88
エグルミ	65
エゴグサ	29
エコジソ	55
エシログミ	100
エッタバナ	153
エツバナ	178
エドキク	189
エドギク	126、189
エドボトクイ	56
エナバ	36
エナバコゾウ	36
エナバシバ	36
エノキ	56
エノクボ	56
エノコ	56
エノコグサ	56
エノコシバ	176
エノコブ	56
エノコボ	56、176
エノス	225
エノミ	56
エノミノキ	56
エバナ	36
エビ	61、163
エビクサ	105
エビグサ	105
エビザサ	105
エビシバ	105
エビネ	59
エビネラン	59
エビノミ	177
エビラ	185
エベ	163
エンザイチゴ	89
エンジ	45
エンジャ	218
エンジュ	45
エンジュノキ	45
エンズ	232
エンピツケズイ	134
エンピツケズリ	134
エンフズキ	140

オ

オーシー	60
オ	34
オイチガマンジュウ	203
オエコギ	128
オエノリ	50
オオガタシ	218
オオガテシ	218
オオガヤ	148
オオゴイ	81
オオザカキ	112
オオシ	91、185
オオシダ	53
オオシャカキ	112
オオジャカキ	112
オオスダ	53
オオセ	185
オオタニワタリ	60
オオダラ	183
オオツツジ	68、208
オオツヅラ	60、61
オオヅル	226
オオナラ	74
オオバ	172
オオバク	91
オオバコ	61
オオハノトベラ	177
オオバラン	59、162
オオフジカズラ	60、61
オオベラ	44
オオユズリ	226
オオラン	162
オオワラビ	121
オガタマ	62
オガタマノキ	62
オカネグサ	75
オカレンコン	232
オキチグサ	211
オキバ	25
オキャージ	43
オクボチョスケ	41
オクヤマボウリョウ	229
オケラ	64
オコシダケ	144
オゴジョンマンジュウ	98
オコゼノカミ	50
オサカキ	112
オザカキ	112
オサワラベ	121
オシ	91
オシエグサ	177
オシキバナ	193

オシダ	53	オニカワモウカ	206	オンスダ	54
オシビテ	48	オニガワラ	39	オンダゼング	94
オシブテ	48	オニキカゼ	45	オンタブ	146
オシャカキ	112	オニキャージ	43	オンダラ	82、147、183
オジャカキ	112	オニグミ	100	オンヅル	226
オシャカサンバナ	153	オニグルミ	65	オンナギシ	131
オシュブテ	48	オニサド	42	オンナギシギシ	131
オシロイギ	128	オニシダ	54、64	オンナジン	69
オシロイグサ	64	オニジャカキ	113	オンナゾヤ	26
オシロイバナ	64	オニスダ	54	オンナダラ	147
オスダ	54	オニゼリ	91	オンナメカズラ	58
オセ	60、91、185	オニゾヤ	27	オンナメシ	67
オゼンバナ	193	オニダラ	82、183	オンノブカズラ	58
オタイコバナ	121	オニツツジ	68	オンノヘ	181
オダイサヂャ	84	オニドコロ	90	オンノミカズラ	58
オダイシサマグサ	93	オニノカオ	187	オンノメカズラ	58
オダイシサマヂャ	84	オニノテ	216	オンバ	61
オダイシサンバナ	68	オニノヘ	181	オンバキノハ	61
オダイシソウ	155	オニノメツキ	147	オンバク	61
オダイシチャ	84	オニハサコ	205	オンバコ	61、93
オダクサ	128、146	オニバサコ	205	オンバッ	61
オダグサ	128	オニブキ	64	オンバッノハ	61
オダクサタブ	128	オニヘゴ	54、66、111、130	オンバナ	61
オタツガビワ	203	オニボス	74	オンベ	30
オタフクマメ	234	オニムクラ	200	オンボーレ	198
オダラ	183	オニユリ	53、66、172		
オダワラツツジ	68、208	オニワバナ	189	**カ**	
オッダ	121	オネコ	63	ガーロンヘ	159、184
オッタゼンゴ	64	オネコヤンボシ	63	カイカヤ	212
オツツジ	68	オネッコ	63	カエカエマメ	67
オッツナ	64	オネッコカッコ	63	カエデ	43、44
オッパンコ	61	オネッコタッコ	63	カエデモメジ	43
オヅル	226	オハグロ	166	カエンデ	70
オツレグサ	178	オハグロノキ	166	カオイギ	181
オトギリス	64	オバコ	61	ガオロンヘ	159、184
オトコギシ	133	オバナイゲ	172	カカラ	117
オトコギシギシ	133	オフリグサ	57	カカラ（ン、ンハ）	116
オトコジミ	69、92	オマキツツジ	68、221	ガキ	228
オトコジン	178	オマンダラ	82	カキドウシ	69
オトコゾヤ	27	オミナエシ	67、139	カキネノカズラ	95
オトコダラ	82	オメゴメシ	187	カキバ	29
オトコナエシ	64	オモダカ	67、108	カクランイチゴ	88
オトコボンバナ	180	オモト	174	ガグレドンノボッ	154
オトジロウ	64	オモトバナ	206	カクレミノ	44、70
オトメノメンタマ	124	オモナエシ	139	カケッコクグサ	138
オナイコ	63	オヤナカセ	115	カゴイチゴ	86、87
オナゴダケ	144	オヤフコウグサ	189	カゴシダ	107
オニアザミ	35、171	オユズリ	226	カコソウ	52
オニイチゴ	90	オララギ	105	カゴヘゴ	108
オニウツギ	175	オララギカブ	105	カザキリグサ	150
オニオセ	185	オリコギ	105	カザクサ	74、150
オニカエデ	43	オレコギ	219	カザグルマ	97
オニガヤ	135	オンジョゴロシ	150	カザダメシ	150

― 243 ―

カシ … 72	カッポー … 32	ガマノホ … 78、150
カジ … 70、74、105	カッポガラ … 83	ガマホ … 78
カシオシミ … 168	カッポグサ … 83	ガマンホ … 78
カシオシメ … 168	カッポリ … 83	カミサ（ザ）カキ … 112
カジガラ … 74	カッポンガラ … 42	カミシャカキ … 112
カシキグサ … 105	カッポンタン … 83	カミジャカキ … 112
カシキタッ … 165	カツラ … 75	カミジャカシ … 112
カシッタッ … 165	カテシ … 218	カミノハナ … 114
カジネカズラ … 96	カテバナ … 138	カメノグサ … 195
カジノキ … 74	カナキンイチゴ … 89	ガメノハ … 116
カジメカズラ … 96	カナクギ … 76	カモノホ … 78
ガジュマル … 34	カナクギノキ … 76	カモンホ … 78
カシワ … 27、40、72、74	カナケイチゴ … 57	カヤ … 45、79、135、149
カシワイチゴ … 89	カナツキゴリ … 81	カヤグサ … 79
カシワギ … 28	カナッチ … 81	カヤゴ … 135
カシワシミ … 168	カナヅチ … 81	カヤツリケサ … 79
カシワノキ … 28、177	カナッチコベ … 81	カヤノキ … 79
カシワバサコ … 74	カナッチゴリ … 81	カヤンバ … 149
カズネ … 96	カナッツゴリ … 81	カライモ … 233
カズネカズラ … 96	カナヅツゴリ … 81	カライモアケップ … 31
カスベノキ … 181	カナツバキ … 38	カライモアケビ … 31
カスボノキ … 181	カナムグリ … 76	カライモアケブ … 31
カズラウルシ … 154	カナメ … 224、227	カライモソウ … 144
カズラカジ … 105	カナモドシ … 38	カライモトンボ … 31
カズラグサ … 50、219	カナモドリ … 38	ガラウメ … 57
カズラグミ … 100	カナンチ … 81	カラオ … 83
カズラナシ … 117	ガニガシラ … 104	ガラカキ … 228
カズラハゼ … 154	ガニクサ … 159	ガラガキ … 220、228
カズラバナ … 130	ガニツリグサ … 150	ガラガラ … 57、201
カゼクサ … 150、169	ガニヘゴ … 107、108	カラクリ … 76
カゼグサ … 74、150	カネカズラ … 96、98	カラスウベ … 80
カタクリ … 38、53	ガネクサ … 28	カラスウリ … 80
カタシ … 115、218	カネコグサ … 75	カラスグチ … 80
カタバミ … 75、211	ガネダン … 76	カラスグリ … 80、82
ガタフズキ … 91	カネヅタ … 159	カラスゴイ … 80
カタミズシ … 205	ガネブ … 57、118	カラスコウベ … 80
カチウマ … 138	ガネブアケブ … 30	カラスゴウリ … 80
カチカチバナ … 138	カネモノキ … 38	カラスコゲ … 193
カチネカズラ … 96	カネンハナ … 185	カラスゴック … 80
カチバナ … 138	カノハグサ … 83	カラスゴッコ … 80
カッキョロコウグサ … 156	カバザクラ … 54、192、206、221	カラスコビリ … 80
カッケロ … 156	カバシイチゴ … 89	カラスコベ … 80、81
カッケロウグサ … 156	カバスイチゴ … 86	カラスゴリ … 80、81
カッケログサ … 156	カブガヤ … 63	カラズゴリ … 80
カッチュガラメ … 157	カフスメ … 181	カラスドッポ（トッポ）… 80
カッチンミ … 199	カブドジイ … 73	カラスノエンドウ … 82
カットグサ … 137	カブトバナ … 103	カラスノコガタン … 163
カッネカズラ … 96	カベクサ … 51	カラスノシリノゴイ … 80
カッネンカズラ … 96	カボチャ … 232	カラスノゼニ … 53
カッパノヘ … 159	ガマ … 78	カラスノツメ … 141
カッパバナ … 153	ガマズミ … 77	カラスノトッコ … 80
カッポ … 30、32	カマッチゴリ … 81	カラスノベントウ … 80
カツボウ … 181	カマッツゴリ … 82	カラスハギ … 106

― 244 ―

カラスビシャク……………… 83	カワトビシャゴ……………… 156	カンラン……………………… 233
カラスフズキ……………… 140	カワトモクウアケビ………… 32	カンワラビ…………………… 63
カラスボ……………………… 80	カワトンボ…………………… 32	
カラスムギ……………… 79、140	カワハギ……………………… 207	**キ**
カラタケ……………………… 143	カワフズキ……………… 48、159	キージンソウ………………… 222
ガラタケ……………………… 143	カワヤナギ………107、167、217	ギーメ………………………… 100
ガラダケ……………………… 143	カワヤンボッ………………… 148	キィー………………………… 172
ガラッパグサ………159、184、206	カワライサギ………………… 90	キイチゴ……………………… 87
ガラッポ……………………… 183	カワラオンバコ……………… 93	キイッゴ……………………… 87
ガラミ………………………… 57	カワラクニギ………………… 184	キウリギ……………………… 217
ガラメ………………………… 57	カワラグミ…………………… 99	キウリノキ…………………… 44
カラモウソウ………………… 144	カワラジイギク……………… 142	キウリバ……………………… 217
カラモソ……………………… 144	カワラダケ…………………… 144	キカゼ……………………136、166
カラモソウ…………………… 144	カワラタデ…………………… 145	キキョウ………………… 90、184
ガラン…………………… 57、118	カワラハギ…………………… 105	キギンソウ…………………… 224
ガランガラン………………… 162	カワラヒサゲ…………… 90、153	キクイモ……………………… 90
ガランノキ…………………… 58	カワラヒシャギ……………… 90	キクバナ……………………… 126
ガランポ……………………… 58	カワラヒッサゲ……………… 70	キクラギ……………………… 111
ガランメ……………………… 58	カンアケビ…………………… 32	キクラゲノキ………………… 42
カルカヤ……………… 63、172、212	カンイチゴ……………………86、89	ギコギコグサ………………… 133
カレカレ……………………… 131	ガンガラガキ………………… 220	ギシイチゴ…………………… 89
ガレビ………………………… 58	カングングサ………………… 39	ギシギシ…… 48、124、131、133、173
ガレブ……………………… 32、58	カンコ………………85、149、233	ギシギシバ…………………… 148
ガレミ………………………… 58	カンコツツジ……………… 68、208	キジノオ………………… 79、189
ガロンヘ……………………… 62	カンコノキ…………………85、149	キジノスネ…………………… 106
カワアケビ………………… 30、32	カンサカキ…………………… 112	キジノスネカキ……………… 106
カワイモ……………………… 67	カンザシ……………………… 52	キジノスネハギ……………… 106
カワイモグサ………………… 108	カンザシバナ………………… 127	キジノメツキ………………… 106
カワカシ……………………… 73	ガンジツソウ………………… 192	キジノメハジキ……………… 106
カワガシ……………………… 72	カンシャカキ………………… 112	ギシバリ……………………… 121
カワギク……………………… 126	カンジャカキ………………… 113	ギジバリ……………………… 75
カワグミ……………………… 99	カンジャカシ………………… 113	キジマメ……………………… 232
カワグリ……………………… 173	カンシャカッ………………… 113	ギショギショ…………… 131、133
カワゴショウ………………… 145	カンシュウイチゴ…………… 90	キシン…………………… 166、219
カワザカキ…………………… 113	カンショウ…………………… 77	キジンコ……………………… 224
カワサド……………………… 131	カンジングサ………………159、184	キジンソウ……………… 63、224
カワジソ……………………… 105	カンジンバナ………153、185、192	キズウソウ…………………… 222
カワショウブ………………… 139	カンスイチゴ……………………86、90	キタス………………………… 166
カワスイガラ………………… 133	ガンソ………………………… 172	キタスノキ…………………… 166
カワスイコキ………………… 133	カンゾウ……………………… 172	キタタブ……………………… 128
カワスイゴキ………………… 133	カンチクダケ………………… 86	キタマメ……………………… 234
カワスゲ……………………… 135	カンツツジ…………………… 190	ギッチョングサ……………… 155
カワススキ…………………… 139	カンネ………………………… 96	キツネイバラ………………… 172
カワゼリ……………………… 68	カンネカズラ……………………96、98	キツネカズラ………………… 185
カワタカナ…………………… 68	カンネンカズラ……………… 96	キッネガラン………………… 58
カワダカナ………………… 68、133	カンノミソウ………………… 172	キツネグサ………………62、94、229
カワタッ……………………… 48	カンノングサ………………… 172	キツネタバコ………………… 164
カワタデ………145、156、206、217	カンノンザサ………………… 63	キツネノカラカサ…………… 196
カワタブ……………………… 48	カンノンソウ………………… 172	キツネノガランメ…………… 59
カワツゲ……………………… 47	ガンビ………………………… 122	キツネノキセル……………… 164
カワツツジ……………… 208、221	カンベ………………………… 32	キツネノクビマキ…………… 185
カワドソー…………………… 78	カンポ………………………… 233	キツネノシッポ……………… 62
カワドソク…………………… 78	カンモ………………………… 233	キツネノシリホ……………… 185

キツネノタバコ……………164、179	キンウリ……………………… 236	グウエ……………………… 67
キツネノハシ………………… 168	キンギッカ…………………… 130	クウタブ…………………… 48
キツネノベン………………… 145	キンギョグサ………………… 198	グウメ……………………… 100
キツネバナ…………………… 62	キンギョソウ………………… 189	グエ………………………… 108
キツネブドウ………………… 59	キンギョバナ………………… 189	クェージ、ケージ…………… 43
キツネボタン………………… 91	キンキンイチゴ……………… 87	クギノキ…………………… 97
キツネマメ……………… 154、182	キンギンカ…………………… 130	クサアジサイ……………… 94
キツネンカライモ…………… 154	キンギンカズラ……………… 130	クサイチゴ……………86、88、89
キッネンガラメ……………… 59	ギンギンカズラ……………… 130	クサイッゴ………………86、88
キッネンガラン……………… 59	キンギンソウ………………… 225	クサギ……………………… 95
キッネンガランメ…………… 59	キンギンナスビ……………… 94	クサキナ…………………… 95
キドス………………………… 222	ギングサ……………………… 155	クサギナ…………………… 95
キナイチゴ…………………… 87	キンコメクサ………………… 28	クサダマ……………124、128、146
キヌイチゴ…………………… 87	キンゴリ…………………80、81	クサダマノキ……………… 128
キノシタアザミ……………… 35	キンズーソ…………………… 222	クサッ……………………… 95
キノショウブ………………… 173	キンズソウ…………………… 222	クサッキ…………………… 95
キノミ………………………… 199	ギンスソウ…………………… 90	クサッナ…………………… 95
キノミタブ…………………… 128	キンセンカ…………………… 130	クサッノキ………………… 95
キノミノキ……………… 128、199	キンソウ……………………… 222	クサッノハ………………… 95
キハダ………………………… 92	キンソウカズラ……………… 222	クサネム…………………… 95
キブシ………………………… 166	キンタマバナ………………… 98	クサノッ…………………… 95
ギボウシ……………………… 93	キンチク……………………… 143	クサハギ…………………… 212
キボタン……………………… 183	キンチクタケ………………… 143	クサヒバ…………………… 47
キミカズラ…………………… 157	キンチッタケ………………… 143	クサフズキ………………… 140
ギメカゴグサ………………… 220	ギンチョ……………………… 203	クサヤナギ………………… 217
ギャ…………………………… 108	ギンチョウ……………… 130、218	クシ………………………… 166
キャーグス…………………… 101	キンチョウゲ………………… 91	クシノキ…………………… 41
キャージ…………………43、44	ギンチョノキ………………… 209	クシャキ…………………… 95
キャージ（ノキ）…………… 43	ギンチョンノミ……………… 203	クシャク…………………… 95
キュウリグサ………………… 231	ギンナン……………………… 45	クシャッ…………………… 95
キュウリシバ………………… 217	ギンナンカズラ……………… 130	クシャッナ………………… 95
キュウリナ…………………… 217	キンネッカ…………………… 130	クシャッノハ……………… 95
キュウリノキ………………… 217	キンノミチョウ……………… 41	クズ……………………82、96
キュウリバ…………………… 217	ギンノユクダマ……………… 124	クスタブ…………………… 219
キュリノキ…………………… 217	キンブク……………………… 43	クズノカネ………………… 82
キヨイチゴ………………86、87	キンポウゲ………………91、94	クスノキ…………………… 97
キョウザサ…………………… 63	キンモクセイ………………… 94	クズバ……………………… 96
キヨバナ……………………… 67	キンロクタブ………………… 183	クズバカズラ……………… 96
キヨメダケ…………………… 144		クズブタ…………………… 96
ギヨンダマ…………………… 124	**ク**	クズマキ…………………… 96
キラン………………………… 191	ク……………………………… 172	クズマキカズラ…………… 96
キリ…………………………… 94	グーエ………………………… 198	クズマキグサ……………… 96
キリシマ……………………… 208	クーデイ……………………… 43	クソウリ…………………… 80
キリシマシロツツシ………… 185	クァクァラ（ンハ）………… 116	クソーズ…………………… 97
キリシマツツシ……………… 208	クイ…………………………… 172	クソガッポ………………… 32
キリシマニンジン…………… 152	グイ…………………………… 172	クソギ……………………… 97
キリシマモミジ……………… 44	クイタブ……………………… 48	クソグリ…………………… 80
キリノキ……………………… 41	グイタロウ…………………… 172	クソゴイ…………………80、81
キリンショ…………………… 225	クイチゴ……………………… 88	クソゴリ…………………80、81
キリンソウ………… 53、139、225	クイマカズラ………………… 96	クソゴロシ………………… 80
ギロンタマ…………………… 124	クイマキカズラ……………… 96	クソサタッ………………… 165
キワダ………………………… 92	クイマッカズラ……………… 96	クソタッ…………………… 183
キンイチゴ…………………… 87	グイメ…………………… 99、100	クソタブ…………48、128、129、146、

- 246 -

	183、219	
クソダラ	82、183	
クソタレイチゴ	88	
クソド	97	
クソドイゲ	97	
クソトゴイ	80	
クソトゴリ	80	
クソドン	97	
クチナシ	97	
クチナシカズラ	130	
クツタ	43	
クッナシ	97	
クッマッカズラ	96	
クニキ	97	
クニギ	97	
クヌキ	97	
クヌギ	97	
クノキ	98	
クバ	191	
クマアケビ	32	
クマアケブ	32	
クマイ	194	
クマイゲ	87	
クマイチゴ	87	
クマエ	194	
クマオコシ	175	
クマカエシ	122	
クマカズラ	96	
クマガネブ	59	
クマグミ	100	
クマケージ	122	
クマケージイゲ	122	
クマザサ	135	
クマサトガラ	133	
クマスズ	135	
クマダラ	82、183	
クマトリイゲ	122	
クマノガシ	73	
クマベラ	122	
グミ	99、100	
グミャー	194	
グメ	99、100	
クメア	194	
グャアー	108	
クヨウモミジ	44	
クリ	101	
クルミ	65、117	
クロウツギ	175	
クロエノミ	210	
クロエンジ	45	
クロガキ	159、228	
クロカシ	73	
クロカジ	74	
クロガシ	70、71、72	
クロカズラ	98	
クロカネ	98	
クロガネ	98、101	
クロカネカズラ	60、98	
クロガネカズラ	99	
クロガネモチ	101、169	
クロガネモドキ	42	
クロガネモドシ	99	
クロガネンボ	99	
クロガラン	58	
クロキ	102、103、199	
クロギ	102、103	
クロキノキ	163	
クロキバナ	102	
クロギバナ	199	
クロクチ	99	
クロゾヤ	26、27	
クロタケ	143	
クロダケ	143	
クロッノキ	102、177	
クロニレ	184	
クロノキ	102	
クロハイ	103	
クロハイノキ	103	
クロバサコ	163	
クロフェ	102、103	
クロフェー	102	
クロフェーノキ	102	
クロヘ	102、103	
クロヘー	102	
クロヘノキ	102	
クロマテ	73	
クロマテガシ	73	
クロモジ	103	
クロモチ	214	
クワ	221	
クワイラン	50	
クワガタメ	110	
クワガネ	154	
クワズイモ	103	
クワッカラ	116	
クワノキ	221	
クワノハギ	192	
クワノハグサ	83	
クワノヘラグサ	67	
クワラン	50	
クワンエ	108	
クワンジンノキ	181	
クワンジンバナ	185	
グヮンソウ	173	
クヮンノンソウ	173	
グン	100	
グンカンバナ	194	
クンショウダシ	166	
クンナシ	97	
グンバイウチワ	162	

ケ

ケージモミジ	43	
ゲイクサ	121	
ケイシン	219	
ケイシンタブ	128、219	
ケイセン	128、129	
ケイセンタブ	219	
ケイトウ	103	
ケイトバナ	103	
ケイモ	233	
ケェァーグス	101	
ケェァージ	43	
ケェージ	43	
ケェージ・ケージ	44	
ケガラボトクリ	213	
ケグス	101	
ケサカケバナ	91、185	
ケサバナ	185	
ケシカエデ	43	
ゲジグイ	97	
ゲシゲシ	131、133	
ゲジゲジ	131	
ゲシノッ	83	
ケシモミジ	43、44	
ケショウグサ	184	
ケショウバナ	64	
ケショバナ	64	
ケシンタブ	128、219	
ケズ	83	
ゲズ	97、216	
ゲズゲズカズラ	68	
ゲズノキ	83、97	
ケセン	166	
ケセンタブ	128	
ゲタギ	182	
ゲタギリ	41、82	
ケタザカキ	114	
ゲタダラ	82	
ケッシ	103	
ケッシバナ	103	
ケットバナ	103	
ケデ	43	
ケトウジ	103	
ケドコロ	90、222	
ケトジ	103	
ケドジャカキ	114	
ケトバナ	103	
ケドングリ	98	

ケモモ……………………… 215	コカ……………………… 70、170	コタッノキ……………………… 48
ケヤキ……………………… 104	コガ…………………… 70、76、170	コタツノミ……………………… 48
ゲラン………………………… 55	コガキ…………………………… 159	コタブ…………………………… 48
ゲロゲロ……………………… 201	コガタシ……………………… 115	コタブカズラ…………………… 43
ケンカグサ………………… 61、138	コガタブ………………………… 70	ゴック…………………………… 32
ゲンゲ………………………… 229	コガタマノキ…………………… 62	コッコ……………………… 32、117
ゲンゲン……………………… 230	コガネ…………………………… 75	ゴッコ…………………………… 32
ケンケングサ…………………… 67	コガネカズラ………………… 99、130	コッコグサ…………………… 138
ゲンゲンソウ………………… 230	コガネグサ…………………… 27、75	ゴッダケ……………………… 144
ゲンコツ……………………… 235	コガネブソ……………………… 75	コツツジ……………………… 193
ゲンコツウリ………………… 235	コガネモチ………………… 101、214	コッテゴロシ………………… 76、122
ゲンシロウノキ……………… 102	コカノキ……………………… 170	コッテゴワシ………………… 122
ケンナシ……………………… 104	コガノキ………………………… 70	コツバキ……………………… 115
ゲンノショウコ……………… 104	コガレグサ……………………… 75	コップ……………………… 30、33
ケンノミ…………………… 104、215	コグミ…………………………… 99	ゴップ…………………………… 33
	コクヮ………………………… 170	コップカズラ…………………… 33
コ	コケ………………………… 124、185	コッペン………………………… 33
コージ………………………… 119	コケイモイチゴ………………… 89	コッポ………………… 33、42、131
コーショ……………………… 234	コケグサ………………………… 75	ゴッポ…………………………… 33
コーブシ……………………… 147	ココメアケビ…………………… 32	コッポカズラ…………………… 33
コーボマメ……………………… 84	コゴメカズラ…………………… 41	コツモマクリ………………… 122
ゴーリ…………………………… 82	コゴメヅル…………………… 227	コヅル………………………… 142、227
ゴイ……………………………… 80	コサカキ……………………… 114	ゴテザクラ…………………… 179
ゴイカズラ……………………… 80	コザカキ……………………… 114	コトリグサ…………………… 178
ゴイッシン……………………… 39	ゴザグサ………………………… 40	コトリトマラズ………………… 39
ゴイッシングサ………………… 39	コサン………………………… 143	コナラ………………………… 109
コウ（オ）ズノキ……………… 41	コサンタケ…………………… 143	ゴニナノキ…………………… 111
コウカ………………………… 170	コサンダケ…………………… 143	コノミヤ……………………… 220
コウカノキ…………………… 76、170	コサンチク…………………… 143	コハギ………………………… 110、212
コウカンソウ………………… 170	コザンチク…………………… 143	コバニジン…………………… 160
コウカンボウ………………… 170	ゴザンチク…………………… 143	コハヤンモチ………………… 120
コウジ………………………… 119	コジ…………………………… 119、225	コハリ…………………………… 76
コウジノキ…………………… 119	コジイ………………………… 119	コハル…………………………… 76
コウシュウ…………………… 234	コジキイチゴ…………………… 89	コバングサ…………………… 202
コウジンキ…………………… 119	コジキノキ…………………… 216	コブコブダケ………………… 143
コウジンサン………………… 169	コシキミ……………………… 209	コブシ…………… 110、147、166、182
コウゾ………………………… 105	コシコク……………………… 131	コブシコ……………………… 182
コウゾンナ…………………… 106	コシダ………………………… 108	コブトノキ……………………… 49
コウノキ……………………… 120	ゴジナ………………………… 111	ゴブリョウ……………………… 96
コウハリ………………………… 76	コジノキ……………………… 119	ゴブリョウカズラ……………… 96
コウハリノキ…………………… 76	コジバナ……………………… 168	コブレギ……………………… 165
コウハル…………………… 76、151	コジミ…………………………… 40	コブロ…………………………… 96
コウベ…………………………… 82	コシャカキ…………………… 114	ゴブロカズラ…………………… 96
コウボウヂャ…………………… 84	コジャカキ…………………… 114	コベ……………………… 80、81、82
コウライゲ……………………… 87	コシュ………………………… 234	コヘゴ……………………… 41、60、108
コウライゾロ………………… 172	コショ………………………… 234	コベゴウリ……………………… 80
コウラサド…………………… 145	コショウ……………………… 234	コベゴリ……………………… 80、82
コウラハギ…………………… 105	コスダ………………………… 108	コベンゴウリ………………… 80、81
ゴウラハギ…………………… 105	ゴゼタケ………………………… 86	コベンゴロ……………………… 81
コウラン……………………… 162	ゴゼナ………………………… 111	ゴベンゴロ……………………… 80
コエビ………………………… 163	コソバイノキ………………… 116	ゴボクサ………………………… 47
コオロギ……………………… 105	コタキ…………………………… 48	コボシ……………… 110、182、214
コオロギグサ………………… 155	コタツ…………………………… 48	コマカケグサ………………… 138

コマカケバナ	138	
コマガタシ	115	
コマカテグサ	138	
コマカテバナ	138	
ゴマガラ	84、152	
コマツナギ	66、212	
コマツナギグサ	107、110、150	
コマツナッ	107、212	
コマツナッグサ	150	
ゴマノキ	110	
コマヒキグサ	138	
ゴマメ	72	
コマヨセバナ	138	
コマンヒッカッカ	138	
コマンリョウ	218	
ゴミシカズラ	187	
コムソグサ	52	
コメアケビ	33	
コメイチゴ	86、88	
コメオセ	91	
コメカズラ	78	
コメガタシ	115	
コメグミ	99	
コメグン	99	
ゴメゴメ	212	
ゴメゴメカズラ	187	
コメコメグミ	99	
コメゴメノキ	41、203	
ゴメゴメノキ	108、212	
コメゴリ	80、82	
ゴメシカズラ	187	
コメゾヤ	26	
コメツツジ	193	
コメヅル	227	
コメトンボ	30	
コメナ	207	
コメノキ	41	
コメノゴリ	80	
コメバナ	39、64、108	
コメユリ	66、163	
コメンバナ	64	
コヤシ	55、177	
コヤシノカン	55	
コヤシノキ	55、165	
コヤス	55	
コヤスカキ	55	
コヤスノキ	55	
コヤスノッ	55	
コユズリ	227	
コユリ	174	
ゴヨウ	111	
ゴヨウツツジ	34	
ゴヨウノマツ	111	
ゴヨウマツ	111	
コヨリグサ	168	
コライゾロ	172	
コラエゾロ	172	
コララギ	105	
ゴリ	81、82	
コロガネ	166	
ゴロメカシ	45	
ゴロリ	81	
コンコングサ	57	
ゴンズイ	111	
コンペイト	91、206	
コンペイトウ	200、206	
コンペイトウグサ	28、91、151、200、206	
コンペイトウバナ	206	
コンペイトグサ	91、206	
コンペイトバナ	28、206、207	

サ

サイカキ	116	
サイカケ	116	
サイカケイゲ	116	
サイコ	204	
サイゴウカズラ	194	
サイゴウグサ	39	
サイゴブッ	40	
サイゴユッサ	40	
サイシャギ	34	
サイシン	85	
サイスベリ	188	
サイセン	85	
サイパングサ	195	
サイヒ	119	
サカエカンジンノキ	76	
サカキ	113、114	
サカキシバ	113、114	
サカキバ	114	
サカシバ	113、114	
サカタブキ	64	
サカッノッ	113	
サガメ	199	
サガリイチゴ	220	
サガリコ	220	
サガリバナ	112	
サガリメ	199	
サカンノッ	114	
サキソウ	175	
サクラ	221	
サクラソウ	115	
サクラビ	108	
ザクロ	65	
サケスギ	79	
ササ	135	
ササガシ	72	
ササギ	233	
ササギマメ	233	
ササギンチョウ	83	
ササゲ	233	
ササコベ	81	
ササボトクリ	110	
ササマンリョウ	83	
ササユリ	115	
ササラン	140、191	
ササワラベ	54	
サザンカ	115	
サシ	49、65、94、166、175、207	
ザシ	49、65、121、165、166、172、212	
ザシ（グサ）	150	
サシクサ	49、91、175、176、200	
サシグサ	53、94、150	
ザシクサ	49	
サス	49、65、166	
ザス	49、166	
サセビ	36	
サセブ	113	
サセンボ	123	
サッカキ	116	
サツキ	221	
サツキグメ	187	
サッシ	49	
サッシュウグサ	40	
サッシンミ	124	
サットリカズラ	69	
サッヒ	49	
サツマイモ	233	
サド	42、157	
サトイモ	233	
サトウンベ	33	
サトガシ	71	
サトガラ	42、131、133	
サドガラ	42、131	
サトギシギシ	131	
サトンミ	210	
サヤマメ	232	
サユリ	135	
サラアケビ	30	
サラカク	116	
サルアケビ	32	
サルアケブ	30	
サルオドシ	116	
サルカエシ	122	
サルカキ	116、122、172	
サルカク	116	
サルカケ	116、122	

サルカケイゲ	116	サンノシャクジョウ	154	ジゴッバナ	185
サルカケモドシ	122	サンノフエ	41	シシイチゴ	86、87、88
サルケシ	122	ザンポ	140	シシウド	121
サルサクジョウ	154	サンポーソー	204	シシカケイドロ	122
サルスベイ	188	サンボンギ	38	ジジカズラ	96
サルスベリ	177、188	サンリョウ	218	シシガネブ	59
サルタ	188			シシキビ	209
サルタノキ	188	**シ**		シシグ	122
サルノキンタマ	49	シージンビキ	138	シシクサタブ	146
サルノシッポ	185	シイ	119	シシクビリカズラ	200
サルノシャクジョウ	154	シイーグキ	131	シシゴナシ	123
サルノゼニ	202	シイカキ	131	シシタオシ	123
サルノゼン	202	シイカブ	131	ジシバイ	121
サルノタスキ	185	シイカンボ	131	シシバナ	130
サルノチンポ	154	シイキク	131	ジジババ	127
サルノヒモ	189	シイギク	131	ジシバリ	75、121
サルノフエ	41	シイクキ	131	シシモドシ	61、68、123、220
サルノフエノキ	41	シイグキ	131	シシモドリ	123
サルノモトユイ	189	シイゴキ	131	シシモドロ	123
サルフーノキ	41	シイゴク	131	シシャブ	99
サルブエ	41	シイコケ	131	シシワラベ	60
サルフエノキ	41	シイシク	132	ジジンゲソウ	63
サルモドシ	122	シイノキ	119	シシンソウ	225
サルモドシカズラ	122	シオガマザクラ	54	シシンビキ	138
サルモモ	43	シオカラ	166	シズラカズラ	155
サワグルミ	118	シオガラ	42、132	ジゾウグサ	50
サワラ	36	シオカラノキ	166	シダ	54
サンカキ	79	シオグミ	100	シタッゴロ	146
サンカク	79、116、135	シオゲ	93	シダラ	222
サンカクイ	79	シオジ	120	シチガシ	142
サンカククサ	79	シオツツンノハ	92	シチギ	142
サンカクグサ	79	シオデ	120、166	シチゲヤキ	184
サンカクスゲ	79、135	シオナ	75	シチトウ	121
サンカッスゲ	79	シオフジカズラ	182	シッカンボ	132
サンキラ	116	シカ	52、147	シツギ	142
サンキライ	116、117	シカシカ	132	ジッダマグサ	124
サンゴ	185	シカッタケ	144	ジッタミズシ	204
サンゴジュ	77、118	シカンボ	132	シッチガシ	142
サンゴジュノキ	118	シキビ	120、209	ジッチク	143
サンジャクマメ	233	シキブ	120、209	シットグサ	40
サンシュ	118	シキミ	120、209	ジトババ	127
サンシュウ	118	ジグサ	109	シノハ	132
サンシュノキ	118	シケクサ	150	ジノヒゲ	124
サンショ	118	シケグサ	150	シノブ	173
サンショウ	118	シケダメシ	150	ジノミグサ	124
サンショノキ	118	シゲノミ	60	シノメダケ	144
サンショノッ	118	シゴキ	132	シバシバ	199
サンズンアヤメ	59	シコク	132	シバチノキ	123
サンタブ	146	ジゴクグサ	134	ジババ	127
サンチン	227	ジゴクノカマノシタ	134	シババナ	114
サンドバナ	63	ジゴクノズゼカギ	134	シビキ	132
サンニンシズカ	193	ジゴクバナ	36、175、185、213	シビビ	82
サンネンボトクリ	155	ジゴクマメ	236	シビビー	199

シビビノキ……………………199	ジャノメ………………………65	ショウガフジ…………………200
シビリ……………………………82	ジャヒゲ………………………124	ジョウゴ………………………172
シブガシ………………………109	シャミセンイト………… 76、130	ショウジガシ…………………71
シフキ…………………………132	シャミセンイトグサ……………76	ショウズ………………………232
シブシバナ……………………113	シャミセンカズラ………………76	ショウノ………………………219
シベンイチゴ……………………89	ジャモ……………………………65	ショウノウノキ………… 97、219
シホウチク……………………144	シャラカク……………………116	ジョウノミ……………………124
シボリケノハ……………………52	ジャラジャラグサ……………162	ショウブ………………… 127、139
シマイモ………………………222	シャリツツジ…………………193	ショウブバナ…………………189
シマクロ…………………102、182	シャリン…………………………61	ショウベンイチゴ………………89
シマクロキ……………………102	ジャレゴッコ……………………33	ショウベングサ………… 127、191
シマゴ…………………………125	シャンセンイト…………………76	ショウベンバナ………………191
シマゾヤ……………………26、27	シャンセンカズラ………………76	ショウモンコ…………………200
シマダラ………………………183	シュイシュイガラ……………132	ショウロウバナ………………186
ジマメ…………………………236	シュイシュイクキ……………132	ショウロバナ…………………207
シマンゴ………………………126	シュウグキ……………………132	ショハギ………………………207
ジミ………………… 40、69、92、203	ジュウゴベ……………………113	ショブ…………………………174
ジミ（ノキ）…………………178	ジュウゴヤバナ… 64、67、103、139、221	ショベンイチゴ…………………88
ジミガラ…………………………69	シュウセングサ………………195	ショヤドンノボボンケグサ 150
ジミギ……………………………92	シュウセンナ…………………195	ショロゴモ……………………199
ジミクサ…………………………40	ジュウニヒトエ…………………52	ショロサマノツエ……………233
ジミグサ…………………………40	ジュウノヒゲ…………………124	ショロサマノハシ………212、233
ジミノキ………… 69、92、107、177	ジュウノミ……………………203	ショロサンノハシ……………212
シメカズラ……………………185	ジュウノミ（グサ）…………124	ショロサンバシ………… 207、212
シモウレ…………………………77	シュウビンキョー……………132	ショロノハシ…………………212
シモグミ……………………77、99	シュウフキ……………………132	ショロハギ……………… 207、212
シモグリ………………………126	ジュウヤク……………………159	ショロハシ……………………212
シモグルメ…………………77、99	ジュウヤクシ…………………159	ショロバシ……………………212
シモフリ……………………77、167	ジュウリョウ………………83、218	ショロバナ…………… 67、207、212
シモンミ…………………………77	ジュギンタマ…………………124	ジョング………………………172
ジャガイモ……………………234	ジュクタミズシ………………204	ジョンジョンノミ……………203
シャカキ…………………113、114	ジュクリッショ（バナ）……186	ションベンイチゴ………………88
ジャカク………………………114	ジュゲンダマ…………………203	シラカシ……………………71、72
シャカシバ………………113、114	ジュシダマ……………………126	シラキ……………………101、128
ジャガタ………………………234	ジュジュダマ…………………126	シラシイ………………………119
シャカッ………………………113	ジュジュバナ…………………116	シラタブ………………………146
ジャグサ………………………191	ジュズカズラ…………………177	シラタマカズラ………………128
シャクシギ…………………55、224	ジュスダマ……………………126	シラネグサ……………………151
シャクジョウ…………………154	ジュズダマ………………124、126	シラハイ………………………102
シャクナゲ……………………122	ジュズタマグサ………………124	シラハギ………………………107
シャクナン………………122、152	ジュズノミ……………………126	シラフェ………………………129
シャクヤク……………………221	ジュッダマ……………………126	シラベノキ……………………129
ジャクリョ……………………115	ジュッタミズシ………………204	シラミズシ……………………204
ジャクロバナ…………………157	ジュミ……………………………40	シラミノキ………………………36
ジャケツイバラ………………123	シュンギク……………………195	シラメノキ………………………36
ジャコウシバ…………………114	ジュングサ……………………124	シラン…………………………128
ジャコロシ………………159、191	ジュンサイ……………………127	シリフカ…………………………73
シャシャブ…………………99、113	ジュンノキ………………………92	シリブカ…………………………73
シャシャンポ…………………123	ジュンヒゲダマ………………124	シリフカガシ……………………73
シャセンボ……………………123	ショイノキ………………………97	シリフカマテ……………………73
シャセンボボ……………………63	ショウガノキ…………………147	シリュウ………………………137
ジャノヒゲ………………………65	ショウガバナ…………………130	ジルタミズシ…………………204
ジャノミ…………………………65		シロ……………………………84、126

シロアケップ……………… 30	シロミズキ……………… 204	スイコッ………………… 132
シロアケッポ…………… 30	シロミズシ……………… 204	スイシャバナ…………… 65
シロアケビ……………… 30	シロメゾヤ……………… 27	スイショウラン………… 85
シロアケブ……………… 30	シロモジ………………… 129	スイスイ…… 75、130、132、153、211
シロイダ………………… 65	シロモミジ……………… 43	スイスイカズラ………… 130
シロウカッポウ………… 84	シロモメジ……………… 44	スイスイガラ…………… 132
シロウツギ……… 69、153、203	シロユズリハ…………… 227	スイスイグサ………65、75、132
シロウラ………………… 54	シロンベ………………… 30	スイスイコンボ……… 42、132
シロエンジ………… 45、225	ジワクビ………………… 223	スイスイバナ…………… 153
シロオ…………………… 84	シワスウンベ…………… 33	スイセン………………… 85
シロカシ………………… 72	シワスンベ……………… 33	スイバナ………………… 130
シロカジ………………… 74	ジン……………… 40、69、92	スイバナカズラ………… 130
シロガネモチ…………… 101	ジンガラ………… 40、69、92、130	スイバミ………………… 75
シロギ…………………… 101	ジンガラノキ………… 92、199	スイブキ………………… 126
シログサ………………… 84	シンギク………………… 195	スイブキ………………… 132
シロクチ………………… 199	ジングサ………………… 40	スイミットウ…………… 132
シロクチカズラ……117、200	ジンズウカズラ………… 78	ズウダ……………… 109、205
シロコボシ……………… 110	ジンゾウカズラ………… 78	スウツギ…………… 51、203
シロサセブ……………… 229	ジンダシ………………… 92	スウブキ………………… 132
シロジュズ……………… 126	ジンタマ………………… 124	スオウ…………………… 134
シロジョウボ（一）…… 229	ジンタン………………… 111	スカッペノキ…………… 41
シロゾヤ……………… 26、27	ジンタングサ…………… 111	スガヤ…………………… 182
シロタブ……… 128、146、183	ジンタンノキ………… 38、147	スガラ…………………… 102
シロヂシバリ…………… 151	ジンタンマメ…………… 111	スカンポ…………… 42、132
シロツキブシ…………… 92	シンツキ………………… 92	スギ……………………… 134
シロツキボシ…………… 92	ジンノキ…………… 92、178	スギクサ…………… 134、185
シロツバキ……………… 115	ジンノッ………………… 92	スギシダ………………… 185
シロヅル………………… 226	シンノハリ……………… 67	スギナ…………………… 134
シロドクダン…………… 184	ジンノミ………………… 203	スギナノコ……………… 134
シロドッポ……………… 30	ジンパチガキ…………… 228	スギノコ………………… 137
シロトンブ……………… 30	ジンヒゲ………………… 124	スギバグサ……………… 205
シロトンボ……………… 30		ズクリショ……………… 186
シロナラ………………… 205	**ス**	ズグリノキ……………… 98
シロニガキ……………… 161	スースーカズラ………… 130	スゲ……………… 60、135、182
シロニレ………………… 210	ズウダ…………………… 109	スゲクサ…………… 124、135
シロノキ………………… 101	ズーニ…………………… 79	スゲグサ………………… 135
シロハイ………………… 85	ズイ……………………… 92	スゲバクリ……………… 127
シロハサコ……………… 109	スイイコヤ……………… 132	スゲンミ………………… 60
シロバサコ………… 109、205	スイカグサ……………… 231	スコク…………………… 132
シロハドギ……………… 50	スイカズラ……………… 130	スシコ…………………… 84
シロフェーノキ………… 129	スイカナレ……………… 231	ズシダマ………………… 126
シロフジ………………… 163	スイガラ…………… 42、132	スス……………………… 49
シロブナ………………… 194	スイカンボ……………… 132	スズ……………………… 84、136
ジロヘ（グサ）………… 159	スイカンボウ…………… 132	ススキ…………………… 135
シロヘー………………… 129	スイクキ………………… 132	ズズゲンダマ…………… 124
シロホ…………………… 84	スイグキ………………… 132	ススコ…………………… 85
シロボウリョウ………… 229	スイグサ………………… 132	スズコ…………………… 85
シロボシ………………… 190	スイクチカズラ………… 130	ススコチャ……………… 85
シロボトクリ…………… 213	スイコキ………………… 132	スズタケ………………… 136
シロボンバナ…………… 64	スイコギ………………… 132	ススダマ…………… 124、126
シロマテ………………… 73	スイゴキ………………… 132	ズズダマ………………… 126
シロマテガシ…………… 73	スイコク………………… 132	ススッ…………………… 135
シロマメ………………… 232	スイコケ………………… 132	スズノキ………………… 62

ススバナ	130			センジョウグサ	124
スズムシクサ	164	**セ**		センジョウノキ	126
スズムシグサ	155	セアケブ	32	ゼンゼンカズラ	159
ススメ	142	セイダラカズラ	78	ゼンソウ	151
スズメカズラ	130	セイロ	105	センタブ	183、219
スズメグサ	136	セエダラ	223	センダン	140
ススメチ	142	セキショ	139	センチョマンチョ	203
スズメノキ	47	セキショウ	139、174、220	ゼンツタ	43
スズメノチャヒキ	85	セキショウブ	139	センナリ	235
スズメノメツキ	136	セキダ	182	センネンホトクイ	155
スズメモチ	47、120、214	セキリイチゴ	88、89	ゼンノキ	75
スズラン	36	セキリイッゴ	88	センパ	72
ススリバナ	130	セキリクサ	104	センパガシ	72、73
ズソヅル	226	セキリグサ	104	センフイ	141
ズソナラ	74	セコ	140、204	センプイ	141
スダ	54、108、109、119	セダオグミ	101	センフリ	141
スダカナ	132	セタオニンジン	152、160	センブリ	141
スダコウジ	119	セッケンブクノキ	55	センプリ	141
スダコジイ	119	セッコク	140	センボン	38
スダジイ	119	セッショウ	139	センボンギ	38
ズダノキ	98	セッタノキ	182	センボンハナ	207
スッ	134	セッチングサ	192	ゼンマイ	141
スッカンポ	132	セドイチゴ	86	ゼンメ	141
スッパ	132	ゼニカズラ	159	センリョウ	83、141、203
スッパッパ	173	ゼニガタカズラ	202	センリョマンリョ	203
スッポ	107	ゼニクサ	75、151、202		
スッポン	42、69	ゼニグサ	202	**ソ**	
スッポンノキ	69、92	ゼニゴケ	202、225	ソウズ	121
ズナアケッポ	33	ゼニノツツリ	116	ソウズ（グサ）	121
ズナアケビ	33	セバルマメ	234	ソウズゴウ	121
ズナガップ	33	セビラギ	177	ソウハギ	207
ズナカッポ	30	セリ	140	ソウメングサ	188
ズナガッポ	33	ゼリメ	141	ソコマメ	236
スナゴッコ	33	ゼルメ	141	ソテツ	142
ズナゴッコ	33	センイチゴ	231	ゾネノキ	97
ズネッタブ	147	ゼンカズラ	159、202	ソバ	142
ズバナ	149	センガン	203	ソハギ	207、212
スビキ	132	センキュウ	128	ソボサンマメ	195
スビラ	158	ゼンキュウイチゴ	88、89、189	ソマ	142
ズミ	40	センキョ	152	ソマクサ	206
スミヤマイチゴ	86	ゼンクサ	151	ソマグサ	206
スミラ	158	ゼングサ	202	ソメグ	68
スミレ	138、158	ゼンゴ	128	ソメコ	114
スミレバナ	138	センコウタブ	128、129、146	ソメコノキ	114
スメガテシ	115	ゼンゴグサ	128	ソメノキ	97
スメラ	158	ゼンゴケ	202	ソヤ	26、27
スモトイグサ	138	センコタブ	128、146、219	ソラデ	179
スモトリグサ	61、138、213	センコツツジ	193	ソラマメ	234
スモトリグサ（バナ）	211	センコハナビ	79	ゾロキイバナ	35
スモトリバナ	138	センコユリ	53	ゾンダッキョ	224
スモモ	95	ゼンザブダオシ	211		
		ゼンジグサ	40	**タ**	
		センジュノタマ	39	ダイオウ	133、142

ダイキナ	111	
タイクサ	93	
ダイコ	234	
ダイコノキ	213	
タイショウギク	40	
ダイズ	234	
ダイズバカリ	162	
ダイノキ	111	
タイフウグサ	150	
タイホウグサ	40	
ダイミョウタケ	144	
ダイミョウチク	145	
タイモ	67、109	
タイモガラ	109	
タイワングミ	187	
タイワンゼリ	68	
タウエイチゴ	88	
タウエイッゴ	88	
タウエグミ	100	
タウエバナ	36、107	
タカイチゴ	87、88、90	
タカイッゴ	87	
タカソウアザミ	35、171	
タカタジェ	141	
タカタズ	141	
タカタゼ	141	
タカタデ	141	
タカトリイゲ	123	
タカトリカズラ	123	
タカノタケ	143	
タカヘゴ	108	
タガライモ	67、102	
タカラナ	133	
タカンツメ	68、141	
タキツツジ	208	
ダキミョウガ	179	
タグサ	50	
ダケク	148	
タケグサ	35、115	
タケゾヤ	26、27	
タケツエギ	38、130	
タケナ	173	
タケヒムロ	169	
タケヒモロ	169	
ダケヒモロ	169	
タケフシニンジン	160	
タケミズシ	205	
タケユリ	115	
タケラン	140	
タケンコバナ	59	
タケンボウ	145	
ダゴバナ	203	
ダゴフキ	228	

タコラボトクリ	110、115	
ダゴンハ	116	
ダシ	49、166	
ダシグサ	49、65	
タズ	153、165、202	
ダス	49	
タズーニ	136	
タズーネ	136	
タスカリ	81	
タスカリゴリ	81、82	
タスキマメ	233	
タズノキ	165	
タスボ	136	
タゼ	145、217	
タゼクサ	206、217	
ダダイモ	233	
ダダゴイ	81	
ダダコベ	81	
ダダゴリ	81、82	
タタミグサ	149	
ダチク	149	
タチバケ	235	
タチバコ	145	
タチバナ	145	
タチホコ	145	
タチボコ	145	
タチワケ	235	
タッ	165	
タツ	165	
ダッガヤ	135	
タッカラ	116	
ダッキショ	236	
タツノキ	146、165	
タッノハ	165	
タッパケ	235	
タデ	28、145、165、176、206	
タデクサ	145	
タデノキ	153、165、229	
タテバコ	145	
タテボコ	145	
タナミズシ	204	
タニアサ	192	
タニガシ	72、105、151、224	
タニガシワ	28	
タニカズラ	76	
タニツバキ	118	
タニネタリ	142	
ダニノキ	36	
タニハリ	192	
タニバリ	77、92、192	
タニハル	192	
タニフサギ	146	
タニヤス	192	

タニワサビ	230	
タニワタシ	192	
タニワタリ	51、60、69、105、118、146、169、192	
タニワタリノキ	146、178	
タニワタル	192	
タヌキイチゴ	89	
タヌキノカラカサ	196	
タネイチグサ	211	
タネウマカチカチ	138	
タバコグサ	195	
タバタ	143	
タハナガラ	50	
タビ	128、146	
タビノキ	48	
タブ	43、48、70、129、146、147、165、219	
タブノキ	48	
ダマカシ	73	
タマガラ	129	
タマガラタブ	129	
タマクサ	211	
タマグサ	124	
タマクサ（ノキ）	129	
タマグス	146	
タマシャ	219	
タマジャカキ	113	
タマナ	233	
ダマリグサ	124	
タムシクサ	209	
タモ	146	
タラ	147	
ダラ	82、183	
ダラ（ノキ）	147	
タラノキ	82	
ダラノキ	82	
ダランメ	147	
タンカズラ	76、151	
ダンギイ	111	
ダンキョバナ	112	
タンクサ	69、93	
タンコイモ	223	
タンタングサ	84	
タンタンバ	84	
ダンダンバナ	59、101、153、198	
タンドクセン	86	
ダンナグサ	50、200	
タンバリ	38	
ダンベユス	113	
タンボガライモ	102	
タンボグサ	206	
タンポポ	146、173	
タンポンウキクサ	51	

― 254 ―

ダンマイユイ……………… 173	チャワンンベ………………… 33	**ツ**
ダンマンヒンカッカ……… 138	チャンベ………………30、32、33	ツーラ………………………… 98
ダンミズシ………………… 204	チャンポコナシ…………… 104	ツエギ………………38、103、130
	ヂヤンモチ………………… 154	ツガ………………………… 151
チ	チューチコベ……………… 81	ツギキグサ………………… 134
チイチイバナ……………… 173	チュチュコベ……………… 81	ツキダシ………………62、69、92
ヂイチゴ……………86、87、88、89	チョイサゴ………………… 196	ツキダシウツギ…………… 69
ヂエビネ…………………… 59	チョウジャウメ…………… 197	ツキダシノキ……………… 92
チガヤ……………………… 149	チョウセンアサガオ……… 190	ツキツキ………………92、153
チカラグサ……………66、74、150	チョウセンウリ…………… 235	ツキツキブシ………………69、92
チカラシバ………61、66、120、150、	チョウセンヨモギ………… 85	ツキツキボウシ…………… 69
161、214	チョウセンレンゲ………… 211	ツキデ…………25、92、107、178
チカラシバノキ…………… 161	チョウチコベ……………… 82	ツキデノキ………………… 179
ヂガンネン………………… 96	チョウチョコベ…………… 81	ツキネ……………………… 179
チクオンキバナ…………… 39	チョウチョバナ…………… 156	ツキブシ……………69、92、107
チグサ………………… 93、173	チョウチン…………………34、55	ツキボシ………………69、134
チクシ……………………… 134	チョウチングサ……112、197、208	ツキボンサン……………… 134
チクセツニンジン………… 160	チョウチンゼリ…………… 91	ツギマツ…………………… 134
チクゼンカズラ…………52、157	チョウチンツツジ………… 34	ツキミソウ……………62、200
チクテンカズラ…………… 69	チョウチンバナ……36、55、69、112、	ツクシ……………………… 134
チゴガヤ…………………… 149	163、186	ツクシボ…………………… 134
ヂゴケ……………………… 151	チョウテイグサ…………… 40	ツクシボーズ……………… 134
ヂゴナ…………………173、215	チョウメイ………………… 55	ヅクシロ…………………… 134
ヂザクラ………………164、165	チョウメイギ……………… 55	ツクシンボ………………… 134
ヂシバリ………………151、206	チョウメン………………… 55	ツクシンボウ……………… 134
チシャ……………………… 150	チョウメンノキ…………… 55	ツクシンボー……………… 134
チシャノキ………………… 151	チョカンギイ……………… 197	ツクヂェ…………………… 107
チソ………………………… 121	チョクバナ……………184、189、193	ツクツクボウシ…………… 69
ヂダイチゴ………………… 89	チョコチョコノキ………… 116	ツクツクボーズ…………… 134
ヂダイッゴ………………… 89	チョコバナ………………… 193	ツクバネ…………………… 72
ヂダヤンモチ……………… 154	チョチョコベ……………… 81	ツクバネガシ……………… 72
チチカズラ………………… 130	チョチングサ……………… 157	ツクボーズ………………… 134
チチクサ…………131、146、165、215	チョチンバナ……………… 37	ツクボンサン……………… 134
チチグサ…………29、48、121、146、	チョッバナ………………184、189	ツゲ………………… 38、39、47
173、215	チョテイグサ……………… 40	ツタ……………… 43、91、153、154
チチクリグサ……………… 150	チョマ……………………… 84	ツタカズラ…… 43、50、91、153、157、
チチタブ…………………… 48	チョロンカ………………… 49	159、202
チチバナ………………131、153	チョンチョングサ………… 155	ツチイチゴ…………86、88、89
チチブテ…………………… 48	チラチラグサ……………… 162	ツチコベ…………………… 81
チヂンミ…………………… 125	チリリンソウ……………… 225	ツチドメ…………………… 125
ヂドメ……………………… 125	チンダイグサ……………… 40	ツチビノ……………… 86、155
チドメグサ………………… 151	チンダイボシグサ………… 161	ツチフイ…………………… 213
チトリグサ………………… 105	チンチクタケ……………… 143	ツチフリ…………………… 213
チノクスリ………………… 85	チンチログサ……………… 155	ツチブリ…………………… 213
ヂヒゲ……………………… 125	チンチロチリン（グサ）…… 155	ツツジ………………68、208、221
ヂモチ……………………… 154	チンチロリンバナ………… 155	ツッダシ…………………… 92
チャ………………………… 151	チンチンゴリ……………… 81	ツッツキブシ……………… 69
チャイチゴ………………86、88	チントングヮンバナ……… 182	ツッツキボーシ…………… 69
チャオトリイチゴ………… 86	チンポグサ………………… 154	ツッデ……………………… 179
チャシバ………………114、219	チンポンカン……………… 49	ツッデノキ………………… 179
チャヨテ…………………… 235	チンポンミ………………… 49	ツッデンサガリ…………… 52
チャラチャラグサ………… 162		ツッデンハ………………… 179
チャワンウベ……………… 33		

― 255 ―

ツッテンポウ…………… 153	デギナ………………… 111	トイモアケビ…………… 32
ツッテンポンタマノ…… 203	テグスグサ……………… 225	トイモアケブ…………… 32
ツヅミ…………………… 107	テコウツボ……………… 231	トウイモ………………… 233
ツヅラ…………………… 155	テコツマメ……………… 232	トウキビ………………… 234
ヅヅラ…………………… 155	デコン…………………… 234	ドウキビラ……………… 186
ツヅラカズラ…………… 155	デシ………………………… 67	トウキョウバナ………… 189
ツヅレバサコ…………… 205	デシコシボッポノキ…… 41	ドウザンツツジ……194、230
ツツロコ………………… 182	デズ……………………… 234	トウジャ………………… 235
ツナグサ………………… 150	テツドウイチゴ………… 86	トウシミ………… 40、69、92、107
ツノラン……………191、196	テッポウノキ………92、212	トウシミ（グサ）……… 40
ツバキ…………………… 218	テッポウバナ…………… 39	トウシミギ……………… 92
ツバキラン……………115、162	テッポウユリ…………… 53	トウシミグサ………… 40、107
ツバナ…………………… 149	テッポナシ……………… 104	トウシミノキ……40、92、107、179
ツバナグサ……………… 149	テッポンタマ…………… 125	トウジャアミズシ……… 205
ツバノキ………………… 115	テッポンダマ…………… 125	トウジャミズシ………… 205
ツババナ………………… 196	テッポンタマノキ……203、216	トウシングサ……………… 41
ツバメガシ……………… 184	デノキ…………………… 112	トウシンノキ…………… 92
ツボカシ………………… 72	デノッ…………………… 112	トウズミラ……………… 186
ツボクサ………………… 136	テボウリ………………… 235	ドウズミラ……………… 186
ツマグレ………………… 196	テマリカ……………… 36、60	ドウゼン………………… 52
ツメソメバナ…………… 196	テマリコ……………125、220	ドウダ…………………… 74
ツユクサ………………… 155	デミョウ………………… 145	トウダイミズシ………… 205
ツユグサ………………… 155	デャーコン……………… 234	ドウダンツツジ………… 152
ツユバナ……………… 36、155	デャーズ………………… 234	トウナ…………………… 134
ツユンシタ……………… 218	テラカシ………………… 28	トウナグサ……………… 134
ツリガネソウ…………… 197	テラガシ………………… 28	トウブキ………………… 64
ツリガネソウ（グサ）… 163	テンキンツツジ………… 190	トウマメ・トマメ……… 234
ツリガネツツジ…… 34、194、230	テングイモ……………… 223	ドオダ…………………… 109
ツリガネバナ…………… 34	テングサ……………194、222	トガ……………………… 151
ツル……………………… 226	テングゴイ……………… 223	トガキ…………………… 48
ツルウメモドシ………… 157	テングサ………………… 79	トカゲノシイボ………… 197
ツルシバ………………… 226	テングサンノハナ……… 194	トカゲノシッポ………… 197
ツルツルノキ…………… 116	テングノウチワ……… 70、216	トカゲビシャク………… 83
ツルノキ……………142、226	テングノカクレミノ…… 70	トカゲンシイボ………… 197
ツルノハ……………226、227	テングノミ……………… 187	トキビ…………………… 234
ツルノメ………………… 226	テングバナ……………… 194	トキマメ………………… 234
ツルメン………………… 226	テンジンサマ…………… 203	トキワ…………………… 159
ツワ……………………… 158	テンツキマメ…………… 234	ドクイチゴ…………… 88、195
ツワブキ………………… 158	デントウバナ…………… 55	ドクカズラ……………… 141
ツンキイグサ…………… 137	テンノウメ……………… 215	ドクガランポ…………… 59
ツンキリグサ………… 47、136	テンノミ………………… 216	ドクギ…………………… 37
ツンノキ……………129、226	テンバイ………………… 216	ドググサ………………… 91
ツンノハ………………… 226	デンパチガキ…………… 228	ドクコベ………………… 81
ツンボバナ……………… 215	テンポコナシ…………… 104	ドクゴンニャク………… 201
	テンポナシ……………… 104	トクジイ………………… 73
テ	テンポンナシ…………… 104	ドクシバ………………… 37
デーギ…………………… 111	テンマルコ……………… 36	ドクシバノキ…………… 37
デーコン………………… 234		ドクジミラ……………… 186
デーズ…………………… 234	**ト**	ドクジュルマ…………… 186
デーノキ………………… 111	トーネリコ……………… 161	ドクジラメ……………… 186
デオ………………… 132、133	トイトイボウ…………… 57	ドクズミラ……………… 186
デカンガシ……………… 119	トイノヨボシ…………… 103	ドクズルマ……………… 186
デギ………………… 111、127	トイモ…………………… 233	ドクゼリ………………… 91

ドクソウ	189	
ドクダニ	159	
ドクダミ	159	
ドクダミ（ソウ）	159	
ドクダミソウ	159	
ドクダム	159	
ドクダン	159	
ドクダンソウ	160	
ドクバナ	91、120、121、186	
トゲクサ	28	
トコロ（イモ）	223	
トコロオンジュ	223	
トコロカズラ	223	
トコロテン	223	
トコロヤマイモ	223	
トサカ	104	
トサカバナ	104	
トシギ	28	
トジシャ	235	
トシミ	41	
トズミラ	186	
ドゼ	52	
ドゼン	52	
トチ	160	
トチナ	64	
トチノキ	160	
トッカゲンシッポ	197	
ドッグサ	91	
トックリグサ	94	
トッコ	33	
トッコノキ	41	
トッサゴ	196	
トッシャゴ	196	
ドッパナ	91	
トップ	33	
トッポ	30、32、33	
ドッポ	33	
トッポグサ	84	
トツマメ	234	
ドテイチゴ	88	
ドテグサ	94	
トト	57	
トトボ	57	
トドメラ	186	
トドロウツッ	105	
トナ	134	
トネコ	161	
トネリ	161	
トネリコ	161、222	
トネル	161	
トネルコ	161	
トノサマグサ	138	
トビシャク	196	

トビシャコ	196	
トビシャゴ	75、196	
トビノキ	70、110	
トベ	197	
ドベイチゴ	90	
トベカズラ	194	
トベラ	161、181	
トベラ（グサ）	160	
トベラギ	161、181	
トベラグサ	142	
トベラノキ	181	
トベラボウ	161	
トボエグサ	197	
トマリギ	165	
トユリ	66	
ドヨウグサ	91	
トラグミ	100	
トラグン	100	
トラノオ	62	
トリクモ	199	
トリゲサ	29	
トリノコガキ	228	
トリノミジョウゴ	178	
トリノヨボシ	104	
トリモチ	221	
トリモチノキ	214	
ドロボウ	213	
トロロイモ	222	
トロンカシ	49	
トンガラシ	234	
ドンクグサ	206	
ドンクジグサ	211	
ドンクツリグサ	57	
ドングリ	98、109	
ドングリノキ	98	
ドングワンイチゴ	90	
ドンダギ	85	
トントングサ	84	
トントンバ	84	
ドントンブキ	84	
トンビ	30	
トンブ	30	
トンボ	30、32	
トンボノミ	177	
トンボバナ	189	

ナ

ナエシロイチゴ	88	
ナエシロギ	165	
ナエシログミ	100	
ナエタケ	144	
ナガアケビ	30	
ナガグイ	172	

ナガシイチゴ	88	
ナガシグサ	184	
ナガシバナ	36、153	
ナガシログミ	100	
ナガセイチゴ	88	
ナガセグメ	100	
ナガブロ	233	
ナガマメ	233	
ナギ	109	
ナギグサ	109	
ナギミヤッ	109	
ナケズラノクスリ	85	
ナコヤナギ	167	
ナシ	67、162	
ナシウリ	236	
ナズナ	162	
ナスビ	234	
ナタウシネ	175	
ナタオレ	40	
ナタカクシ	62	
ナタハジキ	52、175	
ナタマメ	235	
ナッ	109	
ナツアケビ	30	
ナツイチゴ	88	
ナツエナバ	168	
ナツエビネ	59	
ナツコガ	76	
ナツゴカ	170	
ナツツゲ	149	
ナツナナミ	26	
ナツナナメ	26	
ナツナナメ	26	
ナツナラメ	26	
ナッパ	235	
ナツフジ	163	
ナツマメ	234	
ナツメモドキ	157	
ナデシコ	85	
ナデシコバナ	85	
ナナイロバナ	189	
ナナカドギリ	90	
ナナカマ	110	
ナナカマド	40、110、118、163、169	
ナナトコユルリ	118	
ナナバケ	189	
ナナメノキ	26、101、163	
ナバギ	98、109	
ナベイチゴ	87、90	
ナベコサギ	77	
ナベシメ	77	
ナベツージ	177	

ナベツシ	77、78、177	
ナベツシ、ナベトオシ	51	
ナベトウシ	77、177	
ナベトオシ	77、177	
ナベブチ	112	
ナベワラシ	77	
ナベワリ	77	
ナベンフタ	65	
ナマエ	78	
ナメツシ	77	
ナラ	74、109、163、205	
ナラガシワ	205	
ナラノキ	109	
ナラバサコ	109、205	
ナラメ	101	
ナラメノキ	163	
ナルコユリ	163	
ナロ	36	
ナロウ	109、184	
ナロウゾヤ	27	
ナワシロイチゴ	88	
ナワシログミ	100	
ナワナイバナ	168	
ナンカ	77、232	
ナンキモ	233	
ナンキモグサ	67	
ナンキン	77、232	
ナンキンマメ	236	
ナンチョンノミ	164	
ナンテン	164	
ナンデン	164	
ナンバン	77、232	
ナンバンギセリ	164	
ナンバンギセル	164	
ナンポウグサ	195	
ナンポウシュンギク	195	

ニ

ニージン	235
ニイジン	235
ニガウリ	235
ニガカシ	70、71、73
ニガキ	42、161、165、222
ニガクサ	173、195、215
ニガコ	144
ニガゴーリ	235
ニガコタケ	144
ニガゴリ	81、235
ニガジイ	71
ニガシタケ	144
ニガタケ	144
ニガチャ	189
ニガッノキ	165
ニガヒメ	223
ニガフキ	64
ニガフッ	228
ニガフツ	122
ニガユリ	66
ニギイコバナ	36
ニギイバナ	36
ニギイメヒバナ	36
ニギコ	36
ニギリコバナ	36
ニギリバナ	36
ニギリメシバナ	36、60
ニゴリバナ	120
ニシキザ	111
ニジン	235
ニセゴヤシ	177
ニセヤッテ	70
ニゾウ	92
ニゾーノキ	92
ニタジイ	119
ニタリ	27、153
ニタリジイ	119
ニタリゾヤ	27
ニッケイタブ	129、219
ニッケギ	38
ニッケタブ	219
ニドイモ	234
ニドグロ	234
ニネンボトクリ	155
ニベ	181
ニャク	109
ニョウサンノミ	204
ニヨウサンノミ	209
ニヨウサンノミノキ	209
ニラクサ	125
ニラグサ	136
ニラズミ	186
ニラダマ	125
ニレ	66、158、184
ニレゲヤキ	184
ニロウ	47
ニワインタデ	145
ニワクサ	166
ニワトリ	28
ニワトリグサ	29、156、206
ニワトリノエボシ	104
ニワトリノヨボシ	104
ニンギョウギ	55
ニンギョウグサ	49
ニンギョウブロ	232
ニンジン	160、235
ニンジングサ	121

ヌ

ヌカゴ	222
ヌッデノキ	167
ヌメリヒーバ	137

ネ

ネコアケブ	30
ネコウンベ	30、32
ネコカズラ	123
ネコグサ	57、63
ネココイコイ	167
ネコシダ	54、108
ネコジャラシ	57、199
ネコジョ	57
ネコスダ	108
ネコダマ	125
ネコダマシ	57
ネコヅメ	28、69、120、123
ネコヅメカズラ	69
ネコヅル	69
ネコトウト	57
ネコトウトウ	62
ネコトンボ	33
ネコネコ	57、125、167
ネコネコサイサイ	167
ネコネコヤンボシ	167
ネコノキ	167
ネコノキンタマ	125
ネコノクソアケビ	30
ネコノチャッカラ	75
ネコノツメ	69、123
ネコノツメカズラ	69
ネコノツメギ	123
ネコノメ	125
ネコノメンタマ	125
ネコバナ	63
ネコフズキ	140
ネコボウズ	63
ネコホウズキ	140、178
ネコマイマイ	57
ネコミャーミャー	167
ネコミャアミャア	57
ネメンタマ	125
ネコヤナギ	63、167、217
ネコラン	125
ネコンキンタマ	107、125
ネコンクソアケビ	30
ネコンケ	57
ネコンコ	167
ネコンシイボ	57、62、197
ネコンシッポ	57
ネコンシャンセンイ	76

ネコンタマ	125	
ネコンチチ	167	
ネコンチンポ	125	
ネコンツメ	69、123	
ネコンツメイゲ	123	
ネコンツメカズラ	69	
ネコンツメギ	123	
ネコンテ	69	
ネコンメ	125、157	
ネコンメダマ	125	
ネコンメンタマ	125	
ネジキ	118	
ネジモチ	169	
ネジリバナ	169	
ネシロイチゴ	88	
ネズ	169	
ネズミギ	169	
ネズミクソ	169	
ネズミサシ	39	
ネズミシバ	169	
ネズミトオシ	39	
ネズミノキ	169	
ネズミノクソ	169	
ネズミノクソキ	169	
ネズミノクソノキ	169	
ネズミノクソノモチ	169	
ネズミノクソモチ	169	
ネズミノシリサシ	39	
ネズミノハナサシ	39	
ネズミノハナトオシ	39	
ネズミノフンギ	169	
ネズミノメザシ	39	
ネズミノメツキ	39	
ネズミノメツクジリ	39	
ネズミノメヌキ	39	
ネズミマクラ	169	
ネズミモチ	169	
ネズミヤンモチ	214	
ネズンバリ	39	
ネズンモチ	169	
ネナシカズラ	170、202	
ネバザシ	172、212	
ネバネバダシ	175	
ネバブツ	179	
ネバモチ	221	
ネブイコカ	170	
ネブイコノキ	170	
ネブイノキ	170	
ネベキ	77	
ネムイギ	170	
ネムイグサ	95	
ネムイゴカ	170	
ネムイコカノキ	170	

ネムコ	170	
ネムノキ	170	
ネムノハナ	170	
ネムリ	170	
ネムリキ	170	
ネムリギ	170	
ネムリグサ	95、111、170	
ネムリコ	170	
ネムリコウカ	170	
ネムリコカ	170	
ネムリゴカ	170	
ネムリコノキ	170	
ネムリジョウ	170	
ネムリノキ	170	
ネムリバナ	170	
ネムルノキ	170	
ネムンノキ	170	
ネヤンモチ	154	
ネラカズラ	61	
ネリモチ	169	
ネレ	66、184	
ネン	184	
ネンネコ	63	

ノ

ノービ	174	
ノービイ	174	
ノアザミ	35	
ノイチゴ	86、88、89	
ノイネ	232	
ノイバラ	172	
ノガライモ	154	
ノガラン	58	
ノカンゾウ	173	
ノギク	122、173、174、221	
ノキシノブ	173	
ノキダレグサ	125	
ノギッ	227	
ノグミ	99、100	
ノグリ	101	
ノグルミ	118	
ノグルメ	99	
ノグワ	171	
ノコギリ	148	
ノコギリシバ	148	
ノコギリセンリョウ	83	
ノコキリノキ	148	
ノコギリノキ	148	
ノコギリバ	148	
ノコギリモチ	148	
ノコギリヤマモチ	148	
ノコギリヤンモチ	148	
ノコノコシバ	148	

ノコバ	148	
ノコヤン	148	
ノサキクサ	35	
ノザンポ	140	
ノジャエン	123	
ノジャカキ	114	
ノシロイチゴ	88	
ノシログイメ	100	
ノシログミ	100	
ノシログメ	100	
ノススコ	85	
ノタケ	85	
ノツツジ	68、193	
ノナデシコ	85	
ノニラ	224	
ノハギ	110、177、212	
ノバラ	172	
ノビ	174	
ノビー（イ）	174	
ノビッショ	174	
ノビッチョ	174	
ノビリ	174	
ノビル	174	
ノビロ	174	
ノフズキ	140	
ノブドウ	58、118	
ノブロ	174	
ノベリ	174	
ノマメ	219	
ノムギ	79	
ノヤナギ	168、217	
ノユス	38、78	
ノユリ	53、66、135、174	
ノラッキョ	174	
ノラミー	84	
ノリウツギ	175	
ノリカズラ	187	
ノリギ	175	
ノリクサ	193	
ノリノキ	175	

ハ

ハイギ	176	
ハイゲ	39	
ハイコロシ	175、176	
ハイシバ	176	
ハイスギ	176	
ハイノキ	102、103、176、216	
ハイノドク	176	
バイバイ	129	
ハイビャクジン	176	
ハイボトクリ	213	
ハイマツ	51	

ハエゴロシ	176	
ハエゴロシグサ	176	
ハエドク	176	
ハエトリクサ	176	
ハエトリグサ	176	
ハエトリビナグサ	176	
バカ	49、65、166	
バカアサガオ	151	
バカウリ	235	
バカガシ	73	
ハガタ	225	
バカツツジ	193	
バカバナ	153	
ハギ	152、177	
ハギナ	227	
ハギノコ	177	
ハクイ	127、220	
ハクイラン	127	
ハクサイ	235	
ハグス	110	
ハクズシ	141	
ハクソー	177	
バクチノキ	177	
ハクランイゴ	88	
ハクリ	59、112、127	
ハクリラン	127	
ハグロ	167	
ハグロガネ	167	
ハグロノキ	167	
ハゲタブ	70	
ハゴ	210	
ハゴイタノキ	210	
ハコザ	57	
ハコベ	178	
ハコベグサ	178	
ハコベラ	178	
ハゴンタマノキ	210	
ハサカ	109	
ハサコ	109	
ハザコ	109、205	
ハサミグサ	218	
ハシギ	51、212	
ハシツナギカズラ	103	
ハジノキ	223	
ハシノッ	220	
バショバナ	86	
ハシリマメ	45	
ハゼ	167、220	
ハゼカズラ	154	
ハゼダマノキ	216	
ハゼノキ	223	
ハゼマケノキ	220	
バセリ	128	
ハタガシ	71	
ハダカムギ	232	
ハタケアサガオ	190	
ハタケイネ	232	
ハタケフズキ	140	
ハタケフズッ	140	
ハタケホウズキ	140	
ハタケボトクイ	213	
ハタケユリ	66	
ハタチャエン	151	
ハタワサビ	230	
ハチイセブ	78	
ハチク	143	
ハチノスバナ	60	
パチパチグサ	75	
パチパチノキ	45、142、219	
パチンコ	37	
ハッカグサ	223	
ハッコ	212	
ハッコクホトクリ	57	
ハッタンガラ	84	
ハッタングサ	84	
パッチコグサ	129	
ハッチッタケ	143	
ハッチョウグサ	160	
パッチンバナ	37、129	
バットノキ	161	
ハッパッピー	173	
ハトイチゴ	89	
ハトガシ	71、72、73	
ハトカズラ	78	
ハドキ	178	
ハドギ	178、217	
ハトキビリカズラ	79	
ハトグサ	157	
ハトクビイ	79	
ハトクビイカズラ	155	
ハトクビリ	79	
ハトクビリカズラ	79	
ハトコビカズラ	79	
ハトコビリ	79	
ハトソカズラ	79	
ハドノキ	178	
ハトブエ	42	
ハトンミンモチ	163	
ハトンリンゴ	220	
ハナ	120	
ハナウツギ	153	
ハナエダ	120	
ハナガ	73	
ハナガガシ	73	
ハナカシ	73	
ハナガシ	73	
ハナガタブ	147	
ハナガモチ	120、214	
ハナガラ	50、155	
ハナガラタブ	129	
ハナキャージ	44	
ハナキンブク	43	
ハナクソンノキ	92	
ハナグリカズラ	52、159	
ハナグルマ	65	
ハナコジラノキ	129	
ハナシキビ	120、209	
ハナシグサ	178	
ハナシバ	114、120	
ハナショウガ	90	
ハナショッ	174	
ハナタカテング	222	
ハナタカメン	222	
ハナタブ	129、219	
ハナツマン	222	
ハナテング	222	
ハナノキ	120	
ハナバショウ	86	
ハナビグサ	79	
ハナペッサン	222	
ハナミ	83、204	
ハナミョウガ	179	
ハハコグサ	179	
ハハゴグサ	180	
ババコロシ	66、150	
ババノシリヌグイ	160	
ババノテヤキ	102	
ババンシンノグイ	160	
ハビロカシ（ガシ）	73	
ハブト	148	
ハブトガシ	73	
ハブトノキ	34	
ハベロガシ	73	
ハベロシ	55、107	
ハボセロ	107	
ハボソ	72	
ハボソガシ	71	
ハボロシ	107、203	
ハボロセ	107	
ハマアサガオ	182	
ハマエンズ	180	
ハマエンド	180	
ハマエンドウ	180	
ハマオモト	180	
ハマガミ	180	
ハマカンゾウ	181	
ハマギリ	183、198	
ハマサカキ	113	
ハマザカキ	113	

ハマジャカキ	113	
ハマタチワケ	182	
ハマチャ	157	
ハマヂャ	157	
ハマヂャエン	199	
ハマツバキ	199	
ハマナス	94	
ハマヒルガオ	182	
ハマボウフウ	198	
ハマムラサキ	113	
ハマモッコク	126	
ハマユウ	180	
ハマユー	180	
ハマユリ	180	
ハミズバナ	186	
ハモゲ	173	
ハモゲグサ	141	
ハヤトウリ	235	
ハヤバシリイチゴ	86、88	
バラモミ	184	
バリバリ	183	
パリパリタブ	219	
ハリメカシ	45	
ハルエビネ	59	
ハルグミ	100	
ハルリンドウ	184	
バレイショ	234	
ハレン	104	
バレン	106	
ハンズイチゴ	87、90	
バンチカズラ	131	
ハンノキ	97	
パンパングサ	84	
パンパンミ	125	
ハンヤダケ	144	

ヒ

ヒー	47	
ピー	35	
ビーゴザ	51、191	
ヒーナ	47	
ヒーバ	47、137、189	
ヒーバ（ヒイバ）	137	
ヒーバグサ	137	
ピーピー	136	
ヒーヒーグサ	136	
ビービーグサ	136	
ピーピーグサ	136	
ピーピーノキ	199	
ピーピーマメ	82	
ビービグサ	136	
ヒ	188	
ビイゴザ	190	
ヒイナ	189	
ヒイヒイグサ	136	
ビイムシト	191	
ヒイラギ	184	
ヒエ	47、185	
ヒエイチゴ	87	
ヒエギアワギ	165	
ヒエミズシ	205	
ヒエンコグサ	136	
ヒカゼ	136	
ヒガンアケビ	30	
ヒガンキ	37	
ヒガンギ	37	
ヒガンギイ	37	
ヒガンキョ	37	
ヒガンザクラ	47、55、221	
ヒガンツツジ	193、208	
ヒガントンボ	30	
ヒガンバナ	37、64、67、186	
ヒガンボイボイ	134	
ヒガンボウズ	134、231	
ビキグサ	206	
ヒキサゲ	28	
ビキタログサ	206	
ビキタロンハカマ	206	
ビキタンカゴクサ	155	
ビキタングサ	206	
ビキノカマゲタ	206	
ビキノゴザ	191	
ビキノスネカキ	200、206	
ビキノツラカキ	29、200、206	
ビキノノドコサギ	206	
ビキノハカマ	206	
ビキノハカマ	206	
ビキノマタ	206	
ビキマクラ	206	
ヒクサグイメ	99	
ヒグラシ	168	
ビクン	33	
ヒゲイモ	233	
ヒゲニンジン	160	
ヒゲムシグサ	150	
ヒゲモモ	215	
ヒコウキグサ	195	
ヒゴザ	191	
ビゴザ	191	
ヒサゲ	28、55	
ヒサゲノキ	28	
ヒサゴ	235	
ヒシ	187	
ヒシテバナ	173	
ヒシノミ	187	
ヒシャカキ	114	
ヒジャカキ	114	
ピゾロ	35、172	
ヒダリバナ	169	
ヒダリマキ	169	
ヒチガシ	142	
ヒチギ	47、142	
ヒチク	136	
ヒチゴ	142	
ヒチダンソウ	101	
ヒチノキ	142	
ヒチリンソウ	225	
ヒツイグサ	102	
ヒッカケバナ	138	
ビッキョグサ	155、206	
ビックサ	184、207	
ビッグサ	207	
ヒッサゲ	28	
ヒッサゲノキ	28	
ヒッチク	86	
ヒッテンカズラ	157	
ピッピグサ	136	
ピッピタカ	173	
ヒデリグサ	137	
ヒトガラン	58	
ヒトツバ	49、173、187	
ヒトツバグサ	136	
ヒトツバラン	191	
ヒトトブロ	232	
ヒナゴイ	81	
ヒナタイチゴ	88	
ヒノ	65、86、122	
ヒノオ	108、122	
ヒノオカジ	122	
ヒノカジ	65、108、122	
ビノネドコ	191	
ヒノハギ	122	
ヒバ	47、137、189	
ヒバチロ	213	
ヒヒーグサ	136	
ヒヒグサ	51、136	
ピピグサ	136	
ビビラグサ	211	
ビビルグサ	136	
ヒメ	223	
ヒメアザミ	35	
ヒメアヤメ	59	
ヒメイモ	223	
ヒメカズラ	223	
ヒメガタシ	115	
ヒメガテシ	115	
ヒメケドコロ	189	
ヒメコ	111	
ピメゴ	223	

ヒメゴロ	223	
ヒメザクラ	55	
ヒメシダ	197	
ヒメシャクナン	185	
ヒメジョウ	174	
ヒメダラ	82	
ヒメチョ	26、47、54、143、147	
ヒメチヨ	223	
ヒメチョー	26、41、147	
ヒメッチョザクラ	54	
ヒメツバキ	115	
ヒメド	223	
ヒメトコロ	223	
ヒメマンジュウ	125	
ヒメムカゴ	223	
ヒメヤマイモ	223	
ヒメユリ	135、174	
ヒメリンゴ	218	
ヒメワラビ	110	
ヒモミジ	44	
ヒモラン	189	
ビャクシ	189	
ヒャクジッカ	116	
ヒャクショウゴロシ	211	
ビャクシン	209	
ヒャクニチカ	116	
ヒャクニチソウ	189	
ヒャクリョウ	83、218	
ヒャッカン	116	
ヒュウタン	235	
ヒョイゴロ	192	
ヒョイタゴロ	192	
ビョウブ	229	
ビョウロー	229	
ヒヨコグサ	162、178、180、207	
ヒヨコバナ	59	
ヒヨゴリ	220	
ヒヨドイノミ	129	
ヒヨドリイチゴ	220	
ヒヨドリイッゴ	220	
ヒヨドリジョウゴ	157、178、190	
ヒヨドリノミ	129、220	
ピヨピヨグサ	178	
ヒョヒョグリ	45	
ヒヨリグサ	137	
ヒヨリバナ	153、165	
ヒョンノキ	42	
ヒラギ	224	
ヒラキドッポ	30	
ヒラヒラグサ	50	
ピリピリノキ	136	
ヒルアサガオ	190	
ヒルガオ	182、190	
ビルグサ	191	
ビルゴザ	191	
ヒルノヤド	191	
ビロウ	191	
ビロゴザ	191	
ヒロバ	177	
ヒワ	45、191	
ビワ	191	
ヒワレジョウゴ	157	
ヒンカカ	138	
ヒンカカッ	138	
ビンカズラ	187	
ヒンカチ	138	
ヒンカチ（バナ）	138	
ヒンカチゴマ	138、211	
ヒンカッカ	138	
ヒンカッカ（グサ）	138	
ヒンカッカッカ	138	
ヒンカックサ	138	
ヒンカッコネ	138	
ヒンカッバナ	138	
ビンコ	139	
ヒンココ	138	
ヒンコッコ	138	
ビンチョク	94	
ビンチョノキ	209	
ビンツケ	187	
ビンヅケ	187	
ビンツケカズラ	187、200	
ビンノゴザ	191	
ヒンノゼザ	191	
ピンピンカズラ	76	
ピンピングサ	76、162、181	

フ

フーセンクァ	196	
フウ	196	
フウズキ	196、235	
フウトウカズラ	60、61	
フウノキ	196	
フウラン	191	
ブウリョウ	229	
フェーギ	176	
フェーノキ	102	
フエグサ	136	
フエシバ	176	
フェノキ	102、176	
フェノキシバ	102	
フエノコ	136	
フエノツブリ	215	
フエンコグサ	136	
フキ	158、192、228	
フキタチ	110	
フクイ	41	
フクジュソウ	192	
フクマクカズラ	96	
フクラシバ	142、176	
ブクリュウ	223	
フケクサ	178	
フケグサ	136	
フシ	167	
フジ	193	
ブシ	134	
フジ（カズラ）	193	
フジカズラ	193	
フシギ	167	
フジキ	51	
フシダカ	49、141	
フシノキ	167	
フシノッ	167	
フジノボリ	179	
フジバカマ	190、229	
フズキ	196、236	
フズッ	196	
フセギレグサ	93	
フゾイチゴ	86	
フゾバナ	230	
ブタクサ	47、137、156	
ブタグサ	137	
ブタマメ	182	
ブタマン	98	
ブタマンジュウ	98	
フチ	228	
フチカズラ	52、193	
ブチマメ	234	
フッ	228	
フツ	228	
ブツ	228	
フッカズラ	193	
ブツギ	92	
フッグサ	228	
フツグサ	228	
ブッシ	92	
ブツジャカキ	114	
フッダシバナ	110、165、179	
フッノッ	192	
ブップユス	214	
ブッポウユシ	214	
ブッポウユス	214	
フッマキカズラ	96	
フッマクカズラ	96	
フッマッカズラ	96	
ブテ	48	
フデクサ	134	
フデノキ	196	
フド	198	

フトカズラ … 61	ヘソカズラ … 194	ベブンチチ … 153
ブトヨケグサ … 181	ヘソノイチゴ … 195	ベベウリ … 235
ブナ … 194	ヘソノガラン … 59	ヘボ … 45
フノイ … 187	ヘソノシャクシ … 201	ヘボガシ … 74
フノイカズラ … 187	ヘソノジャクシ … 201	ヘボギ … 181
フノキ … 196	ヘテグサ … 176	ヘボジイ … 119
フノッ … 196	ヘトイグサ … 176	ヘボノキ … 45、46
フノリ … 188	ヘドッグサ … 176	ヘボノミ … 46
フノリカズラ … 188	ヘトリグサ … 176	ヘヤリビッチョ … 82
フユアケビ … 33	ベニカズラ … 27	ヘヤリビッチョグサ … 50
フユアケブ … 33	ベニジイ … 119	ヘヤリベッチ … 82
フユイチゴ … 89	ベニゾヤ … 26	ヘヤリベッチョ … 83
フユコガ … 70	ベニタブ … 146	ヘラ … 122、195
フユツゲ … 47	ベニツツジ … 68	ヘラノキ … 122、195
フユナナミ … 101	ベニヅル … 226	ベロクダシ … 235
フユナナメ … 101、142	ヘノキ … 102、103、176、181	ベロス … 46
フヨウモミジ … 151	ヘノキシバ … 102	ベロスイノキ … 46
ブリョウ … 229	ヘバチ … 126	ベロッキ … 46
ブルブルグサ … 65、198	ヘビイチゴ … 86、88、195	ベロッキノキ … 46
プルプルグサ … 198	ヘビイッゴ … 195	ベロハスンノキ … 46
ブローチバナ … 51	ヘビオビ … 136	ベロンベロンノキ … 46
	ヘビガラメ … 59	ベンガラ … 59、205
ヘ	ヘビガラン … 59	ベンケイシバ … 150、161
ベー … 109	ヘビギシギシ … 133	ベンケイノヤトリ … 180
ヘーゴ … 54	ヘビゲジゲジ … 133	ベンケイノユミトリ … 63
ヘーノキ … 102、103	ヘビゴンニャク … 201	ベンタブ … 146
ヘイケアサガオ … 203	ヘビサド … 42、133	ベントウカズラ … 107
ヘイタイグサ … 40	ヘビシイギク … 142	ベントバシ … 168
ヘカズラ … 194	ヘビシーゴキ … 134	ペンペングサ … 162
ヘカラ … 181	ヘビシカンボ … 134	ペンペングサ … 75
ヘガラ … 102、181	ヘビシーギク … 134	
ヘガラノキ … 181	ヘビシッカンボ … 134	**ホ**
ヘグサノキ … 181	ヘビシャクシ … 201	ホウ … 196
ヘクソ … 181	ヘビジャクシ … 83、201	ホウキグサ … 40、64、106、196
ヘクソカズラ … 194	ヘビシュウグキ … 134	ホウサ … 74、109、205
ヘクソノキ … 181	ヘビスイグキ … 134	ボウズバナ … 186、231
ヘクソバナ … 121	ヘビズイコケ … 142	ホウセンカ … 196
ヘゴ … 54、111、229、230	ヘビセセリ … 35	ホウタイコバナ … 155
ヘゴシダ … 108	ヘビノカラカサ … 201	ホウタンガラ … 84
ヘゴスダ … 108	ヘビノシタ … 83、201	ホウテイソウ … 198
ヘコボリガシ … 73	ヘビノシャクシ … 201	ホウノキ … 181、183、196
ヘゴロシ … 176、181	ヘビノジャクシ … 201	ボウフウ … 183
ヘゴロシグサ … 176	ヘビノト … 201	ボウフラ … 198
ヘシバ … 102	ヘビノトウ … 201	ボウブラ … 77
ヘスギ … 176	ヘビノハカマ … 201	ホウライマメ … 236
ヘソカズラ … 223	ヘビノフエ … 136	ホウリグサ … 105
ヘソクリ … 67、83	ヘビノマクラ … 201	ボウリョウ … 46、229
ヘソグリ … 83	ヘビノミ … 188	ボウレン … 181
ヘソバナ … 83、153	ヘビバナ … 201	ホオ … 196
ペソペソバナ … 153	ヘビホウズキ … 178	ホオガシワ … 196
ヘタザキ … 114	ヘビヨビグサ … 136	ホオズキ … 196
ヘッガラン … 59	ヘビンシャクシ … 201	ホキラホシ … 84
ヘッジャクシ … 201	ベブトキ … 132	ホケチョバナ … 138

ボケツツジ	193	
ホゴイチゴ	87	
ホサ	74、109、205	
ホシ（ノキ）	109	
ホシコカ	70	
ホシコガ	70	
ボシバナ	186	
ホシラホシ	84	
ホス	109	
ホスノキ	109	
ボスバナ	186	
ホセラ	109	
ホタイコグサ	156	
ホタイコバナ	156	
ホタイブクロ	175	
ボタヅル	226	
ホダラ	165	
ホタルカゴ	158	
ホタルグサ	50、197	
ホタルグサ（クサ）	156	
ホタルコグサ	156	
ホタルノチョウチン	163	
ホタレグサ	69	
ボタンヅル	226	
ボチュナノキ	168	
ホッコリ	29	
ホッタン	84	
ホッタンガラ	84	
ホッタングサ	84	
ホッタンシロー	84	
ホットノキ	40	
ポットノハ	84	
ホットリ	107	
ホットレ	198	
ホットロ	107	
ボップ	214	
ポップイス	214	
ボップユス	214	
ポッポ	33	
ポッポガシ	72	
ポッポグサ	84	
ホッホノキ	42	
ボッポユス	42	
ポッポユス	42	
ホテイアオイ	198	
ホテイソウ	198	
ボテグンハ	116	
ボテンハ	117	
ホトクイ	213	
ホトクリ	57、213	
ホトクレ	213	
ホトケグサ	137、204	
ホトケザカキ	114	
ホトケノツヅリ	215
ホトケノツヅレ	215
ホトケノミ	204
ホトケバナ	120
ホトケミン	137
ホトケンミミ	47、137
ホトケンミン	137
ホトコリ	213
ホトコレ	213
ホナガ	54
ホネトオシ	187
ホバ	28、38
ホヒノキ	109
ボボゲサ	150
ボボチカ	127
ホホノキ	196
ホボヒゲ	150
ポポユス	42
ボボンケグサ	150
ホヤ	162、216
ボリョウ	229
ホロメガシ	46
ボロメカシ	46
ボロメガシ	46
ボロメギ	46
ホンアザミ	35、152
ホンカジ	74
ホンガシ	71
ホンガラメ	58
ホンガレビ	58
ホンギリ	94
ホングミ	100
ホングルミ	118
ホンゲヤキ	104
ホンコウブシ	182
ホンゴッコ	33
ホンゴッポ	33
ホンコベ	82
ホンサカキ	113
ホンザクラ	56、221
ホンジイ	119
ホンシキビ	209
ホンシキミ	209
ホンシバ	120
ホンシャカキ	113
ホンジャカキ	62、113
ホンショウブ	127
ホンズウダ	98
ホンゼリ	140
ボンゼンカ	210
ホンゾヤ	26、27
ホンダケ	143
ホンタデ	145、217
ホンタブ	146
ホンダラ	147
ホンツエギ	38、130
ホンツゲ	152、153
ホンヅタ	43
ホンツツジ	68
ホンヅル	226
ボンテン	210
ボンテンカ	210
ホントッポ	30、33
ホンドッポ	33
ホンドネリ	161、222
ボンバナ	64、67、186、190、207、212
ホンブキ	158
ポンポン	84
ポンポングサ	84、198
ポンポンバナ	148
ポンポンミ	125
ホンマキ	106
ホンミャーミ	202
ホンメアミ	202
ホンモチ	214、221
ホンモミジ	44、187
ホンヤナギ	167
ホンヤンモチ	214
ホンユス	42
ホンユミギ	202
ホンユリ	66

マ

マイモ	233
マカジ	74
マガシ	71
マガタマ	62
マガタマノキ	62
マカヤ	149
マガヤ	135
マキ	106
マキナ	235
マゴミソ	204
マゴヤシ	215
マゴヨシ	215
マサキ	199
マサタブ	146
マジ	136
マシイ	119
マジノメ	144
マシバンキ	34
マスガイ	135
マスグサ	79
マスゲ	79
マスワリ	79

マスワリグサ	80	
マゾヤ	26	
マタケ	144	
マダケ	144	
マタタッ	199	
マタタッカズラ	199	
マタタビ	199	
マタタビ（カズラ）	199	
マチカシ	74	
マツ	27	
マツカサブナ	216	
マツクサ	134	
マツグサ	134	
マツコウ（ノキ）	120	
マッコンミ	120	
マツタケドウゼン	121	
マツナ	135	
マツナグサ	135、198	
マツバグサ	47、135、200	
マツフジ	200	
マツフジカズラ	200	
マツボネグサ	135	
マツムシグサ	156	
マツモミ	184	
マテ	74	
マテガシ	71、73、74	
マテノキ	74	
マテノッ	74	
マヒメ	223	
ママコ	179	
ママコイジメ	29、200	
ママコギ	179	
ママコグサ	29、179、200	
ママコシバ	179	
ママコナ	179	
ママコノキ	179	
ママコノシリヌグイ	29、200	
ママコノシリフキ	76	
ママコノテ	179	
ママコノヒューヌグイグサ	200	
ママコンシンニギイ	200	
ママコンシンノグイ	200	
ママタブ	199	
マメガシ	52	
マメカズラ	202	
マメクサ	83、219	
マメグサ	166、180	
マメダラ	46	
マメチャ	85	
マメツゲ	47、153	
マメツツジ	193	
マメノキ	46	
マメハギ	198	
マメラン	210	
マメンコグサ	83	
マユミ	202	
マユミノキ	202	
マラカシ	112	
マリノミ	125	
マルアケビ	33	
マルスゲ	41、80	
マルマゲ	201	
マンジュウ	129、204、218	
マンジュウ（ノミ）	204	
マンジュウサゲ	98	
マンジュウラン	98	
マンジュゲグサ	150	
マンジュシャゲ	186	
マンジュノミ	112、157	
マンジュバナ	98、161、204	
マンジュンタマ	204	
マンジュンミ	112、204	
マンダラ	47、104	
マンチューブ	204	
マンチョウ	204	
マンチョンミ	204	
マンドトミノキ	216	
マンドンミ	216	
マンリョウ	204	
マンリョー	204	

ミ

ミィグサ	225	
ミカゴ	222	
ミカヅキザシ	166	
ミコシグサ	104	
ミズイモガラ	112	
ミズカズラ	153	
ミズガズラ	59	
ミズキ	112、205	
ミズクサ	26、132、156、161、188、195、198、207	
ミズグサ	50、54、191	
ミズグルマ	97	
ミズコウブシ	80	
ミズシ	205	
ミズセキ	191	
ミズナラ	74	
ミズバナ	156、207	
ミズヒキ	205	
ミズヒキグサ	109、145、205	
ミズブキ	192	
ミズメ	206	
ミソウシナイ	37、123、168	
ミソウシネ	37、123、168	
ミソウシャ	37	
ミゾガキ	199	
ミソシメ	123	
ミソスキ	123	
ミソスネ	123	
ミソスメ	124	
ミゾソバ	207	
ミソツキバナ	152	
ミゾヅケイモ	90	
ミソッチ	124	
ミソッチュ	38、124	
ミソッチュノキ	124	
ミソッチョ	124	
ミソッチョノキ	124	
ミズナ	93	
ミソノキ	124	
ミソハギ	207	
ミズホウズキ	204	
ミソユス	124	
ミズラン	191	
ミチクサ	61、66、150	
ミチグサ	66、74、150	
ミチシバ	74、150	
ミックサ	131	
ミッシバ	66	
ミッスイ	197	
ミッスイバナ	131	
ミツッノキ	101	
ミツナリ	128	
ミツバ	75、96、129、183、207、211	
ミツバグサ	75、211、218	
ミツバゼリ	207	
ミツバツツジ	68、208	
ミツバナ	131	
ミツババナ	211	
ミツマタ	108	
ミツマタカジ	108、208	
ミツマタコウゾ	108、208	
ミツマタジンチョウ	208	
ミネガシ	71	
ミノカクシ	70	
ミノカケノキ	70	
ミノガヤ	149	
ミノクサ	136	
ミノバ	149	
ミノバグサ	149	
ミノブセ	70	
ミミクサ	182、225	
ミミグサ	225	
ミミズノマクラ	208	
ミミダレグサ	225	
ミミダレバナ	183	
ミミバナ	138	
ミミヒキ	138	

— 265 —

ミミヒキグサ	138	
ミミヒキバナ	139	
ミヤーショウノキ	217	
ミャーノキ	168	
ミャーミ	202	
ミャーミャーグサ	57	
ミヤコダラ	183	
ミヤマサカキ	113	
ミヤマシキビ	209	
ミヤマシャカキ	113	
ミヤマジャカキ	113	
ミヤマボーリョー	229	
ミャンダホーベ	125	
ミュウガ	209	
ミョウガ	209	
ミョウガンコ	209	
ミングサ	225	
ミンダレグサ	225	
ミンダレハ	225	
ミンノクサ	225	
ミンヤングサ	225	

ム

ムエム	202	
ムカゴ	222	
ムカザクラ	206	
ムカジュカズラ	159	
ムカゼグサ	111	
ムカゼヘゴ	121	
ムギイゲ	172	
ムギイセブ	78	
ムギイチゴ	86	
ムギイドロ	172	
ムギエラ	190	
ムギグミ	99、100	
ムギジアケブ	30	
ムギツツジ	68、222	
ムギヅル	226	
ムギニレ	184	
ムギネレ	184	
ムギバナ	108	
ムギマキコブロ	197	
ムギユリ	53	
ムク	68、210	
ムクノキ	210	
ムクビ	33、105、106	
ムクビカズラ	106	
ムクブカズラ	106	
ムクボカズラ	131	
ムクミ	105	
ムクミカジ	106	
ムクミカズラ	106	
ムクミカン	106	

ムクユ	210	
ムクヨ	210	
ムクヨノッ	210	
ムクラ	29、76、201、207	
ムクラグサ	76、201	
ムクリュ	210	
ムクリュー	210	
ムクリュウ	210	
ムクリュウガキ	228	
ムクリョ	210	
ムクリョウ	210	
ムクリョノキ	210	
ムクルー	210	
ムクロ	210	
ムクロウ	211	
ムクロガキ	228	
ムクワサクラ	206	
ムクン	105	
ムクンカジ	106	
ムクンカズラ	106	
ムシトリグサ	136、213	
ムシトリソウ	213	
ムシブテ	48	
ムシャケージ	123	
ムシュブテ	48	
ムショケグサ	181	
ムスッパ	48	
ムスブテ	48	
ムッギンミ	210	
ムッグミ	100	
ムッノキ	210	
ムベ	33	
ムムジョ	167	
ムラサキ	114、211	
ムラサキグサ	156	
ムラサキシキブ	212	
ムラサキシバ	114	
ムラサキトンブ	32	
ムラサキノキ	113、114	
ムロノキ	46	

メ

メージョ	167	
メージョー	167	
メーナ	199	
メームノキ	202	
メーメージョ	168	
メアザミ	29、173	
メアジョー	167	
メアミ	156、202	
メカゴ	222	
メガシ	163	
メキ	111、202	

メギ	56、202	
メクサレギ	130	
メグスリユリ	163	
メグノキ	111	
メグリボウノキ	146	
メゲラン	162	
メゴシバ	63	
メゴタケ	63	
メゴヘゴ	108	
メザカキ	114	
メシゲシタキ	183	
メシゲタッ	183	
メシゲタブ	183	
メシダ	108	
メジャカキ	114	
メジログサ	178	
メジロバナ	157	
メジロミカン	157	
メジロンミ	157	
メタタキ	137	
メダラ	82	
メツキカズラ	59	
メッチョ	199	
メッパリ	28、139、226	
メッノキ	111、156、202	
メツブシグサ	75	
メヅル	208	
メツンバリ	226	
メノキ	111、156、202	
メハジキ	28、213	
メハリゴンボ	139	
メハリゴンボウ	61	
メヒカリ	93	
メヒカリグサ	93	
メヒゲノキ	183	
メヒッパイ	61	
メブ	111	
メブノキ	111、202	
メマツ	27	
メミ	60、202	
メム	202	
メメジョ	168	
メャーノキ	168	
メヤーミノキ	202	
メユミ	111	
メンクンタマ	125	
メンタブ	129	
メンダラ	82	
メンヅル	227	
メンドウブツ	212	
メンパノキ	28	

モ

モ	51、67
モウカ	206
モウカザクラ	206
モウカノキ	206
モウセングサ	200
モウセンソウ	213
モウソウ	144
モエミ	202
モエム	203
モカザクラ	206
モクサ	227、228
モグサ	228
モクボカズラ	131
モクヨ	211
モグラ	27
モクラカズラ	76
モクラグサ	201
モグラクサ	76
モグラグサ	201、207
モクランミ	125
モクレン	214
モクロ	211
モクロノキ	211
モチアケビ	33
モチギ	214
モチクサ	228
モチグサ	228
モチザシ	126
モチゾヤ	26
モチツツジ	68
モチトリノキ	169
モチナバ	154
モチノキ	142、148、163、214、221
モチバナ	120
モチフッ	180
モチベラ	195
モチモチノキ	160
モッコク	159、214
モツヤマバナ	120
モトジロ	93、173、180
モトナシカズラ	170
モトヤマバナ	120
モノグリ	49、65、166
モノグリイ	166
モノグルイ	49
モミ	215
モミジ	43、44
モミジノキ	44
モミズ	44
モミッガサ	215
モミナロウ	184
モユミノキ	203
モヨウバ	148
モロノキ	46
モロノッ	46
モロバ	46
モロミギ	46
モロミノキ	46
モロムキ	46、54
モロムギ	46
モロムク	46
モロメキ	46、54
モロメギ	46
モロモ	46
モロモギ	46
モロモッ	46
モン（ノキ）	215
モンデンカ	210
モンドリグサ	174

ヤ

ヤカンイチゴ	86、87、88、89
ヤサイイモ	233
ヤサイマメ	232、233
ヤサイモ	233
ヤシノジュ	160
ヤセイラミ	84
ヤッコサン	63
ヤッサブシ	216
ヤッチェ	216
ヤッチェン	216
ヤッテ	216
ヤツデ	216
ヤツデダラ	183
ヤッテン	216
ヤッテンタマ	213
ヤッテンバ	216
ヤツバ	75
ヤドカイ	216
ヤドカリ	157、173、188、217
ヤドカリ（ギ）	217
ヤドカリカズラ	159
ヤドギ	217
ヤドリカズラ	43
ヤドリギ	34、217
ヤナギ	168、217
ヤナギガシ	72
ヤナギザクラ	56
ヤナッ	217
ヤネタブ	48
ヤブイチゴ	86
ヤブコウジ	218
ヤブジャカキ	114
ヤブニッケイ	219
ヤブラン	174、220
ヤブレガサ	184
ヤボ	49、65
ヤボイゲ	39
ヤボイゾロ	172
ヤボウツキ	153
ヤボグワ	221
ヤボシタギ	108
ヤボジラメ	49
ヤボソ	117
ヤボツラ	109
ヤボラン	127、220
ヤマアケビ	30
ヤマアジサイ	36、69、77
ヤマアスパラ	120
ヤマイキダケ	143
ヤマイゲ	172
ヤマイセブ	60、77
ヤマイチゴ	86、87、88、89、90
ヤマイチヂク	48
ヤマイッゴ	88、90
ヤマイッサキ	28
ヤマイモ	222
ヤマインタデ	145
ヤマウツギ	105、153、175
ヤマウド	52
ヤマウリ	163、224
ヤマエンジュ	163
ヤマオコノキ	142
ヤマオンバク	175
ヤマガキ	159、228
ヤマカジ	28、74、105、106
ヤマガシワ	28
ヤマガタシ	219
ヤマカブ	216
ヤマガラ	228
ヤマガラン	59、98
ヤマカレン	229
ヤマギィ	38
ヤマギウリ	163
ヤマギシン	129
ヤマギュウリ	163
ヤマギリ	41、44、82
ヤマギンチョウ	108、209
ヤマクサギ	95
ヤマグミ	99、100
ヤマグルメ	100
ヤマグルンメ	100
ヤマグワ	181、221
ヤマグンノッ	99
ヤマゲシン	219
ヤマゲセン	219
ヤマコウゾ	105

ヤマゴシュ	154	
ヤマコブシ	147	
ヤマゴボウ	180、203、227	
ヤマゴリ	81	
ヤマコンニャク	201	
ヤマゴンニャク	201	
ヤマゴンボ	203	
ヤマサカキ	113	
ヤマザカキ	113	
ヤマザクラ	56、221、229	
ヤマサシ	176	
ヤマサンシュ	118	
ヤマザンショウ	118	
ヤマシキッ	209	
ヤマシキビ	209	
ヤマシキブ	209	
ヤマシキミ	209	
ヤマシゲ	97	
ヤマシソ	105	
ヤマジソ	105、223	
ヤマシタアザミ	35、194	
ヤマシタウツギ	69	
ヤマシタゼリ	128	
ヤマシタボトクリ	213	
ヤマシチッ	209	
ヤマシチブ	209	
ヤマシナカセ	188	
ヤマジャイエン	50	
ヤマジャエン	50、105	
ヤマジャカキ	113	
ヤマシャクヤク	221	
ヤマジャノミ	218	
ヤマシュンギク	195	
ヤマショウガ	26、163、179	
ヤマショウブ	122、174、189	
ヤマジンチョウ	108、209	
ヤマスゲ	135	
ヤマスズラン	163	
ヤマゼリ	128	
ヤマセンダン	182	
ヤマセンリョウ	83	
ヤマソカジ	105	
ヤマソメキ	142	
ヤマソメノキ	142	
ヤマタケ	25、144	
ヤマダケ	25	
ヤマダケシバ	25	
ヤマタジェ	229	
ヤマタゼ	229	
ヤマタデ	82、141、145、229	
ヤマタバコ	45	
ヤマダラ	82、183	
ヤマチソ	229	
ヤマチャ	85、151、198	
ヤマチャエン	39	
ヤマチャノキ	218	
ヤマチャノミ	218	
ヤマツゲ	37、38、47	
ヤマツツジ	68、193、208、222	
ヤマツヅラ	61	
ヤマツバキ	219	
ヤマヅル	142	
ヤマツワ	64	
ヤマトウガラシ	178	
ヤマトガキ	48	
ヤマドリゴケ	185、202	
ヤマドリスダ	121	
ヤマナシ	78、110、117、154、162、199	
ヤマナシカズラ	117	
ヤマナシゴロ	117	
ヤマナス	154	
ヤマナスビ	154	
ヤマナンテン	218	
ヤマニジン	160	
ヤマニッケイ	38、219	
ヤマニンギョウ	154	
ヤマニンジン	128、154、160	
ヤマノイモ	222	
ヤマハクリ	127	
ヤマバクリ	127	
ヤマハゼ	42	
ヤマヒチブ	209	
ヤマビワ	40、48、209、223	
ヤマフウズキ	140、158	
ヤマフーズキ	178	
ヤマブキ	64、158、192、224	
ヤマフズキ	48、140、178、190	
ヤマブドウ	58、59、98、117	
ヤマヘゴ	111	
ヤマホウズキ	49、140、158、178	
ヤマボトクリ	110	
ヤママンジュウ	218	
ヤマミカン	68、218	
ヤマミョウガ	179、209	
ヤマムラサキ	114	
ヤマモガシ	110	
ヤマモチ	47、148、221	
ヤマモチ（ノキ）	214	
ヤマモモ	40、224	
ヤマヤナギ	217	
ヤマヤンモチ	148	
ヤマユイ	163	
ヤマユス	42	
ヤマユリ	53、66、163、173、174	
ヤマラミー	84	
ヤマラン	220	
ヤマリンゴ	117、218	
ヤマリンドウ	158	
ヤマワロ	66	
ヤミャーモ	222	
ヤワラカズラ	200	
ヤンネモチ	154	
ヤンブシダマ	125	
ヤンボキ	148	
ヤンボシ	197	
ヤンボシグサ	197	
ヤンボシバナ	186	
ヤンボッキ	214	
ヤンモチ	148、154、214	
ヤンモチ（ノキ）	214	
ヤンモチギ	214	
ヤンモチノキ	101、148、214、221	
ヤンモッノキ	148、214、221

ユ

ユ	41、102
ユーゴ	232
ユウガオ	62、182、200
ユウゴ	77
ユウダチアケビ	30
ユウノス	225
ユウリンバナ①	36
ユウレイグサ	63、94
ユウレイソウ	94
ユウレイバナ	63、180
ユガヤ	41、102、183
ユキグサ	225
ユキノシタ	225
ユキワリソウ	192
ユククミ	28
ユグサ	102
ユクサボッ	40
ユシノキ	42
ユス	42、78
ユズイ	226
ユズイハ	226
ユスノキ	42
ユスモチ	214
ユズリノハ	226
ユズリハ	226、227
ユズリハンキ	226
ユズル	190、226
ユズルハ	226
ユダイクイバナ	164
ユタチアケビ	32
ユダレクイ	164、207
ユダレクイバナ	164
ユダレグサ	164

ユックミ　28	ヨネコ　176	レンゲソウ　230
ユノス　225	ヨネシバ　37	レンゲツツジ　230
ユビカネグサ　220	ヨネバ　37	
ユビガネグサ　174	ヨネバシバ　37	**ロ**
ユビガネソウ　174、220	ヨネフツ　189	ローソクグサ　78
ユビキリ　139	ヨネマクリ　123	ロクダンソウ　160
ユビキリグサ　220	ヨネマンジュウ　204	ロクチク　145
ユビズキン　156	ヨネモクリ　123	ロクネンソウ　93
ユビズキングサ　156	ヨバイギ　123	ログノキ　126
ユビヒキ　139	ヨバイグイ　172	ロクロ　55、177
ユビワグサ　174	ヨバイグサ　185	ロクロギ　55
ユミギ　203	ヨヒラ　36	ロッカンバナ　175
ユラ　50	ヨベカズラ　185	
ユラチャ　85	ヨベギ　123	**ワ**
ユリ　53、66	ヨメイト　200	ワキガノキ　181
ユリバナ　66	ヨメグサ　49	ワサアケビ　30
	ヨメジョノシリヌグ　201	ワジロ　54
ヨ	ヨメジョバナ　127	ワゾーグサ　195
ヨウグサ　94	ヨメジョヒッパリ　139	ワタアケボ　33
ヨウジギ　92、103	ヨメナ　195、227	ワタカズラ　200
ヨウジノッ　103	ヨメナグサ　227	ワタグサ　180
ヨウジュ　34	ヨメナハギ　227	ワタノキ　58
ヨウラカズラ　200	ヨメノシリコサギ　201	ワライジョウゴ　157
ヨウラクツツジ　34	ヨメノシリヌグイ　29、201	ワラビ　230
ヨウラック　34	ヨメノソマクリ　123	ワラビヘゴ　230
ヨシ　149、158、227	ヨメンシリヌグイ　201	ワラベ　230
ヨシガシ　73	ヨモギ　228	ワラベヘゴ　230
ヨシガラ　158、227	ヨモゴロ　192	ワンジュズ　177
ヨシカンキ　42	ヨリエムクビ　123	ワンズ　177
ヨシカンミノキ　42	ヨロイムクリ　123	
ヨシグサ　95、227	ヨワキ　213	**ン**
ヨシダケ　227		ンベ　33
ヨシノキ　227	**ラ**	ンベ　30
ヨシノコ　227	ラッカショ　236	ンマカチカチ　139
ヨシミシバ　37	ラッカセイ　236	ンマツナッ　150
ヨシヤンモチ　214	ラッキショ　236	ンマバリ　54
ヨズラ　190	ラッパグサ　75	
ヨダイクイ　164	ラッパバナ　39、86、153	
ヨダキノキ　208	ラミー　84	
ヨダレクイ　164	ラミー（ラミ）　84	
ヨダレクイバナ　165	ラミーグサ　84	
ヨダレグサ　165		
ヨダレクリバナ　165	**リ**	
ヨダレタレ　165	リュウノケ　125	
ヨツバカズラ　27	リュウノヒゲ　125	
ヨドカリ　217	リョーボー　229	
ヨドミ　33	リョーボノキ　229	
ヨドメ　33	リンゴグサ　218	
ヨドメアケビ　33	リンチョ　130	
ヨドリギ　217	リンドウ　229	
ヨナバ　37		
ヨナバシバ　37	**レ**	
ヨネガシバ　37	レンゲ　230	

あとがき

　勤務していた小林高校でのこと。清掃時間に女生徒が足早に駆け寄り「南谷先生‼　おんがまっしょがさかっちょる」と、生物教師の私の手を引いてグラウンド隅へ。そこには、交尾中のカマキリがいた。「オンガマッショ」はカマキリのことで、「さかる」は交尾のことであった。雄は間もなく雌の餌食になることを伝えたかどうか記憶はない。

　この時が方言に興味を覚えた瞬間であった。顧問をしていた生物部の部員にそのことを伝え、動物の方言調査を勧めた。生徒たちは身近な動物24種を選んで、早速校区内の古老に聞き込みを始めた。なんとも傑作な呼び名が集まり、生徒たちは興味津々。やる気が出たのか翌年は宮崎県全域を、3年目は隣県の熊本・鹿児島両県を取り込んだ南九州全域の方言収集となった。その収集した記録を生物部の機関誌「やまね」に纏めるに至った。

　高校生の科学研究甲子園大会といえる読売新聞社主催の読売科学賞にその成果を応募したところ、なんと「学校賞1位」に選ばれた。方言調査は学術的にも重要なことと悟ったので、植物方言調査を始めねばと思い立ったその矢先に、前書きに記したように東京大学の倉田先生の訃報が入り、堰を切ったように宮崎県内各地に足を延ばしての方言収集がスタートしたのである。その後は定期異動で高鍋高校さらに宮崎西高校勤務となり、校務も責任ある立場となったこともあって、方言調査は凍結状態に。だが、幸いにも県総合博物館勤務となり、方言調査が再開した。退職後も少しずつ空白地域を埋め、ほぼ県全域を踏査できた。

　聞き込んだ語り部は300人となり、語り部たちが語った膨大な記録を広く県民に知っていただきたいと思い、出版を思い立った。にもかかわらず、膨大な方言語彙のデータベース化は不可欠で、なかなか前に進まなかった。そんな時、植物仲間でパソコンソフトのエクセルを自在に使いこなす赤木康さんが、「私がやりましょう」と引き受けて下さった。これで鬼に金棒、着々とはかどり、出版に向け突き進んだ。赤木さんのサポートなしにはこの本は出来得なかったであろう。改めて感謝申し上げたい。

　ところが、整理ベタのこともあって、聞き込んだだけの野帳が続々出てきたではないか。もはや区切りをつけねばと切り捨て、鉱脈社の川口敦己社長に相談したところ、励ましの言葉をいただき、出版にこぎ着けることになった。

　内容は語り部たちから聞き込んだ草木の方言、昔からの言い伝えや草木の特徴は勿論、災いや病除け・天候や豊作占い・神仏への供花・民間薬・殺虫剤・食用・自然暦・草花遊び・年中行事・生活用具への利用など昔からやってきた人と草木とのかかわりをできるだけ語り部の言葉で書き込むことにした。また、「方言の語り部たち」を探れば、これらの語りを「いつ」「誰が」語ったのかが分かるはずである。

　この本を通して、草木のしくみだけでなく自然の働きや人間とのかかわりにもっと関心を持っていただければ、著者としてこの上ない喜びである。

　この出版に際して、出版を快くお引き受け下さった鉱脈社の川口敦己社長、聞き覚えのない方言の処理や煩雑きわまりない編集や校正作業に何度も足を運ばれ、きめ細かに対応していただいた藤本敦子さんほか多くのスタッフの皆さんに感謝したい。

　　2019年8月10日　蟬時雨を聞きながら　　　　　　　　　　　　　　　　南谷　忠志

[筆者略歴]

南 谷 忠 志（みなみだに　ただし）

1940年	台湾台北市生まれ
1963年	宮崎大学学芸学部卒業
1963年〜	宮崎県立富島・小林・高鍋・宮崎西高等学校（29年間勤務）
1989年〜	宮崎県総合博物館（9年間勤務）
2001年	同上副館長退職
1996－2011年	県立看護大学・宮崎大学・南九州大学非常勤講師・客員教授

日本植物学会、日本植物分類学会、植物地理・分類学会、日本シダの会会員
環境省希少野生植物種保存推進員、日本植物分類学会絶滅危惧植物問題検討委員、九州森林管理局鹿対策検討委員、宮崎県文化財審議会委員、宮崎県環境保全審議会委員
緑と花の文化知識認定試験出題員（民俗分野）

宮崎県文化賞(1991)、環境大臣賞(2002)、松下幸之助花の万博記念賞(2004)、日本植物分類学会賞(2005)、国際ソロプチミスト環境貢献賞(2005) 受賞

著書：日本の天然記念物(講談社)、ふるさと大歳時記(角川書店)、週刊朝日百科「植物の世界」(朝日新聞社)、レッドデータプランツ(山と渓谷社)、日本植物種子図鑑(東北大学出版会) 等共著多数、「日本産ミツバツツジ類(ツツジ科)の分類」等論文記載
オナガカンアオイ・ヒュウガアジサイ・ヒュウガシケシダ・ヒュウガカナワラビ・ヒュウガヒロハテンナンショウ・ヒュウガセンキュウ・ヒュウガオウレン等多数の新種発見

[現住所]　〒880-0913 宮崎市恒久5-4-7　TEL0985-54-3879
　　　　　E-mail asarum-tm@miyazaki-catv.ne.jp

宮崎の植物方言と民俗
草木にまつわる昔からの言い伝え

2019年8月17日　初版印刷
2019年9月8日　初版発行

著　者　南谷忠志

発行者　川口敦己

発行所　鉱　脈　社
　　　　〒880-8551 宮崎市田代町263番地
　　　　TEL0985-25-1758

印　刷　有限会社鉱脈社

製　本　日宝綜合製本株式会社

Ⓒ　Tadashi Minamidani 2019　　　　　　（定価はカバーに表示してあります）

印刷・製本には万全の注意をしておりますが、万一落丁・乱丁がありましたら、お買い上げの書店もしくは出版社にてお取り替えいたします。（送料は小社負担）

発掘・継承・創造──《いのち》をうけ継ぎ・育み・うけ渡そう──

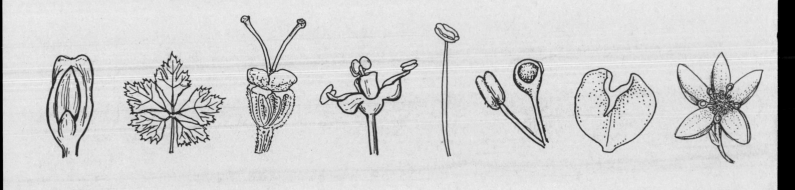